应用型高等院校土建类"十三五"系列教材

建筑施工安全导论

夏红春 禄利刚 孙明利 编著

中国水利水电出版社
www.waterpub.com.cn
·北京·

内 容 提 要

本教材包括事故致因理论与建筑施工可靠性分析、建筑施工安全生产管理、建筑施工职业卫生、现场文明施工、基础工程安装施工技术、主体结构工程安装施工技术、装饰装修工程安装施工技术、高处作业安全防护、施工现场临时用电安全技术、施工现场消防管理与技术、建筑施工安全评价、建筑工程安全事故应急救援与处理以及与建筑工程安全生产法律法规等 14 章，主要介绍了有关建筑施工安全的基本理论、施工现场的安全管理、职业病的防治、安全事故的应急与处理、施工现场危险源的辨识与评价，较为详细地阐述了土方工程、脚手架工程、模板工程、钢筋工程、混凝土工程、砌筑工程、防水工程、装饰装修工程等的安全施工技术，以及高处作业安全防护、施工现场用电、防火等方面的基本知识。

本教材可作为安全工程专业、土木工程专业以及其他相关专业教材，也可为土木工程施工技术人员和管理人员提供参考。

图书在版编目（ＣＩＰ）数据

建筑施工安全导论 / 夏红春，禄利刚，孙明利编著
. -- 北京 ：中国水利水电出版社，2020.5
应用型高等院校土建类"十三五"系列教材
ISBN 978-7-5170-8598-0

Ⅰ．①建… Ⅱ．①夏… ②禄… ③孙… Ⅲ．①建筑施工－安全管理－高等学校－教材 Ⅳ．①TU714

中国版本图书馆CIP数据核字(2020)第094184号

书　　名	应用型高等院校土建类"十三五"系列教材 **建筑施工安全导论** JIANZHU SHIGONG ANQUAN DAOLUN
作　　者	夏红春　禄利刚　孙明利　编著
出版发行	中国水利水电出版社 （北京市海淀区玉渊潭南路 1 号 D 座　 100038） 网址：www.waterpub.com.cn E-mail：sales@waterpub.com.cn 电话：(010) 68367658（营销中心）
经　　售	北京科水图书销售中心（零售） 电话：(010) 88383994、63202643、68545874 全国各地新华书店和相关出版物销售网点
排　　版	中国水利水电出版社微机排版中心
印　　刷	清淞永业（天津）印刷有限公司
规　　格	184mm×260mm　16 开本　20 印张　474 千字
版　　次	2020 年 5 月第 1 版　2020 年 5 月第 1 次印刷
印　　数	0001—2000 册
定　　价	**56.00 元**

前　言

长期以来，建筑业作为我国国民经济的支柱产业之一，在国民经济体系中占有重要的战略地位。其发展规模与增长速度，在很大程度上影响并决定着我国经济增长方式的转变和未来国民经济整体发展的速度与质量，也关系着人民生活水平的改善与提高。尽管自新中国成立以来，我国陆续颁布并实施了一系列有关安全生产、劳动保护等方面的法律法规，为建设工程安全生产管理提供了良好的法制环境，但建筑行业仍然事故频发，建筑施工安全生产现状依然十分严峻。

本教材力求对建筑施工中常见的安全管理及技术问题作一简洁、全面的介绍，通过对本教材的学习，使读者能够对建筑施工中存在的安全隐患及预防措施有一初步的了解。

本教材主要包括建筑施工安全管理、安全技术以及与建筑施工安全相关的法律法规三大部分内容。

建筑施工安全管理方面的内容主要包括第2～5章、第12章和第13章，主要讲述建筑安全的基本理论、施工现场的安全生产管理、职业卫生、建筑施工安全评价以及事故应急救援与处理等内容。

建筑施工安全技术方面的内容主要包括第6～11章，主要介绍与基础工程、主体结构工程和装饰装修工程等相关的施工安全技术，以及施工现场的临时用电和消防工程需要注意的安全技术问题。

第14章对与建筑施工安全密切相关的法律法规的内容作一概略性介绍。为了便于读者查阅，教材的附录部分收录了《中华人民共和国安全生产法》《中华人民共和国特种设备安全法》《中华人民共和国建筑法》以及《建设工程安全生产管理条例》等部分法律法规。

本教材第2章、第4章和第12章由徐州工程学院禄利刚编写，第3章和第10章由徐州市云天市政建设工程有限公司孙明利编写，第11章由江苏建筑职业技术学院陶祥令编写，第13章由苏州科技大学陆勇编写，第14章由常州大学胡坤编写，其他章节由徐州工程学院夏红春、滕道社编写，夏红春负责全书的统稿与定稿工作。

本教材在编写时参考了大量的论文、专著、规范、标准等文献，在此向所有参考文献的作者表示深深的谢意！

本教材在编写过程中得到了朱炯、张连英、朱炳宇、高向阳、张朕、杨婕、梁化强、温小非等同志的热情支持与大力协助，在此一并表示感谢！

由于编者学识所限，书中难免存在疏漏乃至谬误之处，恳请广大读者和工程、教育界专家及同仁不吝赐教，予以指正，以便做进一步的修改和完善，在此谨表谢意！

编者
2019 年 7 月

目 录

第1章 绪 论

安全是人类生存与发展中的永恒主题,是各个行业健康持续发展的基石,也是当今乃至未来人类社会重点关注的主要问题之一。没有安全,经济与社会效益就无从谈起。习近平总书记提出:"人命关天,发展决不能以牺牲人的生命为代价。这必须作为一条不可逾越的红线。"

安全与人类的关系源远流长,它所涉及的范畴既有历史问题又有现代课题。自人类社会诞生之日起,就存在安全问题。人类在不断发展进化的同时,也一直与各种活动中所存在的不安全问题进行着不懈的斗争。从某种意义上来说,人类社会发展的历史也可以看作一部不断解决安全问题的奋斗史。火的利用是人类发展史上迈出的最重要一步,但此后人类也在不断与各类火灾事故作斗争;现代采煤业已实现了机械化和半自动化,事故概率大大降低,这是人们无数次与瓦斯爆炸、塌方、透水等事故作斗争才换来的,而且至今这种斗争仍在继续;汽车、火车、飞机等现代化交通工具为人们提供了极大的出行方便,但与交通事故作斗争、进一步提高其安全性仍然是人们不断努力的重要课题;甚至战争中的矛盾的不断进化与升级,实际上也是人们为了安全而进行的努力。当今社会无处不在的安全防护装置和安全管理措施,都是人们为了安全而付出心血的结晶。

近年来随着我国经济的迅速发展,基础建设投入规模逐渐增大,建筑企业的数量随之不断攀升。由于该行业人员流动大、露天高空作业多、立体交叉施工复杂、构建物不规则、点多面广等特点,造成施工过程中工作条件差、不安全因素多、危险性大、预防难度高等问题,使得我国建筑行业事故频发,不仅给工人的生命安全和国家财产带来巨大损失,还给企业和行业的发展带来负面影响,其安全问题一直都被社会各界所关注。从近年来的事故发生数量和事故伤亡人数来看,建筑施工行业的事故发生数量仅次于交通运输业,事故总量已连续9年排在工矿商贸事故第一位。特别是建筑施工行业,安全就是形象、安全就是发展、安全就是需要、安全就是效益的观念,正在被广泛接纳,并受到建筑施工企业的高度重视。

随着生产劳动的社会化和科学技术的飞速发展,安全问题也会变得越来越复杂、越来越多样化。只有对安全问题进行更加深入和科学的研究,才能实现安全生产,避免生产安全事故,才能创造有利于经济发展的稳定局面,经济健康持续发展也就有了基础和保障,最终才能实现社会安全和经济的协调发展,共同进步。

1.1 安全的概念及基本特征

1.1.1 安全的基本概念

1. 安全的基本定义

"安全"是人们频繁使用的词汇。"安"指不受威胁,没有危险,太平、安适、稳定等，即"无危则安"。"全"指完满、完整、无残缺、没有伤害，谓之"无缺则全"。这里，全是因，安是果，由全而安。"安全"通常是指免受人员伤害、疾病或死亡，或引起设备、财产破坏或损失的状态。由安全的定义可以看出，它既涉及人又涉及物，而且也涉及各种情况下的局部或整体损失。当人们给出约束条件时，该定义也可限定为"人的伤害或死亡"或"设备、财产损失"。

2. 安全的系统工程定义

传统的安全认为，安全和危险是两个互不相容的概念；而系统工程则认为不存在绝对的安全，安全是一种模糊数学（Fuzzy mathematics）的概念。按模糊数学的说法，危险性就是对安全的隶属度。当危险性低于某种程度时，人们就认为是安全的了。所以系统工程中认为，安全是一个相对的概念，世界上没有绝对的安全，任何事物中都包含不安全的因素，具有一定的危险性，当危险低于某种程度时，就可认为是安全的。

所以，系统安全工程的观点认为，安全是生产系统中人员免遭不可承受风险伤害的状态。根据现代系统工程的观点，安全生产是指使生产过程在符合物质条件和工作秩序下进行，防止发生人身伤亡和财产损失等生产事故，消除或控制危险有害因素，保障人身安全与健康、设备和设施免受损坏、环境免遭破坏的总称。所以，可以将安全的科学概念概括为："安全是人的身心健康、设备设施和环境等要素免受外界（不利）因素影响的存在状态（包括健康状况）及其保障条件"。

3. 安全与危险的关系

安全与危险是相对的。安全是指客观事物的危险程度能够为人们普遍接受的状态。例如，骑自行车上班的人不必戴头盔，是因为骑自行车发生事故的概率较低且受到的伤害也较轻，人们普遍能够接受；而骑摩托车的人则必须按照交通法规的要求戴上头盔，因为其发生事故的可能性和受伤害的严重性是人们难以接受的；自行车赛的运动员也必须戴头盔，这是国际自行车比赛联合会在总结一系列赛事伤害事故之后做出的决策。同样是骑车，要求却不一样，体现了安全与危险的相对性。

早在我国古代就认识到了安全与危险的相对性，《庄子·则阳》中就有"安危相易，祸福相生"的告诫，说明安全与危险既互为存在条件，又互相转化。它们在一项活动中总是相互依存、互相促进。安全度可以用式（1-1）表示，即

$$S=1-D \qquad\qquad\qquad (1-1)$$

式中：S 为安全度；D 为危险度。

由此可见，安全与危险是一对矛盾，它们既对立又统一，共存于人们的生产、生活和一切活动中，同时产生，同时消亡。就一个系统而言，没有永远的安全，也没有不变的危险。安全相对危险而产生，相对危险而发展，安全因危险而存在，危险以安全的变化而变化。在长期安全状态下，危险因素会悄悄产生，逐渐积累，达到一定程度就可能转化为危险。当人们意识到危险即将来临或不满足于安全现状的时候，就开始追求新的安全目标，从而创造更安全的条件和状态，推动安全向前发展。系统总是在"安全-危险-安全"的规律下螺旋式上升发展。

另外，安全与危险还存在着界限的模糊性，以及由潜在危险转变为显现事故的随机性。

安全与危险的转化和发展要靠生产的发展、科学技术的进步、经济的投入，更重要的是要靠人的安全意识。当系统呈现危险状态时，迫使人们分析危险产生的根源，研究采取安全防范和控制事故的措施。许多新工艺、新设备、新技术、新材料往往是在分析、研究危险因素或事故教训之后产生的。

为了促使危险向安全转化，就需要掌握安全评价技术，通过安全性评价，及时发现系统中的隐患，预测系统的风险程度，采取控制危险的措施，使系统尽快达到安全状态，或者从根本上促使系统向更高层次的安全状态过渡。这种转化和发展，同时也促进了安全管理和安全技术的进步。

4. 和"安全"相关的常用术语

(1) 危害与危险或风险。危害（Hazard）是造成事故的一种潜在危险，是超出人的直接控制之外的某种潜在的环境条件。

危险也称风险（Risk），危险性是来自某种个别危害而造成人的伤害和物的损失的机会，它是由风险后果严重程度及危险概率两个方面表示的可能损失。若以 P 代表风险概率，C 代表风险后果，则风险 R 就可简单地表示为 $R = PC$。

危害是可能出毛病的事物或环境，而危险或风险则是定量的统计学术语（概率），它表征潜在危害的结果。在可能发生工伤或职业病的劳动环境中操作是一种危害，如有坠落危害、矽尘危害等；这种危害有可以使人遭受伤亡或患职业病的危险。危害相当于习惯上所说的安全隐患，是潜在的危险因素。

(2) 本质安全。"本质安全"一词的提出源于 20 世纪 50 年代世界宇航技术的发展，随着人类科学技术的进步和安全理论的发展，这一概念逐步被广泛接受。

狭义的本质安全是指通过设计等手段使生产设备或生产系统本身具有安全性，即使在误操作或发生故障的情况下也不会造成事故的功能。具体包括两大功能：失误—安全功能（误操作不会导致事故发生或自动阻止误操作）；故障—安全功能（设备、工艺发生故障时还能暂时正常工作或自动转变为安全状态）。

广义的本质安全是指"人—机—环境—管理"这一系统表现出的安全性能。简单来说，就是通过优化资源配置和提高其完整性，使整个系统安全可靠。

本质安全理念认为，所有事故都是可以预防和避免的：一是人的安全可靠性，不论在何种作业环境和条件下，都能按规程操作，杜绝"三违"（违章指挥、违规作业、违反劳动纪律），实现个体安全；二是物的安全可靠性，不论在动态过程中还是在静态过程中，物始终处在能够安全运行的状态；三是系统的安全可靠性，在日常安全生产中，不因人的不安全行为或物的不安全状况而发生重大事故，形成"人机互补、人机制约"的安全系统；四是管理规范和持续改进，通过规范制度、科学管理，杜绝管理上的失误，在生产中实现零缺陷、零事故。

需要注意的是，本质安全化并不表明系统绝对不会发生安全事故。

1) 本质安全化的程度是相对的，不同的技术经济条件有不同的本质安全化水平，当代本质安全化并不是绝对本质安全化。由于经济技术的原因，系统的许多方面尚未安全化，事故隐患仍然存在，事故发生的可能性并未彻底消除，只是有了将安全事故损失控制在可接受程度上的可能。

2) 生产是一个动态过程，许多情况事先难以预料。人的作业还会因为健康或心理因素引起某种失误，机具及设备也会因为日常检查时未能发现的缺陷产生临时性故障，环境条件也会由于自然的或人为的原因而发生变化，因此，人—机—环境系统日常随机的一般性事故损失并未彻底消除。

从安全管理学角度，本质安全是安全管理理念的转变，表现为对事故由被动接受到积极事先预防，以实现从源头杜绝事故，保护人类自身安全，是安全生产预防为主的根本体现，也是安全生产管理的最高境界。实际上由于技术、资金和人们对事故的认识等原因，到目前还很难做到本质安全，只能作为全社会为之奋斗的目标。

（3）安全生产。《辞海》中将"安全生产"解释为："为预防生产过程中发生人身、设备事故，形成良好劳动环境和工作秩序而采取的一系列措施和活动"。《中国大百科全书》中将"安全生产"解释为："旨在保护劳动者在生产过程中安全的一项方针，也是企业管理必须遵循的一项原则，要求最大限度地减少劳动者的工伤和职业病，保障劳动者在生产过程中的生命安全和身体健康"。前者将安全生产解释为企业生产的一系列措施和活动，后者则将其解释为企业生产的一项方针、原则和要求。

根据现代系统安全工程的观点，上述解释只表述了一个方面，都不够全面。概括地说，"安全生产"是指采取一系列措施使生产过程在符合规定的物质条件和工作秩序下进行，有效消除或控制危险和有害因素，无人身伤亡和财产损失等生产事故发生，从而保障人员安全与健康、设备和设施免受损坏、环境免遭破坏，使生产经营活动得以顺利进行的一种状态。其中，保护劳动者的生命安全和职业健康是安全生产最根本、最深刻的内涵，是安全生产本质的核心。

安全生产是安全与生产的统一，其宗旨是安全促进生产，生产必须安全。搞好安全工作，改善劳动条件，可以调动职工的生产积极性；减少职工伤亡，可以减少劳动力的损失；减少财产损失，可以增加企业效益，无疑会促进生产的发展；而生产必须安全，则是因为安全是生产的前提条件，没有安全就无法生产。

（4）事故。关于事故的定义有多种，其中伯克霍夫（Berckhoff）的定义较为著名。伯克霍夫认为，事故是人（个人或集体）在为实现某种意图而进行的活动过程中，突然发生的、违反人的意志的、迫使活动暂时或永久停止、或迫使之前存续的状态发生暂时或永久性改变的事件。

（5）危险源和事故隐患。危险源是指可能导致人员伤害或疾病、物质财产损失、工作环境破坏或这些情况组合的根源或状态因素。

在《职业健康安全管理体系要求》（GB/T 28001—2011/OHSAS 18001：2007）中，危险源被定义为："可能导致人身伤害和（或）健康损害的根源、状态或行为，或其组合。"

危险源由 3 个要素构成，即潜在危险性、存在条件和触发因素。危险源的潜在危险性是指一旦触发事故，可能带来的危害程度或损失大小，或者说危险源可能释放的能量强度或危险物质量的大小。危险源的存在条件是指危险源所处的物理、化学状态和约束条件状态，如物质的压力、温度、化学稳定性以及盛装压力容器的坚固性、周围环境障碍物等情况。触发因素虽然不属于危险源的固有属性，但它是危险源转化为事故的外因，而且每一类型的危险源都有相应的敏感触发因素。例如，对于易燃、易爆物质，热能是其敏感的触发因素；对于压力容器，压力升高是其敏感触发因素。因此，一定的危险源总是与相应的触发因素相关联。在触发因素的作用下,危险源转化为危险状态,继而转化为事故。

危险源一般可分为两类:一类是能量或有害物质所构成的第一类危险源,如快速行驶车辆具有的动能、高处重物具有的势能以及声、光、电能等,都属于第一类危险源,它是导致事故的根源、源头,是"罪魁祸首";另一类是人的不安全行为或物的不安全状态以及监管缺陷等在内的第二类危险源,即危险源定义中的不安全状态、行为,也就是防控屏障上那些影响其作用发挥的缺陷或漏洞,正是这些缺陷或漏洞致使约束能量或有害物质的屏障失效,导致能量或有害物质的失控,从而造成事故发生。

例如,煤气罐中的煤气就是第一类危险源,它的失控可能会导致火灾、爆炸或煤气中毒;煤气的罐体及其附件的缺陷以及使用者的违章操作等则为第二类危险源,因为正是这些问题导致了煤气罐中的煤气失控泄漏而引发事故。

事故隐患简称隐患,是指作业场所、设备及设施的不安全状态,人的不安全行为和管理上的缺陷,是引发安全事故的直接原因。最新有关事故隐患的定义是 2008 年国家安监总局颁布的《安全生产事故隐患排查治理暂行规定》,认为事故隐患是指生产经营单位违反安全生产法律、法规、规章、标准、规程和管理制度的规定,或者因其他因素在生产经营活动中存在可能导致事故发生的物的危险状态、人的不安全行为和管理上的缺陷。

因此,从定义上可以看出,事故隐患属于第二类危险源,即危险源包括隐患,隐患是危险源中的一种类型,表现为防止能量或有害物质失控的屏障上的缺陷或漏洞,它是诱发能量或有害物质失控的外部因素,是事故发生的外因。

总体上说,事故隐患是控制危险源的安全措施失效或缺少。实际上,对事故隐患的控制管理总是与一定的危险源联系在一起,因为没有危险的隐患也就谈不上要去控制它;而对危险源的控制,实际就是消除其存在的事故隐患或防止其出现事故隐患。所以,有时在使用这两个概念时并不严格加以区别。

(6)危险和有害因素。根据《生产过程危险和有害因素分类与代码》(GB/T 13861—2009),危险因素和有害因素是指能对人造成伤亡或影响人的身体健康甚至导致疾病的因素。

实际上,危险因素和有害因素是不同的。危险因素是指能对人造成伤亡或对物造成突发性损害的因素,强调突发性和瞬间作用,如触电、高处坠落等。而有害因素是指能影响人的身体健康、导致疾病,或对物造成慢性损害的因素,强调在一定时间范围内的积累作用,如粉尘、噪声等。显然危险因素在时间上比有害因素来得快、来得突然,造成的危害性比后者严重。日常安全管理及安全评价中,有时对两者不加以区分,统称"危险有害因素"。

(7)安全措施。安全措施是指预防事故发生和防止事故扩大的各种技术措施及管理措施。

事故、危险源、危险因素和有害因素、安全措施、事故隐患之间的关系如图 1-1 所示。

(8)重大危险源。根据《中华人民共和国安全生产法》的规定,"重大危险源"是指长期地或临时地生产、搬运、使用或储存危险物品,且危险物品的数量等于或者超过临界

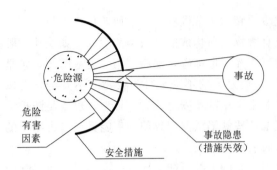
图 1-1 事故、危险源、危险因素和有害
因素、安全措施、事故隐患之间的关系

量的单元（包括场所和设施）。该定义中的"危险物品"指的是易燃易爆物品、危险化学品、放射性物品等能够危及人身安全和财产安全的物品，而"临界值"是依据国家科学研究中心的研究，由国家以法律法规或标准等形式规定的。

同时，《危险化学品重大危险源辨识》（GB 18218—2018）也对"危险化学品重大危险源"给出了类似的定义，它指的是长期地或临时地生产、储存、使用和经营危险化学品，且危险化学品的数量等于或超过临界量的单元，即生产单元、储存单元内存在危险化学品的数量等于或超过规定的临界量，即被定为重大危险源。所以，危险源和重大危险源的区别主要是危险物质的数量。

1.1.2 安全的基本特征

安全的本质是反映人、物以及人与物的关系，并使其实现协调运转。要认识安全的本质就要深刻地探讨其基本特征。

1. 安全的必要性和普遍性

安全是人类生存和发展的最基本要求，是生命与健康的基本保障，是人类生存的必要前提。安全作为人的身心状态及其保障条件，是绝对必要的。而人和物遭遇到人为的或天然的危害或损坏又是常见的，因此不安全因素是客观存在的。人类生存的必要条件首先是安全，如果生命安全都不能保障，生存就不能维持，繁衍也无法进行。

人类活动中的安全问题，是伴随着人类的诞生而产生的，人类的一切生活、生产活动都离不开安全。人们必须尽力减少失误，降低风险，尽量使物趋向本质安全化，使人能控制和减少灾害，维护人与物、人与人、物与物相互间协调运转，为生产活动提供必要的基础条件，发挥人和物的生产力作用。

2. 安全的随机性

安全是人、物、环境及其相互关系的协调，如果失调就会出现危害或损坏。保障安全的条件是多因素的、相对的，限定于某个时间、地点、条件变化，安全状态的存在和维持时间、地点及其动态平衡的方式等都带有随机性。因而，保障安全的条件是相对地限定在某个时空，条件变了，安全状态也将发生变化。因此，实现安全有其局限性和风险性，当然要尽量做到不安全的概率极小（即安全性极高），保证安全时空条件稳定。但是，就当代人的素质和科技水平而言，只能在有限的时空内尽力做到控制事故。如果安全条件变化，人与物间关系失调，事故会随时发生。

3. 安全的相对性

安全的相对性表现在 3 个方面。首先，绝对安全的状态是不存在的，系统的安全是相对于危险而言的。其次，安全标准是相对于人的认识和社会经济的承受能力而言的，抛开社会环境讨论安全是不现实的，人类不可能为了追求绝对的安全而放弃生产活动，如果衣食住行等基本需求都得不到满足，安全将不再具有任何意义。在实践中，人们或社会在客观上自觉或不自觉地认可或接受某一安全水平，当实际状况达到这一水平，人们就认为是安全的，低于这一水平，则认为是危险的。第三，人的认识是无限发展的，对安全机理和运行机制的认识也在不断深化，也就是说，安全对于人的认识而言具有相对性。而危险是绝对的。危险的绝对性表现在事物自诞生时刻起危险就存在，中间过程中，危险可能变大或变小，但不会消失，危险存在于一切系统的任何时间和空间中。不论我们的认识多么深刻、技术多么先进、设施多么完善，危险始终不会消失，人、机和环境综合功能的残缺始终存在。

4. 安全的局部稳定性

安全的因素是复杂的巨系统，绝对安全是不可能的，但有条件的局部安全则是可能的、必需的。只要利用系统工程原理调节、控制安全的 3 个要素，就能实现局部稳定的安全。安全协调运转正如可靠性及工作寿命一样，有一个可度量的范围，其范围由安全的局部稳定性决定。

5. 安全的经济性

安全的经济性主要体现在以下 3 个方面。

（1）安全需要投入，才能有保障安全的基本条件，如防护设施、机械设备、劳保用品及教育培训等。

（2）安全能直接减轻或免除事故或危害给人、社会和自然造成的伤害，减少损失。

（3）科学技术不仅通过维护和保障生产安全的运转来提高生产效率，而且能保障劳动条件和维护经济增值过程，实现间接为社会增值，即安全的社会价值。

6. 安全的复杂性

生产中安全与否的实质，是人、机、环境及其相互关系的协调。安全活动也包括人的思维、心理、生理及与社会的关系等。这是一个自然与社会结合的开放性的巨系统，系统中包含无穷多层次的安全和不安全矛盾，相互间形成极为复杂的结构和功能，同时与外部世界又有多种多样的联系，存在多种相互作用，使构成安全系统的安全元素和与安全有关的因素也纷繁交错，所以安全具有复杂性。

7. 安全的社会性

安全与社会的稳定直接相关。无论是人为的灾害还是自然的灾害，如生产中出现的伤亡事故，交通运输中的车祸、空难，家庭中的伤害及火灾，产品对消费者的危害，药物与化学产品对人健康的影响，甚至旅行、娱乐中的意外伤害等，都将给个人、家庭、企事业单位或社团群体带来心灵和物质上的危害，成为影响社会安定和经济发展的重要因素。安全的社会性的另一个重要方面还体现在对各级行政部门以及对国家领导人或政府高层决策者的影响。"安全第一，预防为主，综合治理"，反映在国家的法令、各部门的法规及职业安全与卫生的规范标准中，从而使社会和公众在安全方面受益。

8. 安全的潜隐性

对各类事物的安全本质和运动变化规律的把握程度，总是受人的认识能力和科技水平限制的。广义安全的含义，不仅考虑不死、不伤、不危及人的生命和躯体，还必须考虑不对人的行为、心理造成精神伤害。如何掌握伤害程度的界限及确定公众能接受的安全标准有待研究，各种医药、人工合成材料、生物工程产品、遗传工程产品等均有许多潜在危害，需要人们去专门研究。客观上的安全由明显的和潜隐的两种安全因素组成，它包括能识别、感知和控制的安全和无把握控制的模糊性安全。安全的潜隐性是指控制多因素、多媒介、多时空、交混综合效应而产生的潜隐性安全程度。人们总是努力使安全的潜隐性转变为明显性，以便于预防事故，实现安全。

1.2 建筑施工安全的定义

建筑施工安全是一门综合性科学，包括建筑施工安全技术、建筑施工安全管理和建筑施工职业健康与卫生。

建筑施工安全技术是研究建筑施工过程中存在的各种事故因素及其发生、发展和作用方式，并采取相应的技术和措施，及时消除、阻止、抑制其孕育和启动，以避免事故发生的技术。建筑施工安全技术既是施工技术的重要组成部分，又有其自身科学体系，是一门处于发展中的新兴技术领域。

建筑施工安全管理包括行政管理、行业管理和约定管理，它是指建设行政主管部门、建设安全监督管理机构、建筑施工企业及其员工对建筑安全生产过程中的安全工作进行计划、组织、指挥、控制、协调、监督等一系列致力于满足建筑施工安全的管理活动，其管理的内容涉及建筑施工的各个环节。建筑施工企业在安全管理中必须坚持"安全第一，预防为主，综合治理"的方针，制定安全制度、计划和措施，完善安全生产组织管理体系和检查体系，加强施工安全管理。做到思想认识上警钟长鸣、制度保证上严密有效、技术支撑上坚强有力、监督检查上严格细致、事故处理上严肃认真。

建筑施工职业健康与卫生是指为了确保职工在建筑施工生产过程中的健康与卫生而采取的技术措施和管理活动。它以职工的健康在职业活动过程中免受有害因素侵害为目的，其中包括劳动环境对劳动者健康的影响以及防止职业性危害的对策。只有创造合理的劳动工作条件，才能使所有从事劳动的人员在体格、精神、社会适应等方面都保持健康。只有防止职业病和与职业有关的疾病，才能降低病伤缺勤，提高劳动生产率。因此，职业卫生实际上是指对各种工作中的职业病危害因素所致损害或疾病的预防，属预防医学的范畴。由于建筑行业职业健康与卫生问题规模较小，因此其产生的真实后果容易被大多数人所忽视，事实上，施工过程中的粉尘、噪声、高温、寒冷、潮湿、辐射等都会对施工作业人员的健康产生危害。

以上3个方面，建筑施工安全技术属于技术科学范畴，安全管理属于管理科学范畴，而职业健康与卫生属于预防医学的范畴。因此，建筑施工安全是一门包括技术、管理和预防医学的综合性科学。

1.3 建筑施工的特点

建筑业是我国国民经济的支柱产业，在国民经济体系中占有重要的战略地位，与整个国家经济的发展、人民生活水平的改善与提高有着密切的关系。其产业规模在国民经济中占有较大份额，并起着支撑作用。新中国成立70年来，随着我国经济建设的大规模进行，建筑业迅速发展，产值规模不断扩大。2018年，全国建筑业完成总产值23.5万亿元，是1952年的4124倍，年均增长13.4%。建筑业在国民经济中的比例不断提高。2018年，建筑业增加值达到6.2万亿元，是1978年的445倍，年均增长16.5%，占GDP的比例为6.9%；建筑业增加值对GDP的贡献率为8.2%，比1979年提高6.8个百分点。建筑业完成了一系列关系国计民生的重大基础建设工程，极大地改善了人们住房、出行、通信、教育、医疗等条件。在建造能力不断增强的同时，建筑业的发展也带动了相关产业的繁荣发展。统计表明，仅房屋建筑工程所需要的建筑材料就有76大类、2500多个规格、1800多个品种，涉及建材、冶金、化工、电子、运输等多个相关产业的产品和服务，因此，建筑业能够吸收大量的物质产品，从而带动许多相关部门的生产。但施工过程中存在着诸多不安全因素，所以，安全生产问题一直困扰着建筑施工企业，并影响和制约了企业的发展与稳定，同时也被社会群体所密切关注。安全生产问题不仅贯穿于项目施工的始终，也是工程管理中不可或缺的重要部分。

建筑行业的危险系数较其他行业高，工伤事故发生率较高，事故发生后财产损失较大，短时间内难以恢复或无法恢复，是人们常说的六大"高危行业"（煤矿、非煤矿山、建筑施工行业、危险化学品行业、烟花爆竹行业以及民用爆破行业等）之一。在建筑施工过程中涉及职业伤害、消防、交通运输、用电、起重和高处作业等各类安全技术，建筑施工现场历来为伤亡事故高发区域，受到党和国家的高度重视。

1. 产品固定致使作业环境有限

无论是房屋建筑、市政工程，还是公路、铁路、水利工程等，只要建设工程项目选址确定后，所有的建设活动都是在所选定的地点进行，从而造成了在有限的施工场地上集中了大量的工人、材料、机械、设备等，导致必须在有限的时间和空间上集中大量的人力、物资、机具进行交叉作业。特别是近年来，建筑物的高度逐渐增加，基坑逐渐加深，但由于受周围既有建筑、地下管线以及道路交通等诸多条件的限制，施工场地却变得更加狭窄，从而导致施工场地与施工条件要求的矛盾日益突出，多工种交叉作业增加，致使机械伤害、物体打击等伤亡事故逐渐增多。

2. 露天作业导致工作条件恶劣

建设工程施工大多是在露天的场地上完成的，从场地平整、土石方开挖、基础工程、主体结构、装饰装修直至竣工验收，露天作业量约占整个工程量的70%，受风吹、日晒、高温、寒冷、雨雪等恶劣气候的影响，工作环境相当艰苦，极易发生伤亡事故。

3. 建设工程体积庞大导致施工作业的高空性

建设工程一般体积庞大，如房屋建筑，一般层高约为3m，从一层到十几层甚至几十层，整个房屋的高度达到几十米乃至数百米。因此，建筑工人要在十几米甚至数百米处从事高空露天作业，受气候的影响非常大，瞬间的疏忽都会导致高处坠落等伤亡事故的发生。

4. 人员的流动性增加了管理的难度

由于建设产品的固定性，当某一产品完成后，施工单位就必须转移到新的施工地点去，施工队伍中的人员流动相当大，参与施工人员的数量从几十人到几百人不等，某些大型项目的参与人员达到上千人甚至几千人，在部分施工人员由于各种原因退出的同时，新的工人也不断加入到施工队伍中来，从而导致施工人员流动性大，很多工地上的建筑工人大多是外来务工人员，文化水平不高，整体素质相对较低，往往存在安全意识淡薄、自我保护能力较弱以及安全作业技术欠缺等问题。要求安全管理措施必须及时、到位，由此带来对施工队伍安全管理的难度增加。

5. 手工操作多对个体的劳动保护提出了更高要求

尽管目前推广应用先进科学技术，出现了大模、滑模、大板等施工工艺，机械设备代替了部分人工劳动，但从整体建设活动来看，建筑施工过程中手工操作的比例仍然很高。不同规模的项目，工人的体力消耗很大，劳动强度相当高。到目前为止，建筑施工还是一个重体力行业。尤其在比较恶劣的自然环境下，施工工人的手工操作多，体能耗费大，劳动时间和劳动强度都比其他行业大，其职业危害更加严重，从而带来了个人劳动保护的艰巨性。

6. 工艺多变要求措施和管理必须予以保证

一项建设工程，从土石方开挖、基础工程、主体结构到装饰装修，每道工序的施工方法和施工工艺不尽相同。尽管具有一定的规律性，但由于受施工时间、施工场地以及建设产品的多样性和施工工艺的复杂多变性等诸多因素的影响，其不安全因素也各不相同。同时，随着工程建设进度，施工现场的不安全因素也随之变化，由此要求施工单位必须针对工程进度和施工现场实际情况，及时采取相应的技术措施和管理手段保证施工生产的顺利进行。

1.4 我国建筑施工安全现状

1.4.1 我国建筑施工安全的发展历程

安全生产关系到人民群众的生命财产安全和社会的长治久安，党和政府一直高度重视安全生产工作。自新中国成立以来，我国在安全科学的研究与应用方面取得了显著进步，但由于客观原因以及各个历史时期工作的重点不同，总体发展并不平衡。纵观新中国成立以来建筑安全的发展历程，可分为以下 5 个阶段。

1. 第一阶段（1949—1957 年）

这一阶段是安全管理制度建立和发展阶段，是从三年恢复时期到"一五"时期。1956年，国务院颁布了《工厂安全卫生规程》《建筑安装工程安全技术规程》和《工人职员伤亡事故报告规程》，这 3 个规程主要是根据三年恢复时期和"一五"期间的建设情况，同时借鉴了苏联的一些工作经验而制定的，是新中国工程建设安全管理的一个重要里程碑，极大地推动了劳动保护工作的发展，安全情况最好的 1957 年万人死亡率减少到了 1.67，每 10 万 m^2 房屋建筑死亡率为 0.43，劳动保护工作取得了较为显著的成绩。

2. 第二阶段（1958—1976 年）

这一阶段基本上处于停顿时期。1958 年开始，建设中不按客观规律办事，盲目赶工期，破坏了正常的生产秩序，使得安全情况渐趋恶化。例如，1958年的万人死亡率达到了5.60，是1957年的3.35倍。经过20世纪60年代初期三年的经济调整，1965年安全形势有所好转，万人死亡率下降到1.65，恢复到了1957年的水平。在1960—1966年间，全国共编制和颁布了16个设计、施工标准和规范。这些标准和规范是我国第一批正式颁布的国家建筑标准和规范。三年经济调整之后，在总结新中国成立以来生产企业劳动保护管理的经验教训，特别是总结1958年劳动保护工作受到严重冲击的教训的基础上，国务院在1963年制定并颁布了《国务院关于加强企业生产中安全工作的几项规定》（简称"五项规定"）。这几项规定自颁布以来，除对个别条文作了修改和补充外，一直指导着我国的劳动保护工作。到了1966年，建筑业法制建设和制定建筑标准及规范的工作受到了严重破坏，建筑安全状况再度恶化，死亡3人以上的重大事故和死亡10人乃至百人以上的特大事故不断发生，伤亡人数急剧增加。1970年，万人死亡率达到7.50%。1971年，仅施工中死亡人数就达到2999人，重伤9680人，一些工程质量和伤亡事故的后果之严重是新中国建立以来少见的。在此期间，大量合理的规章制度和多年来经过实践检验的科学规定被撤销，资料散失，安全管理工作基本上陷于停顿状态。

3. 第三阶段（1977—1992年）

这一阶段属于调整恢复阶段，建筑安全生产立法逐渐走上正轨。在党中央、国务院发布的《中共中央关于认真做好劳动保护工作的通知》中，重申执行"三大规程"和"五项规定"的重要意义。原国家建设工程总局1980年颁布了《建筑安装工人安全技术操作规程》，此后又针对高处坠落、物体打击、触电等事故多发的情况，于1981年提出了防治高空坠落等事故的十项安全技术措施。建设部成立以后，又相继颁布了《关于加强集体所有制建筑企业安全生产的暂行规定》《国营建筑企业安全生产条例》等规定办法。自20世纪90年代以来，建设部又先后颁布了《工程建设重大事故报告和调查程序规定》《建筑安全生产监督管理规定》《建设工程施工现场管理规定》等部门规章，以及大量的技术标准和规范。可以说，这一阶段是建筑安全生产立法在经过多年徘徊和停滞后，全面恢复，重新建章立制的承上启下的重要阶段。

4. 第四阶段（1993—2002年）

这一阶段是充实提高阶段。党的十四大明确提出在我国建立社会主义市场经济，以此为契机，我国建筑安全生产法规体系又向前迈进了一大步。《实施工程建设强制性标准监督管理规定》《建筑业企业资质管理规定》《建筑工程施工许可管理办法》等与建筑安全生产相关的部门规章相继出台。1997年11月，《中华人民共和国建筑法》正式颁布，为解决建筑活动中存在的突出问题提供了强大的法律武器。该法第五章专门就建筑安全生产管理进行了规定，这是我国规范建筑安全生产的最重要法律文件之一。2001年，第九届全国人大常委会第二十四次会议批准我国加入国际劳工组织《建筑业安全卫生公约》（第167号公约），这标志着我国建筑安全生产法规体系开始与国际接轨。2002年11月，《中华人民共和国安全生产法》正式实施，标志着我国安全生产正式纳入法制化管理轨道，也为进一步加强建筑安全生产管理、防止和减少建筑生产事故发生指明了新的方向。与此同时，建筑安全生产标准建设的步伐也进一步加快，《建筑施工安全检查标准》等重要标准相继出台。各地方关于建筑安全生产的立法发展也很快。北京、天津、上海、云南、内蒙古、山西、安徽、河北、山东、湖北等地都颁布了建筑安全生产的地方性法规或政府规章。这一阶段是建筑安全生产管理适应社会主义市场经济的要求，不断充实、不断提高的阶段。

5. 第五阶段（2003 年至今）

这一阶段为发展完善阶段。2003 年 11 月，《建设工程安全生产管理条例》颁布实施，该条例是我国第一部规范建设工程生产的行政法规，它确立了建设工程安全生产监督管理的基本制度，是工程建设领域贯彻落实《中华人民共和国建筑法》和《中华人民共和国安全生产法》的具体表现，标志着我国建筑安全生产管理进入法制化、规范化发展时期。该条例的颁布实施，对于规范和增强建筑活动各方主体的安全行为和安全责任意识，强化与提高政府安全监督和依法行政能力，保障建筑行业从业人员和广大人民群众的生命财产安全，具有十分重要的意义。2004 年 1 月 13 日，《安全生产许可证条例》颁布，确立了建筑施工企业的安全生产行政许可制度，进一步提高了建筑施工企业等高危企业市场准入条件，加强了对施工企业安全生产的监管力度。住房与城乡建设部随后也颁布了《建筑施工企业安全生产许可证管理规定》。2004 年 1 月 9 日公布的《国务院关于进一步加强安全生产工作的决定》，进一步明确了安全生产工作的指导思想、目标任务、工作重点和政策措施，对做好新时期的安全生产工作具有十分重要的指导意义。2014 年 8 月 31 日，新修订的《中华人民共和国安全生产法》在第十二届全国人民代表大会第十次会议上通过。本次修订的主要内容是：强化落实生产经营单位主体责任；完善政府监管措施，加大监管力度；强化责任追究，加重处罚力度。新法更加明确、具体，具有较强的可操作性；贯彻和体现了党中央近年来关于加强安全生产工作的要求，符合当前安全生产工作的实际和经济社会发展的需要。在建筑安全技术标准规范方面，相继颁布了《建筑拆除工程安全技术规范》（JGJ 160—2016）、《施工企业安全生产评价标准》（JGJ/T 77—2010）、《建筑施工现场环境与卫生标准》（JGJ 146—2013）、《施工现场临时用电安全技术规范》（JGJ 46—2005）等一系列规范及标准。这一阶段，党和政府对安全生产工作给予了前所未有的关注和重视，我国建筑安全生产法规体系也得到了前所未有的大发展，一方面建章立制，根据法律制定行政法规和部门规章，另一方面又修改完善有关规章制度，初步构建了我国安全生产法规体系的框架。

从历史回顾可以看出，自新中国成立以来，特别是改革开放以来，我国在建筑安全生产方面取得了巨大的进步。首先明确了"安全第一，预防为主，综合治理"的安全生产方针；其次明确了生产经营单位负责、职工参与、政府监督、行业自律和社会监督的安全生产管理体制。而在颁布实施的《中华人民共和国安全生产法》等法律法规中，明确了各从业主体的安全责任。此外，我国已初步建立了安全生产监管体系，安全生产监督管理得到不断加强。同时对重点行业和领域开展了安全生产专项整治，生产经营秩序和安全生产条件有所改善，安全生产状况总体上趋于稳定好转。

1.4.2 我国建筑施工安全现状

随着《中华人民共和国安全生产法》《中华人民共和国建筑法》《建设工程安全生产管理条例》《安全生产许可证条例》、国务院关于《特大安全责任事故行政责任追究的规定》

以及《建筑工程安全生产监督管理工作导则》《建筑施工企业安全生产管理机构设置及专职安全生产管理人员配备办法》等一系列法律、法规的陆续实施，安全生产的法制建设得到不断加强。据统计，我国自新中国成立以来颁布并实施的有关安全生产、劳动保护等方面的主要法律法规约达 300 余项。为建设工程安全生产管理提供了良好的法制环境，使依法行政、依法管理有了法律保证。

但是，建筑施工安全生产现状依然严峻。表 1-1 列出了 2009—2018 年我国建筑施工安全事故情况统计。

表 1-1 2009—2018 年我国建筑施工安全事故情况统计

年份	数量/起	死亡/人	每起事故死亡人数/(人/起)	较大及以上事故情况			
				数量/起	占总数比例/%	死亡/人	占总数比例/%
2009	684	802	1.17	29	4.63	128	16.58
2010	627	772	1.23	29	4.63	125	16.19
2011	589	738	1.25	25	4.24	110	14.91
2012	487	624	1.28	29	5.95	121	19.39
2013	528	674	1.28	29	5.49	105	15.58
2014	522	648	1.24	25	4.79	102	15.74
2015	442	554	1.25	22	4.98	85	15.34
2016	634	735	1.16	27	4.26	94	12.79
2017	692	807	1.17	23	3.32	90	11.15
2018	734	840	1.14	22	3.00	87	10.36

由表 1-1 可以看出，尽管近年来较大及以上事故的占比基本呈下降趋势，但每年事故的数量及死亡人数依然居高不下。这些事故的发生，不但给企业造成严重的经济损失，影响企业声誉，制约企业的生存和发展，同时还会给家庭带来不幸，甚至会影响社会的稳定。分析事故发生的原因，主要有以下几个方面。

（1）有的建设单位不执行有关法律、法规，不按建设程序办事。将工程肢解发包，签订阴阳合同、霸王条款，要求垫资施工，拖欠工程款，造成安全生产费用投入不足，严重削弱了施工现场安全生产防护能力，致使安全防护、安全设施等很难及时到位，再加上强行压缩合同工期导致的交叉施工和疲劳作业，为事故的发生埋下了隐患。

（2）部分监理单位没有严格按照《建设工程安全生产管理条例》的规定，认真履行安全监理职责。还停留在过去"三控两管一协调"的老的工作内容和要求上，只重视质量，不重视安全，对有关安全生产的法律法规、技术规范和标准还不清楚、不熟悉、不掌握，不能有效地开展安全监理工作，法律法规规定的监理职责和安全监管作用得不到发挥，形同虚设。

（3）一些施工企业安全生产基础工作薄弱，安全生产责任制不健全或未落实，目标管理不到位。没有相应的施工安全技术保障措施，缺乏安全技术交底，有的企业甚至把施工任务通过转包、违法分包或以挂靠的形式承包给一些根本不具备施工条件或缺乏相应资质的队伍和作业人员，给安全生产带来极大隐患。

（4）有的地方建设工程安全生产监督机构人员缺编，没有经费来源，没有处罚依据，安监站的安全监督作用未得到充分发挥。

（5）从业人员整体安全素质不高。大部分一线作业人员特别是农民工安全意识不强，缺乏基本的安全知识，自我保护能力差。

（6）由于建筑市场竞争十分激烈，建设单位往往拒付施工企业安全措施费用。在工程造价中不计提安全施工设施费用，施工单位为了揽到工程而放弃了这部分费用，一旦中标，用于安全生产的必要设备、器材、工具等无力购置，于是能省则省，导致施工现场十分混乱，大大增加了安全事故发生的可能性。

（7）各类开发区、工业园区、招商引资项目、个体投资项目及城中村、新农村改造工程违法违规现象严重。部分工程无规划定点，无用地许可证，无施工许可证，无招投标手续，无质量安全监督手续，未进行施工图纸审查便进行施工，从源头上给建设工程带来了事故隐患。

（8）大多数施工企业还不能有效利用先进的管理技术和信息技术提高管理水平，对信息化管理技术认识不到位、资金不落实，从而导致管理手段、管理方法、管理技术严重滞后于社会的发展和行业的需求。

建筑安全生产工作的核心是加强企业安全生产责任制的落实，政府部门监管的核心是督促企业强化落实建筑安全生产主体责任。要采取一切必要措施，加强施工单位的安全管理能力，促进施工班组的安全保障能力，提高劳务人员的安全技术能力，充分发挥行业自律和社会监督作用。充分利用信息化管理手段建立诚信体系和不良记录，把企业市场行为、安全业绩和存在问题全部纳入信息化管理，与市场准入、资质资格、评优评先、行政处罚等直接挂钩。只有这样，建筑行业才能安全、健康、持续发展。

第 2 章　事故致因理论与建筑施工可靠性分析

2.1　事　故　的　含　义

由伯克霍夫对于事故的基本定义，可以得到事故的含义包括以下几点。

（1）事故是一种发生在人类生产、生活活动中的特殊事件，人类的任何生产、生活活动过程中都可能发生事故。

（2）事故是一种突然发生的、出乎人们预料的意外事件。由于导致事故发生的原因非常复杂，往往包括许多偶然因素，因而事故的发生具有随机性质。在一起事故发生之前，人们无法准确地预测在何时何地发生何种事故。

（3）事故是一种迫使进行着的生产、生活活动暂时或永久停止的事件。事故中断、终止人们正常活动的进行，必然给人们的生产、生活带来某种形式的影响。因此，事故是一种违背人们意志的事件，是人们不希望发生的事件。

实际上，事故这种意外事件除了影响人们的生产、生活活动顺利进行外，往往还可能造成人员伤害、财物损坏或环境污染等其他形式的严重后果。在这个意义上说，事故是在人们生产、生活活动过程中突然发生的、违反人意志的、迫使活动暂时或永久停止，可能造成人员伤害、财产损失或环境污染的意外事件。

2.2　事　故　致　因　理　论

"事故致因理论"也被称为"事故成因理论"和"事故模式理论"，它是用于阐明事故成因、始末过程和事故后果，并且揭示事故本质的理论，目的在于便于人们对事故现象的发生、发展进行明确的分析，进而指导事故预防。

事故致因理论的发展经历了 3 个阶段，即以事故倾向论和海因里希因果连锁论为代表的早期事故致因理论，以能量意外释放论为主要代表的第二次世界大战后的事故致因理论，以及现代的系统安全理论。几种具有代表性的事故致因理论概括如下文所述。

2.2.1　事故频发倾向理论和事故遭遇倾向理论

1. 事故频发倾向理论

1919 年，英国的格林伍德和伍兹把许多伤亡事故发生次数按照泊松分布、偏倚分布和非均等分布进行了统计分析。他们发现，当发生事故概率不存在个体差异时，一定时间内事故发生次数服从泊松分布。一些工人由于存在精神或心理方面的疾病，如果在生产操作过程中发生过一次事故，当再继续操作时，就有重复发生第二次、第三次事故的倾向，符合这种统计分布的主要是少数有精神或心理缺陷的工人，服从偏倚分布。当工厂中存在许多特别容易发生事故的人时，发生不同次数事故的人数服从非均等分布。

在此研究基础上，1939年，法默和查姆勃等提出了事故频发倾向理论。事故频发倾向是指个别人容易发生事故的、稳定的、个人的内在倾向。事故频发倾向者的存在是工业事故发生的主要原因，即少数具有事故频发倾向工人的存在是工业事故发生的原因。如果企业中减少了事故频发倾向者，就可以减少事故。

2. 事故遭遇倾向理论

第二次世界大战后，人们认为大多数工业事故是由事故频发倾向者引起的观念是错误的，而认为有些人较另一些人更容易发生事故是与他们从事作业的高危险性有关。因此，不能把事故责任简单地归结成工人的不注意，应该强调机械、物质的危险性质在事故致因中的重要地位。于是，出现了事故遭遇倾向理论。

高勃考察了6年和12年间两个时期事故频发倾向的稳定性，结果发现前后两段时间内事故发生次数的相关系数与职业有关，变化在−0.08～0.72的范围内。当从事规则的、重复性作业时，事故频发倾向较为明显。

明兹和布卢姆建议用事故遭遇倾向取代事故频发倾向的概念，认为事故的发生不仅与个人因素有关，而且与生产条件有关。

事故频发倾向侧重于容易发生事故的个人；事故遭遇倾向在关注到个人在事故中的定位的同时，也认为事故与生产作业条件有关。事故频发倾向的优点是在事故的预防中能从人出发，但同时这也是它的局限性，它忽略了人与生产环境的统一，而事故遭遇倾向就注意到了这点。但是，许多研究结果表明，事故频发倾向者并不存在，因此，事故频发倾向论事实上已被排除在事故致因理论当代论坛之外。但是在生活中，有的人性格和品行还是在一定程度上决定了他工作的责任心和细心程度，个别粗心乃至工作态度随便的人，更容易在工作时发生事故。所以，从职业适合性的角度来看，关于事故频发倾向的认识仍然有一定可取之处。

2.2.2 事故因果连锁理论

事故因果连锁理论认为，伤害事故的发生不是一个孤立的事件，尽管伤害可能发生在某个瞬间，却是一系列互为因果的原因事件相继发生的结果。在事故因果连锁论中，以事故为中心，事故的结果是伤害，事故的原因包括3个层次，即直接原因、间接原因和基本原因。

1. 海因里希因果连锁论

1931年，美国的海因里希在《工业事故预防》一书中的主要内容之一就是论述了事故发生的因果连锁理论，后人称其为"海因里希因果连锁理论"，它是最具代表性的事故致因理论之一。

在该理论中，海因里希借助多米诺骨牌形象地描述了事故的因果连锁关系，即事故的发生是一连串事件按一定顺序互为因果依次发生的结果。例如，一块骨牌倒下，则将发生连锁反应，使后面的骨牌依次倒下，所以又形象地称其为"多米诺骨牌理论"，如图2−1

所示。

海因里希模型的 5 块骨牌依次如下。

（1）遗传及社会环境（M）。遗传及社会环境是造成人缺点的原因。遗传因素可能使人具有鲁莽、固执、粗心等不良性格；社会环境可能妨碍教育，助长不良性格的发展。这是事故因果链上最基本的因素。

（2）人的缺点（P）。人的缺点是由遗传和社会环境因素所造成，是使人产生不安全行为或使物产生不安全状态的主要原因。这些缺点既包括各类不良性格，也包括缺乏安全生产知识和技能等后天的不足。

（3）人的不安全行为和物的不安全状态（H）。人的不安全行为或物的不安全状态是指那些曾经引起过事故，或可能引起事故的人的行为，或机械、物质的状态，它们是造成事故的直接原因。例如，在起重机的吊荷下停留、不发信号就启动机器、工作时间打闹或拆除安全防护装置等都属于人的不安全行为；无防护装置的传动齿轮、裸露的带电体或照明不良等都属于物的不安全状态。

（4）事故（D）。即由物体、物质或放射线等对人体发生作用受到伤害的、出乎预料的、失去控制的事件，如高处坠落、物体打击等使人员受到伤害的事件是典型的事故。

（5）伤害（A）。直接由于事故而产生的人身伤害。

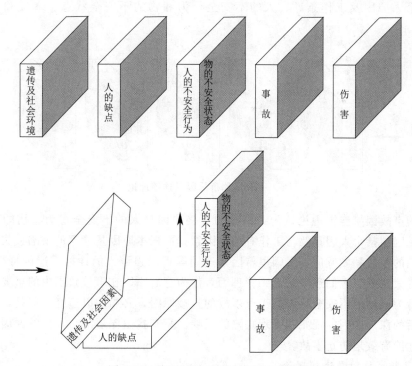

图 2-1　海因里希因果连锁理论示意图

该理论的积极意义在于，如果移去因果连锁中的任一块骨牌，则连锁被破坏，事故过程即被中止，达到控制事故的目的。海因里希还强调指出，企业安全工作的中心就是要移去中间的骨牌，即防止人的不安全行为和物的不安全状态，从而中断事故的进程，避免伤害的发生。同时，通过改善社会环境，使人具有更为良好的安全意识，加强培训，使人具有较好的安全技能，或者加强应急抢救措施，也都能在不同程度上移去事故连锁中的某一骨牌或增加骨牌的稳定性，使事故得到预防和控制。

当然，海因里希理论也有明显的不足，它对事故致因连锁关系描述过于简单化、绝对化，也过多地考虑了人的因素。但尽管如此，由于其的形象化和其在事故致因研究中的先导作用，使其有着重要的历史地位。

后来，博德、亚当斯等都在此基础上作了进一步的修改和完善，使因果连锁的思想得以发展，收到了较好的效果。

2. 博德事故因果连锁理论

在海因里希事故因果连锁中，把遗传和社会环境看作事故的根本原因，表现出了它的时代局限性。尽管遗传因素和人员成长的社会环境对人员的行为有一定的影响，却不是影响人员行为的主要因素。在企业中，如果管理者能够充分发挥管理机能中的控制机能，则可以有效地控制人的不安全行为和物的不安全状态。

博德在海因里希事故因果连锁理论的基础上，提出了反映现代安全观点的事故因果连锁理论，其核心是对现场失误的背后原因进行深入研究。博德的事故因果连锁过程同样为5个因素，但每个因素的含义与海因里希的都有所不同，5个因素分别是为管理的缺陷、个人原因及工作条件、人的不安全行为和物的不安全状态、事故和损失，如图2-2所示。

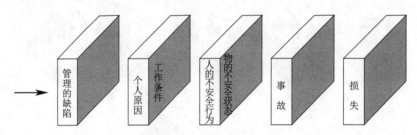

图 2-2　博德事故因果连锁理论

博德的事故因果连锁理论认为，事故的直接原因是人的不安全行为、物的不安全状态；间接原因包括个人因素及与工作有关的因素；而根本原因是管理的缺陷或失误。

与早期的事故频发倾向、海因里希因果连锁等理论强调人的性格、遗传特征等不同，第二次世界大战后，人们逐渐认识到管理因素作为背后原因在事故致因中的重要作用。人的不安全行为或物的不安全状态是工业事故的直接原因，必须加以追究。但是，它们只不过是其背后的深层原因的征兆和管理缺陷的反映。只有找出深层的、背后的原因，改进企业管理，才能有效地防止事故。

3. 亚当斯事故因果连锁理论

亚当斯提出了一种与博德事故因果连锁理论类似的因果连锁模型。在该理论中，事故和损失因素与博德理论相似。这里把人的不安全行为和物的不安全状态称为现场失误，其目的在于提醒人们注意不安全行为和不安全状态的性质。

该模型以表格的形式给出，见表2-1。

表 2-1			亚当斯事故因果连锁理论			
管理体系	管 理 失 误		现场失误	事 故	伤害损坏
目标 组织 机能	领导者在下述决策方面 失误或没作决策： 方针政策 目标 规范 责任 职级 考核 权限授予	安全技术人员在下述管 理方面失误或疏忽： 行为 责任 权限范围 规则 指导 主动性 积极性 业务活动	不安全行为 不安全状态	伤亡事故 损坏事故 无伤害事故	对人 对物

亚当斯理论的核心在于对现场失误的背后原因进行了深入的研究。操作者的不安全行为及生产作业中的不安全状态等现场失误，是由于企业领导和安全技术人员的管理失误造成的。管理人员在管理工作中的差错或疏忽、企业领导人的决策失误，对企业经营管理及安全工作具有决定性的影响。管理失误又由企业管理体系中的问题所导致，这些问题包括：如何有组织地进行管理工作，确定怎样的管理目标，如何计划、如何实施等。管理体系反映了作为决策中心的领导人的信念、目标及规范，它决定各级管理人员安排工作的轻重缓急、工作基准及指导方针等重大问题。

2.2.3 能量意外释放理论

1961 年，吉布森提出了解释事故发生物理本质的能量意外释放理论。他认为，事故是一种不正常的或不希望的能量释放，各种形式的能量是构成伤害的直接原因。因此，应该通过控制能量或控制伤人的媒介能量载体来预防伤害事故。1966 年，在吉布森研究基础上，美国运输部安全局局长哈登完善了能量意外释放理论，提出："人受伤害的原因只能是某种能量的转移"，并提出了能量逆流于人体造成伤害的分类方法。

哈登将伤害分为两类：第一类伤害是由于施加了局部或全身性损伤阈值的能量引起的，例如，球形弹丸以 4.9N 的冲击力打击人体时，最多轻微地擦伤皮肤，而重物以 68.9N 的冲击力打击人的头部时，会造成头骨骨折；第二类伤害是由影响局部或全身性能量交换引起的，主要指中毒、窒息和冻伤等。

能量意外释放理论从事故发生的物理本质出发，阐述了事故的连锁过程：由于管理失误引发的人的不安全行为和物的不安全状态及其相互作用，使不正常的或不希望的危险物质和能量释放，并转移于人体、设施，造成人员伤亡和（或）财产损失，如图 2-3 所示。人类在生产、生活中不可缺少的各种能量，如因某种原因失去控制，就会发生能量违背人的意愿而意外释放或逸出，使进行中的活动中止而发生事故，导致人员伤害或财产损失。从能量意外释放而造成事故的观点而言，事故可以通过减少能量和加强屏蔽来预防。控制好能量就是控制了工伤事故，管理好能量防止其逆流，也就是做好了安全生产管理。

能量意外释放论侧重于能量转移方向和能量转移路径，即能量转移到哪里、怎样转移。它的形成让人们对能量的了解有了进一步地深入，从事故的表面现象深入到事故的物理本质，从而能有效预防因能量转移而发生的事故。

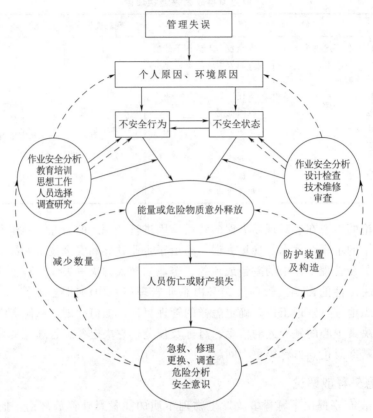

图 2-3 能量意外释放理论描述的事故连锁示意图

2.2.4 瑟利模型

瑟利模型是在 1969 年由美国人瑟利提出的一种典型的基于人体信息处理的人失误事故模型。

瑟利模型把事故的发生过程分为危险出现和危险释放两个阶段，这两个阶段各自包括一组类似人的信息处理过程，即感觉、认识和行为响应过程。在危险出现阶段，如果人的信息处理的每个环节都正确，危险就能被消除或得到控制；反之，只要任何一个环节出现问题，就会使操作者直接面临危险，如图 2-4 所示。

瑟利模型不仅分析了危险出现、释放直至导致事故的原因，而且还为事故预防提供了一个良好的思路。即要想预防和控制事故，首先，应采用技术手段使危险状态充分地显现出来，使操作者能够有更好的机会感觉到危险的出现或释放，这样才有预防或控制事故的条件和可能；其次，应通过培训和教育手段，提高人感觉危险信号的敏感性，包括抗干扰能力等，同时也应采用相应的技术手段帮助操作者正确地感觉危险状态信息，如采用能避开干扰的警告方式或加大警告信号的强度等；第三，应通过教育和培训的手段使操作者在感觉到警告之后，准确地理解其含义，并知道应采取何种措施避免危险发生或控制其后果，同时在此基础上，结合各方面的因素做出正确的决策；最后，则应通过系统及其辅助设施的设计使人在做出正确的决策后，有足够的时间和条件做出行为响应，并通过培训的

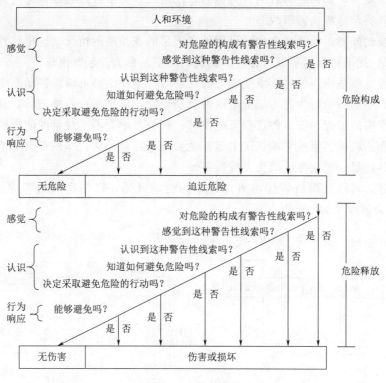

图 2-4　瑟利模型

手段使人能够迅速、敏捷、正确地做出行为响应。这样，事故就会在相当大的程度上得到控制，取得良好的预防效果。

与此类似的理论还有海尔模型、威格里沃思的"人失误的一般模型"、劳伦斯提出的"金矿山人失误模型"以及安德森等对瑟利模型的修正等。

这些理论均从人的特性与机器性能和环境状态之间是否匹配和协调的观点出发，认为机械和环境信息不断通过人的感官反映到大脑，人若能正确地认识、理解、判断，作出正确决策和采取行动，就能化险为夷，避免事故和伤亡；反之，如果人未能察觉、认识所面临的危险，或判断不准确而未采取正确的行动，就会发生事故和伤亡。由于这些理论把人、机、环境作为一个整体（系统）看待，研究人、机、环境之间的相互作用、反馈和调整，从中发现事故的致因，揭示出预防事故的途径，所以，也有人将它们统称为"系统理论"。

2.2.5　动态变化理论

1. 扰动起源事故理论（P 理论）

本尼尔（Benner）认为，事故过程包含着一组相继发生的事件，可以将生产活动看作一个自觉或不自觉地指向某种预期的或意外结果的事件链，它包含生产系统元素间的相互作用和变化着的外界影响。由事件链组成的正常生产活动，是在一种自动调节的动态平衡中进行的，在事件的稳定运行中向预期的结果发展。

在生产活动中，如果行为者的行为得当，则可以维持事件过程稳定地进行；否则，可能中断生产，甚至造成伤害事故。

生产系统的外界影响经常变化，可能偏离正常的或预期的情况。这里称外界影响的变化为"扰动"，扰动将作用于行为者。产生扰动的事件称为"起源事件"。

当行为者能够适应不超过其承受能力的扰动时，生产活动可以维持动态平衡而不发生事故。如果其中的一个行为者不能适应这种扰动，则自动平衡过程被破坏，开始一个新的事件过程，即事故过程。该事件过程可能使某一行为者承受不了过量的能量而发生伤害或损害，这些伤害或损害事件可能依次引起其他变化或能量释放，作用于下一个行为者并使其承受过量的能量，发生连续的伤害或损害。

综上所述，可以将事故看作由事件链中的扰动开始，以伤害或损害为结束的过程。图2-5所示为该理论的示意图。

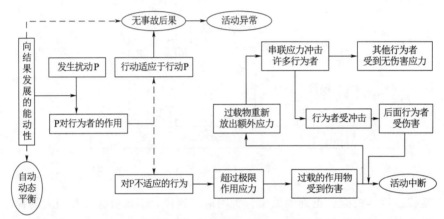

图2-5　扰动起源事故理论示意图

2. 变化—失误理论

约翰逊认为，事故是由意外的能量释放引起的，这种能量释放发生是由于管理者或操作者没有适应生产过程中物的或人的因素的变化，产生了计划错误或人为失误，从而导致不安全行为或不安全状态，破坏了对能量的屏蔽或控制，即发生了事故，由事故造成生产过程中人员伤亡或财产损失。图2-6所示为约翰逊的变化—失误理论框图。

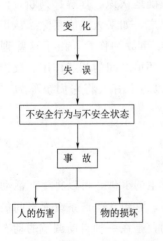

图2-6　约翰逊的变化—失误理论框图

2.2.6　轨迹交叉理论

轨迹交叉理论认为，伤害事故是许多相互联系的事件顺序发展的结果，事故的发生不外乎是人的不安全行为（或失误）和物的不安全状态（或故障）两大因素综合作用的结果，即人、物两大系列时空运动轨迹的交叉点就是事故发生所在，预防事故的发生就是设法从时空上避免人、物运动轨迹的交叉。轨迹交叉理论的示意图如图2-7所示。

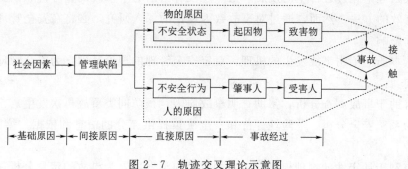

图 2-7 轨迹交叉理论示意图

轨迹交叉理论反映了绝大多数事故的情况。在实际生产过程中，只有少量的事故仅仅由人的不安全行为或物的不安全状态引起，绝大多数的事故是与二者同时相关的。例如，日本劳动省通过对 50 万起工伤事故的调查发现，只有约 9％的事故只与人的不安全行为有关，而只有约 4％的事故只与物的不安全状态有关。

轨迹交叉理论作为一种事故致因理论，强调人的因素和物的因素在事故致因中占有同样重要的地位。在实际工作中，应用轨迹交叉理论预防事故，可以从以下几个方面来考虑。

（1）防止人、物运动轨迹的时空交叉。如电气设备检修前，切断电源、挂牌、上锁、工作票制度地执行等。

（2）控制人的不安全行为。控制人的不安全行为的目的是切断轨迹交叉中行为的形成系列。人的不安全行为在事故形成过程中占有主导位置，人的行为受多方面的影响，如作业时间的紧迫程度、作业条件的优劣、个人心理素质、安全文化素质、家庭社会影响因素等。后期的安全行为科学、安全人机工程学等对控制人的不安全行为都有较深入的研究。

2.2.7　Reason 的复杂系统事故因果模型

James Reason 针对复杂系统并以医疗事故为研究对象分别于 1990 年和 2000 年提出了著名的纵深防御模型和 Swiss Cheese 模型。

Reason 在 Swiss Cheese 模型中不再强调对具体事故的因果路径分析，而只考虑预防系统的可靠性，指出"主动失误"和"潜在条件"造成的系统防御层上的漏洞是事故成因，但又没有说明这些漏洞是如何形成的，以及复杂系统所需要的防御层数。

2.2.8　系统理论事故模型

由莱文森建立的基于系统理论的事故模型 STAMP （Systems Theoretic Accident Model and Processes）从复杂性科学的角度出发，把安全看作在一定环境下系统元素相互作用而产生的涌现特性，而涌现特性受到与系统元素行为相关的约束的控制或强制。相应地，事故致因中除了机器故障和人失误外，还有元素之间非功能性的相互作用。系统元素之间非功能性相互作用引起的事故称为系统事故，其发生是由于缺乏适当的控制来约束元素之间的相互作用。相应的安全理念是，防止事故需要辨识和消除或者减轻系统元素之间不安全的相互作用，在系统开发、设计和运行过程中应加强控制和强化有关的安全约束。

事故致因理论经过近百年的发展，虽然还没有给出对于事故调查分析和预测预防方面的普遍和有效的方法。然而，通过对事故致因理论的深入研究，必将在安全管理工作中产生以下深远影响。

（1）从本质上阐明事故发生的机理，奠定安全管理的理论基础，为安全管理实践指明正确的方向。

（2）有助于事故调查分析，帮助查明事故原因，预防同类事故再次发生。

（3）为系统安全分析、危险性评价和安全决策提供充分的信息和依据，增强针对性，减少盲目性。

（4）有利于认定性的物理模型向定量的数学模型发展，为事故的定量分析和预测奠定基础，真正实现安全管理的科学化。

（5）增加安全管理理论知识，丰富安全教育内容，提高安全教育水平。

2.3　建筑施工可靠性分析

可靠性技术是为了分析由于机械部件的故障，或人的差错而使设备或系统丧失原有的功能或功能下降的原因而产生的学科，是提高产品质量的一种重要手段，已经渗透到了社会的各个领域，包括建筑、化工等方面。

现有的建筑施工安全领域的研究大多是从管理体制、施工人员素质、法律法规与安全文化建设等角度来研究建筑施工安全管理体系的构建。这些研究对于建筑施工安全管理具有非常重要的意义，但是却忽视了该体系整体的可靠性。在体系工作过程中，倘若某个环节失效或发生故障，从而导致整个体系瘫痪，将会给建筑施工带来不可估量的损失。

各种事件的发生概率一般都需要通过分析相关设备或单元以及人的可靠性来获得，这也是系统安全定量分析的基础。在建筑施工过程中，各作业组成人机系统。因此，研究该系统的可靠性必须从人、机、工作环境几个要素方面着手进行分析。

2.3.1　基本概念

1. 可靠性

可靠性指的是系统或设备在规定的条件下，在规定的时间内，完成规定功能的能力。

产品按从发生失效后是否可以通过维修恢复到规定功能状态，可分为可修复产品和不可修复产品，如汽车属于可修复产品、日光灯管属不可修复产品。

产品或产品的一部分不能或将不能完成预定功能的事件或状态称为"故障"。对于不可修复的产品，如电子元器件和弹药等，习惯上将"故障"称为"失效"。

可靠性定义中的"3个规定"是理解可靠性概念的核心，具体如图2-8所示。

"规定条件"包括使用时的环境条件和工作条件。产品的可靠性和它所处的条件关系极为密切，同一产品在不同条件下工作表现出不同的可靠性水平。一辆汽车在水泥路面上行驶和在砂石路上行驶同样里程，显然后者故障会多于前者，也就是说使用环境条件越恶劣，产品可靠性越低。

"规定时间"和产品可靠性关系也极为密切。可靠性定义中的时间是广义的，除时间

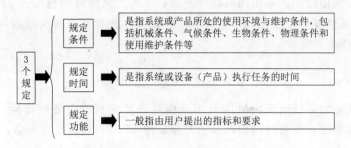

图 2-8 可靠性定义中的"3 个规定"

外，还可以是里程、次数等。同一辆汽车行驶 10000km 时发生故障的可能性肯定比行驶 1000km 时发生故障的可能性大。也就是说，工作时间越长，可靠性越低，产品的可靠性和时间的关系呈递减函数关系。

"规定功能"指的是产品规格说明书中给出的正常工作的性能指标。衡量一个产品可靠性水平时一定要给出故障（失效）判据，比如电视机图像的清晰度低于多少线就判为故障要明确定义，否则会引起争议。因此，在规定产品可靠性指标要求时，一定要对规定条件、规定时间和规定功能给予详细具体的说明。如果这些规定不明确，仅给出产品可靠度要求是无法验证的。

2. 可靠度

可靠度是可靠性的定量指标，指的是系统、设备或元件等在规定的时间（预定的使用周期）内和规定的条件下，完成其规定功能的概率，记为 $R(t)$。

可靠度的五要素和其定义相匹配，包括具体对象（系统、设备或元件等）、规定的条件、规定的时间、规定的功能和概率。

3. 维修度

维修度是指在规定的条件下使用的可修复产品发生故障后，在规定的时间 $(0, \tau)$ 内完成修复的概率，记为 $M(\tau)$。

4. 有效度

有效度（也叫可用度）是指可修复产品在规定的条件下使用时，在某时刻 t 具有或维持其功能的概率，记为 $A(t, \tau)$。

有效度 $A(t, \tau)$、可靠度 $R(t)$ 和维修度 $M(\tau)$ 的关系为

$$A(t, \tau) = R(t) + [1 - R(t)]M(\tau) \qquad (2-1)$$

实际上，对于不可修复的产品来说，有效度就等于可靠度。

2.3.2 可靠性度量指标

系统可靠度、维修度、有效度可以用概率来度量，也可以用时间或单位时间内的次数来度量。其中，MTTF、MTBF、MTTR 是体现系统可靠性的重要指标，并且有 MTBF = MTTF+MTTR。

1. 平均无故障时间

平均无故障时间（Mean Time To Failure，MTTF）指系统由开始工作到发生故障前

连续正常工作的期望时间。系统的可靠性越高，平均无故障时间越长。

设 N_0 个不可修复的产品在同样条件下进行试验，测得其全部失效时间为 t_1，t_2，…，t_{N_0}，其 MTTF 为

$$\text{MTTF} = \frac{1}{N_0} \sum_{i=1}^{N_0} t_i \qquad (2-2)$$

对于不可修复的系统而言，MTTF 为系统可靠度中极为重要的指标，常用于度量不可修复系统的可靠度，失效时间即产品的寿命，故 MTTF 也即平均寿命，计算公式为

$$\text{MTTF} = E(t) = \int_0^{+\infty} t \cdot f(t) \, \mathrm{d}t = -\int_0^{+\infty} t \mathrm{d}R(t) \qquad (2-3)$$

式中：$f(t)$ 为寿命为 t 的概率密度函数。

当产品的寿命服从指数分布时，有

$$\text{MTTF} = \int_0^{+\infty} \mathrm{e}^{-\lambda t} \, \mathrm{d}t = \frac{1}{\lambda} \qquad (2-4)$$

2. 平均故障间隔时间

平均故障间隔时间（Mean Time Between Failure，MTBF）指发生故障经修理后仍能正常工作，其在两次相邻故障间的平均工作时间。MTBF 仅适用于可修复产品，通常用来评估系统的可靠性和可维修性，MTBF 越长表示产品可靠性越高，正确工作能力越强。

3. 平均故障修复时间

平均故障修复时间（Mean Time To Repair，MTTR）指可修复系统出现故障到恢复正常工作平均所需的时间。MTTR 越短表示易恢复性越好。

对于可修复系统，在一个维修周期内，MTBF＝MTTF＋MTTR。

2.3.3 可靠度函数与故障率

系统可靠度、维修度、有效度可以用概率来度量，也可以用时间或单位时间内的次数来度量。

1. 可靠度函数

在一定的使用条件下，可靠度是时间的函数，即

$$R(t) = P(T > t) \qquad (2-5)$$

设可靠度为 $R(t)$，不可靠度为 $F(t)$，则

$$R(t) + F(t) = 1 \qquad (2-6)$$

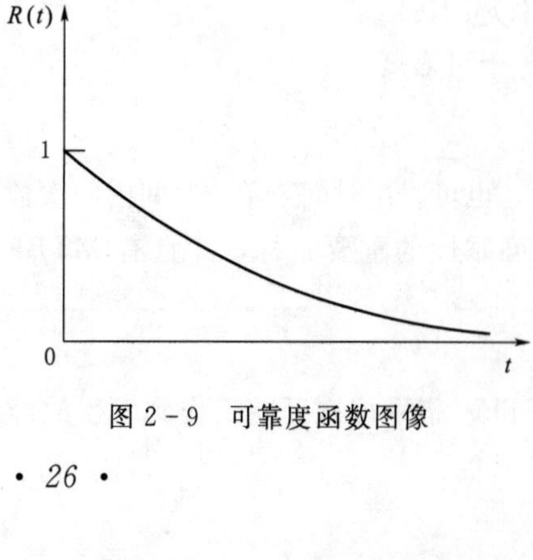

$R(t)$ 为一递减函数，如图 2-9 所示，易知 $R(t) = 1$，$R(\infty) = 0$。

假如在 $t=0$ 时有 N 件产品开始工作，而到 t 时刻有 $n(t)$ 个产品失效，仍有 $N-n(t)$ 个产品继续工作，则可靠度 $R(t)$ 的估计值为

$$R(t) = \frac{N - n(t)}{N} \qquad (2-7)$$

图 2-9 可靠度函数图像

2. 累积失效概率和失效概率密度

累积失效概率也称为不可靠度，记为 $F(t)$，

它是产品在规定的条件下和规定的时间内失效的概率，即 $F(t)=P(T\leqslant t)$。

失效概率密度是产品在包含 t 的单位时间内发生失效的概率，是累积失效概率对时间 t 的导数，记为 $f(t)$，计算公式为

$$\begin{cases} f(t) = \dfrac{\mathrm{d}F(t)}{\mathrm{d}t} = F'(t) \\ F(t) = \displaystyle\int_0^t f(x)\mathrm{d}x \end{cases} \tag{2-8}$$

假设 $n(t)$ 表示 t 时刻失效的产品数，$\Delta n(t)$ 表示在 $(t, t+\Delta t)$ 时间内失效的产品数，则可靠度累积失效概率 $F(t)$ 的估计值为

$$F(t)=\frac{n(t)}{N} \tag{2-9}$$

失效概率密度 $f(t)$ 为

$$f(t)=\frac{F(t+\Delta t)-F(t)}{\Delta t}=\frac{n(t+\Delta t)-n(t)}{N\Delta t}=\frac{\Delta n(t)}{N\Delta t} \tag{2-10}$$

3. 故障率

故障率（失效率）是指工作到 t 时刻尚未失效的产品在该时刻后的单位时间内发生故障的概率，也称为故障率函数，记为 $\lambda(t)$，即它反映 t 时刻失效的速率，也称为"瞬时失效率"。

由故障率的定义可知，在 t 时刻完好的产品，在 $(t, t+\Delta t)$ 时间内发生故障的概率为

$$P(t<T\leqslant t+\Delta t\,|\,T>t) \tag{2-11}$$

式 $(2-11)$ 表示 B 事件（$T>t$）发生的条件下，A 事件（$t<T\leqslant t+\Delta t$）发生的概率，可表示为 $P(A|B)$。

由 $R(t)$、$F(t)$ 和 $\lambda(t)$ 的定义可以推导得出式 $(2-12)$，即

$$\begin{aligned}
\lambda(t) &= \lim_{\Delta t\to 0}\lambda(t,\Delta t) = \lim_{\Delta t\to 0}\frac{P(t<T\leqslant t+\Delta t\,|\,T>t)}{\Delta t} \\
&= \lim_{\Delta t\to 0}\frac{P(t<T\leqslant t+\Delta t)}{P(T>t)\Delta t} = \lim_{\Delta t\to 0}\frac{F(t+\Delta t)-F(t)}{R(t)\Delta t} \\
&= \frac{F'(t)}{R(t)} = \frac{f(t)}{R(t)} = -\frac{R'(t)}{R(t)}
\end{aligned} \tag{2-12}$$

根据式 $(2-12)$，还可以推导得

$$R(t)=\exp\left[-\int_0^t \lambda(t)\mathrm{d}t\right] \tag{2-13}$$

失效率的观测值是在某时刻后单位时间内失效的产品数与工作到该时刻尚未失效的产品数之比。

设 $t=0$ 时有 N 个产品正常工作，到 t 时刻有 $N-n(t)$ 个产品正常工作，至 $t+\Delta t$ 时刻，有 $N-n(t+\Delta t)$ 个产品正常工作，则有

$$\lambda(t)=\frac{\Delta n(t)}{[N-n(t)]\Delta t} \tag{2-14}$$

$\lambda(t)$ 是一个非常重要的特征量，它的单位通常用时间的倒数表示。

但对目前具有高可靠性的产品来说，就需要采用更小的单位作为失效率的基本单位，因此失效率的基本单位用菲特（fit）来定义。

$1fit = 10^{-9}/h = 10^{-6}/1000h$，其意义是每 1000 个产品工作 $10^6 h$，只有一个失效。

失效率（或故障率）曲线反映产品总体个寿命期失效率的情况。典型的失效率曲线如图 2-10 所示，有时形象地称其为"浴盆曲线"。

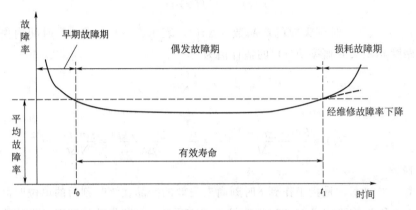

图 2-10 典型失效率曲线（浴盆曲线）

从浴盆曲线可以看出，失效率随时间变化可分为 3 段时期（表 2-2）。

（1）早期故障期。故障率曲线为递减型。产品投入使用的早期，故障率较高而下降很快，这主要由于设计、制造、贮存、运输等形成的缺陷，以及调试、跑合、启动不当等人为因素所造成的。当这些所谓先天不良的因素失效后且运转也逐渐正常，则失效率就趋于稳定，到 t_0 时失效率曲线已逐渐开始变平。t_0 以前称为早期故障期。针对早期故障期失效原因，应尽量设法避免，争取失效率低且 t_0 短。

（2）偶发故障期。故障率曲线为恒定型，即 $t_0 \sim t_1$ 间的失效率近似为常数。失效主要由非预期的过载、误操作、意外的天灾以及一些尚不清楚的偶然因素所造成。由于故障原因多属偶然，故称为"偶发故障期"。偶发故障期是能有效工作的时期，这段时间称为"有效寿命"。为降低偶发故障期的故障率而增长有效寿命，应注意提高产品的质量，精心使用维护。另外，还要考虑到产品的经济性。例如，加大零件截面尺寸可使抗非预期过载的能力增大，从而使失效率显著下降，然而过分地加大尺寸，将使产品笨重、不经济，往往也不允许。若偶发故障期设故障率 $\lambda(t) = \lambda$，则系统的可靠度为

$$R(t) = e^{-\int_0^t \lambda(t)dt} = e^{-\lambda t} \qquad (2-15)$$

（3）损耗故障期。故障率是递增型。在 t_1 以后失效率上升较快，这是由于产品已经老化、疲劳、磨损、蠕变、腐蚀等所谓有耗损的原因所引起的，故称为耗损故障期。如果在进入耗损故障期之前，进行必要的预防维修，如图 2-10 右侧虚线所示，它的故障率仍可保持在偶发故障期附近，从而延长产品的偶发失效期。当然，修复若需花很大费用而延长寿命不多，则不如报废更为经济。

表 2 - 2		故 障 率 曲 线 特 征	
曲 线 段	故 障 时 期	故 障 特 征	故 障 类 型
第一段曲线	早期故障	故障率随时间降低	递减型
第二段曲线	偶发故障	故障率低且平稳	恒定型
第三段曲线	损耗故障	故障率随时间增大	递增型

2.3.4 系统可靠度计算

系统的可靠度不仅取决于各子系统本身的可靠度，同时还取决于各子系统间的作用关系。根据各子系统间的作用关系可以将系统分为串联系统、并联系统和复杂系统（串-并联系统）。

1. 串联系统

系统中任何一个子系统发生故障，都会导致整个系统发生故障的系统，或者系统中每个单元都正常工作，系统才能完成其规定的功能，那么称这个系统为串联系统，如图 2 - 11 所示。

若用 R_i 表示串联系统中单元 i 的可靠度，n 为串联级数，则串联系统的可靠度 R_S 可表示为

$$R_S = \prod_{i=1}^{n} R_i \tag{2-16}$$

若有一系统 S，由 A 和 B 两个单元串联组成，如图 2 - 12 所示。A 和 B 的可靠度分别为 $R_A = 0.8$，$R_B = 0.9$，则系统 S 的可靠度 $R_S = 0.8 \times 0.9 = 0.72$。

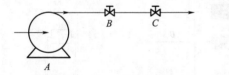

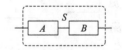

图 2 - 11　串联系统示意图　　图 2 - 12　AB 单元组成的串联系统 S 示意图

若用 λ_i 表示串联系统中单元 i 的故障率，n 为串联级数，则串联系统的故障率 $\lambda_{串联}$ 可表示为

$$\lambda_{串联}(t) = \sum_{i=1}^{n} \lambda_i(t) \tag{2-17}$$

式（2 - 16）和式（2 - 17）说明，串联系统任一单元失效时，就会引起系统失效，其失效是和事件；串联单元每个可靠时，系统才能可靠，是积事件。

另外，串联系统的寿命为单元中最小的寿命。

一般来说，提高串联系统可靠度可以从以下几个方面着手。

（1）提高各子系统的可靠度。

（2）减少串联级数。

（3）缩短任务时间。

2. 并联系统

只有当所有的单元都失效，系统才丧失其规定的功能，或者只要有一个单元正常工作，系统就能完成其规定功能，这种系统称为并联系统，如图 2-13 所示。

为了提高系统的可靠性，通常需要使系统的部分子系统乃至全部子系统有一定数量贮备，利用贮备提高系统可靠性最常用的办法就是采用并联结构的系统。

并联系统又可以分为热贮备系统和冷贮备系统两种。

（1）热贮备系统（冗余系统）。热贮备系统是指贮备的单元也参与工作，即参与工作的数量大于实际所必需的数量，这种系统又称"冗余系统"，如图 2-14 所示。

设系统各个单元的可靠性是相互独立的，各单元的不可靠度分别为 F_1、F_2、F_3、$\cdots$、F_n，各单元的可靠度分别为 R_1、R_2、R_3、$\cdots$、R_n，根据概率乘法定理可得系统不可靠度为

$$F_S = \prod_{i=1}^{n} F_i \tag{2-18}$$

则系统的可靠度为

$$R_S = 1 - \prod_{i=1}^{n} (1 - R_i) \tag{2-19}$$

可见，热贮备系统的可靠度不小于各并联单元可靠度的最大值。

若某系统为由两单元组成的热贮备系统 S_1，若两单元 A_1 和 A_2 的故障率分别为常数 λ_1 和 λ_2，如图 2-15 所示，则系统 S_1 的可靠度为

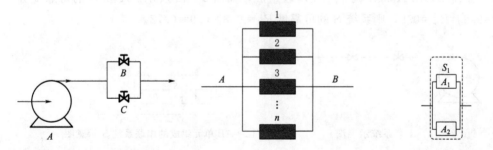

图 2-13　并联系统示意图　　图 2-14　热贮备系统　　图 2-15　热贮备系统 S_1 示意图

$$R_S = 1 - \prod_{i=1}^{n} (1 - R_i) = 1 - (1 - R_1)(1 - R_2) = R_1 + R_2 - R_1 R_2$$
$$= e^{-\lambda_1 t} + e^{-\lambda_2 t} - e^{-(\lambda_1 + \lambda_2)t} \tag{2-20}$$

若 $\lambda_1 = \lambda_2$，即 $R_1 = R_2$，则有

$$R_S = 2e^{-\lambda t} - e^{-2\lambda t} \tag{2-21}$$

则该系统的平均寿命为

$$Q_{S_1} = \int_0^{+\infty} R_S(t)\,\mathrm{d}t = \int_0^{+\infty} 2e^{-\lambda t} - e^{-2\lambda t}\,\mathrm{d}t = 1.5 \frac{1}{\lambda} = 1.5Q \tag{2-22}$$

另外，根据单元可靠度和系统可靠性的关系，通过赋值可得到表 2-3 的数据。

表 2-3　　　　　　　　　　　　　　　　并联系统可靠度分析

单元可靠度	冗余度	系统可靠度	可靠度提高效率/%
0.6	1	0.84	40
	2	0.936	11.4
0.7	1	0.91	30
0.9	1	0.99	10

由表 2-3 可以得到以下结论：当单元可靠度一定的情况下，随着冗余度的增加，系统可靠度的提高效率逐渐降低；在冗余度一定的情况下，系统可靠度的提高效率随着单元可靠度的增加而减小。

另外，按照在系统中所处的位置，冗余可分为部件级和系统级，两种冗余级别分别如图 2-16 和图 2-17 所示。

若两图中 A 和 B 的可靠度分别为 $R_{A_1} = R_{A_2} = 0.8$、$R_{B_1} = R_{B_2} = 0.9$，则可得部件级冗余系统的可靠度为 $R_{S部件} = [1-(1-0.8)^2][1-(1-0.9)^2] = 0.9504$，部件级冗余系统的可靠度为 $R_{S系统} = 1-(1-0.72)^2 = 0.9216$。由此可以得到结论：部件级冗余比系统级冗余效率高。

热贮备（冗余）技术一般是采用降额等其他方法不能满意地解决系统安全问题，或当改进产品所需的费用比采用冗余单元更多时采用的方法。采用冗余设计是以增加费用为代价来提高系统的安全性和可靠性的。

（2）冷贮备系统（旁联系统）。冷贮备系统指的是贮备的单元不参加工作，并且假定在贮备中不会出现失效，贮备时间的长短不影响以后使用的寿命。冷贮备系统如图 2-18 所示。

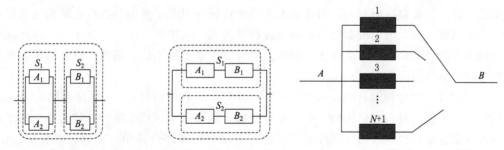

图 2-16　部件级冗余示意图　　图 2-17　系统级冗余示意图　　图 2-18　冷贮备系统示意图

若所有部件的故障率均相等且为 λ，则系统的可靠度为

$$R_S = e^{-\lambda t} \sum_{i=0}^{N} \frac{(\lambda t)^i}{i!} \tag{2-23}$$

系统的平均寿命是各单元平均寿命的总和，即

$$Q = \frac{N+1}{\lambda} \tag{2-24}$$

冷贮备系统的平均寿命是各单元平均寿命的总和。

串联系统的寿命为单元中最小的寿命，转换开关与贮备单元完全可靠的冷贮备系统的寿命为所有单元寿命之和。

在串联系统和并联（热贮备、冷贮备）系统中，冷贮备系统的可靠性最佳，串联系统的可靠性最差。

3. 复杂系统（串-并联系统）

在可靠性工程中经常遇到的系统并非单独的串、并联系统，而是一个具有复杂结构的网络系统，图2-19所示的汽车制动系统就是复杂系统。

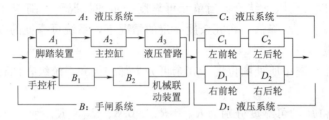

图 2-19　汽车制动复杂系统示意图

复杂系统可靠度求法主要有状态枚举法、全概率分解法、最小路集法、最小割集法、Monte-Carlo模拟法等。

2.3.5　人的工作可靠度预测

人的工作可靠度指的是作业者在规定的条件下和规定的时间内能成功完成规定任务的概率，它可作为可靠性的量化指标。

在建筑施工作业过程中所构成的人—机—环境系统中，除了物和环境要素外，人作为系统的重要组成部分，也直接影响着整个系统的可靠性。国内外由于人的操作不可靠所造成的建筑施工事故屡见不鲜。据统计，在现有的机器或系统故障中，有60%～80%的故障是由于人的失误所引起的，因此，人的可靠性研究引起了各国和各行业的高度重视。

在预测人机系统的可靠度时，必须分析计算人的工作可靠度。但由于人—机系统中人的可靠性的因素众多且随机变化，因此人的可靠性是不稳定的。因此，对人的可靠度进行定量计算也是很困难的。

人的可靠性分析（Human Reliability Analysis，HRA）技术的出现为解决上述问题提供了必要的途径，它以人因工程、系统分析、认知科学、概率统计、行为科学等诸多学科为理论基础，以对人的可靠性进行定性与定量分析和评价为中心内容，以分析、预测、减少与预防人的失误为研究目标的一门学科，近年来已逐渐形成一门新兴学科。

当前，人的可靠性分析方法包括人的失误率预测技术（THERP）、人的认知可靠性模型（HCR）、THERP＋HCR模式和成功似然指数法（SLIM）等。

1. 人的工作差错

人在工作中难免发生差错，归纳起来可分为五类。

（1）未履行职能。

（2）错误地履行职能。

（3）执行未赋予的分外职能。

（4）按错误程序执行职能。

（5）执行职能时间不对。

2. 人的差错概率（HEP）

人的差错概率 HEP 的计算公式为

$$HEP=\frac{e}{E} \qquad (2-25)$$

式中：e 为工作中发生的差错数；E 为工作中可能发生差错的机会数。

人的工作可靠度 R_M 与人的工作差错概率是互逆的，所以人的工作可靠度可用人的工作差错概率来计算，即

$$R_M=1-HEP=1-\frac{e}{E} \qquad (2-26)$$

式（2-25）和式（2-26）中，e 和 E 的具体数据可以通过以下途径获得。

（1）收集紧急状态时的全部运转记录。

（2）收集全部正常业务、保养、校正、定期检验、启动停止时人的差错记录，引起差错的具体条件。

（3）收集模拟的正常业务、非正常业务方面的人的差错的潜在来源。

（4）专家的经验判断。

每个任务的人因失误概率（HEP）值可以从人因手册中查出，表 2-4 列出了手动控制系统操作差错概率。

表 2-4　　　　　　　　　手动控制系统操作差错概率

作　　业	HEP
从只用标号表示的同型操作器中进行选择的差错	0.003（0.001～0.01）
从按功能分类的操作器中进行选择的差错	0.001（0.0005～0.001）
操纵台上的操作器选择差错	0.0006（0.0001～0.001）
按错误的方向旋转（常识性的旋转方向）	0.0006（0.0001～0.001）
按错误的方向旋转（与常识性的旋转方向相反）	0.05（0.005～0.1）
在高应力状态，按错误方向旋转（与常识性旋转方向相反）	0.01（0.001～0.005）

3. 计算人的工作可靠度的差错概率法

运用差错概率法预测人的工作可靠度的一般程序如图 2-20 所示，具体如下所述。

（1）明确系统故障的判定标准。

（2）进行作业分析，评价基本动作间的相互关系。

（3）估计人的差错概率。

（4）求系统故障率，评价人的差错对系统故障的影响。

（5）重复前四步工作，改进人—机系统的特征值，直至达到可允许的范围。

在上述过程中，常借助人的失误率预测技术（THERP）中的概率树法来完成分析任务。

（1）绘制人的差错概率树图。A、B 两项作业，作业程序为：①执行作业 A；②执行作

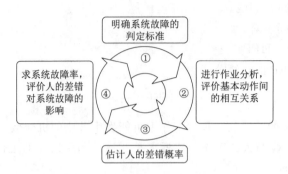

图 2-20　差错概率法预测人的工作可靠度的一般程序

业 B；③只有 A、B 作业均成功完成，整个作业才能成功完成，即该作业过程为串联作业。

　　根据上述条件，可以绘制出相应的人的差错概率树，各作业过程的概率以字母标示在差错概率树上，如图 2-21 所示。

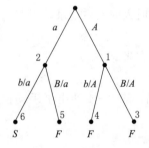

图 2-21　人的差错概率树

　　（2）计算成功、失败的概率。根据对图 2-21 的分析，可得出以下结论。

　　• 整个作业活动成功的概率为 $P(S)=a \times b/a$。

　　• 整个作业活动失败的概率为 $P(F)=a \times B/a+A \times b/A+A \times B/A$。

　　在人的差错概率树中，某项子任务成功或失败的概率由基本 HEP（BHEP）表示，它可依据该项子任务的动作类型，由相关的 THERP 表格查找而得。

　　需要注意的是，上述计算过程还要依据实际情况进行修正，包括形成因子（PSF）修正和依存水平修正两个方面。

　　1）形成因子修正。由于在人的差错概率树中，人的失误概率因人员素质、事件背景等方面的差异存在很大差别，因此为了得到在人的差错概率树中子任务的实际概率 HEP，一般要根据操作内容、环境等因素进行行为形成因子（PSF）修正，一般的修正可用以下通式表示，即

$$HEP=BHEP \cdot (PSF)_1 \cdot (PSF)_2 \qquad (2-27)$$

　　目前，PSF 的值还没有详细数据，其值一般很难确定，目前决定这些修正值时带有很大的经验性和专家的判断。

　　2）依存水平修正。在 THERP 模型中，整个作业的成功概率会显著受 A、B 作业是否独立的影响，即需要考虑两个作业间的依存性。按照《Swain》手册中提供的方法，可将任务之间依存性分为 5 个水平，即无依存（ZD）、低度依存（LD）、中度依存（MD）、高度依存（HD）和完全依存（CD）。相应的人因失误概率计算公式见表 2-5，表中 $P(B/A)$ 表示在 A 作业失败后 B 作业失败的条件概率。

表 2-5　　　　　　　　　两个作业间的依存性与人因失误概率计算公式

依存性	ZD	LD	MD	HD	CD
$P(B/A)$	$P(B)$	$[1+P(B)]/2$	$[1+6P(B)]/7$	$[1+19P(B)]/20$	1

另外，人发生工作差错后，马上发觉并改正，称为"回复"。

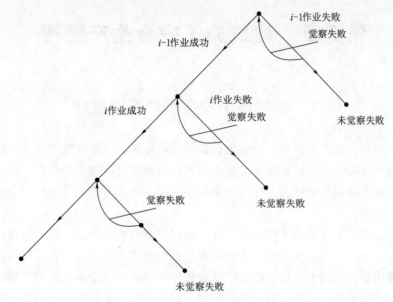

图 2-22　存在"回复"行为的人的作业过程差错概率树

如图 2-22 所示，存在"回复"行为的作业成功的概率为

$$R_i = \frac{R_{bi}}{1 - F_{bi}S_i}\qquad\qquad(2-28)$$

式中：R_i 为第 i 号作业最终成功完成的概率；R_{bi} 为第 i 号作业初始成功概率，即不考虑回复时 i 号作业的成功概率；F_{bi} 为第 i 号作业初始失败概率，即不考虑回复时 i 号作业的失败概率；S_i 为第 i 号作业失败能够被察觉的条件概率。

若第 i 号作业初始成功概率为 0.9，失败后能察觉的概率为 0.9，则有以下结论。

• 第 i 号作业最终成功的概率：$0.9/(1-0.1\times0.9)\approx0.99$。

• 第 i 号作业最终失败的概率：$1-0.99=0.01$。

除了 THERP 外，人的工作可靠性计算方法还有人的认知可靠性模型（HCR）、THERP+HCR 模式、成功似然指数法（SLIM）等。

建筑施工安全与可靠性工程是密不可分的。因此，对建筑施工中人—机系统的可靠性进行分析，并且在此基础上提高建筑施工过程中的人—机系统的可靠性，可以很大程度上防止故障和事故的发生，尤其是避免灾难性的事故，同时也可以延长施工设备设施的使用寿命，带来更多效益。

第3章 建筑施工安全生产管理

3.1 建筑施工安全生产管理原理

安全生产就是在生产过程中不发生工伤事故、职业病、设备或财产损失的状况，即人不受伤害、物不受损失。建筑企业安全生产的目标归根结底就是预防伤亡事故，把伤亡事故频率和经济损失降到低于社会允许的范围内，同时不断改善劳动者的生产条件和作业环境，达到最佳状态。

安全生产管理作为管理的主要组成部分，遵循管理的普遍规律，既服从管理的基本原理和原则，又有其特殊性。安全生产管理原理是从生产管理的共性出发，对生产管理中安全工作的实质内容进行科学分析、综合、抽象概括所得出的安全生产管理规律。安全生产管理的原理有系统原理、人本原理、预防原理、强制原理、责任原理、动态控制原理以及安全风险管理原理等。

3.1.1 系统原理

1. 系统原理的概念

系统原理是指人们在从事管理工作时，运用系统的理论、观点和方法，对管理活动进行充分的分析，以达到管理的优化目的，即用系统的理论观点和方法来认识和处理管理中出现的问题。

系统是指由若干个相互联系、相互作用的要素组成的具有特定结构和功能的有机整体。一个系统可分为若干个子系统和要素，如安全生产管理系统是企业管理的一个子系统，安全生产管理系统又包括各级安全管理人员、安全防护设施与设备、安全管理规章制度、安全生产操作规范和规程以及各类安全生产管理信息等。

系统理论认为，现代管理的管理对象总是处于各个不同的大系统之中，任何一个管理对象均可看成一个系统，人们在分析和解决问题时，应从整体出发去研究事物间的联系。

2. 系统原理的运用原则

运用系统原理时应遵循整分合原则、动态相关性原则、反馈原则、封闭原则。

（1）整分合原则。整分合原则是指首先在整体规划下明确分工，在分工基础上再进行有效的综合。该原则在安全管理工作中的意义如下。

整——企业领导确定整体目标，制订规划与计划，进行宏观决策。此阶段，要把安全放在首要位置加以考虑。

分——明确分工，层层落实。

合——展现全员的凝聚力，对各部分、人员进行协调控制，实现有效、全面的安全管理。

运用该原则，要求企业管理者在制定整体目标和进行宏观决策时，必须把安全生产纳入其中，在考虑资金、人员和体系时，都必须将安全生产作为一项重要内容加以考虑。

（2）动态相关性原则。动态相关性原则是指任何安全管理系统的正常运转，不仅要受到系统自身条件和因素的制约，而且还要受到其他有关系统的影响，并随着时间、地点以及人们的不同努力程度而发生变化。因此，要提高安全生产管理的效果，必须掌握各个管理对象要素之间的动态相关特征，充分利用各要素之间的相互作用。安全管理应从以下两个方面认识动态相关性原则。

1）系统各要素的动态相关性是事故发生的潜在原因，由于企业内部各要素处于动态变化中，并相互影响，才使得事故有发生的可能性。

2）掌握与安全有关的所有管理要素之间的动态相关特征，充分利用相关因素的作用，搞好安全管理工作。

（3）反馈原则。反馈是指被控制过程对控制机构的反作用，即由控制系统把信息输送出去，又把其作用结果返送回来，并对信息的再输出发生影响，起到控制作用，以达到预定的目的。管理中的反馈原则是指为了实现系统目标，把行为结果传回决策机构，使因果关系相互作用，实行动态控制的行为准则。

成功高效的安全管理工作，离不开灵活、准确、迅速的信息反馈。现代企业管理是一个复杂的系统工程，其内部条件和外部环境在不断变化，管理系统必须及时捕获、反馈各种安全生产信息，及时采取行动，保证安全目标的实现。

（4）封闭原则。封闭原则是指在任何一个管理系统内部，管理手段、管理过程等必须构成一个连续封闭的回路，才能形成有效的管理活动。

3.1.2 人本原理

1. 人本原理的概念

人本原理就是在管理活动中必须把人的因素放在首位，体现以人为本的指导思想。以人为本有两层含义："一切为了人""一切依靠人"。

"一切为了人"是指一切管理活动均是以人的需要为目的展开的。人既是管理者又是被管理者，每个人都处在一定的管理层次上，离开人的需要，就没有管理的目的。"一切依靠人"是指在管理活动中，作为管理对象的诸要素（资金、物质、时间、信息等）和管理系统的诸环节（组织机构、规章制度等），都需要人去掌管、运作、推动和实施。

2. 人本原理的运用原则

运用人本原理时应遵循能级原则、动力原则和激励原则。

（1）能级原则。能级原则是指一个稳定而高效的管理系统必须是由若干个分别具有不同能级的不同层次有规律地组合而成的。

现代管理的任务就是建立一个合理的能级，使管理的内容动态地处于相应的能级中。在现代管理系统中，各元素的活动必须满足高效率、高可靠的要求，所以管理系统能级的划分不是随意的，它们的组合也不是随意的。

稳定的管理能级结构一般分为 4 个层次，即决策层、管理层、执行层、操作层。4 个层次能级不同，使命各异，必须划分清楚，不可混淆。在管理系统中要根据各单位和个人能量的大小安排其地位和任务，即建立一套合理的能级，做到才职相称，才能发挥不同能级的能量，保证管理结构的稳定性和高效性，也是常说的"因才适用"。

（2）动力原则。动力原则是指推动管理活动的基本力量是人，管理必须有能激发人的工作能力的动力。动力的产生来自于物质、精神和信息，与之相对应有三类基本动力：①物质动力，以适当的物质利益刺激人的行为动机；②精神动力，运用理想、信念、鼓励等精神力量刺激人的行为动机；③信息动力，通过信息的获取与交流产生奋起直追或领先他人的行为动机。管理者要综合协调运用这 3 种动力，正确认识处理个体动力与集体动力、暂时动力与持久动力的关系，掌握好各种刺激的量值，实现有效管理。

（3）激励原则。激励原则是指利用某种外部诱因的刺激调动人的积极性和创造性，以科学的手段激发人的内在潜力，使其充分发挥出积极性、主动性和创造性。

企业管理者运用激励原则时，要采用符合人的心理活动和行为活动规律的各种有效的激励措施和手段。企业员工积极性发挥的动力主要来自于 3 个方面，即内在动力、外在压力和吸引力。这 3 种动力是相互联系的，管理者要善于体察和引导，因人而异、科学合理地采取各种激励方法和激励强度，从而最大限度地发挥出员工的内在潜力。

3.1.3　预防原理

1. 预防原理的概念

预防原理是指安全管理工作应当以预防为主，即通过有效的管理和技术手段，防止人的不安全行为和物的不安全状态出现，从而使事故发生的概率降到最低。在可能发生人身伤害、设备或设施损坏以及环境破坏的场合，事先采取措施，防止事故的发生。

2. 预防原理的运用原则

运用预防原理时应遵循偶然损失原则、因果关系原则、"3E"原则和本质安全化原则。

（1）偶然损失原则。偶然损失原则是指事故所产生的后果（人员伤亡、健康损害、物质损失等）以及后果的大小都是随机的，是难以准确预测的。反复发生的同类事故，并不一定产生相同的后果。

美国学者海因里希根据对跌倒人身事故调查统计得到了这样结果：对于跌倒这样的事故，如果反复发生，则存在以下后果，在 330 次跌倒中，无伤害 300 次，轻伤 29 次，重伤 1 次，这就是著名的海因里希法则，或者称为 1∶29∶300 法则。该法则指出了事故与伤害后果之间存在着偶然性的概率原则。

根据事故损失的偶然性，无论事故是否造成损失，为了防止事故损失的发生，必须采取措施防止事故再次发生。偶然损失原则强调，在安全生产管理实践中，必须重视包括险肇事故的各类事故，才能真正防止事故发生。

（2）因果关系原则。因果关系原则是指事故的发生是许多因素互为因果连续发生的最终结果，只要诱发事故的因素存在，发生事故是必然的，只是时间或早或迟而已。

一个因素是前一因素的结果，而又是后一因素的原因，环环相扣，导致事故的发生。事故的因果关系决定了事故发生的必然性，即事故因素及其因果关系的存在决定了事故或早或迟，必然发生。

在安全生产管理中，要从事故的因果关系中认识必然性，发现事故发生的规律性，变不安全条件为安全条件，把事故消灭在早期起因阶段。

（3）3E原则。3E原则是指针对造成人的不安全行为和物的不安全状态所采取的3种防止对策，即工程技术（Engineering）对策、教育（Education）对策和法制（Enforcement）对策。

1）工程技术对策。运用工程技术手段消除生产设施设备的不安全因素，改善作业环境条件，完善防护与报警装置，实现生产条件的安全和卫生。

2）教育对策。提供各种层次、形式和内容的教育和训练，使职工牢固树立"安全第一"的思想，掌握安全生产所必需的知识和技能。

3）法制对策。利用法规、标准以及规章制度等必要的强制性手段约束人们的行为，从而达到消除不重视安全、违章作业等现象的目的。

在应用3E原则时，要针对人的不安全行为和物的不安全状态的原因，综合灵活地运用3种对策，不片面强调某一种对策。具体改进的顺序是：首先是工程技术对策；然后是教育对策；最后才是法制对策。

（4）本质安全化原则。本质安全化原则是指从一开始和从本质上实现安全化，从根本上消除事故发生的可能性，从而达到预防事故发生的目的。

本质安全化的概念不应局限于设备、设施的本质安全化，而应扩展到诸如新建工程项目，新技术、新工艺、新材料的应用，甚至包括人们的日常生活等各个领域。

3.1.4 强制原理

1. 强制原理的概念

强制原理是指采取强制管理的手段控制人的意愿和行动，使个人的活动、行为等受到安全管理要求的约束，从而实现有效的安全管理。

强制就是无须做很多的思想工作来统一认识、讲清道理，被管理者必须绝对服从，不必经被管理者同意便可采取行动。

一般来说，管理均带有一定的强制性，只有强制才能有效地抑制被管理者的无拘个性，将其调动到符合整体管理利益和目的的轨道上来。由于事故损失的偶然性、人的"冒险"心理和事故损失的不可挽回性，安全管理更需要具有强制性。

2. 强制原理的运用原则

运用强制原理时应遵循安全第一原则和监督原则。

（1）安全第一原则。安全第一原则是指当生产和其他工作与安全发生矛盾时，要以安全为主，生产和其他工作要服从安全。该原则就是要求企业的领导者要高度重视安全，把安全工作当做头等大事来抓，将安全作为一项有"否决权"的指标，把保证安全作为完成各项任务、做好各项工作的前提条件，即不安全不准生产。

（2）监督原则。监督原则是指在安全工作中，为了使安全生产法律法规得到落实，必须明确安全生产监督职责，对企业生产中的守法和执法情况进行监督。

安全管理带有较多的强制性，只要求执行系统自动贯彻实施安全法规，而缺乏强有力的监督系统监督执行，则法律法规的强制威力将难以发挥。在这种情况下，必须建立专门的监督机构，配备合格的监督人员，赋予必要的强制威力，以保证其履行监督职责，才能保证安全管理工作落到实处。

3.1.5 责任原理

安全管理的责任原理是指在安全管理活动中，为实现管理过程的有效性，管理工作需要在合理分工的基础上，明确规定组织各级部门和个人必须完成的工作任务和相应责任。责任原理与整分合原则相辅相成，有分工就必须有各自的责任；否则所谓的分工就是"分"而无"工"。

责任既包含个人，又包含单位（集体）的责任，通常可以从以下两个层面来理解：①责任主体必须完成的工作，如岗位职责；②责任主体没有完成自己的工作应承担的后果，如事故责任。

根据责任原理的要求，企业安全管理应该做到以下 3 点：①明确每个人的安全职责；②责、权、利、能四者要匹配；③奖惩要公开、公正、及时。

在安全管理活动中，运用责任原理，建立健全安全管理责任制，构建落实安全管理责任的保障机制，促使安全管理责任主体到位。只有强制性地安全问责、奖罚分明，才能推动企业履行应有的社会责任，提高安全监管部门监管力度和效果，激发广大社会成员的责任心。

此外，国际社会推行的 SA8000（Social Accountability 8000 International Standard）社会责任标准，也是责任原理的具体体现。SA8000 即"社会责任标准"，是全球首个道德规范国际标准，是以保护劳动环境和条件、保障劳工权利等为主要内容的管理标准体系，其主要内容包括对童工、强迫性劳动、健康与安全、结社自由和集体谈判权、歧视、惩戒性措施、工作时间、工资报酬、管理系统等方面的要求。其中与安全相关的有以下几项。

（1）企业不应使用或者支持使用童工，不得将其置于不安全或不健康的工作环境或条件下。

（2）企业应具备避免各种工业与特定危害的设施，为员工提供健康、安全的工作环境，采取足够的措施，最大限度地降低工作中的危害隐患，尽量防止意外或伤害的发生；为所有员工提供安全卫生的生活环境，包括干净的浴室、厕所、可饮用的水，洁净安全的宿舍，卫生的食品存储设备等。

（3）企业支付给员工的工资不应低于法律或行业的最低标准，必须足以满足员工基本需求，对工资的扣除不能是惩罚性的。

SA8000 规定了企业必须承担的对社会和利益相关者的责任，其中有许多与安全生产紧密相关。目前，我国的许多企业均发布了年度社会责任报告。

3.1.6 动态控制原理

动态控制是指对建设工程项目实施过程中在时间和空间上的主、客观变化而进行项目管理的基本方法论。由于项目在实施过程中主、客观条件的变化是绝对的，不变则是相对的，在项目进展过程中平衡是暂时的，不平衡则是永恒的，因此在项目的实施过程中必须随着情况的变化进行项目目标的动态控制。

动态控制中的三大要素是目标计划值、目标实际值和纠偏措施。目标计划值是目标控制的依据和目的，目标实际值是进行目标控制的基础，纠偏措施是实现目标的途径。目标控制过程中关键一环是目标计划值和实际值的比较分析，这种比较是动态的、多层次的。同时，目标的计划值与实际值是相对的、可转化的。

建设项目安全目标动态控制的纠偏措施主要有组织措施、管理措施、经济措施和技术措施。

1. 组织措施

分析由于组织的原因而影响安全目标实现的问题，并采取相应的措施，如调整项目组织结构、任务分工、管理职能分工、工作流程组织和项目管理班子人员等。

2. 管理措施

分析由于管理的原因而影响安全目标实现的问题，并采取相应的措施，如调整安全管理的方法和手段、加强安全检查监督和强化安全培训等。

3. 经济措施

分析由于经济的原因而影响安全目标实现的问题，并采取相应的措施，如落实改善安全设备设施所需的资金等。

4. 技术措施

分析由于技术（包括设计和施工技术）的原因而影响安全目标实现的问题，并采取相应的措施，如调整设计、改进施工方法和增加防护设施等。

建设项目安全目标控制包括事前控制（主动控制）、事中控制（过程控制或动态控制）以及事后控制（被动控制）。事前控制体现在安全目标的计划和对生产活动前的准备工作的控制，事中控制体现在对安全生产活动的行为约束和过程与结果的监控，事后控制体现在对生产活动结果的评价认定和安全偏差的纠正。在建设项目安全管理过程中，应根据安全管理目标的性质、特点和重要性，运用风险管理技术进行分析评估，将主动控制和动态控制结合起来。

3.1.7 安全风险管理原理

安全风险管理是指通过识别建设工程施工现场中存在的危险、有害因素，运用定性或定量的统计分析方法确定其风险严重程度，进而确定风险控制的优先顺序，并采取相应的风险控制措施，改善安全生产环境，达到减少和杜绝安全生产事故的目标。

建设工程安全风险管理的目的，是控制和减少施工现场的施工安全风险，实现安全目标，预防事故的发生。其实质是以最经济合理的方式消除风险导致的各种灾害的发生。建设工程安全风险管理是一个随施工进度而动态循环、持续改进的过程。

建设工程安全风险管理由危害识别、风险评价以及风险控制3个要素组成。危害识别即对施工过程中存在哪些可能的危险、危害因素进行识别；风险评价即对施工过程中的危险、危害因素可能造成的伤害和损失的大小进行评估；风险控制即对不能接受的伤害和损失采取安全预防措施，以达到减少甚至消除危害的目的。

安全风险管理必须遵循以下基本原则。

（1）安全风险管理的主体必须是从事活动过程的人。

（2）安全风险管理必须全员参与，全面、全过程实施。

（3）安全风险管理是系统管理，是一个完整的持续改进的循环往复的过程。

3.2　安全生产方针

安全生产是我国的一项重要政策，也是现代企业管理的一项重要原则。安全生产的目的就是保护劳动者在生产过程中的安全和健康，促进国家经济稳定、持续、健康的发展。安全生产是发展中国特色社会主义市场经济、全面实现小康社会目标的基础和条件，是构建和谐社会、和谐企业的基本保障，是社会文明程度的重要标志。安全与生产的关系是辩证统一的关系，即：一方面，生产必须安全，安全是生产的前提条件，不安全就无法生产；另一方面，安全可以促进生产，做好安全工作，改善劳动条件，可以更好地调动劳动者的积极性，提高劳动生产率和减少因事故带来的劳动力和财产等损失，促进生产发展。

2014年8月31日新修订的《中华人民共和国安全生产法》在第十二届全国人大常委会第十次会议上通过，自2014年12月1日起实施。其中第三条的规定强化了生产经营单位对安全的主体责任，强调要建立起生产经营单位负责、职工参与、政府监管、行业自律、社会监督的机制，形成齐抓共管的工作格局。

3.2.1　安全生产方针的提出

在新中国成立初期，国家建立了新型劳动力制度，明确提出了劳动保护政策。但由于受各种因素影响，重生产、轻安全的观念在私营和国有企业都较普遍，工伤事故较为严重，在这种情况下，1952年毛泽东主席在劳动部的工作报告中批示："在实施生产节约的同时，必须注意职工的安全、健康和必不可少的福利事业，如果只注意到前一方面，忘记或稍加忽视后一方面，那是错误的"。1952年8月在北京召开了第二次全国劳动保护工作会议，经过认真讨论，提出了劳动保护工作必须贯彻"安全生产"的方针，明确提出了"安全为了生产，生产必须安全"和"管生产必须管安全"的安全生产的管理条例。这是安全生产方针最初产生的背景。

3.2.2　安全生产方针的发展

新中国成立至今，我国的安全生产方针随着我国政治和经济的发展在逐步演变、渐进。根据其发展过程，大体可以归纳为三次变化，即"生产必须安全、安全为了生产""安全第一、预防为主""安全第一、预防为主、综合治理"。从我国安全生产方针的演变，可以看到我国安全生产工作不同时期的不同目标和工作原则。

1. "生产必须安全、安全为了生产"（1949—1983年）

新中国成立初期，百废待兴。全国人民的主要任务就是克服长期战争遗留下来的困难，加速经济建设。

1952年，时任劳动部部长的李立三根据毛泽东主席的指示精神，提出了"安全生产方针"这6个字。不过当时仅限于这6个字。而没有确定基本内涵。后来，时任国家计委主任的贾拓夫将"安全生产方针"这6个字丰富为"生产必须安全、安全为了生产"。

1952年12月，原劳动部召开了第二次全国劳动保护工作会议。这次会议着重传达、讨论了毛泽东主席对劳动部1952年下半年工作计划的批示。劳动部部长李立三根据这一批示，提出了"安全与生产要同时搞好"的指导思想。在这次会议上，明确提出了安全生产方针，即"生产必须安全、安全为了生产"的安全、生产统一的方针。会议还提出了"要从思想上、设备上、制度上和组织上加强劳动保护工作，达到劳动保护工作的计划化、制度化、群众化和纪律化"的目标和任务。这次会议明确了劳动保护工作的指导思想、方针、原则、目标、任务，对以后工作的开展起到巨大的推动作用，产生了比较深远的影响。

2．"安全第一、预防为主"（1984—2004 年）

原国家劳动总局劳动保护局局长章萍提出了在生产中贯彻安全生产方针，实际上就是贯彻"安全第一、预防为主"的思想，经全国讨论后，认为这一提法比较科学，有利于安全生产和遏制事故的发生。1984 年，主管安全生产的劳动人事部在呈报给国务院成立全国安全生产委员会的报告中把"安全第一、预防为主"作为安全生产方针写进了报告，并得到国务院的正式认可。1987 年 1 月 26 日，劳动人事部在杭州召开会议，把"安全第一、预防为主"作为劳动保护工作方针写进了我国第一部《劳动法（草案）》。从此，"安全第一、预防为主"便作为安全生产的基本方针而确立下来。

随着改革开放和经济高速发展，安全生产越来越受到重视。"安全第一"的方针被有关法律所肯定，成为以法律强制实施的安全生产基本方针。《中华人民共和国矿山安全法》《中华人民共和国煤炭法》《中华人民共和国矿产资源法》《中华人民共和国建筑法》《中华人民共和国电力法》《中华人民共和国全民所有制工业企业法》等均列入明确规定。

2002 年，"安全第一、预防为主"方针被列入《中华人民共和国安全生产法》，由第九届全国人民代表大会常务委员会第二十八次会议于 2002 年 6 月 29 日通过，自 2002 年 11 月 1 日起施行。

3．"安全第一、预防为主、综合治理"（自 2005 年至今）

把"综合治理"充实到安全生产方针中，始于中国共产党第十六届中央委员会第五次全体会议通过的《中共中央关于制定"十一五"规划的建议》（以下简称《建议》）。《建议》指出，保障人民群众的生命财产安全，坚持安全第一，预防为主，综合治理，落实安全生产责任制，强化企业安全生产责任，健全安全生产监管体制，严格安全执法，加大安全生产设施建设，切实抓好煤矿等高危行业的安全生产，有效遏制重大事故。

时任中共中央政治局常委、国务院总理温家宝于 2006 年 1 月 23—24 日，在北京召开的全国安全生产工作会议上指出："加强安全生产工作，要以邓小平理论和'三个代表'重要思想为指导，以科学发展观统领全局，坚持'安全第一、预防为主、综合治理'，坚持标本兼治、重在治本，坚持创新体制机制，强化安全管理"。

时任中共中央总书记胡锦涛于 2006 年 3 月 27 日下午主持中共中央政治局第 30 次集体学习时强调："加强安全生产工作，关键是要全面落实'安全第一、预防为主、综合治理'的方针，做到思想认识上警钟长鸣、制度保证上严密有效、技术支撑上坚强有力、监督检查上严格细致、事故处理上严肃认真"。

2006 年 6 月 24 日，时任国家安全生产监督管理总局局长李毅中指出：党的安全生产方针是完整的统一体，坚持安全第一，必须以预防为主，实施综合治理；只有认真治理隐患，有效防范事故，才能把"安全第一"落到实处。事故发生后组织开展抢险救灾，依法追究责任，深刻吸取教训，固然十分重要，但对于生命个体来说，伤亡一旦发生，就不再有改变的可能。

事故源于隐患，防范事故的有效办法就是主动排查、综合治理各类隐患，把事故消灭在萌芽状态。不能等到付出了生命代价、有了血的教训之后再去改进工作。从这个意义上说，综合治理是安全生产方针的基石，是安全生产工作的重心所在。同时强调，"贯彻党的安全生产方针，必须坚持标本兼治，重在治本"。

2014 年 8 月 31 日新修订的《中华人民共和国安全生产法》将"综合治理"纳入安全生产方针，标志着对安全生产的认识上升到一个新的高度，是贯彻落实科学发展观的具体体现。要求秉承"安全发展"的理念，从遵循和适应安全生产的规律出发，综合运用法律、经济、行政等手段，多管齐下，并充分发挥社会、职工、舆论的监督作用，形成标本兼治、齐抓共管的格局。只有不断健全和完善"综合治理"的工作机制，才能有效贯彻安全生产方针。

3.2.3　安全生产方针的内容

我国的安全生产方针强调在生产中要做好预防工作，尽可能将事故消灭在萌芽状态之中。因此，对于我国安全生产方针的含义，应从这一方针的产生和发展去理解，归纳起来主要有以下几方面的内容。

1. 安全生产的重要性

生产过程中的安全是生产发展的客观需要，特别是现代化生产，更不允许有所忽视。必须强化安全生产，在生产活动中把安全工作放在第一位，尤其当生产与安全发生矛盾时，生产服从安全，这是安全第一的含义。

在社会主义国家里，安全生产又有其重要意义。社会主义制度性质决定了它是国家的一项重要政策，是社会主义企业管理的一项重要原则；体现了国家对人民的生命和财产的高度关注。"人民的利益高于一切"是党的宗旨，是实现科学发展观的重要体现，坚决贯彻安全生产方针，就是关心人民群众的安全与健康，把国家对人民群众利益的关怀体现到具体工作中。

2. 安全与生产的辩证关系

在生产建设中，必须用辩证统一的观点处理好安全与生产的关系。也就是说，项目领导者必须善于安排好安全工作与生产工作，特别是在生产任务繁重的情况下，安全与生产发生矛盾时，更应处理好两者的关系，不要把安全工作挤掉。生产任务越忙，越要重视安全，把安全工作搞好；否则，就会招致工伤事故，既妨碍生产，又影响企业信誉，这是多年来生产实践证明了的一条重要经验。

长期以来，在生产管理中往往生产任务重，事故就多；生产均衡，安全情况就好，人们称之为安全生产规律。前一种情况其实质是反映了项目领导在经营管理思想上的片面性。只看到生产数量的一面，看不见质量和安全的重要性；只看到一段时间内生产数量增加的一面，没有认识到如果不消除事故隐患，这种数量的增加只是一种暂时的现象，一旦条件具备了就会发生事故。这是多年来安全生产工作中一条深刻的教训。总之，安全与生产是互相联系、互相依存、互为条件的。要正确贯彻安全生产方针，就必须按照辩证法办事，克服思想的片面性。

　　3. 预防为主是安全生产的前提

　　安全生产工作的预防为主是现代生产发展的需要。现代科学技术日新月异，而且往往又是多学科综合运用，安全问题十分复杂，稍有疏忽就会酿成事故。事故一旦发生，其后果就无法挽回，预防为主，"防患于未然"，就是要在事前做好安全工作，把预防措施落到实处，依靠科技进步，加强安全科学管理，搞好科学预测与分析工作，把工伤事故和职业危害消灭在萌芽状态中。从思想上给予足够重视，在物质上给予有力保障，在组织机构、安全责任、安全教育、提高防范、监督管理以及劳动保护、施工现场、环境卫生等各方面都对事故预防措施予以充分重视，是贯彻安全生产方针的重要内容，各级管理人员应当充分认识到做好安全生产工作，也是建立企业精神文明与物质文明的重要步骤，是企业内在素质和外在形象的具体体现，与企业的命运息息相关，是企业能够长期、稳定、健康发展的重要保证。

　　新时期的安全生产工作应当以人为本，坚持安全发展，坚持"安全第一、预防为主、综合治理"的方针，强化和落实生产经营单位的主体责任，建立生产经营单位负责、职工参与、政府监管、行业自律和社会监督的机制。在工程建设中必须深入贯彻执行这一方针。"以人为本"就是要以尊重职工、爱护职工、维护职工的人身安全为出发点，以消灭生产过程中的潜在隐患为主要目的。"安全发展"就是要坚持统筹兼顾、协调发展。正确处理安全生产与经济社会发展、速度质量效益的关系，坚持把安全生产放在首要位置，促进区域、行业领域的科学、安全、可持续发展，绝不能以牺牲人的健康甚至生命来换取一时的发展。"安全第一"体现了"以人为本"的思想，是"预防为主、综合治理"的统帅。"预防为主"是安全生产方针的核心具体体现，是实现安全生产的根本途径，也是实现"安全第一"的根本途径。"综合治理"标志着对安全生产的认识上升到一个新的高度，是贯彻落实科学发展观的具体体现，是一种新的安全管理模式，也是"安全第一、预防为主"的安全目标实现的重要方法和手段。

3.3　安全生产管理及安全生产管理制度

3.3.1　安全生产管理的含义

　　安全生产管理是对安全生产工作进行的管理和控制，是管理科学的一个重要分支。建筑工程安全生产管理是建设行政主管部门、建筑安全监督管理机构、建筑施工企业及相关单位对建筑安全生产过程中的安全工作，进行计划、组织、指挥、控制、监督、调节和改进等一系列致力于满足生产安全的管理活动。目的在于保护劳动者在生产过程中的安全与健康，保证国家和人民的财产不受到损失，保证建筑工程生产任务的顺利完成。

　　安全生产管理工作的核心是控制事故，而控制事故最好的方式就是实施事故预防，即使管理和技术手段相结合，消除事故隐患，控制不安全行为，保障劳动者的安全，这也是"预防为主"的本质所在。但根据事故的特性可知，由于受技术水平、经济条件等各方面的限制，有些事故是难以完全避免的。因此，控制事故的另一种手段就是应急措施，即通过抢救、疏散、抑制等手段，在事故发生后控制事故的蔓延，把事故的损失减至最小。

事故总是带来损失。对于企业来说，重大事故无论是在经济上还是在社会影响上，对其打击都是相当沉重的，有时甚至是致命的。因此，在实施事故预防和应急措施的基础上，通过购买财产保险、工伤保险、责任保险等，以保险补偿的方式，保障企业的经济平衡和在发生事故后恢复生产的基本能力，也是控制事故的手段之一。

因此，安全管理也可以说是利用管理的活动，将事故预防、应急措施与保险补偿3种手段有机地结合在一起，以达到保障安全的目的。

3.3.2　安全生产管理机制

为适应新时期安全生产工作的需要，新"安全生产法"提出要"建立生产经营单位负责、职工参与、政府监管、行业自律和社会监督的机制"。这就要求生产经营单位要深入贯彻落实科学发展观，坚持以人为本，牢固树立安全发展战略。实践证明，这样的安全生产管理机制更符合社会主义市场经济条件下安全生产工作的时代要求。

1. 生产经营单位主体责任

强化和落实生产经营单位主体责任是安全生产工作的根本。生产经营单位是社会经济活动中的建设者又是受益者，是安全生产中不容置疑的责任主体，在社会生产中负有不可推卸的社会责任。生产经营单位必须认识到安全生产既是坚持科学发展观的内在要求，也是生产经营单位生存与发展的必然选择。增强安全生产主体责任，实现安全生产，是生产经营单位追求利益最大化的最终目的，是实现物质利益和社会效益的最佳结合。强化和落实生产经营单位的主体责任，既是保障经济社会协调发展的必然要求，也是实现企业可持续发展的客观要求。生产经营单位必须严格遵守和执行安全生产法律法规、规章制度与技术标准，依法依规加强安全生产，加大安全生产投入，健全安全管理机构，加强对从业人员的培训，保持安全设施设备的完好有效。

2. 职工参与

职工参与就是通过安全生产教育，提高广大职工的自我保护意识和安全生产意识。广大职工有权对本单位的安全生产工作提出建议，对本单位的安全生产工作中存在的问题，有权提出批评、检举和控告，有权拒绝违章指挥和强令冒险作业。要充分发挥工会、共青团、妇联组织的作用，依法维护和落实生产经营单位职工对安全生产的参与权与监督权，鼓励职工监督举报各类安全隐患，对举报者予以奖励。

3. 政府监管

加强政府监管是安全生产工作的关键。要求监管部门切实履行安全生产管理和监督的职责，健全完善安全生产综合监管与行业监管相结合的工作机制，强化安全生产监管部门对安全生产的综合监管，全面落实行业主管部门的专业监管、行业管理和指导职责。各部门要加强协作，形成监管合力，在各级政府统一领导下，严厉打击违法生产、经营等影响安全生产的行为，对拒不执行监管监察指令的生产经营单位，要依法依规从重处罚。

4. 行业自律

行业协会等行业组织要自我约束，一方面各个行业要遵守国家法律、法规和政策，另一方面行业组织要通过行规行约制约本行业生产经营单位的行为。通过行业间的自律，促使相当一部分生产经营单位能从自身安全生产的需要和保护从业人员生命健康的角度出发，自觉开展安全生产工作，切实履行生产经营单位的法定职责和社会义务。

5. 社会监督

为了充分发挥社会监督的作用，任何单位和个人都有权对违反安全生产的行为进行检举和控告。要充分发挥新闻媒体的舆论监督作用。有关部门和地方要进一步畅通安全生产的社会监督渠道，设立举报电话，接受人民群众的公开监督。

3.3.3 安全生产管理制度

建设行政主管部门要求实施建设工程安全生产管理制度，主要制度见表3-1。

表3-1 建设工程安全生产管理制度

名　　称	对　　象	要　　求	内　　容
安全生产责任制度	各级领导、职能部门、各类人员	管生产必须管安全	安全生产的职责要求、职责权限、工作程序、目标分解落实、监督检查、考核奖励
安全生产资金保障制度	建设单位	概算中确定安全生产资金	安全生产资金必须拥有施工安全防护设施及用具的采购和更新、安全措施、安全生产条件改善
安全教育培训制度	施工企业从业人员、新工人、变换工种、转场、特种作业、班前交底、一周活动	先培训、后上岗；三级教育、特种作业人员的专门训练、经常性的安全教育	培训的类型、对象、时间、内容、计划的编制、实施，证书的管理要求、职责权限、工作程序
安全检查制度	施工现场项目经理部	对施工过程进行安全生产状态检查：查思想、查隐患、查管理、查制度、查现场、查事故处理	检查形式、方法、时间、内容、组织的要求、职责权限、隐患整改、处置和复查的工作程序，写出检查报告、定期检查、突击检查、特殊检查
安全技术管理制度	工程项目	工程施工安全计划、安全技术措施、安全专项施工方案	文件编制和审批、有针对性、严格交底程序、危险作业和设备监管、检查验收
三类人员考核任职制度	施工单位主要负责人、项目负责人、专职安全生产管理人员	经建设行政主管部门考核合格	安全生产知识和安全管理能力
依法批准开工报告的建设和拆除工程备案制度	建设单位	开工报告批准日起15d内，或拆除工程施工前15d；到工程所在地的县级以上政府建设行政主管部门或其他部门备案	保证安全施工的措施；施工单位资质等级证明、拟拆除建筑物或构筑物及可能危及毗邻建筑的说明、拆除施工组织方案、堆放和清除废弃物的措施

名　　称	对　象	要　　求	内　　容
特种作业人员持证上岗制度	垂直运输机械作业人员、起重机械安装拆卸工、爆破作业人员、起重信号工、登高架设作业人员	参加国家规定的安全技术理论和实际操作考核并成绩合格，取得特种作业操作资格证书，方可上岗	年龄满18岁、身体健康、无妨碍从事相应工种作业的疾病和生理缺陷、初中以上文化程度，具备相应工程的安全技术知识，符合相应工种作业特点需要的其他条件
设备安全管理制度	施工机械设备（包括应急救援设备）	设备安装和拆卸、验收、检测、使用、保养和维修、改造和报废的管理要求、职责、权限、工作程序、监督检查、实施考核方法	建立管理制度、采购控制、租赁管理、档案管理
施工起重机械使用登记制度	施工单位的起重机械	向建设行政主管部门或者其他有关部门登记；登记标志置于或附着于该设备的显著位置	施工机械和整体提升脚手架、模板等自升式架设设施验收合格之日起30d内
施工组织设计与专项安全施工方案编审制度	所有建筑工程	从技术上和管理上采取有效措施，防止各类事故发生	安全生产组织设计、特殊工程安全技术措施、季节性施工的安全技术、安全技术措施落实
安全设施和防护管理制度	施工单位安全警示标志（安全色、安全标志）	应在施工现场危险部位设置明显的安全警示标志	使用部位和内容，管理的要求、职责和权限，监督检查方法
消防安全责任制度	消防安全责任人	谁主管谁负责，谁在岗谁负责	用火、用电、用易燃易爆材料的制度和操作，消防通道、水源、设施及灭火器材，入口标志
政府安全监督检查制度	县级以上政府、建设行政主管部门或其他有关部门对施工单位	政府职能部门在职责范围内履行安全监督检查职责，可委托给建设工程安全监督机构具体实施	有权纠正施工中违反安全生产要求的行为，责令立即排除检查中发现的安全事故隐患，责令停止施工有重大安全事故隐患的工程
危及施工安全的工艺、设备、材料淘汰制度	不符合生产安全要求，极有可能导致生产安全事故发生，致使人民生命和财产遭受重大损失的工艺、设备、材料	具体目录由建设行政主管部门会同国务院其他有关部门制定并公布	建设单位、施工单位应当严格遵守和执行，不得继续使用目录中的工艺、设备、材料，不得转让他人使用
生产安全事故报告制度	施工单位	及时、如实向当地安全生产监督部门和建设行政管理部门等报告	《生产安全事故报告和调查处理条例》（国务院第493号令）、《特种设备安全监察条例》（国务院第373号令）

名　称	对　象	要　求	内　容
安全生产许可制度	建筑施工企业。国务院建设主管部门负责中央管理的建筑施工企业；省、自治区、直辖市建设主管部门负责其他的建筑施工企业，并接受国务院建设主管部门的指导和监督	企业未取得安全生产许可证的，不得从事建筑施工活动；证的有效期为3年，于期满前3个月向原证颁发管理机关申请办理延期手续；有效期内，企业严格遵守有关安全生产的法律法规，未发生死亡事故的，有效期届满时，经原证颁发管理机关同意，不再审查，有效期延期3年	《安全生产许可证条例》（国务院第397号令）、《建筑施工企业安全生产许可证管理规定》（建设部第128号令）
施工许可制度	对建设行政主管部门向施工项目审核发放施工许可证	对建设工程是否有安全施工措施进行审查把关，没有安全施工措施的，不得颁发施工许可证	《中华人民共和国建筑法》《建设工程安全生产管理条例》
施工企业资质管理制度	建设行政主管部门审核施工企业资质	安全生产条件作为施工企业资质必要条件，把住安全的准入关	《中华人民共和国建筑法》《建设工程安全生产管理条例》
意外伤害保险制度	由施工单位作为投保人与保险公司订立保险合同，支付保险费	法定强制性保险；以施工单位从事危险作业的人员为被保险人，其在施工作业中发生意外伤害事故时，由保险公司依照合同约定向其或受益人支付保险金	《中华人民共和国建筑法》《建设工程安全生产管理条例》《建设部关于加强建筑意外伤害保险工作的指导意见》，对未投保的建设工程项目，不予发放施工许可证
群防群治制度	职工、工会	安全生产中，充分发挥广大职工的积极性，加强群众性的监督检查，发挥工会组织在安全宣传教育、安全检查的监督作用	《中华人民共和国建筑法》
班组安全活动制度	班组上岗人员、机械设备	班前"三上岗、一讲评"活动	班前安全生产教育交底、上岗检查与记录、一周安全生产工作的小结、考核措施
卫生保洁制度	施工区、生活区、食堂	文明施工、职工身体健康	环境卫生管理的责任区、措施、定期检查记录，宿舍卫生管理规定、值班记录、冬季取暖炉安装验收、办公室，食堂卫生管理规定、食品和个人卫生

3.3.4　安全生产管理体系

1. 企业安全生产管理体系概述

企业安全生产管理体系是指企业及企业内部各层次所形成的安全生产管理系统，包括机构设置、组织形式、决策权限、监督方式、调节机制和安全生产规章制度等。

《中华人民共和国安全生产法》提出，要强化和落实生产经营单位的主体责任，建立生产经营单位负责、职工参与、政府监管、行业自律和社会监督的机制。可见在安全生产工作格局中，企业安全生产管理是最基础、最关键的组成部分，能否在企业及企业内部各层次形成一个自我约束、自我调节的安全生产管理的闭环反馈系统十分重要。企业内部自我管理机制，由企业主要负责人、企业安全管理机构、企业生产经营机构、企业职工代表大会或工会以及职工组成。其中，企业主要负责人在企业安全生产管理中起着决定性的作用，其对安全生产的重视程度与企业安全生产工作好坏有着直接的关系。

与此同时，我国现有的安全生产工作格局表明，企业内部安全生产管理是内因，政府监管、行业自律、社会监督是外因。内因是变化的根据，外因是变化的条件。企业在建立内部安全生产管理体系的同时，还应当主动接受主管部门的行业管理、国家安全生产监督管理部门的监察，以及工会、职工和社会的监督，以此形成一个互相作用、互为补充的有机整体。

2. 企业安全生产管理的组织形式

建筑施工企业和施工现场都应该建立相应的安全生产管理体系，安全生产管理体系应该成为企业生产经营管理系统的重要组成部分。

明确企业内部安全生产管理的组织形式及各层次的管理职责和责任人，是建立安全生产管理体系的内容之一。一般企业安全生产管理组织的建立采取分级管理的形式，即把企业从上至下分为若干个安全生产管理层次，明确各自在安全生产方面的责任，有效实现全面安全管理。建筑施工企业的管理层次一般可分为决策层、管理层和操作层，与之相对应的分别是总公司（公司）、施工项目部、班组。

在建筑施工领域，对本企业或本单位日常生产经营活动和安全生产工作全面负责、有生产经营决策权的人员，包括企业法定代表人、经理、企业分管生产和安全工作的副经理、安全总监及技术负责人等，他们在安全生产管理中起着决策和指挥作用，是企业决策层安全生产管理的主要负责人。

项目经理是企业安全生产管理层的重要角色，更是施工现场承担安全生产的第一责任人，对施工现场安全生产管理负总责，是施工现场安全生产管理的决策人物。

操作层是安全生产的基础环节。在建筑施工企业，专职从事安全生产管理工作的人员，包括企业安全生产管理机构的负责人及其工作人员、施工现场专职安全生产管理人员，是企业操作层的安全生产管理负责人。

3. 企业安全生产管理与施工现场安全生产管理的关系

对于建筑施工企业而言，施工现场承担着施工企业安全生产的重要任务，建筑施工企业的安全生产管理主要在施工现场开展，所以完善的企业安全生产管理体系应是包括施工现场在内的安全生产管理体系。施工现场不仅应建立完善的安全生产管理体系，还应成为企业安全生产体系是否完善的重要评价依据。企业的安全生产管理体系运转的目的是确保施工现场安全生产体系的正常运转；企业的安全生产管理体系正常运转的标志是施工现场安全生产体系的正常运转，包括对分包单位施工现场安全生产管理的要求，这些安全生产管理要求都是安全生产条件所确定的内容。

3.4 施工现场安全管理

3.4.1 专项安全施工方案的编制

施工单位应当在危险性较大的分部分项工程（指建筑工程在施工过程中存在的可能导致作业人员群死群伤或造成重大不良社会影响的分部分项工程）施工前编制专项方案。危险性较大的分部分项工程安全专项施工方案，是指施工单位在编制施工组织设计的基础上，针对危险性较大的分部分项工程单独编制的安全技术措施文件。

编写建筑安全专项施工方案是全面提高施工现场的安全生产管理水平，有效预防伤亡事故的发生，确保职工的安全和健康，实行检查评价工作标准化、规范化管理的需要，也是衡量企业现代化管理水平优劣的一项重要指标。

《建设工程安全生产管理条例》第二十六条规定：对达到一定规模的危险性较大的分项工程应当编制安全专项施工方案，并附有安全验算结果，经施工单位技术负责人、总监理工程师签字后实施，由专职安全生产管理人员进行现场监督。其中特别重要的专项施工方案还必须组织专家进行论证、审查。

1. 安全专项施工方案的编制原则

安全专项施工方案的编制，必须考虑现场的实际情况、施工特点以及周围作业环境，措施要有针对性。凡施工过程中可能发生的危险因素及建筑周围外部环境的不利因素，都必须从技术上采取具体且有效的措施予以预防，但同时应突出重点与难点。

（1）科学合理、具有可操作性。编制方案首先必须以设计图纸为依据，同时应符合现场的实际情况。编制方案在资源、技术上等提出的要求应该与现场已有的条件或在一定时间能争取到的条件相吻合。

（2）满足工期、动态管理控制。满足合同要求的工期，按工期要求投入生产，交付使用，发挥经济效益。所以在制订施工方案时，必须保证在竣工时间上符合合同的要求，并力争提前完成。为此，在施工组织上要统筹安排、合理施工，在管理上采用现代化的管理方法进行动态管理和控制。

（3）保质量、促安全、符合技术规范。工程建设是百年大计，要求质量第一，保证施工安全是每个参与人及全社会的要求。因此，在制订方案时应充分考虑工程质量和施工安全，并提出保证工程质量和施工安全的技术组织措施，使方案符合相关规范和规程的要求。

（4）降成本、增效益、应用技术创新。在保证安全施工的前提下，应尽量降低施工成本，使方案更加经济合理。尽可能采用先进的施工技术、施工工艺以及新材料等，通过技术创新，提高效率，降低成本。

2. 安全专项施工方案的编制范围

根据《中华人民共和国建筑法》《中华人民共和国安全生产法》《建设工程安全生产管理条例》以及《建筑施工安全检查标准》等的要求，必须编写安全专项方案的分部分项工程以及需要进行专家论证、审查的分部分项工程范围见表3-2和表3-3。

表3-2   危险性较大的分部分项工程范围

序号	分部分项工程	范围
1	基坑支护 降水工程	开挖深度超过3m（含3m），或者虽未超过3m但地质条件和周边环境复杂的基坑（槽）支护、降水工程
2	土方开挖工程	开挖深度超过3m（含3m）的基坑（槽）的土方开挖工程
3	模板工程及 支撑体系	各类工具式模板工程，包括大模板、滑模、爬模、飞模等工程
4		混凝土模板支撑工程：搭设高度5m及以上；搭设跨度10m及以上；施工总荷载10kN/m² 及以上；集中线荷载15kN/m及以上；高度大于支撑水平投影宽度且相对独立无联系构件的混凝土模板支撑工程
5		承重支撑体系：用于钢结构安装等满堂支撑体系
6	起重吊装及 安装拆卸工程	采用非常规起重设备、方法，且单件起吊重量在10kN及以上的起重吊装工程
7		采用起重机械进行安装的工程
8		起重机械设备自身的安装、拆卸
9	脚手架工程	搭设高度24m及以上的落地式钢管脚手架工程
10		附着式整体和分片提升脚手架工程
11		悬挑式脚手架工程
12		吊篮脚手架工程
13		自制卸料平台、移动操作平台工程
14		新型及异形脚手架工程
15	拆除、爆破工程	建筑物、构筑物拆除工程
16		采用爆破拆除的工程
17	其他	建筑幕墙安装工程
18		钢结构、网架和索膜结构安装工程
19		人工挖孔桩工程
20		地下暗挖、顶管及水下作业工程
21		预应力工程
22		采用新技术、新工艺、新材料、新设备及尚无相关技术标准的危险性较大的分部分项工程

表3-3   超过一定规模的危险性较大的分部分项工程范围

序号	分部分项工程	范围
1	深基坑工程	开挖深度超过5m（含5m）的基坑（槽）的土方开挖、支护、降水工程
2		开挖深度虽未超过5m，但地质条件、周围环境和地下管线复杂，或者影响毗邻建（构）筑物安全的基坑（槽）的土方开挖、支护、降水工程

序号	分部分项工程	范　围
3	模板工程及支撑体系	工具式模板工程，包括滑模、爬模、飞模等工程
4		混凝土模板支撑工程：搭设高度8m及以上；搭设跨度18m及以上；施工总荷载15kN/m² 及以上；集中线荷载20kN/m及以上
5		承重支撑体系：用于钢结构安装等满堂支撑体系，承受单点集中荷载700kg以上
6	起重吊装及安装拆卸工程	采用非常规起重设备、方法，且单件起吊重量在100kN及以上的起重吊装工程
7		起重量300kN及以上的起重设备安装工程；高度200m及以上内爬起重设备的拆除工程
8	脚手架工程	搭设高度50m及以上的落地式钢管脚手架工程
9		提升高度15m及以上附着式整体和分片提升脚手架工程
10		架体高度20m及以上悬挑式脚手架工程
11	拆除、爆破工程	采用爆破拆除的工程
12		码头、桥梁、高架、烟囱、水塔或者拆除中容易引起有毒有害气（液）体或者粉尘扩散、易燃易爆事故发生的特殊建（构）筑物的拆除工程
13		可能影响行人、交通、电力设施、通信设施或者其他建（构）筑物安全的拆除工程
14		文物保护建筑、优秀历史建筑或者历史文化风景区控制范围的拆除工程
15	其他	施工高度50m及以上的建筑幕墙安装工程
16		跨度大于36m及以上的钢结构安装工程；跨度大于60m及以上的网架和索膜结构安装工程
17		开挖深度超过16m的人工挖孔桩工程
18		地下暗挖工程、顶管工程、水下作业工程
19		采用新技术、新工艺、新材料、新设备及尚无相关技术标准的危险性较大的分部分项工程

3. 安全专项施工方案的主要内容

施工现场各安全专项施工方案的主要内容详见表3-4。

表3-4　　　　　　　施工现场各安全专项施工方案的主要内容

序号	专项方案	主　要　内　容
1	土方开挖、回填及支护	工程概况、土方开挖、边坡放坡、基坑支护及防护安全计算、基坑降水、边坡监测、回填土、应急措施、挖土安全技术措施、回填土施工的注意事项、季节性施工、基坑支护施工图
2	基础工程专项方案	工程概况、编制依据、技术准备、生产准备、主要施工方法、雨期施工、质量标准、安全防护措施
3	现场临时用电专项方案	现场临时用电编制依据、工程概况及特点、现场临时用电方案、负荷计算、安全用电防护措施、安全用电组织措施、电气安全防火措施

序号	专项方案	主 要 内 容
4	模板工程方案	工程概况、支模方法、模板及支架设计的验算、保证支模质量的技术措施、模板工程的安装验收、模板施工的安全技术、拆模的安全技术、混凝土成品保护
5	脚手架专项方案	工程概况、脚手架选型、脚手架工程施工安全计算、施工准备、脚手架的搭设、脚手架的检查与验收、脚手架的拆除、脚手架安全管理规定、文明施工要求
6	起重机械设备专项方案	塔吊、施工电梯施工，垂直运输工程施工安全计算
7	卸料平台专项方案	工程概况、材料要求、搭设方法、平台使用及拆除、安全技术验算、附图
8	施工机具专项方案	劳动部署、材料部署、机具部署、机具防护
9	预防高空坠落专项方案	工程概况、编制依据、安全施工措施、文明施工要求
10	文明施工管理措施	场地布置、材料堆放管理、办公生活区管理、安全文明施工标识标牌
11	环境保护专项方案	编制依据、工程概况、施工现场环境保护工作制度、施工现场环境保护工作措施（防止大气污染、水污染、噪声污染以及固体废弃物控制等）
12	季节性施工专项方案	雨季施工技术措施、冬季施工技术措施
13	消防安全专项方案	工程概况、消防安全管理目标、消防安全管理组织、防火消防安全制度和措施、防火器材的配置、消防安全控制重点项目、安全应急小组
14	施工现场各项应急预案	触电应急预案、大型机械设备倒塌应急预案、防台防汛应急预案、高空坠落应急预案、火灾应急预案、基坑坍塌应急预案、脚手架整体倒塌应急预案、模板整体倒塌应急预案、食物中毒应急预案、有毒气体中毒应急预案、突发性停电应急预案

4. 专项施工方案的审核与实施

（1）建设单位在申请领取施工许可证或者办理安全监督手续时，应当提供危险性较大的分部分项工程清单和安全管理措施。施工单位、监理单位应当建立危险性较大的分部分项工程安全管理制度。

（2）施工单位应当在危险性较大的分部分项工程施工前编制专项方案；对于超过一定规模的危险性较大的分部分项工程，施工单位应当组织专家对专项方案进行论证。

（3）建筑工程实行施工总承包的，专项方案应当由施工总承包单位项目技术负责人组织相关专业技术人员编制。其中，起重机械安装拆卸工程、深基坑工程、附着式升降脚手架等专业工程实行分包的，其专项方案可由专业承包单位项目技术负责人组织相关专业技术人员编制。

（4）专项方案应当由施工单位技术部门组织本单位施工技术、安全、质量等部门的专业技术人员进行审核。经审核合格的，由施工单位技术负责人签字。实行施工总承包的，专项方案应当由总承包单位技术负责人及相关专业承包单位技术负责人签字。

（5）不需要专家论证的专项方案，经施工单位审核合格后报监理单位，由项目总监理工程师审核签字。

（6）超过一定规模的危险性较大的分部分项工程专项方案应当由施工单位组织召开专

家论证会。实行施工总承包的，由施工总承包单位组织召开专家论证会。

（7）专家组成员应当由5名及以上符合相关专业要求的专家组成。各地建设行政主管部门应当根据本地区实际情况，制定专家资格审查办法和管理制度并建立专家诚信档案，及时更新专家库。本项目参建各方的人员不得以专家身份参加专家论证会。

（8）专项方案经论证后，专家组应当提交论证报告，对论证的内容提出明确的意见，并在论证报告上签字。该报告作为专项方案修改完善的指导意见。

（9）施工单位应当根据论证报告修改完善专项方案，并经施工单位技术负责人、项目总监理工程师、建设单位项目负责人签字后，方可组织实施。实行施工总承包的，应当由施工总承包单位、相关专业承包单位技术负责人签字。

（10）专项方案经论证后需做重大修改的，施工单位应当按照论证报告修改，并重新组织专家进行论证。

（11）施工单位应当严格按照专项方案组织施工，不得擅自修改、调整专项方案。如因设计、结构、外部环境等因素发生变化确需修改的，修改后的专项方案应当按《危险性较大的分部分项工程安全管理办法》的要求重新审核。对于超过一定规模的危险性较大工程的专项方案，施工单位应当重新组织专家进行论证。

（12）专项方案实施前，编制人员或者项目技术负责人应当向现场管理人员和作业人员进行安全技术交底。

（13）施工单位应当指定专人对专项方案实施情况进行现场监督，并按规定进行监测。发现不按照专项方案施工的，应当要求其立即整改；发现有危及人身安全的紧急情况，应当立即组织作业人员撤离危险区域。施工单位技术负责人应当定期巡查专项方案实施情况。

（14）对于按规定需要验收的危险性较大的分部分项工程，施工单位、监理单位应当组织有关人员进行验收。验收合格的，经施工单位项目技术负责人及项目总监理工程师签字后，方可进入下一道工序。

（15）当工程项目进行超过一定规模的危险性较大的分部分项工程施工时，建筑施工企业负责人应到施工现场进行带班检查。对于有分公司（非独立法人）的企业集团，集团负责人因故不能到现场的，可书面委托工程所在地的分公司负责人对施工现场进行带班检查。

（16）工程项目施工完成后，应及时对安全专项施工方案的实施情况进行总结。

3.4.2 安全教育

企业职工培训是企业劳动管理的重要组成部分。安全教育培训是企业职工培训中的一项重要内容，也是安全管理工作的重要环节，是预防事故的主要途径之一，在各种预防措施中占有极为重要的地位，是提高全员安全素质、实现企业安全生产的前提和基础。通过安全教育，首先能够增强企业管理人员和广大职工搞好安全生产的责任感和自觉性，增强安全意识；其次，安全技术知识的普及和提高，能使广大职工自觉遵循安全生产的客观规律，提高安全技术水平，从而消除工伤事故，自觉预防职业病的发生，保障自身的安全和健康，提高劳动生产率。

1. 安全教育的分类

按照不同的分类的标准，安全教育可以分为不同的种类。根据安全教育内容的不同，对施工企业职工的安全教育可以分为安全法制教育、安全思想教育、安全知识教育、安全技能教育以及事故案例教育等。

（1）安全法制教育。安全法制教育就是采取各种有效形式，通过对职工进行安全生产、劳动保护方面的法律、法规的宣传教育，从而提高全体员工学法、知法、懂法、守法的自觉性，以达到安全生产的目的，促使每个职工从法制的角度去认识搞好安全生产的重要性。作为劳动者，既有劳动的权利，也有遵守劳动安全法规的责任。明确遵章守法、遵章守纪是每个职工应尽的职责。而违章违规的本质也是一种违法行为，轻则会受到批评教育；造成严重后果的，还将受到法律的制裁。守法的前提首先是"从我做起"，自己不违章违纪；其次是要同一切违章违纪和违法的不安全行为作斗争，以制止并预防各类事故的发生，实现安全生产的目的。

（2）安全思想教育。

1）提高企业各级领导和全体员工对安全生产重要意义的认识，从思想上认识到搞好安全生产的重要意义，使其在日常工作中牢固树立"安全第一"的思想，提高员工对安全生产重要性的认识。其次是通过安全生产方针、政策教育，提高各级领导和全体员工的政策水平，使他们全面、正确地理解国家的安全生产方针政策，严肃认真地执行安全生产法律法规和规章制度。

2）劳动纪律的教育。使全体员工懂得严格执行劳动纪律对实现安全生产的重要性，劳动纪律是劳动者进行共同劳动时必须遵守的规则和秩序。反对违章指挥、违章作业，严格执行安全操作规程，遵守劳动纪律是贯彻"安全第一，预防为主，综合治理"的方针，减少伤亡事故，实现安全生产的重要保证。

通过对员工进行深入细致的思想工作，各级管理人员，特别是领导干部要加强对员工安全思想教育，要从关心人、爱护人、保护人的生命与健康出发，重视安全生产，做到不违章指挥。工人要增强自我保护意识，施工过程中要做到互相关心、互相帮助、互相督促，共同遵守安全生产规章制度，做到不违章操作、不违反劳动纪律。

（3）安全知识教育。安全知识教育是一种最基本、最普通和经常性的安全教育活动，企业所有员工都应具备安全基本知识。因此，全体员工必须接受安全知识教育，每年按规定学时进行安全培训。

安全知识教育就是要让职工了解施工生产中的安全注意事项、劳动保护要求，掌握一般安全基础知识。从内容上看，安全知识是生产知识的一个重要组成部分，所以在进行安全知识教育时，往往结合生产知识交叉进行。

安全知识教育要求做到因人施教、浅显易懂，不搞"填鸭式"的硬性教育，因为教育对象大多数是文化程度不高的操作工人，要特别注意教育的方式、方法，注重教育的实际效果。

安全知识教育的主要内容有：本企业生产的基本情况；施工流程及施工方法；施工中的主要危险区域及其安全防护的基本常识；施工设施、设备、机械的有关安全常识；电气设备安全常识；施工过程中有毒有害物质的辨别及防护知识；防火安全的一般要求及常用消防器材的使用方法；特殊类专业（如桥梁、隧道、深基础、异形建筑等）施工的安全防护知识；工伤事故的简易施救方法和报告程序及保护事故现场等规定；个人劳动防护用品的正确穿戴、使用常识等。

（4）安全技能教育。安全技能教育是在安全知识教育的基础上，进一步开展的专项安全教育，其侧重点是在安全操作技术方面，是通过结合本工种特点、要求，以培养安全操作能力而进行的一种专业安全技术教育。主要内容包括安全技术、安全操作规程和劳动卫生规定等。

安全技能教育根据其教育对象的不同，可分为以下两类。

1）对一般工种进行的安全技能教育。即除国家规定的特种作业人员以外的所有工种的教育。

2）对特殊工种作业人员的安全技能教育。特种作业人员需要由专门机构进行安全技术培训教育，并进行考试，合格后才可持证上岗，从事该工种的作业。同时，还必须按期进行审证复训。

（5）事故案例教育。事故案例教育是通过对一些典型事故进行原因分析、事故教训以及预防事故发生所采取的措施，来教育职工引以为戒、不重蹈覆辙，是一种运用反面事例进行正面宣传的独特的安全教育方法。但应注意，所选案例应为施工现场常见的、有代表性、又具有教育意义的、因违章引起的典型事故，事故案例应以教育职工遵章守纪为主要目的，不应过分渲染事故的恐怖性、不可避免性，以减少事故的负面影响。

2. 安全教育的形式

（1）班前安全活动。施工班组应该在每天施工前进行班组的安全教育和施工交底。班前安全交底由班组长负责进行，班前安全交底须做好记录。

（2）施工安全技术交底。在施工前，项目部安全技术人员必须对施工人员进行安全技术总交底，安全技术总交底必须采用书面形式进行。在分部分项工程施工前，项目部安全技术人员必须对施工作业班组进行安全技术交底，安全技术交底必须采用书面形式，并由施工人员签字确认。

（3）新工艺、新技术、新设备、新材料的科技讲座。在项目施工中推行新工艺、新技术、新设备、新材料的，必须由技术人员对施工人员进行安全、工艺的讲座。科技讲座必须有培训计划和培训考核。

（4）项目安全专项治理及安全案例讲座。公司每季度组织安全专项治理，对项目的安全检查通过安全例会的形式进行通报，项目部要充分利用各种安全案例对施工人员进行安全教育，安全教育必须记录在案。

（5）新员工进单位、上岗前的安全教育和继续教育。新员工进单位、上岗前必须按有关规定进行"三级安全教育"，"三级安全教育"的时间必须满足规定要求。特殊工种、特殊岗位人员的安全培训按有关规定进行，并建立教育档案。安全培训工作由人力资源部负责牵头，安全部门配合。

（6）年度的安全系列培训。在岗员工的安全继续教育每年至少进行一次，并建立员工的安全教育档案。对分包单位进入现场的施工人员每年必须进行一次安全教育培训，安全教育培训的情况必须记录在案。在岗员工的安全继续教育由人力资源部负责牵头，分包单位的安全继续教育由施工生产部负责牵头，安全部门配合。

（7）其他安全培训。根据企业的发展需要和有关方面的要求，企业要建立长效的安全教育培训机制，使安全教育落到实处。

3. 安全教育的对象

(1) "三类"人员（建筑施工企业的主要负责人、项目负责人、专职安全生产管理人员）。依据原建设部《建筑施工企业主要负责人、项目负责人、专职安全生产管理人员安全生产考核管理暂行规定》的规定，为贯彻落实《中华人民共和国安全生产法》《建设工程安全生产管理条例》和《安全生产许可证条例》，提高建筑施工企业的主要负责人、项目负责人、专职安全生产管理人员安全生产知识水平和管理能力，保证建筑施工安全生产，对建筑施工企业三类人员进行考核认定。三类人员应当经建设行政主管部门或者其他有关部门考核合格后才可任职，考核内容主要是安全生产知识和安全管理能力。

1) 建筑施工企业主要负责人。指对本企业日常生产经营活动和对安全生产全面负责、有生产经营决策权的人员，包括企业法定代表人、经理、企业分管安全生产工作的副经理等。其安全教育的重点内容如下。

a. 国家有关安全生产的方针政策、法律法规、部门规章、标准及有关规范性文件，本地区有关安全生产的法规、规章、标准及规范性文件。

b. 建筑施工企业安全生产管理的基本知识和相关专业知识。

c. 重、特大事故的防范、应急救援措施，报告制度及调查处理方法。

d. 企业安全生产责任制和安全生产规章制度的内容、制定方法。

e. 国内外安全生产管理经验。

2) 建筑施工企业项目负责人。指由企业法定代表人授权，负责建设工程项目管理的项目经理或负责人等。其安全教育的重点内容如下。

a. 国家有关安全生产的方针政策、法律法规、部门规章、标准及有关规范性文件，本地区有关安全生产的法规、规章、标准及规范性文件。

b. 工程项目安全生产管理的基本知识和相关专业知识。

c. 重大事故的防范、应急救援措施，报告制度及调查处理方法。

d. 企业和项目安全生产责任制和安全生产规章制度内容、制定方法。

e. 施工现场安全生产监督检查的内容和方法。

f. 国内外安全生产管理经验。

g. 典型事故案例分析。

3) 建筑施工企业专职安全生产管理人员。指在企业专职从事安全生产管理工作的人员，包括企业安全生产管理机构的负责人及其工作人员和施工现场专职安全生产管理人员。其安全教育的重点内容如下。

a. 国家有关安全生产的方针政策、法律法规、部门规章、标准及有关规范性文件，本地区有关安全生产的法规、规章、标准及规范性文件。

b. 重大事故的防范、应急救援措施，报告制度，调查处理方法以及防护、救护方法。

c. 企业和项目安全生产责任制和安全生产规章制度。

d. 施工现场安全监督检查的内容和方法。

e. 典型事故案例分析。

(2) 特种作业人员。特种作业是指容易发生人员伤亡事故，对操作者本人、他人及周围设施的安全有重大危害的作业。包括：电工作业，金属焊接切割作业，起重机械（含电梯）作业，企业内机动车辆驾驶，登高架设作业，锅炉作业（含水质化验），压力容器操作，制冷作业，爆破作业，矿山通风作业（含瓦斯检验），矿山排水作业（含尾矿坝作业），以及由省、自治区、直辖市安全生产综合管理部门或国务院行业主管部门提出，并经前国家经济贸易委员会批准的其他作业，如垂直运输机械作业人员、安装拆卸工、起重信号工等，都应当列为特种作业人员。

特种作业人员必须按照国家有关规定，经过专门的安全作业培训，并取得特种作业操作资格证书后，方可上岗作业。专门的安全作业培训是指由有关主管部门组织的专门针对特种作业人员的培训，也就是特种作业人员在独立上岗作业前，必须进行与本工种相适应的、专门的安全技术理论学习和实际操作训练、经培训考核合格，取得特种作业操作资格证书后，才能上岗作业。特种作业操作资格证书在全国范围内有效，离开特种作业岗位一定时间后，应当按照规定重新进行实际操作考核，经确认合格后方可上岗作业。对于未经培训考核即从事特种作业的，《建设工程安全生产管理条例》第六十二条对其规定了相应行政处罚；造成重大安全事故，构成犯罪，对直接责任人员，依照刑法的有关规定追究刑事责任。

（3）新员工。每个刚进企业的新员工必须接受首次安全生产方面的基本教育，即三级安全教育。三级一般是指公司（即企业）、项目（或工程处、施工队、工区）和班组。

"三级安全教育"是企业应当坚持的安全生产基本教育制度。1963年国务院明确规定必须对新员工进行三级安全教育，此后，住房与城乡建设部又多次对三级安全教育提出了具体要求，特别是原建设部关于印发《建筑业企业职工安全培训教育暂行规定》的通知，除了对安全培训教育主要内容作出要求外，还对时间作了规定，为安全教育工作的培训质量提供了法制保障。

"三级安全教育"是每个刚进企业的新员工（包括新招收的合同工、临时工、被派遣劳动者、学徒工、农民工、大中专毕业实习生和代培人员）必须接受的首次安全生产方面的基本教育。三级安全教育一般由企业的安全、教育、劳动、技术等部门配合进行，教育内容见表3-5。受教育者必须经过考试，合格后才准予进入生产岗位；考试不合格者不得上岗工作，必须重新补课并进行补考，合格后才可工作。为加深新工人对三级安全教育的感性认识和理性认识，一般规定，在新工人上岗工作6个月后，还要进行安全知识复训，即安全再教育。复训内容可以从原先的三级安全教育的内容中有重点地选择，复训后再进行考核。考核成绩要登记到本人劳动保护教育卡上，不合格者不得上岗工作。

表 3-5 新员工"三级安全教育"内容

序号	级　别	安 全 教 育 内 容
1	公司（即企业）	国家和地方有关安全生产、劳动保护的方针、政策、法律、法规、标准、规范、规程。如《中华人民共和国宪法》《中华人民共和国刑法》《中华人民共和国建筑法》《中华人民共和国消防法》等法律有关章节条款；国务院《关于加强安全生产工作的通知》；国务院发布的《建筑安装工程安全技术规程》等有关内容
		企业及其上级部门（主管局、集团、总公司、办事处等）印发的安全管理规章制度
		安全生产与劳动保护工作的目的
		事故发生的一般规律及典型事故案例
		预防事故的基本知识、急救措施

序号	级别	安 全 教 育 内 容
2	项目（或工程处、施工队、工区）	各级管理部门有关安全生产的标准
		建设工程施工生产的特点，施工现场的一般安全管理规定、要求
		施工现场主要事故类别，常见多发性事故的特点、规律及预防措施、事故教训等
		本单位安全生产制度、规定及安全注意事项
		本工程项目施工的基本情况（工程类型、施工阶段、作业特点等），施工中应当注意的安全事项
		机械设备、电气及高处作业等安全基本知识
		防火、防毒、防尘、防塌方、防煤气中毒、防爆知识及紧急情况下安全处置和安全疏散知识
		防护用品发放标准及防护用具使用的基本知识
3	班组	本工种的安全操作规程
		班组安全活动制度及纪律
		本班组施工生产工作概况，包括工作性质、作业环境、职责、范围等
		本岗位易发生事故的不安全因素及其防范对策
		本人及本班组在施工过程中，所使用、所遇到的各种机具设备及其安全防护设施的性能、作用、操作要求和安全防护要求
		个人使用和保管的各类劳动防护用品的正确穿戴、使用方法及劳防用品的基本原理与主要功能
		发生伤亡事故或其他事故，如火灾、爆炸、设备及管理事故等，应采取的措施（抢险救助、现场保护、事故报告等）要求
		工程项目中工人的安全生产责任制
		本工种的典型事故案例剖析

施工企业必须为每一名职工建立职工安全教育卡。教育卡应记录包括三级安全教育、转场及变换工种安全教育等的教育及考核情况，并由教育者与受教育者双方签字后入册，作为企业及施工现场安全管理资料备查。

（4）变换工种的工人。施工现场变化大，动态管理要求高，随着工程进度的进展，部分工人的工作岗位会发生变化，转岗现象较普遍。这种工种之间的互相转换，有利于施工生产的需要。但是，如果安全管理工作没有跟上，安全教育不到位，就可能给转岗工人带来伤害事故。因此，必须对他们进行转岗安全教育。根据原建设部的规定，企业待岗、转岗、换岗的职工，在重新上岗前，必须接受一次安全培训，时间不得少于 20 学时，其安全教育的主要内容是本工种作业的安全技术操作规程、本班组施工生产的概况介绍以及施工区域内各种生产设施、设备、工具的性能、作用、安全防护要求等。

4. 安全教育的基本要求

为了按计划、有步骤地进行全员安全教育，保证教育质量，取得良好的教育效果，真正有助于提高职工安全意识和安全技术素质，安全教育必须做到以下几点。

(1) 建立健全职工全员安全教育制度，严格按制度进行教育对象的登记、培训、考核、发证、资料存档等工作，环环相扣，层层把关，考核时将口头与书面考试相结合。坚决做到不经培训者、考试（核）不合格者、没有安全教育部门签发的合格证者，不准上岗工作。

(2) 结合企业实际情况，结合事故案例，编制企业年度安全教育计划，每个季度应当有教育的重点，每个月要有教育的内容。计划要有明确的针对性，并随企业安全生产的特点，适时修改计划、变更或补充内容。

(3) 要有相对稳定的教育培训大纲、培训教材和培训师资，确保教育时间和教学质量。随着企业的发展和技术的进步，相应补充新内容、新专业。

(4) 在教育方法上，力求生动活泼、形式多样，多媒体、动画片与口头教育相结合，寓教于乐，提高教育效果。

(5) 经常监督检查，认真查处未经培训就顶岗操作和特种作业人员无证操作的责任单位和责任人员。

3.4.3 安全检查

安全检查是指对施工项目在生产过程及安全管理中贯彻安全生产法律法规的情况、安全生产状况、劳动条件、事故隐患等所进行的检查。安全检查是一项具有方针政策性、专业技术性和广泛群众性的工作，是一项综合性的安全生产管理措施，是建立良好的安全生产环境、做好安全生产工作的重要手段之一，是企业防止事故、减少职业病的有效方法，是监督、指导安全工作，及时发现事故隐患，消除不安全因素的有力措施，也是交流安全生产经验，推动安全工作的一种行之有效的安全生产管理制度。

通过安全检查，可以发现施工生产中人的不安全行为和物的不安全状态，从而采取对策，消除不安全因素，保障安全生产；可以深入开展群众性的安全教育，不断增强领导和全体员工的安全意识，纠正违章指挥、违章作业和违反劳动纪律等不良现象，不断强化企业员工安全生产的自觉性和责任感。

1. 安全检查的形式

(1) 按检查时间分类。

1) 经常性安全检查。经常性安全检查采取个别的、日常的巡视方式实现。在施工过程中进行经常性的预防检查，能及时发现并消除安全隐患，保证施工正常进行。经常性的检查包括公司、项目经理部组织的安全生产检查，项目安全管理小组成员、安全专兼职人员和安全值日人员对工地进行的日常巡回检查及施工班组每天由班组长和安全值日人员组织的班前班后安全检查等。

生产班组的班组长、班组兼职安全员，班前应对施工现场、作业场所、工具设备、安全防护用品以及危险源标识等进行检查，施工过程中巡回检查，发现问题应及时纠正。

2) 临时性安全检查。对工程开工前的准备工作、施工高峰期、工程处在不同施工阶段前后、人员有较大变动期、工地发生工伤事故及其他安全事故后以及上级临时安排等，所进行的安全检查。

3）定期安全检查。定期安全生产检查一般是通过有计划、有组织、有目的的形式来实现的。检查周期根据各企业实际情况确定，如每年一次、每季一次、每月一次和每周一次等。定期检查面广，有深度，能及时发现并解决问题，属全面性和考核性的检查。

企业必须建立定期分级安全生产检查制度。公司一般每季度组织一次全面的安全生产检查；分公司、工程处每月组织一次安全生产检查；工程项目部每天应结合施工动态，实行安全巡查；总承包工程项目部应组织各分包单位每周进行安全检查，每月对照《建筑施工安全检查标准》，至少进行一次定量检查，对施工规模较大的工地可以每月组织一次安全生产检查。每次安全生产检查应由单位主管生产的领导或技术负责人带队，由相关的安全、劳资、保卫等部门联合组织检查。

4）季节性安全检查。季节性安全生产检查是由各级生产单位针对承建工程所在地区的气候与环境特点可能给安全生产造成的不利影响或带来的危害，组织的安全检查。包括冬季施工的安全检查（以防寒、防冻、防火为主）、雨季施工的安全检查（以防风、防汛、防雷、防触电、防潮、防水淹、防倒塌为主）和暑季施工的安全检查（以防暑降温为主）等。

5）节假日安全检查。在节假日、特别是重大或传统节假日（如元旦、春节、劳动节、国庆节等）前后和节假日期间，为防止现场管理人员和作业人员思想麻痹、纪律松懈等易发生事故进行的有针对性的安全生产、防火、保卫等综合安全检查。节假日加班，更要认真检查各项安全防范措施的落实情况。

（2）按检查项目的性质不同分类。

1）专业（项）性安全检查。专业（项）安全生产检查是对某个专项问题或在施工（生产）中存在的普遍性安全问题进行的单项定性检查。一般是针对特种作业、特种设备、特殊场所进行的检查，包括物料提升机、脚手架、施工用电、塔吊、压力容器、登高设施等。这类检查专业性强，也可以结合单项评比进行，参加专业安全生产检查组的人员应由技术负责人、安全管理小组、职能部门人员、专职安全员、专业技术人员、专项作业负责人组成。

2）一般性安全检查。与操作人员密切相关，要由班组长、班组安全员、工长等参加组成安全委员会，主要检查安全技术操作、安全劳动保护用品及装置、安全纪律和安全隐患等方面的现场安全检查。

3）安全管理检查。由安全技术部门组织。对安全规划、安全制度、安全措施、责任制、有关安全的材料（记录、资料、图表、分析、总结等）进行检查。

（3）按检查的主体不同分类。

1）公司安全生产大检查。由主管生产的公司领导负责，由生产部具体组织，召集技术部、车间等分管安全负责人共同参加检查。企业应对工程项目施工现场安全职责落实情况进行检查，并针对检查中发现的倾向性问题、安全生产状况较差的工程项目，组织专项检查。

2）项目部级安全生产检查。由项目经理负责，召集项目安全管理小组成员、安全专兼职人员和安全值日人员等有关人员参加，并做好检查记录，自行能解决的隐患则自行落实整改，需要公司解决的报公司安全部。

3）班组的检查。由生产班组的班组长、班组兼职安全员负责，对施工现场、作业场所、工具设备、安全防护用品以及危险源标识等进行检查，检查结果填写在班组的安全检查原始记录上，并将结果及时报告车间。

2. 安全检查的内容

安全生产检查是搞好安全生产工作的重要措施之一。通过检查，可以及时发现施工中存在的事故隐患，及时要求责任方进行整改，消除事故隐患，避免和减少生产安全事故的发生。对其进行经验总结，还可为下一步施工计划制订切实有效的防范措施。

安全检查应本着突出重点的原则，根据施工季节、气候、环境的特点，制定检查项目内容、标准，对于危险性大、易发事故、事故危害大的生产系统、部位、装置、设备等应加强检查。总之，安全检查的主要内容包括查思想、查制度、查组织、查措施、查机械设备装置、查安全防护设施、查安全教育培训、查劳保用品使用、查操作行为、查文明施工、查伤亡事故处理等。

（1）查思想。以党和国家的安全生产方针、政策、法律、法规及有关规定、制度为依据，对照检查各级领导和职工是否重视安全工作，人人关心和主动搞好安全工作，使党和国家的安全生产方针、政策、法律、法规及有关规定、制度等在部门和项目部得到落实。

（2）查制度。检查安全生产的规章制度是否建立、健全并严格执行。违章指挥、违章作业以及违反劳动纪律等行为是否及时得到纠正、处理，特别要重点检查各级领导和职能部门是否认真执行安全生产责任制，能否达到齐抓共管的要求。

（3）查措施。检查是否编制安全技术措施，安全技术措施是否有针对性，是否进行安全技术交底，是否根据施工组织设计的安全技术措施实施。

（4）查隐患。检查劳动条件、安全设施、安全装置、安全用具、机械设备、电气设备等是否符合安全生产法规、标准的要求。

（5）查事故处理。检查有无隐瞒事故的行为，发生事故是否及时报告、认真调查、严肃处理，是否制订了防范措施。凡检查中发现未按"四不放过"（事故原因未查清不放过、责任人员未受到处理不放过、整改措施未落实不放过、有关人员未受到教育不放过）的原则要求处理事故，要重新严肃处理，防止同类事故的再次发生。

（6）查组织。检查是否建立了安全领导小组，是否建立了安全生产保证体系，是否建立了安全机构，安全干部是否严格按规定配备。

（7）查安全教育培训。新职工是否经过三级安全教育，特殊工种是否经过培训、持证上岗，各级领导和安全人员是否经过专门培训。

3. 安全检查的方法

安全检查的根本目的是发现施工生产中人的不安全行为和物的不安全状态，从而采取相应的措施，将事故消灭在萌芽状态。因此，安全检查的方法正确与否直接影响检查结果的准确性和科学性。目前，安全检查基本上都采用安全检查表和实测实量的检查手段，进行定性和定量的安全评价。

（1）常规检查法。常规检查是常见的一种检查方法。采用"一看、二问、三检测"的手段，通常是由安全管理人员作为检查工作的主体，到作业场所的现场，通过感观或辅助一定的简单工具、仪表等，对作业人员的行为、作业场所的环境条件、生产设备设施等进行的检查。安全检查人员通过这一手段，及时发现现场存在的安全隐患并采取措施予以消除，纠正施工人员的不安全行为。

1)"看"。主要查看管理记录、持证上岗、现场标志、交接验收资料、"三宝"（安全帽、安全带和安全网）使用情况、"四口"（通道口、预留洞口、楼梯口和电梯井口）、"五临边"（施工现场内无围护设施或围护设施高度低于0.8m的楼层周边，楼梯侧边，平台或阳台边，屋面周边和沟、坑、槽、深基础周边等危及人身安全的边沿的简称）。防护情况、设备防护装置等。

2)"量"。主要是用尺实测实量。例如，脚手架各种杆件间距、塔吊道轨距离、电气开关箱安装高度、在建工程邻近高压线距离等。

3)"测"。用仪器、仪表实地进行测量。例如，用水平仪测量道轨纵、横向倾斜度，用地阻仪遥测地阻等。另外，机器、设备内部的缺陷及作业环境条件的真实信息或定量数据，只有通过仪器检查进行定量化的检验与测量，才能发现安全隐患，从而为后续整改提供信息。因此，必要时需要使用仪器检查。由于被检查的对象不同，检查所用的仪器和手段也不相同。

4)"现场操作"。由司机对各种限位装置进行实际动作，检验其灵敏程度，如塔吊的力矩限制器、行走限位、龙门架的超高限位装置、翻斗车制动装置等。

总之，能测量的数据或操作试验，不能用估计、步量或"差不多"等来代替，要尽量采用定量方法检查。

需要指出的是，常规检查法完全依靠安全检查人员的经验和能力，检查结果的可靠程度直接受安全检查人员个人素质的影响。因此，对安全检查人员的个人素质要求较高。

(2) 安全检查表法。为使检查工作更加规范，将个人的行为对检查结果的影响减少到最小，常采用安全检查表法。

事先把系统加以剖析，列出各层次的不安全因素，确定检查项目，并把检查项目按系统的组成顺序编制成表，以便进行检查或评审，这种表叫做安全检查表（SCL）。安全检查表是进行安全检查，发现和查明各种危险和隐患，监督各项安全规章制度的实施，及时发现事故隐患并制止违章行为的一个有力工具。

住房和城乡建设部于2011年12月修订颁发了《建筑施工安全检查标准》(JGJ 59—2011)，并自2012年7月1日起实施。该标准共分5章，含一个安全检查评分汇总表和19个分项检查评分表等内容。19个分项检查评分表检查内容共有189个检查项目767条评分标准。

1) 检查分类。对建筑施工中易发生伤亡事故的主要环节、部位和工艺等的完成情况进行安全检查评价时，应采用检查评分表的形式。《建筑施工安全检查标准》(JGJ 59—2011)将检查评分表分为安全管理、文明施工、扣件式钢管脚手架、门式钢管脚手架、碗扣式钢管脚手架、承插型盘扣式钢管脚手架、满堂脚手架、悬挑式脚手架、附着式升降脚手架、高处作业吊篮、基坑工程、模板支架、高处作业、施工用电、物料提升机、施工升降机、塔式起重机、起重吊装和施工机具等共19个分项检查评分表和一张安全检查评分汇总表。除了"高处作业"和"施工机具"以外的安全管理、文明施工等17项检查评分表，均设置了保证项目和一般项目，保证项目是安全检查的重点和关键，限于篇幅，此处仅给出安全检查评分汇总表以及与建筑施工常见的"五大伤害"相关的基坑工程、高处作业、施工用电、塔式起重机、施工机具等5个分项检查评分表供参考（表3-6～表3-11），其他分项检查评分表详见《建筑施工安全检查标准》（JGJ 59—2011）。

表3-6 建筑施工安全检查评分汇总表

单位工程（施工现场）名称	建筑面积/m²	结构类型	总计得分（满分分值100分）	项目名称及分值									
				安全管理（满分10分）	文明施工（满分15分）	脚手架（满分10分）	基坑工程（满分10分）	模板支架（满分10分）	高处作业（满分10分）	施工用电（满分10分）	物料提升机与施工升降机（满分10分）	塔式起重机与起重吊装（满分10分）	施工机具（满分5分）

评语：

检查单位		负责人		受检项目		项目经理	

表3-7 基坑工程检查评分表

序号	检查项目		扣 分 标 准	应得分数	扣减分数	实得分数
1	保证项目	施工方案	基础工程未编制专项施工方案，扣10分 专项施工方案未按规定审核、审批，扣10分 超过一定规模条件的基坑工程专项施工方案未按规定组织专家论证，扣10分 基坑周边环境或施工条件发生变化，专项施工方案未重新进行审核、审批，扣10分	10		
2		基坑支护	人工开挖的狭窄基槽，开挖深度较大或存在边坡塌方危险未采取支护措施，扣10分 自然放坡的坡率不符合专项施工方案和规范要求，扣10分 基坑支护结构不符合设计要求，扣10分 支护结构水平位移达到设计报警值未采取有效控制措施，扣10分	10		
3		降排水	基坑开挖深度范围内有地下水未采取有效的降排水措施，扣10分 基坑边沿周围地面未设排水沟或排水沟设置不符合规范要求，扣5分 放坡开挖对坡顶、坡面、坡脚未采取降排水措施，扣5～10分 基坑底四周未设排水沟和集水井或排除积水不及时，扣5～8分	10		

序号	检查项目		扣 分 标 准	应得分数	扣减分数	实得分数
4	保证项目	基坑开挖	支护结构未达到设计要求的强度提前开挖下层土方，扣10分 未按设计和施工方案的要求分层、分段开挖或开挖不平衡，扣10分 基坑开挖过程中未采取防止碰撞支护结构或工程桩的有效措施，扣10分 机械在软土场地作业，未采取铺设渣土、砂石等硬化措施，扣10分	10		
5		坑边荷载	基坑边堆置土、料具等荷载超过基坑支护设计允许要求，扣10分 施工机械与基坑边沿的安全距离不符合设计要求，扣10分	10		
6		安全防护	开挖深度2m及以上的基坑周边未按规范要求设置防护栏杆或栏杆设置不符合规范要求，扣5~10分 基坑内未设置供施工人员上下的专用梯道或梯道设置不符合规范要求，扣5~10分 降水井口未设置防护盖板或围栏，扣10分	10		
小计				60		
7	一般项目	基坑监测	未按要求进行基坑工程监测，扣10分 基坑监测项目不符合设计和规范要求，扣5~10分 监测的时间间隔不符合监测方案要求或监测结果变化速率较大未加密观测次数，扣5~8分 未按设计要求提交监测报告或监测报告内容不完整，扣5~8分	10		
8		支撑拆除	基坑支撑结构的拆除方式、拆除顺序不符合专项施工方案要求，扣5~10分 机械拆除作业时，施工荷载大于支撑结构承载能力，扣10分 人工拆除作业时，未按规定设置防护设施，扣8分 采用非常规拆除方式不符合国家现行相关规范要求，扣10分	10		
9		作业环境	基坑内土方机械、施工人员的安全距离不符合规范要求，扣10分 上下垂直作业未采取防护措施，扣5分 在各种管线范围内挖土作业未设专人监护，扣5分 作业区光线不良，扣5分	10		
10		应急预案	未按要求编制基坑工程应急预案或应急预案内容不完整，扣5~10分 应急组织机构不健全或应急物资、材料、工具机具储备不符合应急预案要求，扣2~6分	10		
小计				40		
检查项目合计				100		

序号	检查项目	扣 分 标 准	应得分数	扣减分数	实得分数
1	安全帽	施工现场人员未佩戴安全帽，每人扣5分 未按标准佩戴安全帽，每人扣2分 安全帽质量不符合现行国家相关标准的要求，扣5分	10		
2	安全网	在建工程外脚手架架体外侧未采用密目式安全网封闭或网间连接不严，扣2~10分 安全网质量不符合现行国家相关标准的要求，扣10分	10		
3	安全带	高处作业人员未按规定系挂安全带，每人扣5分 安全带系挂不符合要求，每人扣5分 安全带质量不符合现行国家相关标准的要求，扣10分	10		
4	临边防护	工作面边沿无临边防护，扣10分 临边防护设施的构造、强度不符合规范要求，扣5分 防护设施未形成定型化、工具式，扣3分	10		
5	洞口防护	在建工程的孔、洞未采取防护措施，每处扣5分 防护措施、设施不符合要求或不严密，每处扣3分 防护设施未形成定型化、工具式，扣3分 电梯井内未按每隔两层且不大于10m设置安全网，扣5分	10		
6	通道口防护	未搭设防护棚或防护不严、不牢固，扣5~10分 防护棚两侧未进行封闭，扣4分 防护棚宽度小于通道口宽度，扣4分 建筑物高度超过24m，防护棚顶未采取双层防护，扣4分 防护棚的材质不符合规范要求，扣5分	10		
7	攀登作业	移动式梯子的梯脚底部垫高使用，扣3分 折梯未使用可靠拉撑装置，扣5分 梯子的材质或制作质量不符合规范要求，扣10分	10		
8	悬空作业	悬空作业处未设置防护栏杆或其他可靠的安全设施，扣5~10分 悬空作业所用的索具、吊具等未经验收，扣5分 悬空作业人员未系挂安全带或佩戴工具袋，扣2~10分	10		
9	移动式操作平台	操作平台未按规定进行设计计算，扣8分 移动式操作平台，轮子与平台的连接不牢固可靠或立柱底端距离地面超过80mm，扣5分 操作平台的组装不符合设计和规范要求，扣10分 平台台面铺板不严，扣5分 操作平台四周未按规定设置防护栏杆或未设置登高扶梯，扣10分 操作平台的材质不符合规范要求，扣10分	10		
10	悬挑式钢平台	未编制专项施工方案或未经设计计算，扣10分 悬挑式钢平台的下部支撑系统或上部拉结点未设置在建筑结构上，扣10分 钢平台未按要求设置固定的防护栏杆或挡脚板，扣3~10分 钢平台台面铺板不严或钢平台与建筑结构之间铺设不严，扣5分 未在平台明显处设置荷载限定标牌，扣5分	10		
检查项目合计			100		

表 3-8　　　　　　　　　　　　　　高处作业检查评分表

表 3 - 9 　　　　　　　　　　　　　　施工用电检查评分表

序号	检查项目		扣 分 标 准	应得分数	扣减分数	实得分数
1	保证项目	外电防护	外电线路与在建工程及脚手架、起重机械、场内机动车道之间的安全距离不符合规范要求且未采取防护措施，扣 10 分 防护设施未设置明显的警示标志，扣 5 分 防护设施与外电线路的安全距离及搭设方式不符合规范要求，扣 5～10 分 在外电架空线路正下方施工、建造临时设施或堆放材料物品，扣 10 分	10		
2		接地与接零保护系统	施工现场专用的电源中性点直接接地的低压配电系统未采取 TN - S 接零保护系统，扣 20 分 配电系统未采用同一保护系统，扣 20 分 保护零线引出位置不符合规范要求，扣 5～10 分 电气设备未接保护零线，每处扣 2 分 保护零线装设开关、熔断器或通过工作电流，扣 20 分 保护零线材质、规格及颜色标记不符合规范要求，每处扣 2 分 工作接地与重复接地的设置、安装及接地装置的材料不符合规范要求，扣 10～20 分 工作接地电阻大于 4Ω，重复接地电阻大于 10Ω，扣 20 分 施工现场起重机、物料提升机、施工升降机、脚手架防雷措施不符合规范要求，扣 5～10 分 做防雷接地机械的电气设备。保护零线未做重复接地，扣 10 分	20		
3		配电线路	线路及接头不能保证机械强度和绝缘强度，扣 5～10 分 线路未设短路、过载保护，扣 5～10 分 线路截面不能满足负荷电流，每处扣 2 分 线路的设施、材料及相序的排列、档距、与邻近线路或固定物的距离不符合规范要求，扣 5～10 分 电缆沿地面明设，沿脚手架、树木等敷设或敷设不符合规范要求，扣 5～10 分 线路敷设的电缆不符合规范要求，扣 5～10 分 室内明敷主干线距地面高度小于 2.5m，每处扣 2 分	10		
4		配电箱与开关箱	配电系统未采用三级配电、两级漏电保护系统，扣 10～20 分 用电设备未有各自专用的开关箱，每处扣 2 分 箱体结构、箱内电器设置不符合规范要求，扣 10～20 分 配电箱零线端子板的设置、连接不符合规范要求，扣 5～10 分 漏电保护器参数不匹配或检测不灵敏，每处扣 2 分 配电箱与开关箱电器损坏或进出线混乱，每处扣 2 分 箱体未设置系统接线图和分路标记，每处扣 2 分 箱体未设门、锁，未采取防雨措施，每处扣 2 分 箱体安装位置、高度及周边通道不符合规范要求，每处扣 2 分 分配电箱与开关箱、开关箱与用电设备的距离不符合规范要求，每处扣 2 分	20		
	小计			60		

序号	检查项目		扣 分 标 准	应得分数	扣减分数	实得分数
5	一般项目	配电室与配电装置	配电室建筑耐火等级未达到三级，扣 15 分 未配置适用于电气火灾的灭火器材，扣 3 分 配电室、配电装置布设不符合规范要求，扣 5～10 分 配电装置中的仪表，电气元件设置不符合规范要求或仪表、电气元件损坏，扣 5～10 分 备用发电机组未与外电线路进行连锁，扣 15 分 配电室未采取防雨雪和小动物侵入的措施，扣 10 分 配电室未设警示标志、工地供电平面图和系统图，扣 3～5 分	15		
6		现场照明	照明用电与动力用电混用，每处扣 2 分 特殊场所未使用 36V 及以下安全电压，扣 15 分 手持照明灯未使用 36V 以下电源供电，扣 10 分 照明变压器未使用双绕组安全隔离变压器，扣 15 分 灯具金属外壳未接保护零线，每处扣 2 分 灯具与地面、易燃物之间小于安全距离，每处扣 2 分 照明线路和安全电压线路的架设不符合规范要求，扣 10 分 施工现场未按规范要求配备应急照明，每处扣 2 分	15		
7		用电档案	总包单位与分包单位未订立临时用电管理协议，扣 10 分 未指定专项用电施工组织设计、外电防护专项方案或设计、方案缺乏针对性，扣 5～10 分 专项用电施工组织设计、外电防护专项方案未履行审批程序，实施后相关部门未组织验收，扣 5～10 分 接地电阻、绝缘电阻和漏电保护器检测记录未填写或填写不真实，扣 3 分 安全技术交底、设备设施验收记录未填写或填写不真实，扣 3 分 定期巡视检查、隐患整改记录未填写或填写不真实，扣 3 分 档案资料不齐全，未设专人管理，扣 3 分	10		
小计				40		
检查项目合计				100		

表 3-10   塔式起重机检查评分表

序号	检查项目		扣 分 标 准	应得分数	扣减分数	实得分数
1	保证项目	载荷限制装置	未安装起重限制器或不灵敏，扣 10 分 未安装力矩限制器或不灵敏，扣 10 分	10		
2		行程限位装置	未安装起升高度限位器或不灵敏，扣 10 分 起升高度限位器的安全越程不符合规范要求，扣 6 分 未安装幅度限位器或不灵敏，扣 10 分 回转不设集电器的塔式起重机未安装回转限位器或不灵敏，扣 6 分 行走式塔式起重机未安装行走限位器或不灵敏，扣 10 分	10		

序号	检查项目		扣 分 标 准	应得分数	扣减分数	实得分数
3	保证项目	保护装置	小车变幅的塔式起重机未安装断绳保护及断轴保护装置，扣8分 行走及小车变幅的轨道行程末端未安装缓冲器及止挡装置或不符合规范要求，扣4~8分 起重臂根部绞点高度大于50m的塔式起重机未安装风速仪或不灵敏，扣4分 塔式起重机顶部高度大于30m且高于周围建筑未安装障碍指示灯，扣4分	10		
4		吊钩、滑轮、卷筒与钢丝绳	吊钩未安装钢丝绳防脱钩装置或不符合规范要求，扣10分 吊钩磨损、变形达到报废标准，扣10分 滑轮、卷筒未安装钢丝绳防脱装置或不符合规范要求，扣4分 滑轮及卷筒磨损达到报废标准，扣10分 钢丝绳磨损、变形、锈蚀达到报废标准，扣10分 钢丝绳的规格、固定、缠绕不符合产品说明书及规范要求，扣5~10分	10		
5		多塔作业	多塔作业未制订专项施工方案或施工方案未经审批，扣10分 任意两台塔式起重机之间的最小架设距离不符合规范要求，扣10分	10		
6		安拆、验收与使用	安装、拆卸单位未取得专业承包资质和安全生产许可证，扣10分 未制订安装、拆卸专项施工方案，扣10分 方案未经审核、审批，扣10分 为履行验收程序或验收表未经责任人签字，扣5~10分 安装、拆除人员及司机、指挥未持证上岗，扣10分 塔式起重机作业前未按规定进行例行检查，未填写检查记录，扣4分 实行多班作业未按规定填写交接班记录，扣3分	10		
	小计			60		
7	一般项目	附着	塔式起重机高度超过规定未安装附着装置，扣10分 附着装置水平距离不满足产品说明书要求，未进行设计计算和审批，扣8分 附着装置安装不符合产品说明书及规范要求，扣5~10分 附着前和附着后塔身垂直度不符合规范要求，扣10分	10		
8		基础与轨道	塔式起重机基础未按产品说明书及有关规定设计、检测、验收，扣5~10分 基础未设置排水措施，扣4分 路基箱或枕木铺设不符合产品说明书及规范要求，扣6分 轨道铺设不符合产品说明书及规范要求，扣6分	10		

序号	检查项目		扣 分 标 准	应得分数	扣减分数	实得分数
9	一般项目	结构设施	主要结构件的变形、锈蚀不符合规范要求，扣10分 平台、走道、梯子、护栏的设置不符合规范要求，扣4~8分 高强螺栓、销轴、紧固件的紧固、连接不符合规范要求，扣5~10分	10		
10		电气安全	未采用TN-S接零保护系统供电，扣10分 塔式起重机与架空线路安全距离不符合规范要求，未采取防护措施，扣10分 防护措施不符合规范要求，扣5分 未安装避雷接地装置，扣10分 避雷接地装置不符合规范要求，扣5分 电缆使用及固定不符合规范要求，扣5分	10		
小计				40		
检查项目合计				100		

表 3-11　　　　　　　　　　　施工机具检查评分表

序号	检查项目	扣 分 标 准	应得分数	扣减分数	实得分数
1	平刨	平刨安装后未履行验收程序，扣5分 未设置护手安全装置，扣5分 传动部位未设置防护罩，扣5分 未作保护接零或未设置漏电保护器，扣10分 未设置安全作业棚，扣6分 使用多功能木工机具，扣10分	10		
2	圆盘锯	圆盘锯安装后未履行验收程序，扣5分 未设置锯盘护罩、分料器、防护挡板安全装置和传动部位未设置防护罩，每处扣3分 未作保护接零或未设置漏电保护器，扣10分 未设置安全作业棚，扣6分 使用多功能木工机具，扣10分	10		
3	手持电动工具	Ⅰ类手持电动工具未采取保护接零或未设置漏电保护器，扣8分 使用Ⅰ类手持电动工具不按规定穿戴绝缘用品，扣6分 手持电动工具随意接长电源线，扣4分	8		
4	钢筋机械	机械安装后未履行验收程序，扣5分 未作保护接零或未设置漏电保护器，扣10分 钢筋加工区未设置作业棚，钢筋对焊作业区未采取防止火花飞溅措施或冷拉作业区未设置防护栏板，每处扣5分 传动部位未设置防护罩，扣5分	10		

序号	检查项目	扣　分　标　准	应得分数	扣减分数	实得分数
5	电焊机	电焊机安装后未履行验收程序，扣5分 未作保护接零或未设置漏电保护器，扣10分 未设置二次空载降压保护器，扣10分 一次线长度超过规定或未进行穿管保护，扣3分 二次线未采用防水橡皮护套铜芯软电缆，扣10分 二次线长度超过规定或绝缘层老化，扣3分 电焊机未设置防雨罩或接线柱未设置防护罩，扣5分	10		
6	搅拌机	搅拌机安装后未履行验收程序，扣5分 未作保护接零或未设置漏电保护器，扣10分 离合器、制动器、钢丝绳达不到规定要求，每项扣5分 上料斗未设置安全挂钩或止挡装置，扣5分 传动部位未设置防护罩，扣4分 未设置安全作业棚，扣6分	10		
7	气瓶	气瓶未安装减压器，扣8分 乙炔瓶未安装回火防止器，扣8分 气瓶间距小于5m或与明火距离小于10m未采取隔离措施，扣8分 气瓶未设置防振圈和防护帽，扣2分 气瓶存放不符合要求，扣5分	8		
8	翻斗车	翻斗车未取得准用证，扣5分 驾驶员无证操作，扣8分 行车载人或违章行车，扣8分	8		
9	潜水泵	未作保护接零或未设置漏电保护器，扣6分 负荷线未使用专用防水橡皮电缆，扣6分 负荷线有接头，扣3分	6		
10	振捣器	未作保护接零或未设置漏电保护器，扣8分 未使用移动方式配电箱，扣4分 电缆线长度超过30m，扣4分	8		
11	桩工机械	机械安装后未履行验收程序，扣10分 作业前未编制专项施工方案或未按规定进行安全技术交底，扣10分 安全装置不齐全或不灵敏，扣10分 机械作业区域地面承载力不符合规定要求或未采取有效硬化措施，扣12分 机械与输电线路安全距离不符合规范要求，扣12分	12		
	检查项目合计		100		

2）评分方法。建筑施工安全检查评定中，保证项目应全部检查。评定时，应按《建筑施工安全检查标准》（JGJ 59—2011）中各检查评定项目的有关规定，并按各自检查项目的检查评分表进行评分，各分项检查评分表满分均为100分。评分时应按下列方法

进行。

a. 在检查评分中，遇有多个"脚手架""物料提升机、施工升降机""塔式起重机、起重吊装"项目的检查评分表实得分数，应为所对应专业的检查评分表实得分数的算术平均值。

b. 检查评分不得采用负值，各检查项目所扣分数总和不得超过该项应得分数。

c. 在检查评分中，当保证项目有一项不得分或保证项目小计得分不足 40 分时，此分项检查评分表不得分。

d. 检查评分汇总表满分为 100 分，在汇总表中各分项项目实得分数按下式计算，即

汇总表中各分项项目实得分数＝汇总表中该项应得满分分值

×该项检查评分表实得分数÷100

汇总表总得分为表中各分项项目实得分数之和。

e. 检查中遇有缺项时，分项检查表或检查评分汇总表总得分按下式计算，即

遇有缺项时总得分＝实查项目在汇总表中的实得分值之和

÷实查项目在汇总表中应得满分的分值之和×100

3）检查评定等级。按照汇总表的总得分和分项检查评分表的得分，建筑施工安全检查评定划分为优良、合格、不合格 3 个等级。评定等级的划分应符合以下要求。

优良：分项检查评分表无零分，汇总表得分值应在 80 分及以上。即在施工现场内无重大事故隐患，各项工作达到行业平均先进水平。

合格：分项检查评分表无零分，汇总表得分值应在 70 分及以上。

不合格：汇总表得分值不足 70 分，或有一分项检查评分表不得分，即施工现场重大事故隐患较多，随时可能发生伤亡事故。

4. 安全检查结果的处理

在各级安全检查中，发现违章指挥、违章作业者，应立即予以纠正，并做好记录，对不听劝阻者，检查人有权责令其停止作业，情节严重者，给予相应的处罚。

对于检查中发现的隐患，安全生产部门应签发隐患整改通知书，相关部门接到通知后必须按要求进行整改，如无故拖延不整改又不采取任何措施，则追究其部门、单位主要领导及相关人员的责任，造成严重后果的，按照有关规定加重处罚。对物资、技术、时间等条件暂不具备整改条件的隐患，应及时报告上级，同时采取有效防范措施，防止事故的发生。对整改后的问题和隐患，应跟踪复查。

第4章 建筑施工职业卫生

随着我国城市建设不断优化，基础设施不断完善，建筑行业取得了飞速的发展。然而，在建筑施工过程中，长期从事施工作业的建设者，因其频繁接触职业危害，潜在的职业病在逐渐暴露出来，建筑施工职业病的发病率也在不断攀升。所以，加强对施工现场职业卫生的管理迫在眉睫。

2019年5月，国家卫健委规划发展与信息化司发布了《2018年我国卫生健康事业发展统计公报》。该报告显示，截至2018年年底，全国共有职业健康检查机构2754个、职业病诊断机构478个，2018年全国共报告各类职业病新病例23497例，其中职业性尘肺病及其他呼吸系统疾病19524例（其中职业性尘肺病19468例）。据近年来的统计数据，煤炭、有色金属、机械和建筑行业的职业病病例数占报告总数的60%～80%。与其他职业相比，建筑工人更加容易患上职业病。

在建筑项目施工过程中，良好的施工环境是十分必要的，这样不仅保证工程按计划进行，而且保证工人的健康和安全，因此是所有工程应当遵循的首要原则。目前，在建筑工程施工过程中，影响人体健康的因素很多，由于职业危害身患职业病，对广大职工的生活质量造成了严重的不利影响，甚至对人们的家庭造成了伤害，还影响着企业的顺利发展。所以，建筑行业的职业卫生工作越来越引起人们的关注。

可是，目前建筑施工企业职业卫生管理普遍依然比较薄弱，建筑单位与企业往往将关注的重点放在建筑施工的效率、质量与获得的经济效益上，从而忽略了建筑工程施工现场职业卫生管理工作，大部分施工企业未能完善职业卫生管理机构、配备职业健康专职管理人员，未能对施工现场的职业危害因素、职业病类别进行系统的统计和分析，缺乏规范的制度和基本的防护措施，职业健康监管存在薄弱环节。因此，要做好建筑施工企业的职业卫生管理工作，首先要了解施工现场常见职业病危害因素、分类及发病起因，采取有针对性的预防措施，从根源上杜绝职业病的发生，从而促进建筑行业更加长远、稳定的发展。

4.1 职业卫生相关概念

1. 职业卫生

职业卫生是对工作场所内产生或存在的职业性有害因素及其健康损害进行识别、评估、预测和控制的一门科学，其目的是预防和保护劳动者免受职业性有害因素所致的健康影响和危险，使工作适应劳动者、促进和保障劳动者在职业活动中的身心健康和社会福利。

2. 职业危害

职业危害是对从事职业活动的劳动者可能导致的与工作有关的疾病、职业病和伤害。

3. 职业性有害因素

职业性有害因素又称职业病危害因素，指职业活动中影响劳动者健康的各种危害因素的统称。可分为三类：生产工艺过程中产生的有害因素，包括化学、物理、生物因素；劳动过程中的有害因素；生产环境中的有害因素。

4. 职业病

职业病是企业、事业单位和个体经济组织的劳动者在职业活动中，因接触粉尘、放射性物质和其他有毒、有害物质等因素而引起的疾病。

职业病的范围由国家主管部门规定，目前，我国法定的职业病范围有十大类（职业性尘肺病及其他呼吸系统疾病、职业性皮肤病、职业性眼病、职业性耳鼻喉口腔疾病、职业性化学中毒、物理因素所致职业病、职业性放射性疾病、职业性传染病、职业性肿瘤、其他职业病），合计132种。

5. 职业禁忌证

职业禁忌证是劳动者从事特定职业或者接触特定职业性有害因素时，比一般职业人群更易于遭受职业危害和罹患职业病或者可能导致原有自身疾病病情加重，或者在从事作业过程中诱发可能导致对劳动者生命健康构成危险的疾病的个人特殊生理或者病理状态。

6. 职业卫生"三同时"

建设项目职业病防护设施必须与主体工程同时设计、同时施工、同时投入生产和使用。职业病防护设施所需费用应当纳入建设项目工程预算。

7. 职业病防护设施

消除或者降低工作场所的职业病危害因素的浓度或者强度，预防和减少职业病危害因素对劳动者健康的损害或者影响，保护劳动者健康的设备、设施、装置、构（建）筑物等的总称。

8. 接触水平

从事职业活动的劳动者在特定时间段接触某种或多种职业病危害因素的浓度（强度）。

9. 《职业病防治法》

为了预防、控制和消除职业病危害，防治职业病，保护劳动者健康及其相关权益，促进经济社会发展，根据宪法制定《中华人民共和国职业病防治法》（以下简称《职业病防治法》）。《职业病防治法》于2001年10月27日第九届全国人民代表大会常务委员会第二十四次会议通过，2018年12月29日第十三届全国人民代表大会常务委员会第七次会议对《关于修改〈中华人民共和国劳动法〉等七部法律的决定》作了第四次修正。

4.2　职业病的特点

（1）病因明确。职业病一般是由于接触职业性有害因素引起的。

（2）发病与劳动条件密切相关。发病与否及发病时间的早与迟往往取决于接触职业性有害因素的时间、数量。劳动强度大、作业场所环境恶劣是导致职业病发病的根本原因。

（3）具有群体性发病的特征。在同一作业环境下，多是同时或先后出现一批相同的职业病患者，很少出现仅有个别人发病的情况。

（4）具有临床特征。同一种职业病在发病时间、临床表现、病程进展上往往具有特定的表现。

（5）职业病的范围日趋扩大。随着科学技术进步和国家经济实力的提高，越来越多的职业病将被发现。

（6）已经被发现的职业病可以预防或减少。对已经发现的职业病的预防或减少的程序主要取决于国家和企业对预防或减少职业病的预防（治疗）措施的投入力量大小。

4.3 职业性有害因素分类

《职业病危害因素分类目录》（国卫疾控发〔2015〕92号）将职业病危害因素分为粉尘、化学因素、物理因素、生物因素、放射性因素和其他因素六大类。

《职业病危害评价通则》（GBZ/T 277—2016）将职业性有害因素分为五大类，即化学因素、物理因素、生物因素、生理因素和环境因素。其中，与生产过程有关的职业性有害因素有化学因素、物理因素和生物因素；与劳动过程有关的职业性有害因素是生理因素，与作业场所环境有关的职业性有害因素是环境因素。

4.3.1 职业性有害化学因素

化学因素是引起职业病的最常见的职业性有害因素，它主要包括生产性毒物和生产性粉尘。

生产性毒物是指生产过程中形成或应用的各种对人体有害的物质。生产性毒物包括：窒息性毒物，如一氧化碳、氰化物、甲烷、硫化氢、二氧化碳等；刺激性毒物，如氯气、氨气、二氧化硫、氯化氢、苯及其化合物、甲醇、乙醇、硫酸蒸气、硝酸蒸气、高分子化合物等；血液性毒物，如苯、苯的硝基化合物、氮氧化物、亚硝磷盐、砷化氢等；神经性毒物，如铅、汞、锰、四乙基铅、二硫化碳、有机磷农药、有机氯农药、汽油、四氯化碳等。

生产性粉尘是指能够较长时间悬浮于空气中的固体微粒。它包括三类，即无机性粉尘、有机性粉尘和混合性粉尘。

无机性粉尘包括：矿物性粉尘，如砂、煤、石棉等；金属性粉尘，如铁、铅、铜、锰、锡等金属及其化合物粉尘等；人工无机性粉尘，如玻璃纤维、水泥、金刚砂等。

有机性粉尘包括：植物性粉尘，如烟草、木材尘、棉、麻等；动物性粉尘，如毛发、骨质尘等；人工有机粉尘，如有机染料、人造纤维尘、塑料等。

混合性粉尘是指无机性粉尘与有机性粉尘两种或两种以上混合存在的粉尘，如合金加工尘、煤矿开采时的粉尘、金属研磨尘等。

4.3.2 职业性有害物理因素

职业性有害物理因素主要包括以下几个。

（1）不良的气候条件，如高温、高寒、高湿、热辐射等。

（2）异常的气压，如高气压、低气压等。

（3）生产性振动、噪声。

（4）非电离辐射，如红外线、微波、紫外线、激光、无线电波等。

（5）电离辐射，如 X 射线、α 射线、β 射线、γ 射线、宇宙线等。

4.3.3 职业性有害生物因素

职业性有害生物因素主要指病原微生物和致病寄生虫，如布氏杆菌、炭疽杆菌、森林脑炎病毒等。

4.3.4 与劳动过程有关的职业性有害因素

（1）劳动强度过大，或者劳动的安排与劳动者的生理状态不适应。

（2）劳动组织不合理，如劳动时间过长、休息制度不合理等。

（3）长时间重复某一单调动作，长时间处于某种不良体位。

（4）个别器官或系统过于紧张。

4.3.5 与作业场所环境有关的职业性有害因素

（1）作业场所的设计不符合有关卫生标准和要求，如厂房狭小，车间布置、厂房建筑布局不合理等。

（2）缺乏必要的卫生技术设施，如缺乏采暖设施、通风换气设施、防暑降温设施、防噪防振设施、防尘防毒设施、防射线设施、照明亮度不足等。

（3）缺乏完备的安全防护设施，个人防护用具的使用方法不正确，防护用具本身存在缺陷等。

4.4 建筑施工现场常见职业病危害因素

建筑施工工程类型包括房屋建筑工程、市政基础设施工程、道路桥梁工程、冶金工程、电力工程等，建筑施工地点可以是高原、海洋、荒原、室外，小范围的作业点、长距离的施工线等；作业方式有挖方、掘进、爆破、电焊、油漆、拆除等。由于施工工程、施工地点和施工方式的多样化，导致职业病危害的多样性，既存在粉尘、噪声、放射性物质和其他有毒有害物质等危害，也存在高处作业、密闭空间作业、高温作业、低温作业、高原（低气压）作业等产生的职业危害，劳动强度大、劳动时间长的问题也相当突出。一个施工现场往往同时存在多种职业病危害因素，不同施工过程也存在不同的职业危害因素，详见表 4-1。

表 4-1　　　　　　　　　　　建筑施工单位职业危害归类表

职业危害种类		危 害 作 业	危 害 工 艺
粉尘	矽尘	挖土机、推土机、刮土机、铺路机、压路机、打桩机、钻孔机、凿岩机、碎石设备、爆破作业、喷砂除锈作业、电焊作业、石材切割	土石方工程、桩基础工程、砌体工程、钢筋混凝土工程、结构吊装工程、防水工程、装饰工程
	水泥尘		
	电焊尘		
	石棉尘		
	其他粉尘		

职业危害种类		危害作业	危害工艺
噪声	机械性噪声	凿岩机、钻孔机、打桩机、挖土机、推土机、刮土机、自卸车、挖泥船、升降机、起重机、混凝土搅拌机、柴油打桩机、拔桩机、传输机、混凝土破碎机、碎石机、压路机、铺路机、移动沥青铺设机和整面机、混凝土振动棒、电动圆锯、刨板机、金属切割机、电钻、磨光机、射钉枪类工具；通风机、鼓风机、空气压缩机、铆枪、发电机爆破作业、管道吹扫等作业	土石方工程、桩基础工程、钢筋混凝土工程、结构吊装工程、防水工程、装饰工程
	空气动力性噪声		
振动		混凝土振动棒、凿岩机、风钻、射钉枪类、电钻、电锯、砂轮磨光机、挖土机、推土机、刮土机、移动沥青铺设机和整面机、铺路机、压路机、打桩机	土石方工程、桩基础工程、钢筋混凝土工程、结构吊装工程、防水工程、装饰工程
化学毒物		爆破作业、油漆、防腐作业、涂料作业、敷设沥青作业、电焊作业、地下储罐等地下作业	防水工程、装饰工程
密闭空间		排水管、排水沟、螺旋桩、桩基井、桩井孔、地下管道、烟道、隧道、涵洞、地坑、箱体、密闭地下室；密闭储罐、反应塔（釜）、炉、槽车等设备的安装作业	
电离辐射		挖掘作业、地下建筑以及在放射性元素的区域作业	
高气压		潜水作业、沉箱作业、隧道作业	
低气压		高原地区作业	
紫外线		电焊作业、高原作业	
高温		露天作业、沥青制备、焊接、预热	
低温		冬季作业	
可能接触生物因素		旧建筑物和污染建筑物的拆除、疫区等作业	

1. 粉尘

粉尘是能够较长时间悬浮于空气中的固体微粒，分落尘和飘尘两类。落尘颗粒较大，粒径在 $10\mu m$ 以上，能很快降落地面。飘尘颗粒小，粒径在 $10\mu m$ 以下，长时间在空气中飘浮。建筑施工现场所形成的粉尘大多属于落尘，粒度在 $10\sim100\mu m$ 内。施工现场的粉尘污染物一般浓度较大，其侵入人体主要有3条途径，即呼吸道吸入、消化道吞入、皮肤接触，其中呼吸道吸入对人体的危害最严重。

粒径在 $10\mu m$ 以上的落尘常会被阻挡在上呼吸道系统中，如果粉尘颗粒在 $10\mu m$ 以下就会进入下呼吸道，而在 $2.5\mu m$ 以下，颗粒就会积聚在肺泡中，引发一系列职业性呼吸系统疾病，严重时可导致肺衰竭而死。同时，人体若吸入有毒性粉尘，能在支气管和肺泡壁上溶解后吸收，引起中毒现象。另外，粉尘还会对皮肤、角膜、黏膜等产生局部刺激作用，导致一系列病变。

建筑工人长期工作在粉尘污染物的环境下，可引起上呼吸道炎症、慢性支气管炎、支气管哮喘、冠心病、动脉硬化、尘肺病、高血压等疾病，甚至癌症。

2. 噪声

从广义上来说，噪声是一类引起人烦躁、或音量过强而危害人体健康的声音。从环境保护的角度看，凡是妨碍到人们正常休息、学习和工作的声音，以及对人们要听的声音产生干扰的声音，都属于噪声。从物理学的角度来看，噪声是发声体做无规则振动时发出的声音。

根据《职业卫生名词术语》（GBZ 224—2010），噪声作业指存在有听力损伤、有害健康或有其他危害的声音，且 8h/d 或 40h/w 噪声暴露等效声级不小于 80dB（A）的作业。

噪声对人体最直接的危害是听力损伤。人们在进入强噪声环境时，暴露一段时间，会感到双耳难受，甚至会出现头痛等感觉。噪声能诱发多种疾病，因为噪声通过听觉器官作用于大脑中枢神经系统，以至影响到全身各个器官，故噪声除对人的听力造成损伤外，还会给人体其他系统带来危害。由于噪声的作用，会产生头痛、脑涨、耳鸣、失眠、全身疲乏无力以及记忆力减退等神经衰弱症状。长期在高噪声环境下工作的人与低噪声环境下的情况相比，高血压、动脉硬化和冠心病的发病率要高 2～3 倍。噪声也可导致消化系统功能紊乱，引起消化不良、食欲不振、恶心呕吐，使肠胃病和溃疡病发病率升高。此外，噪声对视觉器官、内分泌机能及胎儿的正常发育等方面也会产生一定影响。

噪声聋是常见的噪声危害下的职业病。长期在高分贝噪声污染严重的生产环境下工作的劳动者，如果离开噪声后，需要数小时甚至更多的小时才能恢复听力，这就是听觉疲劳。如果听觉疲劳的劳动者再继续接触噪声，内耳感觉器官便会产生退行性病变，出现再难恢复的听觉疲乏。这就是劳动者在从事生产活动时，长期接触高分贝噪声污染而引发的职业病——噪声聋。如果非常严重时，噪声聋有可能导致永久性耳聋，劳动者的听力完全消失，造成终身残疾。

3. 振动

振动指的是一个质点或物体在外力作用下沿直线或弧线围绕平衡位置来回重复的运动，可分为局部振动和全身振动两种。局部振动又称为手臂振动或手传振动，指生产中使用振动工具或接触受振动工件时，直接作用或传递到人手臂的机械振动或冲击。全身振动指的是人体足部或臀部接触并通过下肢或躯干传导到全身的振动。

振动病是在生产劳动中长期受外界振动的影响而引起的职业性疾病。振动病发病原因很多，包括振动本身的特性、接振时间、环境温度和噪声、体位和操作方式、重量负荷和个体因素等。

局部振动可以引起以末梢循环障碍为主的病变，也可累及肢体神经及运动功能。发病部位多在上肢，典型表现为发作性手指发白（白指症），患者多为神经衰弱综合症和手部症状。

全身振动可以引起前庭器官刺激和植物神经功能紊乱症状，如眩晕、恶心、血压升高、心率加快、疲倦、睡眠障碍等。全身振动引起的功能性改变，脱离接触和休息后多能自行恢复。

4. 化学毒物

建筑施工现场存在的化学毒物主要是在电焊、油漆喷涂、装修、钢筋切割等作业过程中产生的，含有锰、铅、苯、亚硝酸盐、二氧化硫等化学性有害物质。

化学毒物成分不同，对人体的作用及引起职业病的种类不同。一般来说，化学毒物对于人体的职业危害包括刺激、过敏、缺氧（窒息）、昏迷和麻醉、全身中毒、致癌、致畸等。

5. 密闭空间

密闭空间是指与外界相对隔离，进出口受限，自然通风不良，足够容纳一人进入并从事非常规、非连续作业的有限空间。

密闭空间存在的职业病危害，主要表现在缺氧窒息和急性职业中毒两方面。

（1）密闭空间在通风不良状况下，下列原因可能导致空气中氧气浓度下降，从而造成人员缺氧窒息。

1）可能残留的化学物质或容器壁本身的氧化反应导致空气中氧的消耗。

2）微生物的作用导致空间内氧浓度降低。

3）氮气吹扫置换后残留比例过大。

4）劳动者在密闭空间中从事电焊、动火等耗氧作业。

5）工作人员滞留时间过长，自身耗氧导致空间内氧浓度降低。

（2）密闭空间中有毒物质可由下列原因产生。

1）盛装有毒物质的罐槽等容器未能彻底清洗、残留液体蒸发或残留气体未被吹扫置换。

2）密闭空间内残留物质发生化学反应，产生化学毒物的聚集。

3）密闭空间内残留化学物质吸潮后产生有毒物质。

4）密闭空间内有机质被微生物分解，产生如硫化氢、氨气等有毒物质。

5）密闭空间内进行电焊等维修作业产生高浓度的氮氧化物。

6）密闭空间内进行油漆作业产生大量的有机溶剂气体。

7）周围相对密度较大的有毒气体向密闭空间内聚集。

6. 电离辐射

电离辐射是一切能引起物质电离的辐射的总称，其种类很多，包括高速带电粒子有 α 粒子、β 粒子、质子，不带电粒子有中子以及 X 射线、γ 射线。

2017 年 10 月 27 日，世界卫生组织国际癌症研究机构公布的致癌物清单中，电离辐射（所有类型）在一类致癌物清单中。电离辐射对人体的危害是由超过剂量限值的放射线作用于肌体而发生的，分为体外危害和体内危害。其主要危害是阻碍和损伤细胞的活动机能及导致细胞死亡。具体包括以下几种。

（1）急性放射性伤害。在短期内接受超过一定剂量的照射，称为急性照射，可引起急性放射性伤害。急性照射低于 1Gy 时，少数人出现头晕、乏力、食欲下降等症状。当剂量达 1～10Gy 时出现以造血系统损伤为主的急性放射病。2Gy 以上即可引起死亡。

（2）慢性放射性伤害。在较长时间内分散接受一定剂量的照射，称为慢性照射。长期接受超剂量限值的慢性照射，可引起慢性放射性伤害，如白细胞减少、慢性皮肤损伤、造血障碍、生育能力受损、白内障等。

（3）胚胎和胎儿的辐射损伤。胚胎和胎儿对辐射比较敏感。在胚胎植入前期受照，可使出生前死亡率升高；在器官形成期受照，可使畸形率升高，新生儿死亡率也相应升高。另外，胎儿期受照的儿童中，白血病和癌症发生率较一般高。

（4）辐射致癌。在长期受照射的人群中有白血病、肺癌、甲状腺癌、乳腺癌、骨癌等发生。

（5）遗传效应。辐射能使生殖细胞的基因突变和染色体畸变，形成有害的遗传效应，使受照者后代的各种遗传病的发生率增高。

7. 异常气压

有些特殊工种需要在异常气压下工作，如高气压下的潜水或潜函（沉箱）作业、低气压的高空或高原作业等。由于工作气压和正常气压过大或过小，如不注意防护，可能发生严重的生理功能障碍。

（1）高气压。健康人体能承受气压为 303.98～405.30kPa，超过此限度，将对机体产生不良影响。在加压过程中，由于外耳道所受的压力较大，鼓膜向内凹陷产生内耳充塞感、耳鸣头晕等症状，甚至可压破骨膜。在高气压下，可能发生神经系统和循环系统功能的改变。在 709.28kPa 以下时，高的氧分压引起心肌收缩节律和外周血流速度的减慢。在 709.28kPa 以上时，主要为氮的麻醉作用，呈酒醉样，意识模糊、出现幻觉等；对血管运动中枢的刺激，可引起心脏活动增强、血压升高和血流速度加快。

减压病为在高气压下工作一定时间后，在转向正常气压时，因减压速度过快所致的职业病。此时人体的组织和血液产生气泡，导致血液循环障碍和组织损伤。

（2）低气压。高空、高山与高原均属于低气压环境。在低气压环境下，人体为保持正常活动和生产作业，在细胞、组织和器官中首先发生功能性的适应性变化，须 1～3 个月，逐渐过渡到稳定的适应称为"习惯"。人对缺氧的适应个体差异很大，一般在海拔 3000m 以内，能较快适应；在 3000～5000m 时部分人需要较长时间适应；在 5330m 为人适应的临界高度。

低气压对机体的影响，主要由于大气氧分压过低，直接影响肺泡气体交换。例如，在 5500m，使机体供氧不足，产生缺氧。低气压刺激外周化学感受器，使肺通气量比海平面时增加 40%～100%，此外，低密度的大气降低呼吸气的惰性，也是肺通气量增加的原因。过度呼吸可引起呼吸性碱中毒。

低气压环境下最常见的职业病是高山病，又称为高原病或高原适应不全症，指在海拔 4500m 以上的高山和高原地区长期从事经济活动的劳动者，常常因缺氧而引发的急性或慢性反应性疾病。

按发病急缓，高原病分为急性高原病和慢性高原病两大类，再根据临床表现，前者分为三型，后者分为五型。

1）急性高原病，包括急性高原反应、高原肺水肿、高原脑水肿。

2）慢性高原病，包括慢性高原反应、高原心脏病、高原红细胞增多症、高原高血压症、高原低血压症。

8. 紫外线

紫外线是一种波长为 10～400nm 的辐射线，孕妇长期处于紫外线照射环境会致使胎儿发育不正常，可能会使得基因发生变异，从而遗传给后代。

紫外线虽然不是电离辐射，但是能够打断化学键，同样能损伤人体组织。只不过紫外线的穿透能力不强，紫外线对人体的危害主要在皮肤和眼睛两个方面。

不同波段的紫外线，容易被不同皮肤层所吸收，如波长290nm的紫外线易被皮肤表层吸收。波长297nm的紫外线对皮肤影响能力最强，能使皮肤产生红斑、水疱和光感性皮炎等。全身症状可有头痛、乏力等，甚至诱发皮肤癌变。

同时，紫外线会造成职业性电光性眼炎（紫外线结膜角膜炎）和职业性白内障。电光性眼炎是指由于劳动者长期受到紫外线照射，主要是电弧光的刺激，容易引发急性角膜炎、结膜炎，患者的病症表现为眼部疼痛、畏光，瞳孔痉挛性缩小，甚至容易导致视力障碍。职业性白内障主要是指劳动者在生产劳动过程及其他职业活动中，接触化学毒物、辐射线以及其他有害的物理因素所引起的以眼晶状体混浊为主的疾病。

9. 高低温

（1）高温。高温作业指的是有高气温、或有强烈的热辐射、或伴有高气温和湿度相结合的异常气象条件、湿球黑球温度指数（WBGT 指数）超过规定限值的作业。高温作业时，人体会出现一系列生理功能改变，这些变化在一定限度范围内是适应性反应，但如超过范围，则会产生不良影响，甚至引起病变。

高温环境对人体体温调节、水盐代谢等生理功能产生影响的同时，使人感到热、头晕、心慌、烦、渴、无力、疲倦等。中暑是高温环境下发生的急性职业病。环境温度过高、湿度过大、风速小、劳动强度过大、劳动时间过长是中暑的主要致病因素。过度劳累、睡眠不足、体弱、肥胖、尚未产生热适应都易诱发中暑。一般临床上将中暑分为热射病、热痉挛、热衰竭3种类型。

（2）低温。结合我国国家标准《职业卫生名词术语》（GBZ/T 224—2010），作业人员在生产劳动过程中，其工作地点平均气温不高于5℃的作业即为低温作业。

短时间暴露于低温环境的人通常能依靠温度调节系统，使人体深部温度保持稳定；但暴露时间较长时，可对人的心血管系统、免疫系统、中枢神经系统以及骨关节产生危害，引起一些职业相关性疾病。体温过低，会影响机体功能，出现呼吸和心率加快、颤抖等，接着出现头痛或血压、脉搏、瞳孔对光反应等消失，甚至出现肺水肿、心室纤颤和死亡。即使未导致体温过低，冷暴露对脑功能也有一定影响，使注意力不集中、反应时间延长、作业失误率增多，甚至产生幻觉，对心血管系统、呼吸系统也有一定影响。

另外，低温工作对女性健康的危害不容忽视。女职工在低温环境下为保持一定的体温而增加的机体负担要大于男性。在低温情况下，女性皮肤血管收缩的同时内脏产生瘀血，可引起痛经加重、白带增多。因此，女职工在月经期不宜参加低温作业。

10. 可能接触生物因素

生物因素所致职业病是指劳动者在生产条件下，接触生物性危害因素而发生的职业病。由于生产原料和生产环境中存在的有害职业人群健康的致病微生物、寄生虫及动植物、昆虫等及其所产生的生物活性物质统称为生物性有害因素。

生物性有害因素对职业人群的健康损害，除引起法定职业性传染病，如炭疽、布氏杆菌病、森林脑炎外，也是构成哮喘、外源性、过敏性肺泡炎和职业性皮肤病等法定职业病的致病因素之一。

4.5 建筑施工企业职业病危害防治技术措施

4.5.1 一般要求

建筑施工单位的职业病防治工作应坚持预防为主、防治结合的方针，持续改进单位的职业卫生条件。

涉及职业危害的工作场所，其工艺过程、设备设施在设计时应符合《工业企业设计卫生标准》（GBZ 1—2010）的要求，工作地点的职业病危害因素的强度或者浓度符合《工作场所有害因素职业接触限值》（GBZ 2—2007）的要求，并有配套的更衣间、洗浴间、孕妇休息间等卫生设施。

建设项目职业病防护设施应与主体工程同时设计、同时施工、同时投入生产和使用。建筑施工单位应对整个生产过程中的职业病危害因素进行辨识和评估，向劳动者明确存在职业危害的工作场所、工艺过程、设备等，并建立档案。同时，应结合季节特点，做好作业人员的防暑降温、防寒保暖等工作。建筑施工企业施工工艺及职业性危害因素见表 4-1。

4.5.2 防尘技术措施

1. 一般防尘措施

（1）采用不产生或少产生粉尘的施工工艺、施工设备和工具，淘汰粉尘危害严重的施工工艺、施工设备和工具。

（2）采用机械化、自动化或密闭隔离操作，如将挖土机、推土机、刮土机、铺路机、压路机等施工机械的驾驶室或操作室密闭隔离。

（3）劳动者作业时应在上风向操作。

（4）建筑物拆除和翻修作业时，在接触石棉的施工区域应设置警示标识，禁止无关人员进入。

（5）对施工现场裸露的道路应进行硬化处理，成立现场清洁队，每天对施工道路进行清扫和洒水。

（6）原材料在贮存与运输过程中应有可靠的防水、防雨雪、防散漏措施。

（7）大量的粉状辅料宜采用密闭性较好的集装箱（袋）或料罐车运输。袋装粉料的包装应具有良好的密闭性和强度。

（8）根据粉尘的种类和浓度，按照《呼吸防护用品的选择、使用与维护》（GB/T 18664—2002）的要求为劳动者配备符合要求的呼吸防护用品，并定期更换。

2. 专项防尘措施

（1）凿岩作业。

1）凿岩作业时应正确选择和使用凿岩机械，配备除尘装置，采取湿式作业法。

2）在缺水或供水困难地区进行凿岩作业时，应设置捕尘装置，保证工作地点粉尘浓度符合《工作场所有害因素职业接触限值 第 1 部分：化学有害因素》（GBZ 2.1）的要求。

3）对于任何挖方工程、竖井、土方工程、地下工程或隧道均须采取通风措施，保证所有工作场所有足够的通风，粉尘浓度不得超出《工作场所有害因素职业接触限值　第1部分：化学有害因素》（GBZ 2.1）的规定。

（2）现场拆迁。

1）拆迁现场应设置渣土存放场，并按批准的线路和时间将垃圾渣土运出拆迁现场，运至指定的消纳处理场。

2）拆迁现场的垃圾渣土应当有专人负责管理，配置洒水设备定期洒水清扫。

3）拆迁现场的道路应采用混凝土进行硬化。

4）应在拆迁现场的施工运输出口设置车轮清洗设备及相应的排水沉淀设施。

5）运输垃圾渣土的施工运输车辆驶出施工现场时，装载的垃圾渣土高度不应超过车辆槽帮上沿，并用毡布遮盖，车轮应清干净。

（3）现场搅拌站。

1）为防止地面起尘，搅拌站区域内的地面应硬化作处理。

2）搅拌宜采用全封闭式，若无法完全封闭，则应设置在半封闭的机房内，搅拌机上料上部应设置喷淋设施。

3）散装水泥应在密闭的水泥罐中贮存，散装水泥在注入水泥罐过程中，应有防尘措施。现场使用袋装水泥时，应设置封闭的水泥仓库，并将破损水泥袋洒落的水泥装袋先用。

4）砂、石材料堆放场地应设围挡围护，并应覆盖。

4.5.3　防毒技术措施

1. 一般防毒措施

（1）接触有毒有害物质的作业场所应采取有效的防毒措施，作业场所空气中有毒有害物质的允许浓度应符合《工作场所有害因素职业接触限值　第1部分：化学有害因素》（GBZ 2.1）的要求。

（2）在其他人员可能接触有毒有害材料的场所，应设置警告标志。对存在可能危及人身安全的设施、装置的施工地点，应用防护结构或围栏进行有效的隔离。

（3）当不得不进入缺氧的有限空间作业时，应符合《缺氧危险作业安全规程》（GB 8958—2009）的规定。作业时，应采取机械通风。

（4）有酸碱的作业场所，应设置事故应急冲洗供水设施，并保证作业时间不间断供水。

（5）在作业过程中可能突然逸出大量有毒有害物质或易燃易爆化学物质的作业场所，应安装自动报警装置、事故通风设施。事故排风装置的排出口应避免对居民和行人的影响。

（6）优先采用无毒建筑材料，用无毒材料替代有毒材料、低毒材料替代高毒材料。

（7）在使用有机溶剂、稀料、涂料或挥发性化学物质时，应当设置全面通风或局部通风设施；电焊作业时，设置局部通风防尘装置；所有挖方工程、竖井、土方工程、地下工程、隧道等密闭空间作业应当设置通风设施，保证足够的新风量。地下爆破作业后，应进行机械通风。

（8）使用有毒化学品时，劳动者应正确使用施工工具，在作业点上风向施工。

（9）接触挥发性有毒化学品的劳动者，应当配备有效的呼吸防护用品；接触经皮肤吸收或刺激性、腐蚀性的化学品，应配备有效的防护服、防护手套和防护眼镜。

（10）严禁劳动者在有毒有害工作场所进食和吸烟，饭前班后应及时洗手和更换衣服。

2. 涂装作业防毒措施

（1）采购的涂料及稀释剂等有毒有害物品应是正规厂家生产，并要求提供化学品安全标签和安全使用说明书。

（2）材料在使用前应辨识其危害并采取相应的防护措施。

（3）涂饰材料应存放在指定的专用库房内。专用库房应阴凉、干燥且通风良好，温度控制在 5～25℃。

（4）分装和配制油漆、防腐、防水材料等挥发性有毒材料时，尽可能采用露天作业，并注意现场通风。工作完毕后，有机溶剂、涂料容器应及时加盖封严，防止有机溶剂的挥发。使用过的有机溶剂和其他化学品应进行回收处理，防止乱丢乱弃。

（5）应建立严格的领、发料制度，按计划发放材料，施工现场存放的涂料和稀释剂应不超过当班用量。

（6）涂漆施工场地的劳动者一旦感觉不适，应停止作业，立即就诊，并向医护人员出示有关化学品标签。

（7）涂装作业人员饭前应洗手、洗脸、更衣，不应在作业场所进食。涂料溅到皮肤上时，不应用汽油或其他有机溶剂擦洗。

（8）涂刷溶剂型耐酸、耐腐蚀、防水涂料或使用其他有毒涂料时，应戴防毒口罩。使用机械除锈工具（如钢丝刷、粗锉、风动或电动除锈工具）清除锈层、旧漆膜以及用砂纸打磨基层时应戴防尘口罩。

4.5.4 防噪声技术措施

（1）宜选用低噪声施工设备和施工工艺代替高噪声施工设备和施工工艺。噪声强度较大的生产设备应采取技术措施减少噪声的产生，宜远离作业人员。

（2）对于建筑生产过程和设备产生的噪声应采取减振、消声、隔声、吸声或综合控制等措施，降低噪声危害。建筑施工生产场所的噪声控制及作业人员允许接触限值应符合《工作场所有害因素职业接触限值》（GBZ 2.1）、GBZ 2.2 和《工业场所职业病危害作业分级　第 4 部分：噪声》（GBZ/T 229.4）的规定。

（3）工作场所的噪声职业接触限值应满足 GBZ 2.2 的要求：每周工作 5d，每天工作 8h，稳态噪声限值为 85dB（A），非稳态噪声等效声级的限值为 85dB（A），见表 4-2。脉冲噪声工作场所，噪声声压级峰值和脉冲次数不应超过表 4-3 的规定。

表 4-2　　　　　　　　　　工作场所噪声职业接触限值

接 触 时 间	接触限值/dB（A）	备　注
5d/w，=8h/d	85	非稳态噪声计算 8h 等效声级
5d/w，≠8h/d	85	计算 8h 等效声级
≠5d/w	85	计算 40h 等效声级

表 4-3	工作场所脉冲噪声职业接触限值
工作日接触脉冲次数 n/次	声压级峰值/dB（A）
$n \leqslant 100$	140
$100 < n \leqslant 1000$	130
$1000 < n \leqslant 10000$	120

（4）建筑生产场所采取相应噪声控制措施后仍不能达到噪声控制设计标准时，应采取个人防护措施，并尽量减少工人工作时间。

（5）应经常观察、监视设备运转的场所，若强噪声源不宜进行降噪处理时，应设隔声工作间。

（6）强噪声气体动力机构的进排气口为敞开时，应在适当位置设置消声器。

（7）应从工艺和技术上消除或减少振动源，严格限值接触时间，并加强个人防护。

（8）使用振动工具或工件的作业，工具手柄或工件的振动强度，以 4h 等能量频率计权加速度有效值计算，不得超过 5m/s^2。

4.5.5 防高温、低温技术措施

（1）建筑施工单位生产场所的防高温要求应按《工作场所有害因素职业接触限值》（GBZ 2.1）、GBZ 2.2 和《工作场所职业病危害作业分级 第 3 部分：高温》（GBZ/T 229.3）执行。

（2）在不同工作地点、温度以及不同劳动强度条件下允许持续接触热时间不宜超过表 4-4 所列数值。

表 4-4	高温作业允许持续接触热时间限值		单位：min
工作地点温度/℃	轻 劳 动	中 等 劳 动	重 劳 动
30～32	80	70	60
>32	70	60	50
>34	60	50	40
>36	50	40	30
>38	40	30	20
>40	30	20	15
>40～44	20	10	10

注　轻劳动为Ⅰ级，中等劳动为Ⅱ级，重劳动为Ⅲ级和Ⅳ级。

（3）在高温天气来临之前，建筑施工单位应当对高温天气作业的劳动者进行健康检查，对患有心、肺、脑血管性疾病、肺结核、中枢神经系统疾病及其他身体状况不适合高温作业环境的劳动者，应当调整作业岗位。职业卫生检查费用由建筑施工单位承担。

（4）持续接触热后必要休息时间不应少于 15min。休息时应脱离高温作业环境。

（5）各种机械和运输车辆的操作室和驾驶室应设置空调，在施工现场附近设置工间休息室和浴室，休息室内设置空调或电扇。

（6）高温作业场所应设有工间休息室，设有空调的休息室室内气温应不高于27℃。

（7）在罐、釜等容器内作业时应采取措施，做好通风和降温工作。

（8）应为高温作业、高温天气作业的劳动者供给足够的、符合卫生标准的防暑降温饮料及必需的药品。

（9）低温作业时，应做好采暖和保暖工作，穿戴好个体防护用品。

4.5.6 防辐射技术措施

（1）不应选用放射性水平超过国家标准限值的建筑材料，尽可能避免使用放射源或射线装置的施工工艺。

（2）采用自动或半自动焊接设备，加大劳动者与辐射源的距离。

（3）产生辐射的作业场所，应将该区域与其他施工区域分隔，宜安排在固定的房间或围墙内。应综合采取时间防护、距离防护、位置防护和屏蔽防护等措施，减少辐射暴露，禁止无关人员进入操作区域。

（4）按照《电离辐射防护与辐射源安全基本标准》（GB 18871—2002）的有关要求对电离辐射进行防护。将电离辐射工作场所划分为控制区和监督区，进行分区管理。在控制区的出入口或边界上设置醒目的电离辐射警告标志，在监督区边界上设置警戒绳、警灯、警铃和警告牌。必要时应设专人警戒。进行野外电离辐射作业时，应建立作业票制度，并尽可能安排在夜间进行。

（5）电焊工应佩戴专用的面罩、防护眼镜，以及有效的防护服和手套。进行电离辐射作业时，劳动者应佩戴个人剂量计，并佩戴剂量报警仪。

（6）隧道、地下工程施工场所存在氡及其子体危害或其他放射性物质危害，应采取防止内照射的个人防护措施。

（7）工作场所的电离辐射水平应当符合国家有关职业卫生标准；当劳动者受照射水平可能达到或超过国家标准时，应当进行放射作业危害评价，安排合适的工作时间和选择有效的个人防护用品。

4.5.7 高原作业技术措施

（1）应根据劳动者的身体状况确定劳动定额和劳动强度。初入高原的劳动者在适应期内应当降低劳动强度，并视适应情况逐步调整劳动量。

（2）针对气候变化，劳动者应适合增减衣服，注意保暖，预防呼吸道感染、冻伤、雪盲等。

（3）进行上岗前职业健康检查，凡有中枢神经系统器质性疾病、器质性心脏病、高血压、慢性阻塞性肺病、慢性间质性肺病、伴肺功能损害的疾病、贫血、红细胞增多症等高原作业禁忌证的人员均不宜进入高原作业。

（4）高原作业时，应使用护目镜、风镜，穿长裤长袖衣服。

（5）施工人员进入高原地区，应合理安排作业时间，避免高体力消耗。

4.5.8 个体防护措施

（1）建筑施工单位应按《个体防护装备选用规范》（GB 11651—2008）和《呼吸防护用品的选择、使用与维护》（GB/T 18664—2002），为作业人员配备合格的个体劳动防护装备。

（2）应定期或不定期检查个体劳动防护装备，保证其有效。

（3）作业人员应按规定正确使用个体劳动防护装备。

4.5.9　应急处置措施

（1）存在或可能产生职业病危害的工作地点、设备应按照《工作场所职业病危害警示标识》（GBZ 158—2003）的要求在醒目位置设置职业病危害警示标识。

（2）对可能发生急性职业损伤的有毒、有害作业场所，企业应当设置报警装置，配置现场急救用品、冲洗设备、应急撤离通道和必要的泄险区。

（3）根据《生产经营单位安全生产事故应急预案编制导则》（AQ/T 9002—2006）制订建筑施工单位职业卫生事故应急救援预案，并及时更新，至少每年举行一次应急演练。

（4）应就近与有资质的医疗机构签订救援协议。

4.6　建筑施工企业职业卫生管理措施

4.6.1　一般措施

（1）建筑施工单位应制订职业危害防治的技术措施计划，并列入企业中、长期发展规划，逐步加以落实。用人单位应当设置或指定职业卫生管理机构或者组织，配备专职职业卫生管理人员。

（2）应建立完善的职业卫生管理制度。职业卫生管理制度主要包括职业病危害警示与告知制度、职业病危害防治责任制、职业病防护用品管理制度、职业病危害监测及评价管理制度、劳动者职业卫生监护及档案管理制度、职业病防护用品管理制度等。

（3）在厂区内应按《安全色》（GB 2893—2008）、《安全标志及其使用导则》（GB 2894—2016）的规定，正确地使用安全标志与安全色。尘毒作业场所及有毒物料的贮存场所应按《工作场所职业病危害警示标识》（GBZ 158—2003）的要求设置警示标识。

（4）应加强职业危害防护设施的管理，发现问题应按责任制解决，保证防护设施的正常使用。

4.6.2　职业卫生监护

（1）建筑施工单位应建立完善的职业卫生监护体系，保证职工能够得到与其所接触的职业危害因素相应的健康监护。

（2）应建立劳动者职业卫生监护档案并按规定妥善保存，根据《职业健康监护技术规范》（GBZ 188—2007）的规定组织接触职业危害因素的劳动者进行定期性职业卫生检查。

（3）有职业禁忌证者不应安排从事其所禁忌的作业，已被诊断为职业病的劳动者应及时进行治疗和定期复查，必要时调离原工作岗位，并妥善安置。

（4）从事接触职业病危害因素作业的劳动者有获得职业健康检查的权力，并有权了解本人健康检查结果。

（5）建筑施工单位有义务在劳动者离岗时提供职业健康监护档案复印件，并在所提供的复印件上签章，不得弄虚作假，不得向劳动者收取任何费用。

4.6.3　职业病危害因素检测

（1）建筑施工单位应当实施由专人负责的工作场所职业病危害因素日常监测，确保监测系统处于正常工作状态。

（2）应当委托具有相应资质的职业卫生技术服务机构，每年至少进行一次职业病危害因素检测。

（3）职业病危害因素检测的项目、采样点的设定及数量、采样时机、采样频率、采样方法、采样记录、分析方法分别按《工作场所空气中有害物质监测的采样规范》（GBZ 159）、《工作场所空气有毒物质测定》（GBZ/T 160）、《职业卫生噪声测量方法》（GBZ/T 189）和《工作场所空气中粉尘测定》（GBZ/T 192）的有关规定进行。

（4）职业危害定期检测资料应建立档案，每年应至少进行一次全面分析，评价工人接触有毒、有害因素的情况，制定改进措施。

（5）职业危害因素的检测结果应定期如实公布。

4.6.4　职业卫生培训

（1）建筑施工单位应定期对全体职工进行职业卫生培训。

（2）劳动者应学习和了解相关的职业卫生知识和职业病防治法律、法规；应掌握作业操作规程，正确使用、维护职业病防护设备和个人使用的防护用品，发现职业病危害事故隐患应及时报告。

（3）接触尘、毒、噪声、高温、辐射等作业的劳动者上岗、在岗、换岗以及长期停工后复岗前应经过"三级安全教育"和防尘、防毒、防噪声、防高温、防辐射等技能培训。

（4）每年应至少组织一次职业卫生知识技能再教育和考核。

第5章 现场文明施工

5.1 文明施工概述

文明施工是指在工程建设实施过程中，采取相应措施，保持施工现场良好的作业环境、卫生环境和工作秩序，保证作业人员的安全和身心健康，减少施工对周围环境产生的不良影响，从而使生产活动有序、规范、标准、整洁、科学进行。

为了规范建设工程施工现场的文明施工，改善作业人员的工作环境和生活条件，减少和防止安全事故的发生，防止施工过程对环境造成污染和各类疾病的发生，保障建设工程的顺利进行，现行法律法规要求建筑施工企业，必须建立健全文明施工管理及监督检查制度，切实抓好文明施工的各项工作。

5.1.1 文明施工的意义

文明施工管理能改善人的劳动条件，适应新的环境，提高施工效益，消除城市环境污染，确保节能措施落实到位，不断提高人的文明程度和自身素质，确保安全生产，提高工程质量。文明施工管理是促进创建和谐工地的有效途径。文明施工对施工现场贯彻"安全第一、预防为主、综合治理"的指导方针，坚持"管生产必须管安全"的原则起到了保证作用，对增加企业效益，提升企业的社会知名度，增强市场竞争力起到了积极的推动作用。文明施工已经成为企业有效的无形资产，已被广大建设者所认可，对建筑业的健康发展起到了积极的促进作用。

文明施工以文明工地建设为切入点，以保障劳动者的安全和健康为前提，以各项工作标准规范施工现场行为，是建筑业施工方式的重大转变，也是"以人为本"思想的具体体现。

5.1.2 文明施工的要求

自改革开放以来，建设工程在文明施工过程中积累了丰富的经验，为了更好地推动这项工作，以科学发展观为指导，以创建和谐社会为出发点提升文明施工的质量水平。各建设施工企业做了大量行之有效的工作，对文明施工提出了许多切合实际的要求和措施，不断完善创建文明工地的实施细则。各地方建设系统对建设工程文明施工出台了不少文件，使文明施工更加规范化、标准化、科学化，从而使建设工程文明施工有了突破性的进展。

各施工企业应把文明施工放到工作的议事日程上，作为企业施工的一项重要工作来抓。企业内部对文明施工管理有目标、有计划、有组织、有制度、有措施，责任明确，职责清楚，主管部门牵头，各职能部门合作，齐抓共管，上下一致，形成企业文明施工总体的网络系统，使施工现场的文明施工落到实处。

1. 管理要求

建设工程文明施工实行建设单位监督检查下的总包单位负责制。总包单位贯彻文明施工规定的有关要求，定期组织对施工现场文明施工工作的检查，落实相关措施要求。

（1）文明施工对建设单位的要求。在施工方案确定前，应会同设计、施工单位和市政、防汛、房管、燃气、供水、电力及其他有关部门，对可能造成周围建筑物、构筑物、防汛设施、地下管线损坏或堵塞的建设工程工地，进行现场检查，并制订相应的技术措施，在施工组织设计中必须要有文明施工的内容要求，以保证施工的安全进行。

（2）文明施工对总包单位的要求。应该将文明施工、环境卫生和安全防护设施要求纳入施工组织设计中，制定工地环境卫生制度及文明施工制度，并由项目经理组织实施。

（3）文明施工对施工单位的要求。施工单位要积极采取措施，降低施工中产生的噪声。要加强对建筑材料、土石方、混凝土、石灰膏、砂浆等在生产和运输中造成扬尘、滴漏的管理。施工单位在对操作人员明确任务、抓施工进度、质量、安全生产的同时，必须向操作人员明确提出文明施工的要求，严禁野蛮施工。在施工现场入口处、施工起重机械、临时用电设施、脚手架、出入通道口、楼梯口、电梯井口、孔洞口、桥梁口、隧道口、基坑边沿、易燃易爆物及有害气体和液体存放处等危险部位，需设置明显的安全警示标志。施工单位应当对因建设工程施工可能造成损害的毗邻建筑物、构筑物和地下管线等设施采取专项防护措施。施工单位应运用各种其他有效方式，减少施工对市容、绿化和周边环境的不良影响。

（4）文明施工对施工作业人员的要求。每道工序都应按文明施工规定进行作业，对施工中产生的泥浆和其他浑浊废弃物，未经沉淀不得排放；对施工中产生的各类垃圾应堆置在规定的地点，不得倒入河道和居民生活垃圾容器内；不得随意抛掷建筑材料、残土、废料和其他杂物。

2. 卫生、防疫要求

（1）项目部应按照卫生标准和环卫作业要求设置厕所和若干生活垃圾容器，并落实专人管理，按规定时间清除，在施工现场的规定区域设置集水坑，做到沉淀排放，厕所清扫有专人专管，与当地环卫部门订立协议，在规定时间内及时抽运，保持整洁干净。

（2）施工现场设置的临时食堂在选址和设计时应符合卫生要求，远离有毒有害场所，30m内不得有污水沟、露天坑式厕所、暴露垃圾堆（站）和粪堆、畜圈等污染源，距垃圾箱应大于15m。

（3）施工现场设置的临时食堂必须具备食堂卫生许可证、炊事人员身体健康证、卫生知识培训证。落实卫生责任制以及各项卫生管理制度，严格执行食品卫生法和有关管理规定。

（4）食堂设置餐厅、熟食间和烧菜区域，并对每一区域进行严格划分，熟食间内瓷砖到顶，纱窗纱门齐全，并认真做好熟菜留样记录。食堂器具生熟分开，单独设置消毒区域。食堂按《中华人民共和国食品卫生法》要求设置冰箱，做到生熟分开，冷藏食品必须加盖保鲜膜。食堂制作间灶台及其周边应贴瓷砖，瓷砖的高度不宜低于1.5m，地面应做硬化和防滑处理，不得使用含石棉制品的建筑材料装修食堂。

（5）食堂炊事员必须进行体检，合格后才能上岗作业，在作业时间内严格做到"三白"（白衣、白帽、白口罩）到位，制服统一，炊事员严格做到"四勤"[勤洗手（澡）、勤理发、勤换衣、勤剪指甲]，保持良好的卫生习惯。

（6）施工现场应保持卫生，设置水冲式或移动式厕所。厕所地面应硬化，门窗齐全，蹲坑间宜设置隔板，隔板高度不宜低于 0.9m。厕所应设置洗手盆，厕所的进出口处应设有明显标志。

（7）厕所应设置三级化粪池，化粪池必须进行抗渗处理，污水通过化粪池后方可接入市政污水管线。厕所应有专人负责清扫、消毒，化粪池应及时清掏。

（8）项目部根据施工现场和区域划分卫生包干区域，在规定的区域内落实专人负责制分块包干，要求在区域内符合施工现场文明卫生要求标准。

（9）定期组织对全体职工针对季节性流行病、传染病等卫生防疫宣传教育工作，并利用黑板报、图报等形式向职工介绍防病、治病的知识和方法。

3. 安全、保卫要求

（1）对施工单位和施工个人人员档案进行登记备案，办理施工人员出入证。所有进入现场施工人员必须佩戴证件和安全帽进出，无证或未戴安全帽的不能进入。

（2）严禁携带易燃易爆物品进入（施工材料除外）。对于进场的油漆、汽油、柴油、松香水、二甲苯及其他易燃品，应存放在绝对安全的地方，安排专人保管，同时配置各类消防器材。

（3）身份不明、衣冠不整、穿拖鞋、精神恍惚、精神病人等严禁进入工地。

（4）严禁推销产品、散发传单、收购废品人员、拾荒者、儿童等进入工地。

（5）来访人员不能出示有效证件，不能讲明进入施工现场的目的以及未经允许擅自参观的人员严禁进入工地。

（6）重要物资和设备要集中堆放，该入库的物资一定要入库，对于不能入库的物资应设置围栏围挡，并设专人看管，夜间设置流动哨。安装照明灯，灯光要照射到各个视线的死角，确保无盲区。

（7）强化对施工人员的入场教育，严防斗殴、内部盗窃及内外勾结的盗窃行为。提高管理人员和工人的自身素质，防止各类治安事件的发生。

4. 现场布置要求

（1）围挡。

工地四周应设连续、封闭的围挡，其高度与材质等要求如下。

1）施工现场必须设置封闭围挡，围挡高度不得低于 1.8m，其中各主要路段和市容景观道路及机场、码头、车站广场的工地围挡的高度不得低于 2.5m。距离交通路口 20m 范围内占据道路施工设置的围挡，其 0.8m 以上部分应采用通透性围挡，并应采取交通疏导和警示措施。

2）围挡须沿施工现场四周边连续设置，不得留有缺口，做到坚固、稳定、整洁、美观。

3）围挡使用的材料应保证围栏稳固、整洁、美观，一般应采用砌体、金属板材等硬质材料，禁止使用彩条布、竹笆、石棉瓦、安全网等易变形材料。

4）围挡应根据施工场地地质、周围环境、气象、材料等进行设计，确保围挡的稳定性、安全性，禁止用于挡土、承重，禁止依靠围挡堆放材料、器具等。

5）砌筑围墙厚度不得小于180mm，应砌筑基础大放脚和墙柱，基础大放脚埋地下深度不得小于500mm（在水泥路或沥青路上有坚实基础的除外），墙柱间距不大于4m，墙顶应做压顶，墙面应采用砂浆抹平、涂料刷白。

6）板材围挡底里侧应砌筑300mm高、不小于180mm厚砖墙护脚，外立压型钢板或镀锌钢板通过钢立柱与地面可靠固定，并刷上与周围环境协调的油漆和图案，围挡应横不留隙，竖不留缝，底部用直角护脚扣牢。

7）施工现场设置的防护栏杆应牢固、整齐、美观，并应涂上红白或黄黑相间的警戒油漆。

8）有条件的工地，在四周围墙、办公、宿舍、仓库外墙等地方，应张挂、书写安全文明、环保节能等反映企业精神、时代风貌的宣传标语（图5-1）。

图5-1　施工现场围挡

（2）工地大门。施工现场大门既是控制现场人员、车辆和物资进出的设施，也是展示企业文化的窗口，大门应做到整洁、美观。大门应结合工地内施工道路和周围环境设置。

1）大门门扇材质应用钢管焊制或薄铁板制作。规格为对开门或四开门，净宽不小于6m，净高度不低于4m。

2）门头应有企业标志、企业名称、项目名称等。门柱应有安全生产、文明施工及创优等方面的标语（图5-2）。

图5-2　施工现场大门　　　　　图5-3　施工现场车辆冲刷设施

3）施工现场进出口应设置警卫室，配备专职的警卫人员。实行人员出入登记和门卫交接班制度。

4）施工现场大门处应设置车辆冲刷设施，保证出入场车辆清洁，如图 5-3 所示。

5）大门口两侧围挡上应设置"七牌一图"，即工程概况牌、消防保卫牌、安全生产牌、文明施工牌、管理人员名单及岗位牌、卫生环保牌、重大危险源公示牌和施工总平面布置图，如图 5-4 所示。

图 5-4　施工现场"七牌一图"

（3）安全施工标识标牌。

1）安全色。安全色是表达安全信息含义的颜色，表示禁止、警告、指令、提示等。使用安全色的目的是使人们能够迅速发现或分辨安全标志并提醒人们注意，以防发生事故。

安全色规定为红、蓝、黄、绿 4 种颜色。红色传递禁止、停止、危险或提示消防设备、设施的信息。黄色传递注意、警告的信息。蓝色传递必须遵守规定的指令性信息。绿色传递安全的提示性信息。

对比色是使安全色更加醒目的反衬色，为黑、白两种颜色。如安全色需要使用对比色时，红色的对比色为白色，黄色的对比色为黑色，蓝色的对比色为白色，绿色的对比色为白色。

黑色用于安全标志的文字、图形符号和警告标志的几何图形。白色作为安全标志红、蓝、绿色的背景色，也可用于安全标志的文字和图形符号。红色和白色、黄色和黑色间隔条纹，是两种较醒目的标示。

红色与白色交替表示禁止越过，如道路及禁止跨越的临边防护栏杆等。黄色与黑色交替表示警告危险，如防护栏杆、吊车吊钩的滑轮架等。

2）安全标志。安全标志是用以表达特定安全信息的标志，其作用主要是为了向工作人员警示工作场所或周围环境的危险状况，指导人们采取合理的行为。安全标志由图形符号、安全色、几何形状（边框）或文字构成。安全标志能够提醒工作人员预防危险，从而避免事故发生；当危险发生时，能够指示人们尽快逃离，或者指示人们采取正确、有效、得力的措施，对危害加以遏制。

为了使安全标志的使用规范化，减少或避免事故的发生，中华人民共和国国家质量监督检验检疫总局和中国国家标准化管理委员会于 2008 年 12 月 11 日联合发布了《安全标志及其使用导则》（GB 2894—2008），规定了安全信息的标志及其设置、使用的原则，适用于工矿企业、建筑工地、场内运输以及其他有必要提醒人们注意安全的场所。

安全标志可分为禁止标志、警告标志、指令标志和提示标志四大类型。禁止标志是禁止人们不安全行为的图形标志；警告标志是提醒人们对周围环境引起注意，以避免可能发生危险的图形标志；指令标志是强制人们必须做出某种动作或采用防范措施的图形标志；提示标志是向人们提供某种信息（如标明安全设施或场所等）的图形标志，见表 5-1。

表 5 - 1					建筑施工现场常用安全标志
类型	图形标志	设置的位置或区域	类型	图形标志	设置的位置或区域
禁止标志	禁止吸烟	有甲、乙、丙类火灾危险物质的场所和禁止吸烟的公共场所等，如油漆车间、油料库、木工车间、沥青车间等	指令标志	必须戴安全帽	头部可能受外力伤害的作业，如建筑施工工地、起重吊运、指挥挂钩、坑井和其他地下作业以及有起重设备的车间、厂房等。设置在作业区入口处
	禁止通行	有危险的作业区域（脚手架拆除、起重、爆破、道路施工等）		必须系安全带	有坠落危险的作业场所，如高处建筑施工、修理、安装等作业，船台、船坞、码头及一切 2m 以上的高处作业场所。设置在登高脚手架扶梯旁
	禁止跨越	施工现场较宽的坑、沟、洞以及高空分离处等		必须穿防护服	对人体皮肤等有损害的作业，如从事有电离辐射、化学清洗、粉尘作业、清砂除锈、打磨喷涂作业区等。设置在作业区周围通道和更衣室墙壁上
	禁止攀登	通道口、马道出入口、有坍塌危险的建筑物、构筑物、设备旁、未固定设备、未经验收合格的脚手架及未安装牢固的构件		必须戴防护眼镜	对眼睛有伤害的作业场所，如抛光间、冶炼浇铸、清砂混砂、气割、焊接、锻工、热处理、酸洗电镀、加料、破碎、爆破等。设置在场所入口处或附近
警告标志	当心塌方	坑下作业场所、土方开挖	提示标志	可动火区	经消防、安全部门确认划定可动火的区域，以及禁火区内经批准采取措施的临时动火场所。设置在动火区内
	当心机械伤人	机械操作场所、电锯、电钻、电刨、钢筋加工现场、机械修理场所等易发生机械卷入、轧压、碾压、剪切等机械伤害的作业地点		急救点	设置现场急救仪器设备及药品的地点
	当心坠落	易发生坠落事故的作业地点，如高处作业的四口五临边		安全出口	便于安全疏散的紧急出口处，与方向箭头结合设在通向紧急出口的通道、楼梯口等处
	当心触电	有可能发生触电危险的电气设备和线路，如配电箱、配电室、机械作业棚		应急电话	安装应急电话的地点

安全标志不仅类型要与所警示的内容相吻合，而且设置位置要正确合理，以便人们有足够的时间来注意它所表示的内容；否则就难以真正充分发挥其警（提）示作用。

（4）施工场地。

1）工地的地面，有条件的可做混凝土地面，无条件的可采用其他硬化地面的措施，使现场地面平整坚实、不积水、无散落物。有积水的地方，应做水泥地面。

2）施工作业区域必须有醒目的警示标志。施工场地应设排水系统、汽车冲洗台、三级沉淀池，有防泥浆、污水、废水措施。建筑材料、垃圾和泥土、泵车等运输车辆在驶出现场之前，必须冲洗干净。工地应严格按防汛要求，设置连续、通畅的排水设施，防止泥浆、污水、废水外流或堵塞下水道和排水河道。

3）施工场地应有循环干道，道路应平整坚实，且保持畅通，不堆放构件、材料，无大面积积水，应设专人定期打扫道路。

4）现场要有安全生产宣传栏、读报栏、黑板报。主要施工部位作业点和危险区域以及主要道路口都要设有醒目的安全宣传标语或合适的安全警告牌。靠近基坑的道路两侧应用钢管做护栏，高度为1.2m，两道横杆间距0.6m，立杆间距不超过2m，40cm间隔刷黄黑或红白漆做色标。

5）工程施工的废水、泥浆应经流水槽或管道流到工地集水池统一沉淀处理，不得随意排放和污染施工区域以外的河道、路面。工程泥浆实行三级沉淀、二级排放。施工现场的管道不得有跑、冒、滴、漏或大面积积水现象。裸露的场地和集中堆放的土方应采取绿化、覆盖、固化等控制扬尘、改善景观的措施。

6）施工现场禁止吸烟，按照工程情况设置固定的吸烟室或吸烟处，吸烟室应远离危险区并设必要的灭火器材。禁止流动吸烟。

7）工地内长期闲置裸露的土质区域，南方地区四季应设绿化布置，北方地区温暖季节应设绿化布置，绿化实行地栽。

（5）现场办公及生活设施。施工现场必须将施工作业区与生活区、办公区严格分开，不能混用，应有明显的划分，有隔离和安全防护措施，防止发生事故。

1）施工现场应设置办公室，办公室内布局应合理，文件、图纸、用品、图表等应归类存放，室内应保持清洁卫生。

2）宿舍应选择在通风、干燥的位置，防止雨水、污水流入。宿舍必须设置可开启式窗户和外开门。不得在尚未竣工的建筑物内设置员工集体宿舍。

3）宿舍在炎热季节应有防暑降温和防蚊虫叮咬措施，设有盖垃圾桶，不乱泼乱倒，保持卫生清洁。寒冷地区冬季宿舍应有保暖措施、防煤气中毒措施，火炉应当统一设置、管理。房屋周围道路平整，排水沟涵畅通。

4）宿舍区内严禁私拉乱接电线，严禁使用电炉、电饭锅、"热得快"等大功率设备。

5.2 施工现场环境保护

5.2.1 环境保护的意义

环境是指人类生存的空间以及其中一切可以影响人的生活与发展的各种天然的与人工

改造过的自然要素的总称。环境保护是我国的一项基本国策。目前，防治环境污染、保护环境已成为世界各国普遍关注的问题。为了保护和改善环境，防治污染和其他公害，保障公众健康，推进生态文明建设，促进经济社会可持续发展，我国于1989年颁布了《中华人民共和国环境保护法》，正式把环境保护纳入法治轨道。

保护和改善施工环境是保证人们身体健康和社会文明的需要。采取专项措施防止粉尘、噪声和水源污染，保护好作业现场及其周围的环境，是保证企业职工和相关人员身体健康、体现社会总体文明的一项利国利民的重要工作。

保护和改善施工环境是消除对外部干扰保证施工顺利进行的需要。随着法制观念和自我保护意识的增强，尤其在城市中，施工扰民问题反映突出，应及时采取防治措施减少对环境的污染和对市民的干扰，也是施工生产顺利进行的基本条件。

保护和改善施工环境是现代化大生产的客观要求。现代化施工广泛应用新设备、新技术、新材料、新工艺，对环境质量提出了更高的要求，如果粉尘、振动超标就可能损坏设备、影响功能发挥，使设备难以发挥作用。

保护和改善施工环境是节约能源、保护人类生存环境、保证社会和企业可持续发展的需要。人类社会即将面临环境污染和能源危机的挑战。为了保护子孙后代赖以生存的环境条件，每个企业都有责任和义务保护环境。良好的环境和生存条件，也是企业发展的基础和动力。

5.2.2　施工现场常见的环境因素

识别施工现场的环境因素主要是从其对环境造成影响的原因加以判断，主要有大气污染、水污染、噪声、振动、固体废弃物等。

1. 大气污染

大气污染主要是由粉尘、废气和烟尘排放造成的污染。粉尘包括：场地平整作业、土堆、砂堆、石灰、现场路面、水泥搬运、混凝土搅拌、木工房锯末、现场清扫、车辆进出等引起的粉尘。废气包括：油漆、油库、化学材料泄漏或挥发等引起的有毒有害气体排放，涉及锅炉使用、食堂作业、垃圾焚烧等过程、活动和场所。

2. 水污染

水污染主要由废水排放造成的污染。废水包括：施工过程中搅拌站、洗车处等产生的生产废水，生活区域的食堂、厕所等产生的生活废水。

3. 噪声、振动

噪声污染涉及所有产生较大噪声的过程、活动和场所。噪声包括：施工机械、运输设备、电动工具的运行和使用，模板与脚手架等周转材料的装卸、安装、拆除、清理和修复等造成的噪声。振动包括：打桩和爆破等施工对周边建筑物、构筑物、道路桥梁、供水（气）管道（线）等市政公用设施的影响。

4. 固体废弃物

固体废弃物是指在生产建设、日常生活和其他活动中产生的污染环境的固态、半固态废弃物质，按照其对环境与人类健康的危害程度，可分为一般固体废弃物和危险废弃物，包括建筑渣土、建筑垃圾、生活垃圾、废包装物、含油抹布等。

5.2.3 施工现场的环境保护措施

在建筑工程施工过程中，由于使用的设备大型化、复杂化，往往会给环境造成一定的影响和破坏，特别是大中城市，由于施工对环境造成影响而产生的矛盾尤其突出。为了保护环境，防止环境污染，有关法律规定，建设单位与施工单位在施工过程中要保护施工现场周围的环境，防止对自然环境造成不应有的破坏；施工单位应采取措施控制施工现场的各种粉尘、废气、废水、固体废弃物及噪声、振动等对环境的污染和危害。

1. 大气污染控制的主要措施

（1）施工现场主要道路必须进行硬化处理。施工现场应采取覆盖、固化、绿化、洒水等有效措施，做到不泥泞、不扬尘。施工现场的材料存放区、大模板存放区等场地必须平整夯实。

（2）遇有四级风以上天气不得进行土方回填、转运以及其他可能产生扬尘污染的施工。

（3）施工现场应有专人负责环保工作，配备相应的洒水设备，及时洒水，减少扬尘污染。

（4）建筑物内的施工垃圾清运必须采用封闭式专用垃圾道或封闭式容器吊运，严禁凌空抛撒。施工现场应设密闭式垃圾站，施工垃圾、生活垃圾分类存放。施工垃圾清运时应提前适量洒水，并按规定及时清运消纳。

（5）水泥和其他易飞扬的细颗粒建筑材料应密闭存放，使用过程中应采取有效措施防止扬尘。施工现场土方应集中堆放，采取覆盖或固化等措施。

（6）土方、渣土和施工垃圾的运输，必须使用密闭式运输车辆。施工现场出入口处设置冲洗车辆的设施，出场时必须将车辆清理干净，不得将泥沙带出现场。

（7）市政道路施工铣刨作业时，应采用冲洗等措施，控制扬尘污染。灰土和无机料拌和，应采用预拌进场，碾压过程中要洒水降尘。

（8）规划市区内的施工现场，混凝土浇筑量超过 $10m^3$ 以上的工程，应当使用预拌混凝土，施工现场设置搅拌机的机棚必须封闭，并配备有效的降尘防尘装置。

（9）施工现场使用的热水锅炉、炊事炉灶及冬施取暖锅炉等必须使用清洁燃料。施工机械、车辆尾气排放应符合环保要求。

（10）拆除旧有建筑时，应随时洒水，减少扬尘污染。渣土要在拆除施工完成之日起3d内清运完毕，并应遵守拆除工程的有关规定。

2. 水污染控制的主要措施

水污染物主要来源于工业、农业和生活污染，包括各种工业废水向自然水体的排放，化肥、农药、食物废渣、食油、粪便、合成洗涤剂、杀虫剂、病原微生物等对水体的污染。

施工现场废水和固体废弃物随水流流入水体的部分，包括泥浆、水泥、油漆、各种油类以及混凝土外加剂、重金属、酸碱盐、非金属无机毒物等。施工过程防控水污染的措施主要有以下几种。

（1）禁止将有毒有害废弃物作土方回填。

（2）施工现场搅拌机前台、混凝土输送泵及运输车辆清洗处应当设置沉淀池，搅拌站废水、现制水磨石的污水、电石（碳化钙）的污水不得直接排入市政污水管网，必须经二次沉淀合格后再排放，最好将沉淀水用于洒水降尘或采取措施回收循环使用。

（3）现场存放油料，必须对库房进行防渗漏处理，如采用防渗混凝土地面、铺油毡等措施。储存和使用都要采取措施，防止油料跑、冒、滴、漏，污染土壤和水体。

（4）施工现场设置的临时食堂，用餐人数在100人以上的，污水排放时应设置简易有效的隔油池，加强管理，专人负责定期清理，防止污染。

（5）工地临时厕所、化粪池应采取防渗漏措施。中心城市施工现场的临时厕所可采用水冲式厕所并有防蝇、灭蛆措施，防止污染水体和环境。

（6）化学用品、外加剂等要妥善保管，库内存放，防止污染环境。

3. 噪声污染控制的主要措施

噪声是影响与危害非常广泛的环境污染问题。噪声环境可以干扰人的睡眠与工作，影响人的心理状态与情绪，造成人的听力损失，甚至引起许多疾病，施工现场环境污染问题首推噪声污染。

（1）施工现场应遵照《建筑施工场界环境噪声排放标准》（GB 12523—2011）制订降噪措施。在城市市区范围内，建筑施工过程中使用的设备，可能产生噪声污染的，施工单位应按有关规定向工程所在地的环保部门申报。

（2）施工现场的电锯、电刨、搅拌机、固定式混凝土输送泵、大型空气压缩机等强噪声设备应搭设封闭式机棚，并尽可能设置在远离居民区的一侧，以减少噪声污染。

（3）因生产工艺上要求必须连续作业或者特殊需要，确需在22时至次日6时进行施工的，建设单位和施工单位应当在施工前到工程所在地的区、县建设行政主管部门提出申请，经批准后方可进行夜间施工。建设单位应当会同施工单位做好周边居民的安抚工作，并公布施工期限。

（4）进行夜间施工作业的，应采取措施，最大限度减少施工噪声，可采用隔声布、低噪声振捣棒等方法。

（5）对人为的施工噪声应有管理制度和降噪措施，并进行严格控制。承担夜间材料运输的车辆进入施工现场严禁鸣笛，装卸材料应做到轻拿轻放，最大限度地减少噪声扰民。

（6）施工现场应进行噪声值监测，监测方法见《建筑施工场界环境噪声排放标准》（GB 12523—2011），噪声值不应超过国家或地方噪声排放标准。

（7）建筑施工过程中场界环境噪声不得超过表5-2中规定的排放限值。夜间噪声最大声级超过限制的幅度值不得高于15dB（A）。

表5-2   建筑施工场界环境噪声排放限值

昼　间	夜　间
70dB（A）	55dB（A）

4. 固体废弃物控制的主要措施

对施工现场的固体废弃物应进行有效的管理，按照"分类回收，集中存放，统一处置"的原则进行。

（1）应在工地现场划定专门的垃圾堆放点，设置必要的围挡，并分区标识。

（2）各班组每班至少清理一次场地，分类收集固体废弃物，做到工完料尽场地清。收集的固体废弃物应存放至指定地点。

（3）生活垃圾由个人收集并存放至指定地点，不得随意乱丢乱扔或任意倾倒垃圾和随便存放垃圾。

（4）对进入工地从事建筑垃圾运输的车辆，应审核其是否持有环卫部门建筑垃圾处置核准文件和相关部门对装运建筑垃圾车辆的车型规定和密闭要求。装运渣土后及时对车辆进行冲洗，保证车容不整洁、车厢不密闭不出工地。

（5）应有专人负责固体废弃物处置工作，针对不同类别的固体废弃物实施不同的处置方式。可重复利用的固体废弃物应及时安排利用。只要不影响产品质量，施工人员应尽量节约使用，回收利用。

（6）不可回收固体废弃物应由垃圾处理人员定期委托具有垃圾处置资质的单位进行处置。有毒有害固体废弃物应由垃圾处理人员分类打包装袋，委托政府指定的专业处置点进行处理。

第6章 基础工程安全施工技术

基础工程是工程项目的重要组成部分。随着我国城市建设的规模越来越大，为了解决城市建设用地和人口密集的矛盾，同时为满足规划和建筑物本身的功能和结构要求，在高层和超高层建筑物日益增加的同时，开发地下空间（如地下室、停车库、地下商业及娱乐设施等）已成为一种趋势。高层或超高层建筑的基础越来越深，基础施工的难度越来越大，与此同时，深基坑施工技术也得到不断发展。

在高层建筑施工中，基础工程已成为影响建筑施工总工期和总造价的重要因素。在软土地区，高层建筑基础工程的造价往往占到工程总造价的 25%～40%，工期占施工总工期的 1/3 左右。在深基坑施工时，如果结构设计与施工、土方开挖及降低地下水位等处理不当，或者未采取适当的措施，很容易对周围建（构）筑物、道路以及地下管线等造成有害影响，甚至引起严重后果。尤其在软土地区，高层建筑施工的重点和难点以及施工进度等主要取决于基础工程的施工。设计和施工人员也已将注意力集中在解决深基坑的施工技术上，从而促进了深基坑施工技术的迅速发展。

基础工程的施工涉及基坑支护、基坑降水、土方开挖以及变形监测等。多年来，由于对基础工程施工安全技术的认识不足，引发了多起伤亡事故，并对周围道路、建筑和地下管线造成破坏，产生不必要的经济损失，并影响了工期。因此，有必要了解基础工程安全施工技术的基本知识。

6.1 基 坑 支 护

基坑开挖是基础工程或地下工程施工中的一个关键环节。近年来，由于高层建筑和超高层建筑的大量涌现，深基坑工程也随之增多。尤其在软土地区的旧城改造中，为了节约占地，在工程建设中，为了充分利用基础面积，使得地下建筑物往往要占基地面积的90%左右，基坑的边常常紧靠邻近建筑，但要求深基坑施工对周围环境的影响要减小到最低程度。因此，深基坑施工的难度越来越大，其中支护结构设计与施工尤为突出。

基坑支护是指在基础施工过程中，常因受场地的限制不能放坡而对基坑土壁采取的护壁桩、地下连续墙、土层锚杆、大型工字钢支撑等边坡支护方法，及在土方开挖和降水方面采取的措施。支护结构不仅要保证基础工程施工的顺利进行，而且要做到周围的建筑、道路、管线等不受基础工程施工的影响。

根据开挖深度的不同，通常把基坑分为浅基坑（槽）和深基坑（槽）两种类型。一般情况下，把开挖深度在5m以内的基坑（槽）称为浅基坑（槽），把开挖深度在5m以上或地质情况较复杂其开挖深度不足5m的基坑（槽）称为深基坑（槽），其常采用的支护形式、支护方法及适用范围分别见表6-1和表6-2。

表 6-1　　　　　　　　　　　　　　　　　　浅基坑（槽）支护形式

名称	支护简图	支护方法	适用范围	名称	支护简图	支护方法	适用范围
间断式水平支护		两侧挡土板水平，用撑木加木楔顶紧，挖一层支顶一层	干土、天然湿度的黏土类，深度2m以内	锚拉支护		挡土板水平顶在柱桩内侧，柱桩下端打入土中上端用拉杆与远处锚桩拉紧，挡土板内侧回填土	较大基坑、使用较大机械挖土，而不能安装横撑时
断续式水平支护		挡土板水平，中间有间隔，两侧同时对称立竖方木，用工具式槽撑上下顶紧	湿度较小的黏性土，深度小于3m	斜柱支护		挡土板水平钉在柱桩内侧，柱桩外侧用斜撑支牢，斜撑底端顶在撑桩上，挡土板内侧回填土	较大基坑、使用较大机械挖土，而不能用锚拉支撑时
连续式水平支护		挡土板水平、靠紧，两侧对称立竖方木，上下各顶一根撑木，端头用木楔顶紧	较湿或散体的土，深度小于5m	短柱横隔支护		短木桩一半打入土中，地上部分内侧钉水平挡土板，挡土板内侧回填土	较大宽度基坑，当部分地段下部放坡不足时
连续式垂直支护		挡土板垂直，每侧上下各水平放置一根木方，顶木撑，木楔顶紧	松散的或湿度很高的土，深度不限	临时挡土墙支护		坡脚用砖、石叠砌，草袋装土叠砌	较大宽度基坑，当部分地段下部放坡不足时

注　1—水平挡土板；2—垂直挡土板；3—竖方木；4—水平方木；5—撑木；6—工具式槽撑；7—木楔；8—柱桩；9—锚桩；10—拉杆；11—斜撑；12—撑桩；13—回填土；14—挡土墙。

表 6-2　　　　　　　　　　　　　　　　　　深基坑（槽）支护形式

名称	支护简图	支护方法	适用范围	名称	支护简图	支护方法	适用范围
钢构架支护		基坑外围打板桩，在柱位打入临时钢桩，坑内挖土每3~4m，装一层构架式横撑，在构架网格中挖土	软弱土层中挖土较大、较深基坑，而不能用一般支护方法时	挡土护坡桩与锚杆结合支护		基坑外围现场灌注桩，桩内侧挖土，装横撑沿横撑每一定距离装钢筋锚杆，挖一层装一排锚杆	大型较深基坑，周围有高层建筑不允许支护较大变形时

名称	支护简图	支护方法	适用范围	名称	支护简图	支护方法	适用范围
地下连续墙支护		基槽外围建连续墙，墙内挖土。墙刚度满足要求时可不设内支撑；逆作法时每下挖一层，浇筑下层梁板柱作的水平框架支护	较大较深，周围有建筑物、公路，墙作为复合结构一部分，高层建筑逆作法作为地下室结构外墙	板桩中央横顶支护		基坑周围打板桩或护坡桩，桩内侧放坡挖土到坑底，施工中央部分建筑框架至地面，以此为支承向桩支水平横顶梁，挖土坡一层支一层横顶梁	较大较深基坑，板桩刚度不足又不允许设过多支护时
地下连续墙锚杆支护		基槽外围建地下连续墙，墙内挖土至锚杆处，墙钻孔装锚杆。挖一层装一层锚杆	较大较深（超过10m），周围有高层建筑不允许支护较大变形，机械挖土不允许坑内设支护时	板桩中央斜顶支护		基坑周围打板桩或护坡桩，桩内侧放坡挖土到坑底，施工中央部分建筑基础，从基础向板桩上方支斜顶梁，挖土坡一层支一层斜顶梁	较大较深基坑，板桩刚度不足又不允许设过多支护时
挡土护坡桩支护		基坑外围现场灌注桩，桩内侧挖土至1m装横撑，其上拉锚杆，锚杆固定在坑外锚桩上拉紧。不能设锚杆时则加密桩距或加大桩径	较大较深（超过6m），邻近建筑不允许支护较大变形时				

注 1—钢板桩；2—钢横撑；3—钢撑；4—地下连续墙；5—地下室梁板；6—土层锚杆；7—灌注桩；8—斜撑；9—连系板；10—建筑基础或设备基础；11—后挖土坡；12—后施工结构；13—拉杆；14—锚桩。

6.2 基 坑 降 水

在地下水位较高的地区进行基坑施工，降低地下水位是一项非常重要的技术措施。当基坑无支护结构防护时，通过降低地下水位，以保证基坑边坡稳定，防止地下水涌入坑内，阻止流砂现象发生。但此时的降水会使坑内外的局部水位同时降低，将对基坑外周围建（构）筑物、道路及管线造成不利影响。

当基坑有支护结构围护时，一般仅在基坑内降低地下水位。有支护结构围护的基坑，由于围护体的隔水效果较好，且隔水帷幕伸入透水性差的土层一定深度，降水一定的时间后，在降水深度范围内的土体中几乎无水可抽。此时降水的目的已达到，既疏干了坑内的土体、改善了施工条件，又固结了基坑底的土体，有利于提高支护结构的安全度。测试结果表明，降水效果好的基坑，其土的黏聚力和内摩擦角值可提高

25%左右。

黏性土地基中，基坑开挖深度小于3m时，可采用集水井降水法（明排水法），开挖深度超过3m时，宜采用井点降水。砂性土地基中，基坑开挖深度超过2.5m，宜采用井点降水。降水深度超过6m时，宜采用多层轻型井点或喷射井点降水，也可采用深井井点降水，或在深井井点中加设真空泵的综合降水方法。放坡开挖或无隔水帷幕围护的基坑，降水井点宜设置在基坑外，有隔水帷幕围护降水井点宜设置在基坑内。降水深度应不大于隔水帷幕的设置深度。基坑内降水，其降水深度应在基坑底以下0.5~1.0m，且宜在透水性较好的土层中进行。

6.2.1　集水井（坑）降水

开挖基坑或沟槽时，在坑底设置集水井（坑），并沿坑底四周或中央开挖排水沟，使水经排水沟流入集水井（坑）内，然后用水泵抽出坑外，抽出的水应予引开，以防倒流。它适用于基坑开挖深度不大的粗粒土层及渗水量小的黏性土层。

6.2.2　井点降水

井点降水就是在基坑开挖前，预先在基坑四周埋设一定数量的滤水管（井），利用抽水设备，在基坑开挖前和开挖过程中不断地抽出地下水，使地下水位降低到坑底以下，直至基础工程施工完毕为止。

井点降水的方法有轻型井点、喷射井点、电渗井点、管井井点及深井井点等。施工时应根据含水层土的类别及其渗透系数、降水深度、工程特点、施工设备条件和施工期限等因素进行技术经济比较，选择适当的井点降水。

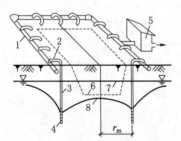

图6-1　轻型井点降水的布置
1—集水总管；2—连接管；3—井点管；4—滤管；
5—水泵房；6—基坑；7—原地下水位；
8—降水后地下水位

1. 轻型井点降水

轻型井点降低地下水位，是沿基坑周围以一定间距埋入井点管（下端为滤管）至蓄水层内，井点管上端通过弯连管与地面上水平铺设的集水总管相连接，利用真空原理，通过抽水设备将地下水从井点管内不断抽出，使原有地下水位降至坑底以下（图6-1）。轻型井点降水深度一般可达7m，目前应用最为广泛。

2. 喷射井点降水

喷射井点设备主要由喷射井管、高压水泵（或空气压缩机）和管路系统组成。其管路布置与轻型井点的基本相同，但其井点管分为内管和外管，下端有图6-2所示的喷嘴。用高压水泵将高压工作水经进水总管压入内外管间的环状空间，再自上而下经喷嘴进入内管，由于喷嘴断面突然缩小，水流速度加快，通常可达30m/s，从而产生负压，并卷吸地下水一起沿内管上升，排出坑外。其降水深度一般为8~20m，喷射井点用作深层降水，适用于排降上层滞水和排水量不很大的潜水，在粉土、极细砂和粉砂中较为适用。

3. 电渗井点降水

对于渗透系数小于0.1m/d（约1×10^{-6}m/s）的饱和黏土，尤其是淤泥质饱和黏土，用上述两种井点降水的效果很差，这时可采用电渗井点降水。

电渗井点一般与轻型井点或喷射井点结合使用，是利用轻型井点或喷射井点管本身作为阴极，在其内侧平行布设直径 38~50mm 的钢管或直径大于 20mm 的钢筋作为阳极，通入直流电（可用 9.6~55kW 的直流电焊机）后，在电势作用下，带有负电荷的黏土颗粒向阳极方向移动（电泳），而带有正电荷的孔隙水则向阴极方向移动（电渗）。在电渗与井点管内的真空双重作用下，强制黏土中的水由井点管快速排出，井点管连续抽水，从而使地下水位逐渐降低，如图 6-3 所示。

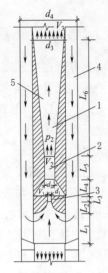

图 6-2 喷射井点扬水装置
（喷嘴和混合室）构造
1—扩散室；2—混合室；3—喷嘴；
4—喷射井点外管；5—喷射井点内管

4. 管井井点降水

管井井点就是沿基坑周围每隔一定距离设置一个管井，或在坑内降水时每隔一定距离设置一个管井，每个管井单独用一台水泵不断抽取管井内的水来降低地下水位。管井井点具有排水量大、排水效果好、设备简单、易于维护等特点，降水深度为 3~5m，可代替多层轻型井点作用。

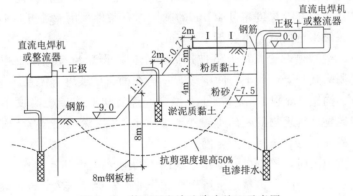

图 6-3 某工程电渗法降水施工示意图

5. 深井井点降水

深井井点降水是在深基坑的周围埋置深于基底的井管，通过设置在井管内的潜水电泵将地下水抽出，使地下水位低于坑底。适用于抽水量大、较深的砂类土层，降水深度可达 50m。由深井、井管和潜水泵等组成。

这种方法具有：不受吸程限制，排水效果好；井距大，对平面布置的干扰小；可用于各种情况，不受土层限制；成孔（打井）用人工或机械均可，较易于解决；井点制作、降水设备及操作工艺、维护均较简单，施工速度快；如果井点管采用钢管、塑料管，可以整根拔出重复使用等优点；但一次性投资大，成孔质量要求严格；降水完毕，井管拔出较困难。适用于渗透系数较大（10~250m/d），土质为砂类土，地下水丰富，降水深，面积大，时间长的情况，在有流砂和重复挖填土方区使用效果尤佳。

6.3 土 方 开 挖

基坑土方开挖是基础工程施工一项重要的分项工程。当基坑有支护结构时，其开挖方案是支护结构设计必须考虑的一项重要措施。在某些情况下，开挖方案会决定设计的结果，是支护结构设计赖以计算的条件；反之，基坑开挖也必须符合支护结构设计的工况情况。土方开挖顺序、方法必须与设计工况一致，并遵循"开槽支撑、先撑后挖、分层开挖、严禁超挖"的原则。

（1）挖土前根据安全技术交底了解地下管线、人防及其他构筑物情况和具体位置。地下构筑物外露时，必须进行加固保护。作业过程中应避开管线和构筑物。在现场电力、通信电缆2m范围内和现场燃气、热力、给水排水等管道1m范围内挖土时，必须在主管单位人员监护下人工开挖。

（2）在施工组织设计中，要有单项土方工程施工方案，对施工准备、开挖方法、放坡、排水、边坡支护等应根据有关规范要求进行设计，边坡支护要有设计计算书。

（3）开挖槽、坑、沟深度超过1.5m，必须根据土质和深度情况按安全技术交底放坡或加可靠支撑。遇边坡不稳、有坍塌危险征兆时，必须立即撤离现场，并及时报告施工负责人采取安全可靠排险措施后，方可继续挖土。

（4）开挖深度不超过4.0m的基坑，当场地条件允许，并经验算能保证土坡稳定性时，可采用放坡开挖；开挖深度超过4.0m的基坑，有条件采用放坡开挖时，宜设置多级平台分层开挖，每级平台的宽度不宜小于1.5m。

（5）槽、坑、沟必须设置人员上下坡道或安全梯。严禁攀登固壁支撑上下，严禁在沟、坑边壁上挖洞攀登爬上或跳下。间歇时，不得在槽、坑坡脚下休息。

（6）槽、坑、沟边1m以内不得堆土、堆料、停置机具。堆土高度不得超过1.5m。槽、坑、沟与建筑物、构筑物的距离不得小于1.5m。开挖深度超过2m时，必须在周边设两道牢固护身栏杆，并立挂密目安全网。

（7）用挖土机施工时，挖土机的工作范围内不得有人进行其他工作；多台机械开挖，挖土机间距应大于10m。配合机械挖土清理槽底作业时，严禁进入铲斗回转半径范围。必须待挖掘机停止作业后，方准进入铲斗回转半径范围内清土。挖土要自上而下，逐层进行，严禁先挖坡脚的危险作业。司机必须持证作业。

（8）采用机械挖土方式时，严禁挖土机械碰撞支撑、立柱、井点管、围护墙和工程桩，严格保护支护结构或监测点等其他技术措施的设施。

（9）为防止基坑底的土被扰动，基坑挖好后要尽量减少暴露时间，及时进行下一道工序的施工。如不能立即进行下一道工序，要预留150~300mm厚覆盖土层，待基础施工时再挖去。采用机械挖土，坑底应保留200~300mm厚基土，用人工挖除整平，并防止坑底土体扰动。土方挖至设计标高后，立即浇筑垫层。

（10）须设置支撑的基坑，土方开挖作业面及工作路线的设计，应尽量考虑创造条件使某些系统的支护结构能尽快形成受力体系，使其很快处于工作状态。

（11）弃土应及时运出，如需要临时堆土，或留作回填土，堆土坡脚至坑边距离应按挖坑深度、边坡坡度和土的类别确定，在边坡支护设计时应考虑堆土附加的侧压力。

6.4 变 形 监 测

基坑开挖及支护结构虽然经过设计计算，但支护结构在使用过程中出现荷载变化及施工条件变化的可能性比较大，如气候、地下水位、施工程序等。此外，由于工程地质土层的复杂性和离散性，地质资料难以正确代表全部土质条件，设计时选用的参数和假设与实际存在差异。因此，在基坑开挖及基础施工过程中须进行系统的监测控制（图6-4），提前发现问题，及早采取措施，避免因延误而导致事故发生。基坑工程的环境监测是检验支护结构设计正确与否的手段，也是指导正确施工、避免事故发生的必要措施。监测方法的选择应根据基坑等级、精度要求、设计要求、场地条件、地区经验和方法适用性等因素综合确定。

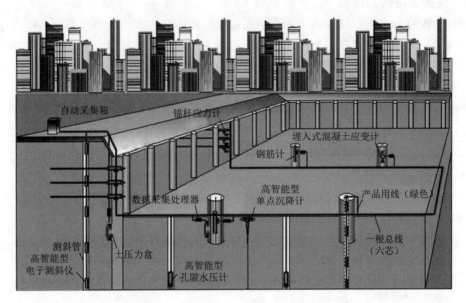

图6-4 基坑变形自动化监测系统示意图

6.4.1 水平位移监测

测定特定方向上的水平位移时可采用视准线法、小角度法、投点法等；测定监测点任意方向的水平位移时可视监测点的分布情况，采用前方交会法、自由设站法、极坐标法等。当基准点距基坑较远时，可采用GPS测量法或三角、三边、边角测量与基准线法相结合的综合测量方法。当监测精度要求比较高时，可采用微变形测量雷达进行自动化全天候实时监测。

水平位移监测基准点应埋设在基坑开挖深度3倍范围以外不受施工影响的稳定区域，或利用已有稳定的施工控制点，不应埋设在低洼积水、湿陷、冻胀、胀缩等影响范围内；

基准点的埋设应按有关测量规范、规程执行。宜设置有强制对中的观测墩；采用精密的光学对中装置，对中误差不宜大于0.5mm。围护墙体或坑周土体的深层水平位移的监测宜采用在墙体或土体中预埋测斜管，通过测斜仪观测各深度处水平位移的方法。

6.4.2 竖向位移监测

竖向位移监测可采用几何水准或液体静力水准等方法。坑底隆起（回弹）宜通过设置回弹监测标志，采用几何水准并配合传递高程的辅助设备进行监测，传递高程的金属杆或钢尺等应进行温度、尺长和拉力等项修正。基坑围护墙（坡）顶、墙后地表与立柱的竖向位移监测精度应根据竖向位移报警值确定。

6.4.3 倾斜监测

建筑物倾斜监测应测定监测对象顶部相对于底部的水平位移与高差，分别记录并计算监测对象的倾斜度、倾斜方向和倾斜速率。应根据不同的现场观测条件和要求，选用投点法、水平角法、前方交会法、正垂线法、差异沉降法等。

6.4.4 支护结构内力监测

基坑开挖过程中支护结构内力变化可通过在结构内部或表面安装应变计或应力计进行量测。对于钢筋混凝土支撑，宜采用钢筋应力计（钢筋计）或混凝土应变计进行量测；对于钢结构支撑，宜采用轴力计进行量测。围护墙、桩及围檩等内力宜在围护墙、桩钢筋制作时，在主筋上焊接钢筋应力计的预埋方法进行量测。支护结构内力监测值应考虑温度变化的影响，对钢筋混凝土支撑还应考虑混凝土收缩、徐变以及裂缝开展的影响。

6.4.5 土压力监测

土压力宜采用土压力计量测。土压力计埋设可采用埋入式或边界式（接触式）。埋设时应符合下列要求。

（1）受力面与所需监测的压力方向垂直并紧贴被监测对象。

（2）埋设过程中应有土压力膜保护措施。

（3）采用钻孔法埋设时，回填土应均匀密实，且回填材料宜与周围岩土体一致。

（4）做好完整的埋设记录。

土压力计埋设以后应立即进行检查测试，基坑开挖前至少经过1周时间的监测并取得稳定初始值。

6.4.6 孔隙水压力监测

孔隙水压力宜通过埋设钢弦式、应变式等孔隙水压力计，采用频率针或应变计量测。

孔隙水压力计应满足以下要求：量程应满足被测压力范围的要求，可取静水压力与超孔隙水压力之和的1.2倍；精度不宜低于0.5%F.S，分辨率不宜低于0.2%F.S。孔隙水压力计埋设可采用压入法、钻孔法等。孔隙水压力计应提前2～3周埋设。采用钻孔法埋设孔隙水压力计时，钻孔直径宜为110～130mm，不宜使用泥浆护壁成孔，钻孔应圆直、干净；封口材料宜采用直径为10～20mm的干燥膨润土球。

6.4.7 地下水位监测

地下水位监测宜采用通过孔内设置水位管，采用水位计等方法进行测量。检验降水效果的水位观测井宜布置在降水区内，采用轻型井点管降水时可布置在总管的两侧，采用深井降水时应布置在两孔深井之间，水位孔深度宜在最低设计水位下2～3m。潜水水位管应在基坑施工前埋设，滤管长度应满足测量要求；承压水位监测时被测含水层与其他含水层之间应采取有效的隔水措施。

基坑工程监测频率应以能系统反映监测对象所测项目的重要变化过程，而又不遗漏其变化时刻为原则。基坑工程监测工作应贯穿于基坑工程和地下工程施工全过程。监测工作一般应从基坑工程施工前开始，直至地下工程完成为止。对有特殊要求的周边环境的监测应根据需要延续至变形趋于稳定后才能结束。监测项目的监测频率应考虑基坑工程等级、基坑及地下工程的不同施工阶段以及周边环境、自然条件的变化。当监测值相对稳定时，可适当降低监测频率。对于应测项目，在无数据异常和事故征兆的情况下，开挖后仪器监测频率的确定可参照表6-3。

表6-3　　　　　　　　　　　　　现场仪器监测的频率

基坑类别	施工进程		基坑设计开挖深度			
			≤5m	5～10m	10～15m	>15m
一级	开挖深度/m	≤5	1次/1d	1次/2d	1次/2d	1次/2d
		5～10		1次/1d	1次/1d	1次/1d
		>10			2次/1d	2次/1d
	底板浇筑后时间/d	≤7	1次/1d	1次/1d	2次/1d	2次/1d
		7～14	1次/3d	1次2/d	1次/1d	1次/1d
		14～28	1次/5d	1次/3d	1次/2d	1次/1d
		>28	1次/7d	1次/5d	1次/3d	1次/3d
二级	开挖深度/m	≤5	1次/2d	1次/2d		
		5～10		1次1/d		
	底板浇筑后时间/d	≤7	1次/2d	1次/2d		
		7～14	1次/3d	1次/3d		
		14～28	1次/7d	1次/5d		
		>28	1次/10d	1次/10d		

注　1. 当基坑工程等级为三级时，监测频率可视具体情况要求适当降低。
　　2. 基坑工程施工至开挖前的监测频率可视具体情况确定。
　　3. 宜测、可测项目的仪器监测频率可视具体情况要求适当降低。
　　4. 有支撑的支护结构各道支撑开始拆除到拆除完成后3d内监测频率应为1次/1d。

基坑及支护结构监测报警值应根据监测项目、支护结构类型和基坑等级等参考表6-4确定。

表 6-4　　　　　　　　　基坑及支护结构监测报警值

序号	监测项目	支护结构类型	一级 累计值 绝对值/mm	一级 累计值 相对基坑深度h控制值	一级 变化速率/(mm/d)	二级 累计值 绝对值/mm	二级 累计值 相对基坑深度h控制值	二级 变化速率/(mm/d)	三级 累计值 绝对值/mm	三级 累计值 相对基坑深度h控制值	三级 变化速率/(mm/d)
1	墙（坡）顶水平位移	放坡、土钉墙、喷锚支护、水泥土墙	30~35	0.3%~0.4%	5~10	50~60	0.6%~0.8%	10~15	70~80	0.8%~1.0%	15~20
		钢板桩、灌注桩、型钢水泥土墙、地下连续墙	25~30	0.2%~0.3%	2~3	40~50	0.5%~0.7%	4~6	60~70	0.6%~0.8%	8~10
2	墙（坡）顶竖向位移	放坡、土钉墙、喷锚支护、水泥土墙	20~40	0.3%~0.4%	3~5	50~60	0.6%~0.8%	5~8	70~80	0.8%~1.0%	8~10
		钢板桩、灌注桩、型钢水泥土墙、地下连续墙	10~20	0.1%~0.2%	2~3	25~30	0.3%~0.5%	3~4	35~40	0.5%~0.6%	4~5
3	围护墙深层水平位移	水泥土墙	30~35	0.3%~0.4%	5~10	50~60	0.6%~0.8%	10~15	70~80	0.8%~1.0%	15~20
		钢板桩	50~60	0.6%~0.7%		80~85	0.7%~0.8%		90~100	0.9%~1.0%	
		灌注桩、型钢水泥土墙	45~55	0.5%~0.6%	2~3	75~80	0.7%~0.8%	4~6	80~90	0.9%~1.0%	8~10
		地下连续墙	40~50	0.4%~0.5%		70~75	0.7%~0.8%		80~90	0.9%~1.0%	
4	立柱竖向位移		25~35		2~3	35~45		4~6	55~65		8~10
5	基坑周边地表竖向位移		25~35		2~3	50~60		4~6	60~80		8~10
6	坑底回弹		25~35		2~3	50~60		4~6	60~80		8~10
7	支撑内力		(60%~70%) f			(70%~80%) f			(80%~90%) f		
8	墙体内力										

序号	监测项目	支护结构类型	基坑类别								
			一级			二级			三级		
			累计值		变化速率/(mm/d)	累计值		变化速率/(mm/d)	累计值		变化速率/(mm/d)
			绝对值/mm	相对基坑深度 h 控制值		绝对值/mm	相对基坑深度 h 控制值		绝对值/mm	相对基坑深度 h 控制值	
9	锚杆内力		$(60\%\sim70\%)f$			$(70\%\sim80\%)f$			$(80\%\sim90\%)f$		
10	土压力										
11	孔隙水压力										

注 1. h—基坑设计开挖深度；f—设计极限值。

2. 累计值取绝对值和相对基坑深度 h 控制值两者的小值。

3. 当监测项目的变化速率连续 3d 超过报警值的 50% 时，应报警。

周边环境监测报警值的限值应根据主管部门的要求确定，如无具体规定，可参考表 6-5 确定。

表 6-5　　　　　　　　建筑基坑工程周边环境监测报警值

项目	监测对象		累计值		变化速率/(mm/d)	备　注
			绝对值/mm	倾斜		
1	地下水位变化		1000	—	500	—
2	管线位移	刚性管道 压力	10~30	—	1~3	直接观察数据
		刚性管道 非压力	10~40	—	3~5	
		柔性管线	10~40	—	3~5	
3	邻近建（构）筑物	最大沉降	10~60	—	—	—
		差异沉降	—	2/1000	0.1H/1000	—

注 1. H—建（构）筑物承重结构高度。

2. 第 3 项累计值取最大沉降和差异沉降两者的小值。

当出现下列情况之一时，必须立即报警；若情况比较严重，应立即停止施工，并对基坑支护结构和周边的保护对象采取应急措施。

（1）当监测数据达到报警值。

（2）基坑支护结构或周边土体的位移出现异常情况或基坑出现渗漏、流砂、管涌、隆起或陷落等。

（3）基坑支护结构的支撑或锚杆体系出现过大变形、压屈、断裂、松弛或拔出的迹象。

（4）周边建（构）筑物的结构部分、周边地面出现可能发展的变形裂缝或较严重的突发裂缝。

（5）根据当地工程经验判断，出现其他必须报警的情况。

6.5 事故案例

6.5.1 事故概况

2015年8月20日，某建筑公司土建总承包、某土方公司分包的某地铁车站工程工地上（监理单位为某工程咨询公司）正在进行深基坑土方挖掘施工作业。下午18时30分，土方分包项目经理陈某将11名普工交给领班褚某，19时左右，褚某向11名工人交代了生产任务，11人就下基坑开始在14轴至15轴处平台上施工（褚某未下去，电工贺某后上基坑未下去），大约20时，16轴处土方突然开始发生滑坡，当即有2人被土方所埋，另有2人埋至腰部以上，其他6人迅速逃离至基坑上。现场项目部接到报告后，立即准备组织抢险营救。20时10分，16轴至18轴处，发生第二次大面积土方滑坡。滑坡土方由18轴开始冲至12轴将另2人也掩埋，并冲断了基坑内钢支撑16根。事故发生后，虽经项目部极力抢救，但被土方掩埋的4人终因缺氧时间过长而死亡。

6.5.2 事故原因分析

1. 直接原因

该工程所处地基软弱，开挖范围内基本上均为淤泥质土，其中淤泥质黏土平均厚度达9.65m，土体抗剪强度低，灵敏度高达5.9，这种饱和软土受扰动后，极易发生触变现象。且施工期间遭遇百年一遇特大暴雨影响，造成长达171m基坑纵向留坡困难；而在执行小坡处置方案时未严格执行有关规定，造成小坡坡度过陡，是造成本次事故的直接原因。

2. 间接原因

目前，在狭长形地铁车站深基坑施工中，对纵向挖土和边坡留置的动态控制过程，尚无比较成熟的量化控制标准。设计、施工单位对复杂地质地层情况和类似基坑情况估计不足，对地铁施工的风险意识不强，施工经验不足，尤其对采用纵向开挖横向支撑的施工方法，纵向留坡支撑安装到位之间合理匹配的重要性认识不足，该工程分包土方施工的项目部技术管理力量薄弱，在基坑施工中，采取分层开挖横向支撑未及时安装到位的同时，对处置纵向小坡的留设方法和措施不力。监理单位、土建施工单位对基坑施工中的动态管理不严，是造成本次事故的重要原因，也是造成本次事故的间接原因。

3. 主要原因

地基软弱，开挖范围内淤泥质黏土平均厚度厚，土体抗剪强度低，灵敏度高，受扰动后极易发生触变。施工期间遇百年一遇特大暴雨，造成长达171m基坑纵向留坡困难。未严格执行有关规定，造成小坡坡度过陡，是造成本次事故的主要原因。

6.5.3 相关责任人及应负的责任

此项目的管理人员动态管理不严，没有根据突发的天气状况和施工环境的变化及时采取相应的预防措施，是造成此次事故的重大原因。项目施工负责人施工经验不足，没有选择最安全的方法进行施工，对本次事故负有直接责任。

6.5.4 事故预防措施

（1）在公司范围内，进一步完善各部门安全生产管理制度，开展一次安全生产制度执行情况的大检查，在内容上重点突出各安全员的责任。

（2）建立完善纵向到底、横向到边的安全生产网络，公司安全部要增设施工安全主管岗位，选配懂建筑施工、具有工程师职称和项目经理资质的专业技术人员担任。

（3）加强技术和施工管理人员的培训。通过规范的培训和进修，获取施工人员、项目经理等各种施工管理上岗资格，并加大引进专业技术人才的力度。

（4）严格每月一次的安全生产领导小组例会制度，部门和员工的考核、评优、续约、奖励等均严格实行安全生产一票否决制。

第7章　主体结构工程安全施工技术

7.1　脚 手 架 工 程

脚手架是建筑施工中不可缺少的临时设施，它是为解决在建筑物高部位施工而专门搭设的。砖墙砌筑、混凝土浇筑、墙面抹灰、装修粉刷、设备管道安装等，都需要搭设脚手架，以便在其上进行施工作业，堆放建筑材料、用具和进行必要的短距离水平运输。此外，在广告业、市政、交通路桥等部门脚手架也被广泛使用。

脚手架是为保证高处作业人员安全顺利施工而搭设的工作平台和作业通道，同时也是建筑施工中安全事故多发部位，是施工安全控制的重中之重。因此，它的搭设质量直接关系到施工人员的人身安全。如果脚手架选材不当、搭设不牢，将会造成施工中的重大伤亡事故。脚手架可能发生的安全事故有高处坠落、物体打击、坍塌等。

脚手架在搭设之前，应根据国务院2004年颁布的《危险性较大工程安全专项施工方案编制及专家论证审查办法》的规定和具体工程的特点及施工工艺确定脚手架专项搭设方案（并附设计计算书）。脚手架施工方案内容应包括基础处理、搭设要求、杆件间距、连墙杆位置及连接方法、施工详图及大样图等内容。

《危险性较大工程安全专项施工方案编制及专家论证审查办法》规定：高度超过24m的落地式钢管脚手架、附着式升降脚手架（包括整体提升与分片式提升）、悬挑式脚手架、门式脚手架、悬挂脚手架、吊篮脚手架、卸料平台等，在施工前必须编制专项施工方案。

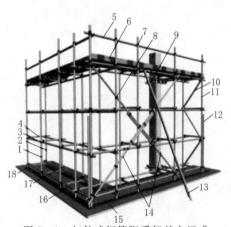

图7-1　扣件式钢管脚手架基本组成
1—外立杆；2—内立杆；3—纵向水平杆；
4—横向水平杆；5—栏杆；6—挡脚板；
7—直角扣件；8—旋转扣件；9—连墙杆；
10—横向斜撑；11—主立杆；12—副立杆；
13—抛撑；14—剪刀撑；15—垫板；
16—纵向扫地杆；17—横向扫地杆；18—底座

7.1.1　脚手架的种类

按材质划分，可分为木脚手架、竹脚手架、钢管脚手架。

按结构形式划分，可分为扣件式钢管脚手架（图7-1）、碗扣式钢管脚手架、承插型盘扣式脚手架、门式脚手架。

按搭设位置划分，可分为外脚手架、内脚手架。

按设置形式划分，可分为双排脚手架、单排脚手架、满堂脚手架、满高脚手架、特型脚手架等。

按支固方式划分，可分为落地式脚手架、

悬挑式脚手架、悬挂式脚手架、悬吊式脚手架。

1. 外脚手架

外脚手架指在建筑物外围所搭设的脚手架。外脚手架使用广泛，各种落地式外脚手架、悬挂式脚手架、悬挑式脚手架、悬吊式脚手架等，一般均在建筑物外围搭设。外脚手架多用于外墙砌筑、外立面装修以及钢筋混凝土工程，如图7-2所示。

图7-2　外脚手架

2. 内脚手架

内脚手架是指建筑物内部使用的脚手架。内脚手架有各种形式，常见的有凳式内脚手架、支柱式内脚手架、梯式内脚手架、组合式操作平台等。内脚手架用于内墙砌筑、外墙砌筑、内部装修工程以及安装和钢筋混凝土工程，如图7-3所示。

图7-3　内脚手架

3. 落地式脚手架

落地式脚手架是自地面搭设的脚手架。落地式脚手架有立杆式钢管脚手架、门式钢管脚手架、桥式脚手架等，它们的结构均支承于地面，如图7-4所示。

4. 悬挂式脚手架

悬挂式脚手架是指挂置于建筑物的柱、墙等结构上的，并随建筑物的外高而移动的脚手架。悬挂式脚手架在高层建筑外装修工程中采用较多，如图7-5所示。

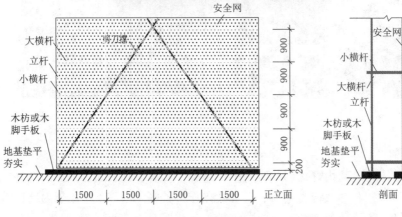

图 7-4 落地式脚手架

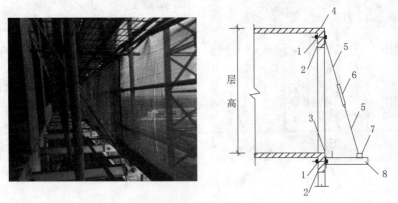

图 7-5 悬挂式脚手架

1—垫片；2—穿墙螺栓；3—连接钢板与工字钢通焊；4—楼层梁；5—拉杆；6—花篮螺栓；7—固定立杆；8—工字钢

5. 悬挑式脚手架

悬挑式脚手架是指在建筑物中挑出的专设结构上搭设的脚手架。悬挑式脚手架可以将建筑物下部空间割让出来，为其他施工活动提供方便，并使得在地面狭窄而难以搭设落地式脚手架的情况下搭设外脚手架成为可能，如图 7-6 所示。

(a)悬挑式脚手架示意

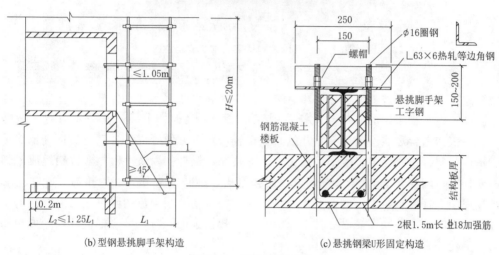

(b)型钢悬挑脚手架构造 (c)悬挑钢梁U形固定构造

图7-6 悬挑式脚手架

6．悬吊式脚手架

悬吊式脚手架是指从建筑物顶部或楼板上设置悬吊结构，利用吊索悬吊吊架或吊篮（图7-7），由起重机具来提升或下降的脚手架。悬吊式脚手架在高层建筑装修施工中广泛使用，并用于维修。

7．升降式附壁脚手架

升降式附壁脚手架是在使用挂、挑、吊式脚手架的基础上发展起来的新型脚手架，它是附着于建筑物外墙、柱、梁等结构上的，并可附壁上下升降的脚手架。升降式附壁脚手架吸取挂、挑、吊式脚手架的各种优点，使高层建筑脚手架耗用成本降低，使用方便灵活，操作简单安全，多用于高层建筑的外墙砌筑、外立面装修以及钢筋混凝土工程，如图7-8所示。

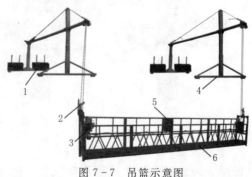

图7-7 吊篮示意图

1—配重；2—安全锁；3—提升机；4—悬挂机构；
5—电气控制系统；6—工作平台

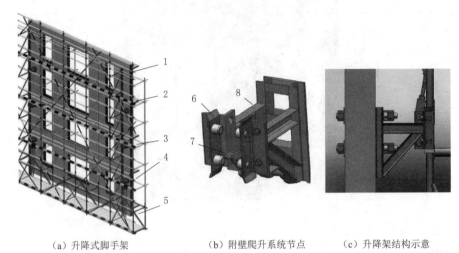

（a）升降式脚手架　　　　　　（b）附壁爬升系统节点　　　　（c）升降架结构示意

图 7-8　升降式脚手架基本组成示意图

1—架体构架；2—主框架；3、8—附壁支座；4—电动葫芦；5—水平支撑桁架；6—导向架；7—防坠器

8. 碗扣式钢管脚手架

碗扣式钢管脚手架的立杆与横杆使用碗扣接头。这种脚手架是一种多功能新型脚手架，它接头构造合理、安全可靠，并具有重量轻、装拆方便等优点。其主要构件依然是立杆、横杆、斜杆、底座等。碗扣接头由上、下碗扣、横杆扣以及上碗扣限位销组成。脚手架的立杆上每间隔 600mm 安装一副带齿碗扣接头。碗扣接头分为上碗扣与下碗扣，下碗扣直接焊于立杆上，是固定的；上碗扣可以沿立杆滑动，用限位销限位。当上碗扣的缺口对准限位销时，上碗扣即能沿立杆上下滑动。碗扣接头可同时连接 4 根横杆，既可相互垂直又可偏转一定角度，如图 7-9 所示。

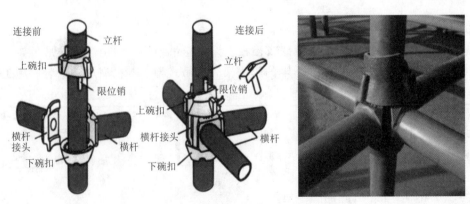

图 7-9　碗扣式钢管脚手架

9. 承插型盘扣式脚手架

近年来，承插型盘扣式脚手架作为一种新型脚手架在房屋建筑、桥梁工程、市政工程、钢结构工程以及水利水电等工程中得到广泛应用。承插型盘扣式钢管脚手架由立杆、水平杆、斜杆、可调底座及可调托座等构配件构成（图 7-10）。立杆采用套管承

插连接，水平杆和斜杆采用杆端和接头卡入八孔连接盘，用楔形插销连接，在纵向、横向和竖向形成稳定的三角形结构几何不变体系。其节点抗扭转能力强，强度、刚度、稳定性可靠，施工安全得到有效保障；模块化、工具化作业，搭拆快捷，大幅度提高了施工效率；构件全部采用热镀锌防腐工艺，不会因锈蚀而降低承载力，较传统脚手架的使用寿命明显提高。

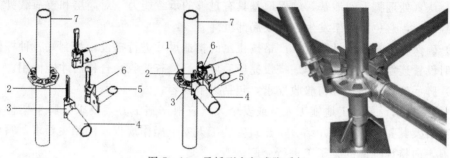

图 7-10　承插型盘扣式脚手架

1—连接盘；2—插销；3—水平杆杆端扣接头；4—水平杆；5—斜杆；6—斜杆杆端扣接头；7—立杆

7.1.2　钢管脚手架材料要求

钢管脚手架由于其具有承载能力较大、装拆方便、搭设灵活等优点，在建筑施工中得到了广泛应用。《建筑施工脚手架安全技术统一标准》（GB 51210—2016）规定，脚手架所用钢管宜采用现行国家标准《直缝电焊钢管》（GB/T 13793）或《低压流体输送用焊接钢管》（GB/T 3091）中规定的普通钢管，其材质应符合现行国家标准《碳素结构钢》（GB/T 700）中 Q235 级钢或《低合金高强度结构钢》（GB/T 1591）中 Q345 级钢的规定。钢管外径、壁厚、外形等允许偏差应符合表 7-1 的规定。

表 7-1　　　　　　　　　　　钢管外径、壁厚、外形允许偏差

钢管直径偏差项目 /mm	外径 /mm	壁厚	外 形 允 许 偏 差		
			弯曲度 /(mm/m)	椭圆度 /mm	管端截面
≤20	±0.3	±10%·S	1.5	0.23	与轴线垂直、无毛刺
21~30	±0.5			0.38	
31~40					
41~50					
51~70	±1.0		2	7.5/1000·D	

注　S—钢管壁厚；D—钢管直径。

7.1.3　脚手架搭设的安全施工要点

（1）脚手架搭设前必须根据工程的特点按照规范规定，制订施工方案和搭设的安全技术措施。

（2）脚手架搭设或拆除必须由符合劳动部门颁发的《特种作业人员安全技术培训考核管理规定》，并经考核合格领取《特种作业人员操作证》的专业架子工进行。

（3）操作人员应持证上岗。操作时必须配戴安全帽、安全带，穿防滑鞋。

（4）确保脚手架具有稳定的结构和足够的承载力。普通脚手架的构造应符合有关规定，特殊工程脚手架、重荷载脚手架、施工荷载显著偏于一侧的脚手架和高度超过30m的脚手架必须进行设计和计算。脚手架应设置足够、牢固的连墙点，依靠建筑结构的整体刚度来加强和确保整片脚手架的稳定性。

（5）认真处理脚手架地基，确保地基具有足够的承载能力。对高层和重荷载脚手架应进行基础设计，避免脚手架发生整体或局部沉降。

（6）确保脚手架的搭设质量。严格按规定的构造尺寸进行搭设，控制好各种杆件的偏差，及时设置连墙杆和各种支撑。搭设完毕后应进行检查验收，合格后才能使用。

（7）脚手架搭设的交底与验收要求，包括以下内容。

1）脚手架搭设前，工地施工人员或安全人员应根据施工方案要求外脚手架检查评分表检查项目及其扣分标准，并结合《建筑安装工人安全操作规程》的相关要求，写成书面交底材料，向持证上岗的架子工进行交底。

2）脚手架通常是在主体工程基本完工时才搭设完毕，即分段搭设、分段使用，脚手架分段搭设完毕，必须经施工负责人组织有关人员，按照施工方案及规范的要求进行检查验收。

3）经验收合格，办理验收手续，填写《脚手架底层搭设验收表》《脚手架中段验收表》《脚手架顶层验收表》，有关人员签字后，方准使用。

4）经验收不合格的应立即进行整改，对检查结果及整改情况，应按实测数据进行记录，并由检测人员签字。

（8）脚手架与高压线路的水平距离和垂直距离必须按照《施工现场对外电线路的安全距离及防护的要求》的有关条文要求执行。

（9）6级以上大风、大雾、大雨和大雪天气应暂停在脚手架上作业。雨雪后上架作业要有防滑措施。

（10）脚手架搭设作业时，应按形成基本构架单元的要求逐排、逐跨和逐步地进行搭设，矩形周边脚手架宜从其中的一个角部开始向两个方向延伸搭设。确保已搭部分稳定。

（11）门式脚手架及其他纵向竖立面刚度较差的脚手架，在连墙点设置层宜加设纵向水平长横杆与连接件连接。

（12）搭设作业，应按要求做好自我保护及作业现场其他人员的安全。

1）在架上作业人员应穿防滑鞋，佩挂好安全带，脚下应铺设必要数量的脚手板，并应铺设平稳且不得有探头板。当暂时无法铺设落脚板时，用于落脚或抓握、把（夹）持的杆件均应为稳定的构架部分，着力点与构架节点的水平距离应不大于0.8m，垂直距离应不大于1.5m。位于立杆接头之上的自由立杆（尚未与水平杆连接者）不得用作把持杆。

2）架上作业人员应做好分工和配合，传递杆件应掌握好重心，平稳传递。不要用力过猛，以免引起人身或杆件失衡。对每完成的一道工序，要相互询问并确认后才可进行下一道工序。

3）作业人员应佩戴工具袋，工具用后装于袋中，不要放在架子上，以免掉落伤人。

4）架设材料要随上随用，以免放置不当掉落伤人。

5）每次收工以前，所有上架材料应全部搭设，不要存留在架子上，而且一定要形成稳定的构架，不能形成稳定构架的部分应采取临时撑拉措施予以加固。

6）在搭设作业进行中，地面上的配合人员应避开可能落物的区域。

（13）架上作业时的安全注意事项包括以下内容。

1）作业前应注意检查作业环境是否可靠、安全防护设施是否齐全有效，确认无误后方可作业。

2）作业时应注意随时清理落在架面上的材料，保持架面上规整清洁，不要乱放材料、工具，以免影响作业的安全和发生掉物伤人。

3）在进行撬、拉、推等操作时，要注意采取正确的姿势，站稳脚跟，或一手把持在稳固的结构或支持物上，以免用力过猛身体失去平衡或把东西甩出，在脚手架上拆除模板时，应采取必要的支托措施，以防拆下的模板材料掉落架外。

4）当架面高度不够、需要垫高时，一定要采用稳定可靠的垫高办法且垫高不要超过50cm；超过50cm时，应按搭设规定升高铺板层，在升高作业面时，应相应加高防护设施。

5）在架面上运送材料经过正在作业中的人员时，要及时发出"请注意""请让一让"等信号，材料要轻搁稳放，不许采用倾倒、猛磕或其他匆忙卸料方式。

6）严禁在架面上打闹戏耍、退着行走和跨坐在外防护横杆上休息，不要在架面上抢行、跑跳，相互避让时应注意身体不要失去平衡。

7）在脚手架上进行电气焊作业时，要铺铁皮接着火星或移去易燃物，以防火星点着易燃物，并应有防火措施，一旦着火时，及时予以扑灭。

（14）其他安全注意事项，包括以下内容。

1）运送杆配件应尽量利用垂直运输设施或悬挂滑轮提升，并绑扎牢固，尽量避免或减少用人工层层传递。

2）除搭设过程中必要的1～2步架的上下外，作业人员不得攀缘脚手架上下，应走房屋楼梯或另设安全人梯。

3）在搭设脚手架时，不得使用不合格的架设材料。

4）作业人员要服从统一指挥，不得自行其是。

（15）钢管脚手架的高度超过周围建筑物或在雷暴较多的地区施工时，应安设防雷装置，其接地电阻应不大于4Ω。

（16）架上作业应按规范或设计规定的荷载使用，严禁超载，并应遵守以下要求。

1）严格控制使用荷载，确保有较大的安全储备。结构架使用荷载不超过$3.0kN/m^2$，装修架使用荷载不超过$2.0kN/m^2$。

2）脚手架的铺脚手板层和同时作业层的数量不得超过规定。

3）垂直运输设施（如物料提升架等）与脚手架之间的转运平台的铺板层数和荷载控制应按施工组织设计的规定执行，不得任意增加铺板层的数量和在转运平台上超载堆放材料。

4）架面荷载应力求均匀分布，避免荷载集中于一侧。

5）过梁等墙体构件要随运随装，不得存放在脚手架上。

6）较重的施工设备（如电焊机等）不得放置在脚手架上，严禁将模板支撑、缆风绳、泵送混凝土及砂浆的输送管等固定在脚手架上及任意悬挂起重设备。

（17）架上作业时，不要随意拆除基本结构杆件和连墙件，因作业需要必须拆除某些杆件和连墙点时，必须取得施工主管和技术人员的同意，并采取可靠的加固措施后方可拆除。

（18）架上作业时，不要随意拆除安全防护设施，没有设置安全防护设施或设置不符合要求时，必须补设或改善后才能上架进行作业。

7.1.4 脚手架拆除的安全施工要点

（1）脚手架拆除作业前，应根据国家有关规范标准制订详细的拆除施工方案和安全技术措施，并对全体作业人员进行安全技术交底，在统一指挥下，按照确定的方案进行拆除作业。

1）拆除作业必须由上而下逐层进行，严禁上下同时作业，连墙杆必须随脚手架逐层拆除，严禁先将连墙杆整层或数层拆除后再拆脚手架；分段拆除高差不应大于两步，如高差大于两步，应增设连墙杆加固，当脚手架拆至下部最后一根立杆的高度（约6.5m）时，应先在适当的位置搭设临时抛撑加固后，再拆除连墙杆。

2）各构配件严禁抛掷至地面，运至地面的构配件按规定及时检查、整修与保养，并按品种、规格随时码堆存放。

（2）拆除脚手架时，应划分作业区，周围设围挡或设立警戒标志，地面设专人指挥，禁止非作业人员入内。

（3）一定要按照先上后下、先外后里、先架面材料后构架材料、先辅件后结构件和先结构件后附墙件的顺序，一件一件地松开连接，取出并随即吊下（或集中到毗邻的未拆除的架面上，扎捆后吊下）。

（4）拆卸脚手板、杆件、门架及其他较长、较重、有两端连接的部件时，必须要两人或多人一组进行。禁止单人进行拆卸作业，防止把持杆件不稳、失衡而发生事故。拆除水平杆件时，松开连接后，水平托取下。拆除立杆时，在把稳上端后，再松开下端连接取下。

（5）架子工作业时，必须戴安全帽、系安全带、穿胶鞋或软底鞋。所用材料要堆放平稳，工具应随手放入工具袋，上下传递物件时不能抛扔。

（6）多人或多组进行拆卸作业时，应加强指挥，并相互询问和协调作业步骤，严禁不按程序任意拆卸。

（7）因拆除上部或一侧的附墙连接而使架子不稳时，应加设临时撑拉措施，以防因架子晃动影响作业安全。

（8）严禁将拆卸下的杆部件和材料向地面抛掷。已吊至地面的架设材料应随时运出拆卸区域，保持现场整洁。

（9）连墙杆应随拆除进度逐层拆除，拆除前应设立临时支柱。

（10）拆除时严禁碰撞附近电源线，以防发生事故。

（11）拆下的材料应用绳索拴住，利用滑轮放下，严禁抛扔。

（12）在拆架过程中，不能中途换人，如确需中途换人，应将拆除情况交接清楚后方可离开。

（13）拆除的脚手架或配件，应分类保存并进行保养。

7.1.5　事故案例

1. 事故概况

2010年1月9日，扬州市邗江区彩弘苑二期7号楼项目在11层悬挑钢平台转运楼层模板钢管扣件时，平台突然坍塌，导致在平台上操作的3名木工从11层坠落至地面，两人当场死亡，另外一人送医院抢救无效也于当日死亡，直接经济损失约147万元。

2. 事故原因分析

（1）技术原因分析。事故发生后，经对事故现场勘察，造成此次事故主要有以下4点技术原因。

1）悬挑钢平台设计荷载是600kg，发生事故时的实际承载是1620kg，超过设计载荷的2.7倍，这是事故的直接技术原因。

2）专项方案编制存在缺陷。《危险性较大的分部分项工程安全管理办法》中第七条规定了专项方案编制的七项内容，该方案中安全保证措施不全面，对关键受力节点没有设计节点构造图，导致安装时埋下隐患，这是事故的重要技术原因之一。

3）悬挑梁搁置端与楼板板面未设计锚固点。当受力钢丝绳的受力点遭到破坏时，因悬挑梁没有锚固点，直接导致悬挑钢平台坍塌，这是事故的重要技术原因之二。

4）吊环安装违反了《建筑施工高处作业安全技术规范》（JGJ 80—2016）附录五（二）中两条结构构造的技术规定。吊环的受力方向应与受力钢丝绳受力方向保持基本一致。吊环应处于受拉工作状态，但该事故中的吊环安装，却是将 $\phi16$mm 圆钢弯成U形，且U形吊环环形弯朝上，与钢丝绳受力方向呈锐角，未形成吊环受拉的基本状态，吊环圆钢处于受剪工作状态，悬挑钢平台在多次超载情况下，使U形圆钢产生弯折，导致吊环受弯剪破坏，是事故的重要技术原因之三。

（2）管理原因分析。

1）事故中悬挑钢平台设计载荷为600kg，但施工人员却多次超载导致事故发生，说明施工单位在安全技术交底、安全教育上存在较大管理漏洞，是事故的直接管理原因。

2）专项施工方案按照有关规定，必须经过审核、批准管理程序。但本事故中的专项方案在关键设计环节上存在缺陷，却顺利通过审核、批准。审核、批准把关不严是造成本次事故的重要管理原因之一。

3）使用危险性较大的设备、设施前，应按有关规定由施工单位组织验收，但在事故中的悬挑钢平台在吊环安装、悬挑梁搁置端锚固上存在较大隐患，却顺利验收合格，说明施工方在安全验收管理环节上存在较大漏洞，是本次事故的重要管理原因之二。

4）施工单位检查不到位。当吊环 $\phi16$mm 圆钢由U形拉成接近"一"字形时，吊环圆钢已造成裂纹，施工现场安全检查没有发现这一重大隐患，说明施工单位安全检查时存在较大缺陷，是事故的重要管理原因之三。

3. 事故结论与处理

此次事故是一起典型的设计存在缺陷、违章超载引发的较大生产安全责任事故。

（1）施工单位对这起事故的发生负主要责任。由省住房和城乡建设厅依据有关规定对其实施暂扣《安全生产许可证》的行政处罚。

（2）施工单位主要负责人茅某，由安全生产监督管理部门按照有关规定给予经济处罚。

（3）施工单位副总经理，扬州项目的负责人周某，对该起事故发生负领导责任。由安全生产监督管理部门给予行政警告处分和经济处罚。

（4）项目经理祝某是工程项目安全生产第一责任人，对施工人员执行安全生产规章制度，确保项目安全生产管理不严，对该起事故应负直接的领导责任。由安全生产监督管理部门按照有关规定给予经济处罚。

（5）项目安全负责人蔡某，日常安全监管工作不到位，对日常安全制度、规定执行不严的情况不能及时发现并制止，对该起事故负有重要管理责任。由安全生产监督管理部门按照有关规定给予经济处罚。

（6）项目技术负责人黄某，编制的悬挑钢平台方案存在缺陷，对该起事故负直接的技术责任。由安全生产监督管理部门按照有关规定给予经济处罚。

（7）木工班长冯某，对工人教育、管理不严，工作任务分配后疏于管理，对工人违章作业等未能及时发现，对该起事故应负有责任，由安全生产监督管理部门按照有关规定给予经济处罚。

（8）项目总监陈某、总监代表顾某对方案审核、审批、验收环节上把关不严，对现场监理的日常工作督促检查不到位，对该起事故发生负有直接的监管责任。由安全生产监督管理部门按照有关规定给予经济处罚。

4. 事故教训与预防对策

这起事故主要是由专项方案的编制缺陷，审核、审批把关不严，施工人员无视设计规定超载，检查验收不到位引起的事故，要认真吸取教训。参加工程建设的各方主体责任单位，在遇有危险性较大的工程时，不能图省事，不能越过管理程序，只有严格把好每个管理环节，才能保证安全生产。

（1）这起事故教训是惨痛的，在建工程各施工企业要认真吸取教训，认真制订安全防范措施，切实加强对安全生产工作的管理，防范和减少事故的发生；建设主管部门要切实加强建筑安全生产监管，努力实现安全生产工作的长治久安。

（2）施工单位、监理单位在吸取血的教训基础上，要举一反三，在施工现场举行全面大检查，在安全技术管理上、安全管理上排查隐患，杜绝事故再次发生。

7.2 钢 筋 工 程

7.2.1　钢筋的种类

钢筋是现代钢筋混凝土结构的重要原材料之一。正确选择钢筋的种类及型号对于保证建（构）筑物的安全、加快施工进度以及降低工程造价具有十分重要的意义。

按照钢筋的外形，可分为光圆钢筋和带肋（螺旋纹、人字纹钢筋、月牙纹等）钢筋。

按照所含的化学成分，可分为碳素钢和合金钢。其中碳素钢按碳的质量分数又分为低碳钢（$m_C \leqslant 0.25\%$）、中碳钢（$0.25\% < m_C \leqslant 0.6\%$）和高碳钢（$m_C > 0.6\%$）。

按照加工方法，可分为热轧钢筋、冷拉钢筋和余热处理钢筋。

按照受力的先后，可分为普通钢筋和预应力钢筋（丝）。

按照屈服强度标准值的高低，国产普通钢筋可分为 4 个强度等级，即 300MPa、335MPa、400MPa 和 500MPa。国产普通钢筋现有 7 个牌号，即 HPB300（热轧光圆钢筋，屈服强度标准值为 300MPa）、HRB335（热轧带肋钢筋，屈服强度标准值为 335MPa）、HRB400（热轧带肋钢筋，屈服强度标准值为 400MPa）、HRBF400（细晶粒热轧带肋钢筋，屈服强度标准值为 400MPa）、RRB400（热处理带肋钢筋，屈服强度标准值为 400MPa）、HRB500（热轧带肋钢筋，屈服强度标准值为 500MPa）、HRBF500（细晶粒热轧带肋钢筋，屈服强度标准值为 500MPa）。

7.2.2 钢筋的加工技术

钢筋加工过程一般有冷拉、冷拔、调直、切断、除锈、弯曲、绑扎、焊接等。

（1）钢筋的冷拉。就是在常温下对钢筋进行强力拉伸，拉应力超过钢筋的屈服强度，使钢筋发生塑性变形，以达到调直钢筋、提高强度的目的。

（2）钢筋的冷拔。就是使直径 6～8mm 的光圆钢筋在常温下通过钨合金的拔丝模进行强力拉拔，钢筋轴向被拉伸，径向被压缩，产生较大的塑性变形，抗拉强度提高，塑性和韧性降低，硬度提高。经过多次强力拉拔的钢筋，称为冷拔钢丝。

（3）钢筋的调直与切断。钢筋调直剪切机是用来调直细钢筋和冷拔钢丝的机械，能自动调直和切断钢筋。钢筋切断机械是将钢筋原材料或已调直的钢筋按施工所需要的尺寸进行切断的专用机械。

（4）钢筋的除锈。为了保证钢筋与混凝土之间的握裹力，在钢筋使用前，应将其表面的油污、漆污、铁锈等清除干净。

（5）钢筋的弯曲。钢筋弯曲有人工弯曲和机械弯曲。钢筋弯曲机主要利用工作盘的旋转对钢筋进行各种弯曲、弯钩、半箍、全箍等作业的设备。

（6）钢筋的焊接。用电焊设备将钢筋沿轴向接长或交叉连接。钢筋焊接质量与钢材的可焊性、焊接工艺有关。可焊性与钢筋含碳、锰、钛等合金元素有关。电焊工艺包括焊接参数与操作水平。

根据焊接原理的不同，常用的钢筋焊接方法主要有闪光对焊、电弧焊、电渣压力焊、电阻点焊和气压焊。

1）闪光对焊。利用对焊机，将两根钢筋安放成对接形式，压紧于两电极之间，通过低压的强电流，待钢筋被加热到一定温度变软后，进行轴向加压顶锻，产生强烈飞溅，形成闪光，使两根钢筋焊合在一起。广泛用于钢筋纵向连接及预应力钢筋与螺栓端杆的焊接。

2）电弧焊。利用电弧焊机使焊条（作为一极）与焊件（作为另一极）之间产生高温电弧，使焊条和电弧燃烧范围内的焊件熔化，待其凝固便形成焊缝或接头。广泛用于钢筋接头与钢筋骨架焊接、装配式结构接头焊接、钢筋与钢板焊接及各种钢结构焊接。

3) 电渣压力焊。将钢筋安放成竖向对接形式，利用电流通过渣池产生的电阻热和电弧热将钢筋端部熔化，然后加压使两根钢筋焊合在一起。多用于现浇钢筋混凝土结构构件内竖向或斜向钢筋的焊接接长。

4) 电阻点焊。当钢筋交叉点焊时，接触点只有一点，且接触电阻较大，在接触的瞬间，电流产生的全部热量都集中在一点上，因而使金属受热而熔化，同时在电极加压下使焊点金属得到焊合。主要用于钢筋的交叉连接，如用于焊接钢筋网片、钢筋骨架等。

5) 气压焊。利用乙炔—氧混合气体燃烧的高温火焰对已有初始压力的两根钢筋端面接合处加热，待其达到热塑状态时对钢筋进行加压顶锻，使钢筋焊接在一起。适合于各种方向钢筋的连接，宜焊接直径为 16～40mm 的 HRB335 级钢筋。不同直径钢筋焊接时，两者直径差不得大于 7mm。

7.2.3 钢筋工程施工安全规定

1. 施工现场的安全规定

(1) 进入施工现场的作业人员必须佩戴好安全帽，临边和高度在不小于 2m 时作业必须佩戴合格的安全带。

(2) 钢筋工班组长必须每天进行班前安全教育，教育内容必须有针对性，不得以施工内容代替班前安全教育内容。新工人进场后应先经过三级安全教育，并经考试合格后方可正式上岗。

(3) 钢筋加工场地应设置警戒区，装设防护栏杆以及警示标志，严禁无关人员在此停留。按照施工的要求，现场搭设的加工场地地面应平整。

(4) 钢筋料头应及时清理，成品堆放要整齐，钢筋工作棚照明灯必须加网罩。

(5) 进场后的钢筋卸放在预先指定场所，分规格设置支座堆放，并做明显标识。钢筋或骨架堆放时，应设置混凝土或砖砌支垫。堆放带有弯钩的半成品，最上一层钢筋的弯钩应朝上。

(6) 临时堆放钢筋，不得过分集中，应考虑模板、平台或脚手架的承载能力。在新浇混凝土强度未达到 1.2MPa 前，不得堆放钢筋。

2. 作业前一般安全规定

(1) 作业前必须检查机械设备、作业环境、照明设施，并试运行看其是否符合安全要求。作业人员必须经安全培训考试合格才能上岗作业。

(2) 脚手架上不得集中码放钢筋，应随用随放。

(3) 操作人员必须熟悉钢筋机械的构造性能和用途，并应按照清洁、调整、紧固、防腐、润滑的要求，维修保养机械。操作人员作业时必须扎紧袖口，理好衣角，扣好衣扣，严禁戴手套。

(4) 机械运行中停电时，应立即切断电源。收工时应按顺序停机、拉闸、关好闸箱门，清理作业场所。电动机械的电闸箱必须按规定安装漏电保护器，并应灵敏有效。电路故障必须由专业电工排除，严禁非电工接、拆、修电气设备。

（5）机械明齿轮、带轮等高速运转部分，必须安装防护罩或防护板。施工所用的加工机械和连接机械经专业人员检校合格后，按使用功能分别安装就位。现场制定详尽的机械操作规程，机械设专人操作和维护。所有人员均要严格遵守钢筋加工场地和钢筋施工现场的管理制度，按各机械的操作规程施工，并在机械旁边立标志牌。

（6）工作完毕后，应用工具将铁屑、钢筋头清除，严禁用手擦抹或嘴吹。切好的钢材、半成品必须按规格码放整齐。

3. 钢筋制作安全措施

（1）每个工人都应自觉遵守规章制度，严格按规范操作施工机械。

（2）钢材、半成品等应按规格、品种分别堆放整齐。制作场地要平整，操作台要稳固，照明灯具必须加网罩。

（3）拉直钢筋，卡头要卡牢，地锚要结实、牢固，拉筋沿线 2m 区域内禁止行人。人工绞磨拉直，禁止用胸、肚接触推杆；钢筋拉直后缓慢松解，不得一次松开。

（4）展开圆盘钢筋要一头卡牢，防止回弹，切断时要先用脚踩牢。

（5）使用卷扬机拉直钢筋，地锚应牢固、坚实，地面平整。钢丝绳最少需保留三圈，操作时不准有人跨越。作业时突然停电，应立即拉开闸刀。

（6）钢筋切断机应机械运转正常，方准断料。手与刀口距离不得少于 15cm。电源通过漏电保护器，导线绝缘良好。切断钢筋禁止超过机械负载能力；切长钢筋应有专人扶住，操作动作要一致，不得任意拖拉。切断钢筋要用套管或钳子夹料，不得用手直接送料。

（7）现场人工断料，所用工具必须牢固。切断小于 30cm 的短钢筋，应用钳子夹牢，禁止用手把扶，并在外侧设置防护箱笼罩或朝向无人区。

（8）严禁操作人员在酒后进入施工现场作业。

4. 钢筋安装安全措施

（1）多人合运钢筋，起、落、转、停动作要一致，人工上下传送不得在同一直线上。钢筋堆放要分散、稳当、防止倾倒和塌落。

（2）在高空、深坑绑扎钢筋和安装骨架，须搭设脚手架和马道。

（3）绑扎墙体钢筋，不得站在钢筋骨架上和攀登骨架上下。主筋在 4m 以上应搭设工作台；竖向钢筋骨架应用临时支撑拉牢，以防倾倒。绑扎基础钢筋时，应按施工操作规程摆放钢筋支架（马凳）架起上部钢筋，不得任意减少支架或马凳。

（4）起吊钢筋骨架，下方禁止站人，必须待骨架降落到距离地面 1m 以下方准靠近，就位支撑好方可摘钩。

（5）吊运短钢筋应使用吊笼，吊运超长钢筋应加横担，捆绑钢筋应使用钢丝绳千斤头，双条绑扎，禁止用单条千斤头或绳索绑吊。

（6）夜间施工灯光要充足，不准把灯具挂在竖起的钢筋上或其他金属构件上，导线应架空。

5. 钢筋焊接安全措施

（1）焊接作业人员，必须经专业安全技术培训，并考试合格，持证方准上岗独立操作。非电焊工严禁进行电焊作业。

（2）操作时应穿电焊工作服、绝缘鞋和戴电焊手套、防护面罩等安全防护用品，高处作业时系安全带。

（3）电焊作业现场周围 10m 范围内不得堆放易燃易爆物品。

（4）雨、雪、风力 6 级以上（含 6 级）天气不得露天作业。雨、雪后应清除积水、积雪后方可作业。

（5）操作前应首先检查焊机和工具，如焊钳和焊接电缆的绝缘、焊机外壳保护接地和焊机的各接线点等，确认安全后合格方可作业。

（6）焊接时临时接地线头严禁浮搭，必须固定、压紧，用胶布包严。

（7）操作时遇下列情况必须切断电源。

1）改变电焊机接头时。

2）更换焊件需要改变二次回路时。

3）转移工作地点搬动焊机时。

4）焊机发生故障需进行检修时。

5）更换保险装置时。

6）工作完毕或临时离开操作现场时。

（8）高处作业时必须遵守下列规定。

1）必须使用标准的防火安全带，并系在可靠的构架上。

2）必须在作业点正下方 5m 外设置护栏，并设专人监护。

3）必须清除作业点下方区域易燃易爆物品。

4）必须戴盔式面罩。焊接电缆应绑紧在固定处，严禁绕在身上或搭在背上作业。

5）焊工必须站在稳固的操作平台上作业，焊机必须放置平稳、牢固，设有良好的接地保护装置。

（9）操作时严禁将焊钳夹在腋下或焊接电缆挂在脖颈上去搬被焊工件。

（10）焊接时二次线必须双线到位，严禁借用金属管道、金属脚手架及结构钢筋作回路地线。焊把线无破损，绝缘良好。焊把线必须加装电焊机触电保护器。

（11）焊接电缆通过道路时，必须架高或采取其他保护措施。

（12）焊把线不得放在电弧附近，不得碾压焊把线。

（13）清除焊渣时应佩戴防护眼镜或面罩。

（14）下班后必须拉闸断电，必须将地线和把线分开，并确认火已熄灭方可离开现场。

6. 使用钢筋除锈机安全措施

（1）检查钢丝刷的固定螺栓有无松动、传动部分润滑和封闭式防护罩及排尘设备等完好情况。

（2）操作人员必须束紧袖口、戴防尘口罩、手套和防护眼镜。

（3）严禁将弯钩成型的钢筋上机除锈。弯度过大的钢筋宜在基本调直后除锈。

（4）操作时应将钢筋放平，手握紧，侧身送料，严禁在除锈机正面站人。整根长钢筋除锈应由两人配合操作，互相呼应。

7. 使用钢筋调直机安全措施

（1）调直机安装必须平稳，料架、料槽应平直，对准导向筒、调直筒和下刀切孔的中心线。电机必须设可靠接零保护。

(2) 按调直钢筋直径，选用调直块及速度。调直短于 2m 或直径大于 9mm 的钢筋应低速进行。

(3) 在调直块未固定、防护罩未盖好前不得穿入钢筋。作业中严禁打开防护罩及调整间隙。严禁戴手套操作。

(4) 喂料前应将不直的料头切去，导向筒前应装一根 1m 长的钢管，钢筋必须先通过钢管再送入调直机前端的导孔内。当钢筋穿入后，手与压辊必须保持一定距离。

(5) 机械上不准搁置工具、物件，避免振动落入机体。

(6) 圆盘钢筋放入圈梁架上要平稳，乱丝或钢筋脱架时，必须停机处理。

(7) 已调直的钢筋，必须按规格、根数分成小捆，散乱钢筋应随时清理堆放整齐。

8. 使用钢筋切断机安全措施

(1) 操作前必须检查切断机刀口，确定安装正确、刀片无裂纹、刀架螺栓紧固、防护罩牢靠，然后手扳动带轮检查齿轮啮合间隙，调整刀刃间隙，空运转正常后再进行操作。

(2) 钢筋切断应在调直后进行，断料时要握紧钢筋。多根钢筋一次切断时，总截面应在规定范围内。

(3) 切断钢筋，手与刀口的距离不得少于 15cm。切断短料手握端小于 40cm 时，应用套管或夹具将钢筋短头压住或夹住，严禁用手直接送料。

(4) 机械运转中严禁用手直接清除刀口附近的断头和杂物。在钢筋摆动范围内和刀口附近，非操作人员不得停留。

(5) 发现机械运转异常、刀片歪斜等，应立即停机检修。

9. 使用钢筋弯曲机安全措施

(1) 工作台和弯曲工作盘台应保持水平，操作前应检查芯轴、成型轴、挡铁轴、可变挡架有无裂纹或损坏，防护罩牢固可靠，经空运转确认正常后方可作业。

(2) 操作时要熟悉倒顺开关控制工作盘旋转的方向，钢筋放置要和挡架、工作盘旋转方向相配合，不得放反。

(3) 改变工作盘旋转方向时必须在停机后进行，即正转—停—反转，不得直接从正转—反转或反转—正转。

(4) 弯曲机运转中严禁更换芯轴、成型轴和变换角度及调速，严禁在运转时加油或清扫。

(5) 弯曲钢筋时，严禁超过该机对钢筋直径、根数及机械转速的规定。

(6) 严禁在弯曲钢筋的作业半径内和机身不设固定销的一侧站人。弯曲好的钢筋应堆放整齐，弯钩不得朝上。

10. 钢筋冷拉安全措施

(1) 根据冷拉钢筋的直径选择卷扬机。卷扬机出绳应经封闭式导向滑轮和被拉钢筋方向成直角。卷扬机的位置必须使操作人员能见到全部冷拉场地，距冷拉中线不得少于 5m。

(2) 冷拉场地两端地锚以外应设置警戒区，装设防护挡板及警告标志，严禁非生产人员在冷拉线两端停留、跨越或触动冷拉钢筋。操作人员作业时必须离开冷拉钢筋 2m以外。

（3）用配重控制的设备必须与滑轮匹配，并有指示起落的记号或设专人指挥。配重架提起的高度应限制在离地面300mm以内。配重架四周应设栏杆及警告标志。

（4）作业前应检查冷拉夹具夹齿是否完好，滑轮、拖拉小炮车应润滑灵活，拉钩、地锚及防护装置应齐全牢靠，确认后方可操作。

（5）每班冷拉完毕，必须将钢筋整理平直，不得相互乱压和单头挑出，未拉盘筋的引头应盘住，机具拉力部分均应放松。

（6）导向滑轮不得使用开口滑轮。维修或停机，必须切断电源、锁好箱门。

11. 使用对焊机安全措施

（1）对焊机应有可靠的接零保护。多台对焊机并列安装时，间距不得小于3m，并应接在不同的相线上，有各自的控制开关。

（2）作业前应进行检查，对焊机的压力机构应灵活，夹具必须牢固，气、液压系统应无泄漏，正常后方可施焊。

（3）焊接前应根据所焊钢筋截面，调整二次电压，不得焊接超过对焊机规定直径的钢筋。

（4）应定期磨光短路器上的接触点、电极，定期紧固二次电路全部连接螺栓。冷却水温度不得超过40℃。

（5）焊接较长钢筋时应设置托架，焊接时必须防止火花烫伤其他人员。在现场焊接竖向柱钢筋时，焊接后应确保焊接牢固后再松开夹具，进行下道工序。

7.3 模 板 工 程

模板工程在混凝土施工中是一种临时结构，是指新浇混凝土成型的模板以及支撑模板的一整套构造体系。其中，接触混凝土并控制其预定尺寸、形状、位置的构造部分称为模板，支持和固定模板的杆件、桁架、连接件、金属附件、工作便桥等构成支撑体系。对于滑动模板、自升模板，则由增设提升动力以及提升架、平台等构成。

近年来，随着高层、超高层建筑的发展，现浇混凝土结构数量越来越多，统计表明，在现浇混凝土结构工程中，模板工程一般占混凝土结构工程造价的20%～30%，占工程用工量的30%～40%，占工期的50%左右。模板技术直接影响工程建设的质量、造价和效益，是推动建筑技术进步的重要内容。在建筑施工的伤亡事故中，模板坍塌事故比例也逐渐增加，现浇混凝土模板支撑没有经过设计计算，支撑系统强度不足、稳定性差，模板上堆物不均匀或超出设计荷载，混凝土浇筑过程中局部荷载过大等造成模板变形或坍塌，轻者造成混凝土构件缺陷，严重者会导致人员伤亡，造成较大的经济损失。因此，必须保证模板工程施工的安全。

7.3.1 模板的种类

模板工程具有工程量大、材料和劳动力消耗多的特点。正确选择模板形式、材料及合理组织施工对加速现浇钢筋混凝土结构施工、保证施工安全和降低工程造价具有十分重要的意义。

现浇混凝土结构工程施工用的建筑模板结构通常由面板、支撑结构和连接件三部分组成。面板是直接接触新浇混凝土的承力板；支撑结构则是支承面板、混凝土和施工荷载的临时结构，保证建筑模板结构牢固地组合，使之不变形、不破坏，包括水平结构（如龙骨、桁架、小梁等）和垂直结构（如立柱、格构柱等）；连接件是将面板与支撑结构连接成整体的配件，包括穿墙螺栓、模板面连接卡扣、模板面与支撑构件之间的连接零配件等。

现浇混凝土的模板体系，按支模的部位和模板的受力不同，一般可分为竖向模板和横向模板两类。竖向模板主要用于剪力墙、框架柱、筒体等结构的施工。其常用的有大模板、液压滑升模板、爬升模板、提升模板、筒子模板以及传统的散装散拆组合模板等。横向模板主要用于钢筋混凝土楼盖结构的施工。其常用的有散装散拆组合模板，各种类型的台模、隧道模等。

模板按所用的材料分，可分为木模板、钢模板、木（竹）胶合板、塑料模板、铝合金模板，如图 7-11 所示。

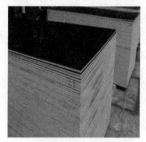  

（a）木（竹）胶合板　　　（b）钢（铝合金）模板　　　（c）塑料模板

图 7-11　各种材质模板

按结构构件的类型分，可分为基础模板、柱模板、墙模板、楼板模板、梁模板和楼梯模板等，如图 7-12 所示。

（a）楼梯模板及墙模板　　　（b）柱模板　　　（c）楼板模板及梁模板

图 7-12　各种结构构件模板

按施工方法分，可分为现场装拆式模板、固定式模板和移动式模板。

模板及其支撑应具有足够的承载能力、刚度和稳定性，能可靠地承受模板自重、钢筋和混凝土的重量、运输工具及操作人员等活荷载和新浇筑混凝土对模板的侧压力和机械振动力等。因此，模板工程安全技术非常重要。

7.3.2　模板安装的安全施工要点

模板安装时，除应满足脚手架安装的安全施工要求外，还应遵守以下规定。

（1）搭设人员必须是经过国家《特种作业人员安全技术培训考核管理规定》考核合格的专业架子工。上岗人员需定期体检，合格者方可持证上岗。

（2）搭设人员必须戴安全帽、系安全带、穿防滑鞋。

（3）2m以上高处支模或拆模需搭设脚手架，满铺架板，使操作人员有可靠的立足点，并应按高处作业、悬空和临边作业的要求采取防护措施。不准站在拉杆、支撑杆上操作，也不准在梁底模上行走操作。

（4）楼层高度超过4m或二层及二层以上的建筑物，安装和拆除模板时，周围应设安全网或搭设脚手架和加设防护栏杆。在临街及交通要道地区，还应设警示牌，并设专人维持安全，防止伤及行人。

（5）现浇多层房屋和构筑物，应采取分层分段支模方法，并应符合下列要求：下层楼板混凝土强度达到1.2MPa以后，才能上料具，料具要分散堆放，不得过分集中；下层楼板的结构强度达到能承受上层模板、支撑系统和新浇筑混凝土的重量时，方可进行上层模板支撑、浇筑混凝土，否则下层楼板结构的支撑系统不能拆除，同时上层支架的立柱应对准下层支架的立柱，并铺设木垫板。

（6）大模板立放易倾倒，应采取支撑、围系、绑箍等防倾倒措施，视具体情况而定。长期存放的大模板，应用拉杆连接绑牢。存放在楼层时，须在大模板横梁上挂钢丝绳或花篮螺栓勾在楼板吊钩或墙体钢筋上。没有支撑或自稳角不足的大模板，要存放在专门的堆放架上或卧倒平放，不应靠在其他模板或构件上。

（7）各工种进行上下立体交叉作业时，不得在同一垂直方向上操作。下层作业的位置，必须处于上层高度确定的可能坠落范围半径外。不符合以上条件时，应设置安全防护隔离层。

（8）支设悬挑形式的模板时，应有稳定的立足点。支设临空构筑物模板时，应搭设支架。模板上有预留洞时，应在安装后将洞盖没。

（9）操作人员上下通行时，不许攀登模板或脚手架，不许在墙顶、独立梁及其他狭窄而无防护栏的模板面上行走。

（10）模板支撑不能固定在脚手架或门窗上，避免发生倒塌或模板位移。

（11）在雷雨季节施工，当钢模板高度超过15m时，要考虑安设避雷设施，避雷设施的接地电阻不得大于4Ω；遇有5级及5级以上大风时，不宜进行预拼大块钢模板、台模架等大件模具的露天吊装作业；遇有大雨、下雪、大雾及6级以上大风等恶劣天气时，应停止露天的高空作业；雨雪停止后，要及时清除模板、支架及地面的冰雪和积水。

（12）模板安装时，应先内后外，单面模板就位后，用工具将其支撑牢固。双面板就位后，用拉杆和螺栓固定，未就位和未固定前不得摘钩。

（13）在架空输电线路下面安装钢模板时，要停电作业，不能停电时，应有隔离防护措施。在夜间施工时，要有足够的照明设施，并制订夜间施工的安全措施。

（14）里外角模和临时悬挂的面板与大模板必须连接牢固，防止脱开和断裂坠落。

（15）在架空输电线路下面安装和拆除组合钢模板时，吊机起重臂、吊物、钢丝绳、外脚手架和操作人员等与架空线路的最小安全距离应符合有关规范的要求。当不能满足最小安全距离要求时，要停电作业；不能停电时，应有隔离防护措施。

（16）为保证立柱的整体稳定，应在安装立柱的同时加设水平支撑和剪刀撑。立柱高度大于 2m 时，应设多道水平支撑，高度超过 4m 时，人行通道处的支撑应设置在 1.8m 以上，以免人员碰撞造成松动。满堂模板立柱的水平支撑必须纵横双向设置。其支架立柱四边及中间每隔四跨立柱设置一道纵向剪刀撑。立柱每增高 1.5～2m 时，除再增加一道水平支撑外，还应每隔两步设置一道水平剪刀撑。

7.3.3 模板拆除的安全施工要点

（1）模板拆除应编制拆除方案或安全技术措施，并应经技术主管部门或负责人批准。拆除前要进行安全技术交底，确保施工过程的安全。

（2）不承重的侧建筑模板，包括梁、柱、墙的侧建筑模板，只要混凝土强度能保证其表面及棱角不因拆除建筑模板而受损时，即可进行拆除。承重建筑模板，包括梁、板等水平结构构件的底模，应在与结构同条件养护的试块强度达到规定要求时，方可进行拆除。

（3）拆除模板的底板及其支架时，混凝土的强度必须符合设计要求，当设计无具体要求时，混凝土强度应符合《混凝土结构工程施工质量验收规范》（GB 50204—2015）的规定，见表 7-2。

表 7-2 底模拆除时的混凝土强度要求

构件类型	构件跨度/m	达到设计要求的混凝土立方体抗压强度标准值的百分比/%
板	≤2	≥50
	>2, ≤8	≥75
	>8	≥100
梁、拱、壳	≤8	≥75
	>8	≥100
悬臂构件	—	≥100

（4）拆除模板的周围应设安全网，在临街或交通要道地区，应设警示牌，并设专人维持安全，防止伤及行人。

（5）当混凝土未达到规定的强度或已达到设计给定的强度，需要提前拆模或承受部分超设计荷载时，必须经过计算和技术主管确认其强度能够承受此载荷后，方可拆除。

（6）在承重焊接钢筋骨架做配筋的结构中，承受混凝土重量的模板，应在混凝土达到设计强度的 25% 后方可拆除。当在已拆除模板的结构上加置荷载时，应另行计算。

（7）大体积混凝土的拆模时间除应满足强度要求外，还应使混凝土内外温差降低到 25℃ 以下时方可拆除；否则应采取有效措施防止产生温度裂缝。

（8）后张预应力混凝土结构或构件模板的拆除，侧模应在预应力张拉前拆除，其混凝土强度达到侧模拆除条件即可，进行预应力张拉，必须待混凝土强度达到设计规定值后方可进行，底模必须在预应力张拉完毕后方能拆除。

（9）拆模前应检查所使用的工具有效、可靠，扳手等工具必须装入工具袋或系挂在身上，并应检查拆除场所范围内的安全措施。

（10）模板的拆除工作应设专人指挥，作业区应设围栏，其内不得有其他作业，并应设专人负责监护。拆下的模板、零配件严禁抛掷。

（11）多人同时操作时，应明确分工统一信号或行动，应有足够的工作面，操作人员应站在安全处。

（12）高空作业拆除模板时，作业人员必须系好安全带，拆下的模板、扣件等应及时运至地面，严禁空中抛下，若临时放置在脚手架或平台上，要控制其重量不得超过脚手架或工作平台的设计控制荷载，并放平放稳，防止滑落。拆模时若间歇片刻，应将已松扣的钢模板、支撑件拆下运走后方能休息，以避免其坠落伤人或操作人员扶空坠落。

（13）拆除模板应按方案规定的程序进行，先支的后拆，先拆非承重部分。拆除大跨度梁支撑柱时，先从跨中开始向两端对称进行。

（14）在提前拆除互相搭连并涉及其他后拆模板的支撑时，应补设临时支撑。拆模时，应逐块拆卸，不得成片撬落或拉倒。

（15）模板及其支撑系统拆除时，应一次全部拆完，不得留有悬空模板，避免坠落伤人。

（16）大模板拆除前，要用起重机垂直吊牢，然后再进行拆除。

（17）拆除薄壳模板应从结构中心向四周均匀放松，向周边对称进行。

（18）当立柱水平拉杆超过两层时，应先拆两层以上的水平拉杆，最下一道水平杆与立柱模同时拆，以确保柱模稳定。

（19）模板、支撑要随拆随运，严禁随意抛掷，拆除后分类码放。

（20）在混凝土墙体、平板上有预留洞时，应在模板拆除后，随即在墙洞上做好安全护栏，或将平板的洞盖严。

（21）严禁站在悬臂结构上面敲拆底模，严禁在同一垂直平面上操作。

（22）木模板堆放、安装场地附近严禁烟火，必须在附近进行电焊、气焊时，应有可靠的防火措施。

（23）大模板应存放在经专门设计的存放架上，应采用两块大模板面对面存放。必须保证地面的平整、坚实。当存放在施工楼层上时，应满足其自稳角度，并有可靠的防倾倒措施。

（24）各类模板应按规格分类堆放整齐，地面应平整、坚实，当无专门措施时，叠放高度一般不超过1.6m。钢模板部件拆除后，临时堆放处离楼层边沿不应小于1m，堆放高度不得超过1m，楼层边口、通道口、脚手架边缘等处严禁堆放任何拆除物件。

7.3.4　事故案例

1．事故概况

泰州市经济开发区民营工业园标准厂房项目工程，总建筑面积117858m²，共计15幢框架结构厂房，主体 4 层，局部 5 层。工程共分 3 个标段。2010 年 7 月 29 日上午 10 点 26 分左右，某建筑安装工程有限公司瓦工班长钱某带领工人，在该工程 5-3、5-4 厂房之间的连廊高支模支架上从事混凝土浇筑作业（连廊高 17.6m、长 15.6m、宽 4m），当浇筑到跨度约 13m 处时，连廊中部的模板支架突然下沉，混凝土从连廊中部向下滑动，导致连廊模板支架在仅 10s 内的时间内坍塌。在连廊浇筑面上作业的 5 名工人随着混凝土一起坠落到地面，4 人经抢救无效死亡，1 人重伤。

2. 事故原因分析

（1）技术原因分析。

1）该高支模支架无专项施工方案，无设计计算书，搭设的高支模支架立杆间距、横杆步距偏大。

2）高支模支架钢管直接支承在自然地面上，钢管立杆下仅垫有 15mm 厚小块模板，地基承载力不符合技术要求。

3）高支模支架未按照规范要求进行搭设，无水平和竖向剪刀撑，缺少扫地杆，支撑排架未按规定与建筑结构可靠连接，且高支模支架横架下有一施工过道，门洞处形成薄弱部分未进行任何加固措施，支架整体稳定性较差。

4）高支模支架与已形成的房屋钢筋混凝土结构无连接，直接与脚手架相连接，不符合《建筑施工扣件式钢管脚手架安全技术规范》（JGJ 130—2011）中的相关技术规定要求。

（2）管理原因分析。

1）施工项目部未执行建设部《建设工程高大模板支撑系统施工安全监督管理导则》和《危险性较大的分部分项工程安全管理办法》等规定，盲目、无序、擅自施工危险性较大的工程项目，是造成本次事故的直接管理原因。

2）监理单位在明知危险性较大连廊高支模搭设无专项施工方案和专家论证，存在重大事故隐患的情况下，未采取有效措施，未要求施工单位组织对高支模支架进行验收，默认施工单位进行施工，给施工单位违章违规组织施工提供了条件，是造成本次事故的管理原因之一。

3）建设单位对建设项目缺乏有效的安全管理，在明知建设项目无开工建设必需手续的情况下，要求施工单位开工建设，严重压缩施工工期，致使施工单位一味地赶工期，而忽视安全生产工作，是造成本次事故的管理原因之二。

4）施工手续不全，该工程未领取施工许可证，施工现场安全施工措施未进行备案，工程施工图设计文件未经审查；项目经理为挂靠，长期不在施工现场；施工面积约 50000m²，施工现场只有一名安全管理人员，且资格证书已失效，致使施工现场安全管理混乱，不具备安全生产条件，是造成本次事故发生的管理原因之三。

3. 事故结论与处理

该起事故是一起典型的施工单位违反国家法律、法规和标准、规范、规程，对高支模施工未编制专项施工方案，未组织专家论证，施工时违章指挥，违章施工，冒险蛮干酿成的生产安全责任事故。

（1）施工单位在施工过程中未按要求对建筑项目安全生产进行管理，在施工手续不全，项目经理不在施工现场的情况下开工建设；连廊高支模工程施工未按要求编制专项施工方案；施工现场只有一名安全管理人员，且资格证书已失效，致使施工现场安全管理混乱，不具备安全生产条件，违反了相关法律、法规的规定。该公司对事故的发生负有主要责任。对其实施暂扣《安全生产许可证》，罚款45万元的行政处罚。

（2）监理单位在明知该项目不具备施工许可证等施工项目开工必需条件的情况下，允许施工单位开工建设；在明知整个工程工期被严重压缩，施工现场安全管理人员严重不足的情况下未能及时采取措施。在明知危险性较大连廊支撑排架工程无专项施工方案，存在重大事故隐患的情况下，未采取有效措施，默认施工单位进行施工，对事故发生负有重要责任。对其给予罚款20万元的行政处罚。

（3）建设单位对建设项目缺乏有效的安全管理，在建设项目无开工建设手续的情况下，要求施工方开工建设。该集团对事故的发生负有责任，由安全生产监督管理部门按有关法规予以处理。

（4）区管委会在明知民营工业园标准厂房建设项目不具备基本施工条件的情况下，未能有效履行工作职责。对事故的发生负有责任，向市政府作出书面检查。

（5）项目施工现场负责人、安全员李某、李某某，在明知该工程未领取施工许可证，施工现场安全施工措施未进行备案、未取得施工安全许可证，工程施工图设计文件未经审查批准的情况下开工建设；连廊支撑排架施工工程危险性较大，无专项施工方案，存在重大事故隐患，监理方多次下达隐患整改通知单和停工通知，但二人均未能有效履行岗位职责，拒不执行相关指令，继续违章指挥工人冒险进入存在重大事故隐患的连廊施工工地作业，且未在施工现场监督管理，对事故的发生负有重要责任。移交司法机关依法处理；并依据有关规定对其安全生产考核合格证和建造师执业资格进行处理。

（6）项目财务负责人季某，未能有效履行其工作职责，未能按照安全生产相关规定提取安全专项经费，未能有效保证建设项目的安全投入，未按要求设置安全投入专账，致使施工现场安全投入不足，对事故的发生负有一定的责任。由建设行政主管部门依照《生产安全事故报告和调查处理条例》第四十条的规定对其进行处理。

（7）国家注册建造师陈某，准许他人以本人名义执行某区民营工业园标准厂房建设项目，弄虚作假，从中谋取利益，未履行国家规定的项目经理职责，导致危险性较大的连廊支撑排架工程施工缺乏监督，施工现场安全管理混乱，对事故的发生负有一定的责任。由省住房和城乡建设厅依据有关规定对其建造师执业资格进行处理。

（8）项目的技术负责人兼施工员孙某，未能有效履行职责，未按规定编制连廊排架专项施工方案，未按要求指导架子工按国家规定搭设排架，在连廊浇筑过程中未能在施工现场指导作业，对事故的发生负有一定的责任。由建设行政主管部门依法对其进行处理。

（9）施工单位实际负责人袁某，未能有效履行负责人的工作职责，未能有效督促、检查民营工业园标准厂房二标段的安全生产工作，及时消除事故隐患，疏于对施工工地的安全管理，违反了《中华人民共和国安全生产法》第十八条的规定，对事故的发生负有一定的责任。根据《生产安全事故报告和调查处理条例》第三十八条第二款的规定，由安全生产监督管理部门对其进行处理。

（10）监理单位的法定代表人李某，未能有效履行负责人的工作职责，对公司承揽的监理工地疏于管理,未能有效督促、检查民营工业园标准厂房二标段的安全生产工作,及时消除事故隐患;在明知开发区民营工业园标准厂房建设项目不具备相关开工条件,连廊高支模无专项施工方案和专家论证的情况下,未能及时指导总监将施工现场的隐患上报相关主管部门,违反了《中华人民共和国安全生产法》第十七条的规定,对事故的发生负有一定的责任。根据《生产安全事故报告和调查处理条例》第三十八条第二款的规定,由安全生产监督管理部门对其进行处理。

(11)建设项目总监孙某,未能有效履行职责,发现施工现场存在的重大事故隐患,虽下达了停工通知,但在施工方继续违法施工的情况下,未能按照国家有关规定,上报相关主管部门,并默认施工单位现场继续施工,对事故的发生负有一定的责任。由建设行政主管部门按照有关规定进行处理。

(12)施工单位分管安全生产工作的副总经理李某,未能有效履行工作职责,未组织对本公司负责施工的开发区民营工业园标准厂房施工工地进行安全检查,及时消除事故隐患,对事故的发生负有一定的责任。由该公司按照内部规定对其进行处理。

(13)某区民营工业园区管委会副主任张某作为该区民营工业园标准厂房的直管领导,未能有效履行工作职责,对施工现场事故隐患排查工作不到位,对事故的发生负有管理责任。根据干部管理权限对其给予处理。

(14)建设项目甲方驻工地代表帅某,未能有效履行驻工地代表的职责,在连廊高支模无专项施工方案、专家论证的情况下,默认施工单位施工,未采取有效措施,对事故的发生负有一定的责任。根据干部管理权限对其给予处理。

4.事故教训与预防对策

血的教训告诉我们,在工程建设中要保证施工安全,唯一的选择是遵守国家有关安全生产法律、法规、技术规范。若违反了这一点,随时都有可能付出血的代价。

(1)落实施工单位的安全主体责任。施工单位应建立健全本单位安全生产责任制,进一步完善各项安全生产规章制度和操作规程,将责任落实到各部门、落实到个人。要严格按照建筑安全相关法律、法规的规定执行,不得将企业的资质转让、出借给不具备相应资质的单位或个人使用;对不具备施工条件的,特别是没有施工许可手续的工程坚决不能施工。强化企业用工制度,对不符合用工条件的人员不得任用,对未经安全教育培训或者教育培训考核不合格的人员,不得上岗作业。对具有高支模等危险性较大的分部分项工程一定要按照《危险性较大的分部分项工程安全管理办法》《建设工程高大模板支撑系统施工安全监督管理导则》的要求,编制高大模板支撑系统的专项施工方案,并经专家论证后方可实施施工。

(2)落实监理单位的安全监管责任。监理单位应认真组织员工学习建设工程相关法律、法规,进一步提高监理人员的素质。要加强对施工现场的安全监管,严格按照法律、法规和工程建设强制性标准实施监理,对不符合安全生产条件,存在重大事故隐患的施工现场坚决停工整改,对拒不停工的,严格按照《建设工程安全生产管理条例》的要求上报主管部门,并严格按有关规定处罚。

(3)落实建设单位的安全责任。建设单位应带头执行国家相关法律、法规,对不具备施工条件,未领取施工许可手续的项目不得要求施工单位开工建设,对未经审核的施工图设计文件不得投入使用，不得压缩合理工期。同时要加强对施工现场的监管，落实安全责任，坚决抵制挂靠、租借资质企业进场施工，发现项目经理不在场的坚决予以纠正。对监理单位上报的重大事故隐患要及时引起重视，果断采取有效措施，避免事故发生。

（4）落实主管部门的安全监督责任。建设主管部门要进一步有效落实上级文件精神，认真履行监管职责，及时查处、纠正建设领域内的各种违法、违规行为。加强对辖区内施工现场的监督、检查和指导，加大安全生产隐患排查治理工作的力度，不留死角、不漏盲点。特别要对施工单位的资质、施工项目许可手续和具有危险性较大的分部分项工程施工情况等加强检查，对于不符合安全生产条件的施工现场要坚决依法查处。

7.4 混 凝 土 工 程

7.4.1 混凝土拌和的安全技术措施

（1）安装机械的地基应平整夯实，用支架或支脚简架架稳，不准以轮胎代替支撑。机械安装要平稳、牢固。对外露的齿轮、链轮、带轮等转动部位应设防护装置。

（2）开机前，应检查电气设备的绝缘和接地是否良好，检查离合器、制动器、钢丝绳、倾倒机构是否完好。机械发生故障时应立即停车检修，不得带病运行。搅拌筒应用清水冲洗干净，不得有异物。

（3）起动后应注意搅拌筒转向与搅拌筒上标示的箭头方向一致。待机械运转正常后再加料搅拌。若遇中途停机、停电时，应立即将料卸出，不允许中途停机后重载起动。

（4）搅拌机的加料斗升起时，严禁任何人在料斗下通过或停留，不准用脚踩或用铁锹木棒往下拨刮拌和筒口，工具不能碰撞搅拌机，更不能在转动时把工具伸进料斗里扒浆。工作完毕后应将料斗锁好，并检查一切保护装置。

（5）未经允许，禁止拉闸、合闸和进行不合规定的电气维修。现场检修时，应固定好料斗，切断电源。进入搅拌筒内工作时，外面应有人监护。

（6）拌和站的机房、平台、梯道、栏杆必须牢固、可靠。站内应配备有效的吸尘装置。

7.4.2 材料运输的安全技术措施

1. 手推车运输

（1）运输道路应平坦，斜道坡道坡度不得超过3%。

（2）推车时应注意平衡，掌握重心，不准猛跑和溜放。

（3）向料斗卸料时，应有挡车设施，倒料时不得撒把。

（4）推车途中，前后车距在平地不得少于2m，坡道行车不得少于10m。

（5）用井架垂直提升时，车把不得伸出笼外，车轮前后要挡牢。

（6）用塔吊运送混凝土时，手推车必须焊有牢固吊环，吊点不得少于4个，并保持车身平衡；使用专用吊斗时吊环应牢固、可靠，吊索具应符合起重机械安全规程要求。

（7）手推车（吊斗）起吊提升、转向、下降和就位，必须听从指挥。指挥信号必须明确、准确。起吊时应慢速，离地面30～50cm时应进行检查，确认稳妥可靠后，方可继续进行提升或转向。吊至浇注面，下落到一定高度时，应减慢下降、转向及吊机行车速度，并避免紧急刹车，以免晃荡撞击人体。要严防起吊物撞击模板、支撑、拉条或预埋件等。

（8）行车道要经常清扫，冬季施工应有防滑措施。

2. 汽车运输

（1）装卸混凝土应有统一的联系和指挥信号。

（2）自卸车向坑洼地点卸混凝土时，必须使后轮与坑边保持适当的安全距离，防止塌方翻车。卸完混凝土后，自卸装置应立即复原，不得边走边落。

（3）搅拌车需变换搅拌筒转向时，应使搅拌筒停止搅拌后再改变方向，严禁突然换挡。

（4）车辆不得在陡坡上停放，需要停车时，应拉动手刹拉杆并牢固地锁在卡车的制动位置上，打好车塞，驾驶员不得远离车辆。

（5）夜间行驶时，应适当减速，并打开灯光信号。

7.4.3 混凝土泵作业安全技术措施

（1）混凝土泵送设备的放置，距离基坑不得小于2m，（泵车）悬臂动作范围内，禁止有任何障碍物和输电线路。设置布料杆动作的地方必须具有足够的支承力。砂石粒径、水泥标号及配合比按原厂规定满足泵机可泵性的要求。

（2）管道线路应接近直线，少弯曲，管道的支撑与固定，必须紧固、可靠，且能承受输送过程所产生的水平推力；管道的接头应密封，Y形管道应装接锥形管。

（3）禁止垂直管道直接接在泵的输出口上，在垂直管架设的前端装接长度不小于10m的水平管，水平管近泵处装逆止阀。敷设向下倾斜的管道，下端应接一段水平管，其长度至少为倾斜高低差的5倍；否则，应采用弯管等办法增大阻力。如倾斜度大于7°时，应在坡度上端装排气活阀，以利排气。

（4）风力大于6级时，不得使用混凝土输送悬臂。天气炎热时使用湿麻袋、湿草包等遮盖管道。

（5）混凝土泵送设备的停车制动和锁紧制动应同时使用，水箱应储满水，料斗内不得有杂物，各润滑点应润滑正常。泵送设备的各部螺栓紧固，管道接头紧固密封，防护装置齐全可靠。

（6）操作时，操作开关、调整手柄、手轮、控制杆、旋塞等均应放在正确位置，液压系统正常无泄漏。

（7）准备好清洗管、清洗用品、接球器及有关装置。作业前，必须先用同配比的水泥砂浆润滑管道，无关人员必须离开管道。

（8）当布料杆处于全伸状态时，严禁移动车身。布料杆不得使用超过规定直径的配管，装接的软管系防脱安全绳带。布料杆升离支架后方可回转。布料杆伸出时，按顺序进行，严禁用布料杆起吊或拖拉物件。

（9）悬臂在全伸出状态时，严禁移动车身；作业中需要移动时，应将上段悬臂拆出固定；前段的软管应用安全绳系牢。

（10）泵送系统工作时不得打开任何输送管道的液压管道，液压系统的安全阀不得任意调整。

（11）用压缩空气冲洗导管时，导管出口 10m 内不得站人，并应用金属网拦截冲出物，严禁用压缩空气冲洗悬臂管。

（12）随时监视各种仪表和指示灯，发现不正常及时调整或处理。如出现输送管道堵塞时，应进行逆向运转（反抽）使混凝土返回料斗，必要时拆管排除堵塞。

（13）泵送工作连续作业，必须暂停时每隔 5～10min（冬季 3～5min）泵送一次。若停止较长时间后泵送，先逆向运转一至两个行程，然后顺向泵送。泵送时料斗保持一定量的混凝土，不得吸空。

7.4.4 混凝土浇筑的安全技术措施

（1）混凝土浇筑前应检查脚手架、模板等是否安全可靠，预埋件的位置是否正确。

（2）施工人员应严格遵守混凝土作业安全操作规程，进入施工现场要正确佩戴安全帽，高空作业正确系安全带。

（3）混凝土振捣器使用安全要求。

1）作业人员必须穿绝缘胶鞋，戴绝缘手套。作业前，必须经电工检查电源线路无破损漏电，漏电保护装置灵活可靠，机具各部件连接紧固，旋转方向正确。使用电动振捣器，须有触电保护器或接地装置。电动振捣器绝缘良好，搬移振捣器或中断作业时，必须切断电源。湿手不得接触振捣器电源开关。

2）振捣器不得放在初凝的混凝土、楼板、脚手架、道路和干硬的地面上进行试振。如检修或作业间断时，必须切断电源。振捣器保持清洁，不得有混凝土凝固在电动机外壳上妨碍散热。发现温度过高时，停歇降温后方可使用。

3）插入式振捣器软轴的弯曲半径不得小于 50cm，并不得多于两个弯；操作时振捣棒自然垂直地插入混凝土，不得用力硬插、斜推或使钢筋夹住棒头，也不得全部插入混凝土中。

4）作业转移时，电动机的电源线应保持足够的长度和松度，严禁用电源线拖拉振捣器。电源线路要悬空移动，注意避免电源线与地面和钢筋相摩擦及车辆的碾压。经常检查电源线的完好情况，发现破损立即进行处理。

5）用绳拉平板振捣器时，拉绳应干燥绝缘，移动或转向不得用脚踢电动机。振捣器与平板保持紧固，电源线必须固定在平板上，电器开关装在把手上。作业后，必须切断电源，做好清洗、保养工作。振捣器要放在干燥处，并有防雨措施。

（4）浇筑混凝土若使用溜槽，溜槽必须固定牢固；若使用串筒，串筒节间应连接可靠。在操作部位应设护身栏杆，严禁直接站在溜槽帮上操作。

（5）浇筑高度 2m 以上的框架梁、柱、雨篷、阳台的混凝土时，应搭设操作平台，并有安全防护措施，严禁站在模板或支撑上操作，更不得直接在钢筋上踩踏、行走。浇筑料仓时，下出料口应先行封闭，并搭设临时脚手架，以防人员下坠。浇筑深基础混凝土前和在施工过程中，应检查基坑边坡土质有无崩裂坍塌危险。如发现危险现象，应立即排除。同时，工具、材料不应堆置在基坑边沿。浇筑无楼板的框架梁、柱时，应架设临时脚手架，禁止站在梁或柱的模板或临时支撑上操作。

（6）采用泵送混凝土进行浇筑时，应由两人以上人员牵引布料杆。输送管道的接头应紧密不漏浆，安全阀完好，管架等必须安装牢固，输送前应进行试送，检修时必须泄压。

（7）预应力灌浆应严格按照规定压力进行，输浆管应畅通，阀门接头应严密牢固。浇筑拱形结构时，应自两边拱脚对称同时进行。

（8）夜间施工应有足够的照明，在人员上下及运输过道处，均应设置固定的照明设施。

（9）作业后，必须将料斗内和管道内混凝土全部输出，然后对泵机、料斗、管道进行清洗，用压缩空气冲洗管道时，管道出口端前方 10m 内不得站人，并应用金属网篮等收集冲出的泡沫橡胶及砂石粒。

7.4.5 混凝土养护安全措施

（1）养护用水不得喷射到电缆和各种带电设备上。养护人员不得用湿手移动电缆。养护水管要随用随关，不得有长流水。

（2）使用覆盖物养护混凝土，遇有沟、坑、洞时，应设明显的安全标志。必要时，可铺安全网或设置安全栏杆。覆盖物养护材料使用完毕后，必须及时清理并存放到指定地点，码放整齐。

（3）使用电热法养护时，应设警示牌、围栏，无关人员不得进入养护区域。

（4）用软管浇水养护时，应将水管接头连接牢固，移动皮管不得猛拽，不得倒行拉移软管。

（5）蒸汽养护、操作和冬施测温人员，不得在混凝土养护坑（池）边沿站立和行走，应注意脚下孔洞与磕绊物等。

7.4.6 施工缝处理安全技术要求

（1）冲毛、凿毛前应检查所有工具是否可靠。

（2）多人在同一个工作面内操作时，应避免面对面近距离操作以防飞石、工具伤人。严禁在同一工作面上下层同时操作。

（3）使用风钻、风镐凿毛时，必须遵守风钻、风镐安全技术操作规程。在高处操作时应用绳子将风钻、风镐拴住，并挂在牢固的地方。

（4）检查风砂枪嘴时，应先将风阀关闭，并不得面对枪嘴，也不得将枪嘴指向他人。使用砂罐时须遵守压力容器安全技术规范。当砂罐与风砂枪距离较远时，中间应有专人联系。

（5）用高压水冲毛，必须在混凝土终凝后进行。风、水管须装设控制阀，接头应用铅丝扎牢。使用冲毛枪操作时，还应穿戴好防护面罩、绝缘手套和长筒胶靴。冲毛时要防止泥水冲到电气设备或电力线路上。工作面的电线灯应悬挂在不妨碍冲毛的安全高度。

（6）混凝土面冲洗时应选择安全部位排渣，以免冲洗时石渣落下伤人。

7.5　砌　筑　工　程

7.5.1　基本安全要求

（1）砖、阶砖和小型砌块等，砌筑前均应在地面上用水淋湿或浸水至湿透，不应将砌块运到操作地点时才进行，以免造成场地湿滑。

（2）在深度超过 1.5m 砌筑基础时，应检查槽帮有无裂缝、水浸或坍塌的危险隐患。送料、砂浆要设有溜槽，严禁向下猛倒和抛掷物料工具等。在地坑、地沟砌砖时，严防塌方并注意地下管线、电缆等。

（3）距槽帮上口 1m 以内，严禁堆积土方和材料。砌筑 2m 以上深基础时，应设有阶梯或坡道，不得攀跳槽、沟、坑上下，不得站在墙上操作。

（4）砌筑使用的脚手架，未经交接验收不得使用。验收使用后不准随便拆改或移动。在架子上用刨锛斩砖，操作人员必须面向里，把砖头斩在架子上。挂线用的坠物必须绑扎牢固。作业环境中的碎料、落地灰、杂物、工具集中下运，做到日产日清、自产自清、活完料净场地清。

（5）脚手架上堆放料量不得超过规定荷载（均布荷载不得超过 3kN/m²，集中荷载不超过 1.5kN/m²），并应分散堆置，不得过分集中。

（6）每块脚手板上的操作人员不应超过两人，堆放砖块时不应超过单行 3 皮。宜一块板站人，一块板堆料。采用里脚手架砌墙时，不准站在墙上清扫墙面和检查大角垂直等作业。不准在刚砌好的墙上行走。在同一垂直面上下交叉作业时，必须设置安全隔离层。

（7）用起重机配合砖笼吊运砖时，要均匀分布，并必须预先在楼板上加设支柱及横木承载。砖笼严禁直接吊放在脚手架上。吊运砂浆的料斗不能装得过满。吊钩要扣稳，而且要待吊物下降至离楼地面 1m 以内时，人员才可靠近，扶住就位。人员不得站在建筑物的边缘。吊运物料时，吊臂回转范围内的下面不得有人员行走或停留。

（8）用手推车运输砖、石、砂浆等材料时应注意稳定，不得猛跑，前后车距离应不少于 2m；坡度行车，两车距离应不少于 10m，禁止并行或超车。所载材料不许超出车厢之上。

（9）上下脚手架，不应猛烈跳上跳下。

（10）在屋面坡度大于 25°时，挂瓦必须使用移动板梯，板梯必须有牢固挂钩。檐口应搭设防护栏杆，并立挂密目安全网。屋面上瓦应两坡同时进行，保持屋面受力均衡，瓦要放稳。屋面无望板时，应铺设通道，不准在桁条、瓦条上行走。

（11）在石棉瓦等不能承重的轻型屋面上作业时，必须搭设临时走道板，并应在屋架下弦搭设水平安全网。严禁在石棉瓦上作业和行走。

（12）雨期施工不得使用过湿的砖或砌块，以避免砂浆流淌，影响砌体质量。雨后继续施工时，应复核砌体垂直度，并要做好防雨措施，严防雨水冲走砂浆，造成砌体倒塌。冬期施工有霜、雪时，必须将脚手架等作业环境的霜、雪清除后方可作业。

（13）不准用不稳定的工具或物体在脚手板面垫高操作，更不应在未经设计和加固的情况下，在一层脚手架上再叠加一层（桥上桥）。

7.5.2　砌砖施工安全要求

（1）基础砌砖时，应经常注意和检查基坑土质变化情况，有无崩裂和塌陷现象。当深基坑装设挡板支顶时，操作人员应设梯子上下脚手架，不应攀爬支顶和踩踏砌体上下脚手架，运料下基坑不得碰撞支顶。

（2）基坑边堆放材料距离坑边不得少于1m，还应按土质的坚实程度确定。当发现土壤出现水平或垂直裂缝时，应立即将材料搬离并进行基坑顶加固处理。

（3）深基坑支顶的拆除，应随砌筑的高度，自下而上将支顶逐层拆除并每拆一层，随即回填一层泥土，防止该层基土发生变化。当在坑内工作时，操作人员必须戴好安全帽。操作地段上面要有明显标志，警示基坑内有人操作。

（4）脚手架站脚处的高度，应低于已砌砖的高度。

（5）在砌筑前一天或半天（视天气情况而定）应将砖垛浇水湿润，不应将砖运到脚手架上才进行，以免造成场地湿滑。

（6）砖垛上取砖时，应先取高处后取低处，防止垛倒砸人。

（7）不准站在墙上做画线、称角、清扫墙面等工作。上、下脚手架应走斜道，严禁踏上窗台出入平桥。

（8）砌砖在一层以上或高度超过2m时，若建筑物外边没有架设脚手架平桥，则应支架安全网或护身栏杆。

（9）沿海地区，在台风到来之前，已砌好的山墙应临时用联系杆（如桁条）放置各跨山墙间，以保证其稳定；否则，应另行采取支撑措施。

（10）砌砖使用的工具、材料应放在稳妥的地方，工作完毕应将脚手板和砖墙上的碎砖、灰浆等清扫干净，防止掉落伤人。

7.5.3　砌石施工安全要求

（1）搬运石料前，应检查搬运工具、绳索是否牢靠。石料要拿稳放牢。用车子或筐运送时，不应装得过满，防止滚落伤人。

（2）用手推车运石料时，应掌握车的重心，装车先装后面，卸车先卸前面，装车不得超载。

（3）用绳缆抬石，应用双缆，不应用单缆，并且有缆的一面向人，前后两人要互相呼应、互相照顾、步伐一致。

（4）石块不得往下掷。运石上落时，桥板要架设牢固，并有防滑措施，桥板宽度应大于50cm，同时桥侧要有扶手栏杆。

（5）坑槽运石料，应用溜槽或吊运，下方不准有人。

（6）扑石时先检查锤头有无破裂，锤柄是否牢固，打锤要按照石纹走向落锤，锤口要平，落锤要准。落锤要选择方向，看清附近情况，有无危险，方可落锤，以防止伤人。

（7）开尖操作前应检查铁尖、大锤等有无裂痕，是否牢固；如有，则应修理，才可使用。铁尖要用小麻绳拴紧，操作时用脚踩实麻绳，以防铁尖飞出伤人。

（8）在脚手架上砌石，不得使用大锤，修整石块时要戴防护目镜，不准两人对面操作。操作时，应戴厚帆布防护手套。

（9）工作完毕，应将脚手架上的石渣碎片清扫干净。

7.5.4　中、小型砌块施工安全要求

（1）砌块施工宜组织专业小组进行。施工人员必须认真执行有关安全技术规程和本工

种的操作规程。

（2）吊装砌块和构件时应注意其重心位置，禁止用起重拨杆拖运砌块，不得起吊有破裂脱落危险的砌块。起重拨杆回转时，严禁将砌块停留在操作人员的上空或在空中整修、加工砌块。吊装较长构件时应加稳绳。吊装时不得在其下一层楼内进行任何工作。

（3）堆放在楼板上的砌块不得超过楼板的允许承载力。采用内脚手架施工时，在二层楼面以上必须沿建筑物四周设置安全网，并随施工高度逐层提升，屋面工程未完工前不得拆除。

（4）安装砌块时，不准站在墙上操作和在墙上设置支撑、缆绳等。在施工过程中，对稳定性较差的窗间墙、独立柱应加稳定支撑。

（5）当遇到下列情况时，应停止吊装工作。

1）因刮风，使砌块和构件在空中摆动不能停稳时。

2）噪声过大，不能听清指挥信号时。

3）起吊设备、索具、夹具有不安全因素且没有排除时。

4）大雾或照明不足时。

7.5.5 砂浆搅拌机安全操作要求

（1）固定式搅拌机的操作台应使操作人员能看到各部工作情况，仪表、指示信号准确可靠，电动搅拌机的操作台必须垫在干燥木板上。

（2）空车运转，检查搅拌筒或搅拌叶的转动方向、各工作装置的操作、制动等，确认正常方可作业。

（3）作业过程中，在贮料区内和提升斗下，严禁人员进入。

（4）搅拌筒启动前应盖好仓盖。机械运转中，严禁将手、脚伸入料斗或搅拌筒探摸。当拉铲被障碍物卡死时，不得强行起拉，不得用拉铲起吊重物，在拉料过程中，不得进行回转操作。

（5）搅拌机满载搅拌时不得停机，当发生故障或停电时，应立即切断电源，锁好开关箱，将搅拌筒内的砂浆清除干净，然后排除故障或等待电源恢复。

（6）搅拌站各机械不得超载作业，应检查电动机的运转情况，当发现运转声音异常或温升过高时，应立即停机检查；电压过低时不得强制运行。

（7）搅拌机停机前，应先卸载，然后按顺序关闭各部开关和管路。应将螺旋管内的砂浆全部输送出来，管内不得残留任何物料。

（8）作业后，应清理搅拌筒、出料门及出料斗，并用水冲洗，同时冲洗附加剂及其供给系统。

7.6 防 水 工 程

7.6.1 基本安全要求

（1）材料存放于专人负责的库房，严禁烟火并应挂有醒目的警告标志。

（2）施工现场和配料场地应通风良好，操作人员应穿软底鞋、工作服并扎紧袖口，应佩戴手套及鞋盖。涂刷处理剂和胶黏剂时，必须戴防毒口罩和防护眼镜。外露皮肤应涂擦防护膏。操作时严禁用手直接揉擦皮肤。

（3）患有皮肤病、眼病、刺激过敏者，不得参加防水作业。施工过程中发生恶心、头晕、过敏等现象时，应停止作业。

（4）用热玛蹄脂粘铺卷材时，浇油和铺毡人员应保持一定距离，浇油时，檐口下方不得有人行走或停留。

（5）使用液化气喷枪及汽油喷灯点火时，火嘴不准对人。汽油喷灯加油不得过满，打气不能过足。

（6）装卸溶剂的容器，必须配软垫，不准猛推猛撞。使用容器后，其容器盖必须及时盖严。

（7）高处作业屋面周围边沿和预留孔洞，必须按"洞口、临边"防护规定进行安全防护。

（8）防水卷材采用热熔黏结，使用明火（如喷灯）操作时，应申请办理用火证，并设专人看火。配有灭火器材，周围 30m 以内不准有易燃物。

（9）雨、雪、霜天应待屋面干燥后施工。6 级以上大风应停止室外作业。

（10）下班清洗工具。未用完的溶剂必须装入容器，并将盖盖严。

（11）加热熔化沥青材料的地点必须在建筑物的下风方向距离建筑物 10m 以上，上方不得有电线，地下 5m 内不得有电缆。

（12）炉灶附近严禁放置易燃、易爆物品，并应配备锅盖或铁板、灭火器、砂袋等消防器材。

7.6.2　卷材铺贴施工安全要求

（1）盛装热沥青的铁勺、铁壶、铁桶要用咬口接头，严禁用锡进行焊接，桶宜加盖，装油量不得超过上述容器的 2/3。

（2）油桶要平放，不得两人抬运。在运输途中，注意平稳，精神要集中，防止不慎跌倒造成伤害。

（3）垂直运输热沥青，应采用运输机具，运输机具应牢固、可靠。如用滑轮吊运时，上面的操作平台应设置防护栏杆，提升时要系拉牵绳，防止油桶摆动，油桶下方 10m 半径范围内禁止站人。

（4）禁止直接用手传递，也不准工人沿楼梯挑上，接料人员应用钩子将油桶勾放到平台上放稳，不得过于探身用手接触油桶。

（5）在坡度较大的屋面运热沥青时，应采取专门的安全措施（如穿防滑鞋、设防滑梯等），油桶下面应加垫，保证油桶放置平稳。

（6）屋面四周没有女儿墙和未搭设外脚手架时，施工前必须搭设好防护栏杆，其高度应高出沿周边 1.2m。防护栏杆应牢固、可靠。

（7）浇倒热沥青时，必须注意屋面的缝隙和小洞，防止沥青漏落。浇倒屋面四周边沿时，要随时拦扫下淌的沥青，以免流落下方，并应通知下方人员注意避开。檐口下方不得有人行走或停留，以防沥青流落伤人。

（8）浇倒热沥青与铺贴卷材的操作人员应保持一定距离，并根据风向错位，壶嘴要向下，不准对人，浇至四周边沿时，要侧身操作，以避免热沥青飞溅烫伤。

（9）避免在高温烈日下施工。

（10）运上屋面的材料，如卷材、鱼眼砂等，应平均分散堆放，随用随运，不得集中堆料。在坡度较大的屋面上堆放卷材时，应采取措施，防止滑落。

（11）在地下室、基础、池壁、管道、容器内等地方进行有毒、有害的涂料和涂抹沥青防水等作业时，应有通风设备和防护措施，并应定时轮换操作。

（12）地下室防水施工的照明用电，其电源电压应不大于 36V；在特别潮湿的场所，其电源电压不得大于 12V。

（13）配制速凝剂时，操作人员必须戴口罩和手套。

（14）处理漏水部位，须用手接触掺促凝剂的砂浆时，要戴胶皮手套或胶皮手指套。

（15）使用喷灯时，应清除周围的易燃物品；必须远离冷底子油，严禁在涂刷冷底子油区域内使用喷灯。喷灯煤油不得过满，打气不应过足，并必须在用火地点备有防火器材。

（16）铺贴垂直墙面卷材，且其高度超过 1.5m 时，应搭设牢固的脚手架。

第8章　装饰装修工程施工安全技术

　　房屋装饰装修是房屋居住和使用前必不可少的施工环节，既是完善居住条件也是完善一定使用功能的必要施工措施。通过装饰工程，按照业主的要求对建筑房屋进行全方位合理的装修改造，达到人们对生活的享受和美学艺术的追求。现代建筑主体结构所使用的材料绝大部分都是钢筋混凝土，很容易受到自然环境变化的影响而缩短使用寿命，从而使建筑的安全保障受到威胁。利用现代化装饰材料，可以大大减少这些方面的困扰，加强对建筑物的保护，保障人们的生命安全。由此可见，对现代建筑的装饰很有必要。但面对发展如此迅速的建筑装饰装修业，安全管理和安全意识却相对滞后，从而造成安全事故，如2010年上海"11·15"教师公寓外墙装修改造工程造成58人遇难、70余人受伤的特大人身伤亡事故。因此，加强装饰装修工程的安全管理十分必要。

8.1　基 本 安 全 要 求

　　（1）操作前应先检查脚手架是否稳固，脚手板是否有空隙，探头板、护身栏、挡脚板确认合格，方可使用。操作中应随时检查脚手架。吊篮架的升降由架子工负责，非架子工不得擅自拆改或升降。

　　（2）外饰面工序上、下层同时操作时，脚手架与墙身的空隙部位应设遮隔措施。

　　（3）脚手架上的工具、材料要分散放稳，不得超过允许荷载。作业人员应戴安全帽。

　　（4）采用井字架、龙门架、外用电梯垂直运送材料时，预先检查卸料平台通道的两侧边安全防护是否齐全、牢固，吊盘（笼）内小推车必须加挡车掩，不得向井内探头张望。

　　（5）外装饰必须设置可靠的安全防护隔离层。贴面砖使用的预制件、大理石、瓷砖等，应堆放整齐、平稳，边用边运。安装时要稳拿稳放，待灌浆凝固稳定后，方可拆除临时支撑。废料、边角料严禁随意抛掷。

　　（6）脚手板不得搭设在门窗、暖气片、洗脸池等非承重的物体上。阳台通廊部位抹灰，外侧必须挂设安全网。严禁踩踏脚手架的护身栏杆和在阳台栏板上进行操作。

　　（7）室内抹灰用的木凳、金属支架应搭设平稳、牢固，宽度不得少于两块脚手板，跨度不得大于2m，架上堆放材料不得过于集中，移动高凳时上面不得站人，同一跨度内作业人员最多不得超过两人。高度超过2m时，应由架子工搭设脚手架。

　　（8）在高大门、窗旁作业时，必须将门窗扇关好，并插上插销。

　　（9）机械喷涂应戴防护用品，压力表安全阀应灵敏可靠，输浆管各部接口应拧紧卡牢。管路摆放顺直，避免折弯。

　　（10）输浆应按照规定压力进行，超压或管道堵塞，应卸压检修。

　　（11）调制和使用稀盐酸溶液时，应戴风镜和胶皮手套。调拌氯化钙砂浆时，应戴口罩和胶皮手套。

（12）使用磨石机时，应戴绝缘手套、穿胶靴，电源线不得破皮漏电，金刚砂块应安装牢固，经试运转正常，方可操作。

（13）夜间或阴暗处作业，应用 36V 以下安全电压照明。

（14）瓷砖墙面作业时，瓷砖碎片不得向窗外抛扔。剔凿瓷砖应戴防护镜。

（15）使用电钻、砂轮等手持电动机具，必须装有漏电保护器，作业前应试机检查，作业时应戴绝缘手套。

（16）遇有 6 级以上强风、大雨、大雾，应停止室外高处作业。

8.2 抹 灰 工 程

（1）抹灰工进入施工现场必须正确戴好安全帽，系好下颏带；按照作业要求正确穿戴个人防护用品，着装要整齐；在没有安全可靠防护设施的高处施工时，必须系好安全带；高处作业不得穿硬底和带钉易滑的鞋，不得向下投掷物料，严禁赤脚、穿拖鞋、高跟鞋进入施工现场。

（2）脚手架使用前应检查脚手板是否有空隙，探头板、护身栏、挡脚板必须经验收合格后方可使用。吊篮架子升降由架子工负责，非架子工不得擅自拆改或升降。作业过程中遇有脚手架与建筑物之间拉接，未经领导同意，严禁拆除。必要时由架子工负责采取加固措施后方可拆除。

（3）脚手架上的材料要分散放稳，不得超过允许荷载（装修架不得超过 200kg/m²，集中载荷不得超过 150kg/m²）。利用室外电梯运送水泥砂浆等抹灰材料时，严禁超载，并将遗洒的杂物清理干净。

（4）使用吊篮进行外墙抹灰时，吊篮设备必须具备"三证"（检验报告、生产许可证、产品合格证），并对抹灰人员进行吊篮操作培训，专篮专人使用，更换人员必须经安全管理人员批准并重新教育、登记，吊篮架上作业必须系好安全带，必须系在专用保险绳上。

（5）外装饰为多工种立体交叉作业，必须设置可靠的安全防护隔离层。贴面使用的预制件、大理石、瓷砖等，应堆放整齐、平稳，边用边运。安装时要稳拿稳放，待灌浆凝固稳定后，方可拆除临时支撑。废料、边角料严禁随意抛掷。

（6）脚手板不得搭设在门窗、暖气片、洗脸池等非承重的物器上。阳台通廊部位抹灰，外侧必须挂设安全网。严禁踩踏脚手架的护身栏杆和阳台栏板进行操作。

（7）用塔吊上料时，要有专人指挥，遇 6 级以上大风时应停止作业。采用门式物料提升机垂直运送材料时，应预先检查卸料平台通道的两侧边防护是否齐全、牢固，吊盘（笼）内小推车必须加挡车板，不得向井内探头张望。

（8）高处作业时，应检查脚手架是否牢固，特别是在大风及雨、雪后作业。遇有 6 级以上强风、大雨、大雾，应停止室外高处作业。

（9）作业中出现危险征兆时，作业人员应暂停作业，撤至安全区域，并立即向上级报告。未经施工技术管理人员批准，严禁恢复作业，紧急处理时，必须在施工技术管理人员指挥下进行作业。

（10）作业中发生事故，必须及时抢救受伤人员，迅速报告上级，保护事故现场，并采取措施控制事故。如抢救工作可能造成事故扩大或人员伤害时，必须在施工技术管理人员的指导下进行抢救。

8.3 室 内 装 饰

（1）室内装饰用的马凳、支架应稳固、可靠，承载能力满足施工要求。脚手板的跨度不宜超过2m，探头不得超过100mm。严禁将脚手板支搭在门窗、暖气管道上。操作前应检查架子、马凳等是否牢固。架上堆放材料不得过于集中，在同一跨度的脚手板上不应超过两人同时作业。

（2）清理楼面时，禁止从窗口、预留洞口和阳台等处直接向外抛扔垃圾、杂物。

（3）剔凿地面时要戴防护眼镜。

（4）使用水磨石机磨地面时，电源线绝缘必须良好，并悬挂在高处，严禁放在地面。

（5）安装石膏吊顶、花饰、线条、灯具及龙骨架时，应考虑龙骨架的承载能力，不得在小龙骨架上行走。安装吊顶、花饰、线条、灯具应插平拿稳，固定牢固后才能将手松开。

（6）风动射钉枪装钉或检修时，应关闭气源。

（7）切割大理石、花岗岩、地板砖等贴面材料时应认真执行各种切割机械的安全操作规程。

（8）进行磨石工程时应防止草酸中毒。使用磨石机时，操作人员应戴绝缘手套、穿绝缘靴。

（9）在调制耐酸胶泥和铺设耐酸瓷砖时，应保持通风良好，作业人员应戴耐酸手套。

（10）进行机械喷浆、喷涂时操作人员应佩戴防护用品。压力表、安全阀应灵敏可靠，输浆管各部接口应拧紧卡牢，管路应避免弯折。

（11）在室内推运输小车时，特别是在过道中拐弯时要注意防止小车挤手。

8.4 干挂饰面板

（1）严格剔除有开裂、隐伤的块材。

（2）金属挂件所采用的构造方式、数量，要同块材外形规格的大小及其重量相适应。

（3）所有块材、挂件及其零件均应按常规方法进行材质定量检验。

（4）应配备专职检测人员及专用测力扳手，随时检测挂件安装的操作质量，务必排除结构基层上有松动的螺栓和紧固螺母的旋紧力未达到设计要求的情况，其抽检数量按1/3进行。

（5）室内外运输道路应平整，石块材料放在手推车上运输时应垫以松软材料，两侧宜有人扶持，以免碰花、碰损和砸脚伤人。

（6）现场平台或脚手架，必须安全牢固，脚手板上只准堆放单层石材，不得堆放与干挂施工无关的物品；需要上下交叉作业时，应互相错开，禁止上下同一工作面操作，并应戴好安全帽。

（7）块材钻孔、切割应在固定的机架上，并由经过专业培训的人员操作，操作时应戴防护眼镜。

（8）一切用电设备必须遵守《施工现场临时用电安全技术规范》（JGJ 46—2005）的相关规定。

8.5 涂 料 工 程

（1）各类涂料和其他易燃、有毒材料，应存放在专用库房内，不得与其他材料混放。易挥发的汽油、稀料等应装入密闭容器中，妥善保管。

（2）库房应通风良好，不准住人，并设置消防器材和"严禁烟火"标识。库房与其他建筑物应保持一定的安全距离。

（3）用喷砂除锈，喷嘴接头要牢固，不准对人。喷嘴堵塞，应停机消除压力后，方可进行修理或更换。

（4）使用煤油、汽油、松香水、丙酮等调配油料，应戴好防护用品，严禁吸烟。熬胶、熬油必须远离建筑物，在空旷地方进行，严防发生火灾。

（5）沾染油漆的棉纱、破布、油纸等废物，应收集存放在有盖的金属容器内，并及时处理。

（6）在室内或容器内喷涂时，应戴防护镜。喷涂含有挥发性溶液和快干油漆时，严禁吸烟，作业周围不准有火种，并戴防毒口罩和保持良好的通风。打磨砂纸时必须戴口罩。

（7）采用静电喷漆，为避免静电聚集，喷漆室（棚）应有接地保护装置。

（8）刷涂外开窗扇，应将安全带挂在牢固的地方。刷涂封檐板、水落管时，应使用脚手架或在专用操作平台架上进行。在大于25°的铁皮屋面上刷油，应设置活动板梯、防护栏杆和安全网。

（9）使用合页梯作业时，梯子坡度不宜过限或过直，梯子下档用绳子拴好，梯子脚应绑扎防滑物。在合页梯上搭设架板作业时，两人不得挤在一处操作，应分段顺向进行，以防人员集中发生危险。使用单梯坡度宜为60°。

（10）使用喷灯，加油不得过满，打气不应过足，使用时间不宜过长，点火时灯嘴不准对人，加油应待喷灯冷却后进行，离开工作岗位时，必须将火熄灭。

（11）使用喷浆机，电动机接地必须可靠，电线绝缘良好。手上沾有浆水时，不准开关电闸，以防触电。通气管或喷嘴发生故障时，应关闭阀门后再进行修理。喷嘴堵塞，疏通时不准对人。

（12）外墙、外窗、外楼梯等高处作业时，应系好安全带。安全带应高挂低用，挂在牢靠处。油漆窗户时，严禁站在或骑在窗栏上操作。

（13）喷涂人员作业时，如出现头痛、恶心、心闷和心悸等现象时，应停止作业，到户外通风处换气。

8.6 玻 璃 工 程

（1）玻璃应直立堆放，不得水平堆放。搬运玻璃前应先检查玻璃是否有裂纹，特别要注意暗裂，确认完好后方可搬运。搬运玻璃必须戴手套或用布、纸垫住玻璃边口部分与手及身体裸露部分隔开，如数量较大应装箱搬运，玻璃片直立于箱内，箱底和四周要用稻草或其他软性物品垫稳。散装玻璃运输必须采用专门夹具（架）。两人以上共同搬抬较大较重的玻璃时，要互相配合、呼应一致。

（2）裁割玻璃，应在指定场所进行。边角余料要集中堆放在容器或木箱内，并及时处理，不得随地乱丢。集中装配大批玻璃场所，应设置围栏或标志。

（3）在高处安装玻璃，必须系安全带、穿软底鞋，应在牢固的脚手架上操作，严禁无安全防护措施而蹲在窗框上操作。应将玻璃放置平稳，垂直下方禁止通行。安装屋顶采光玻璃，应铺设脚手板。

（4）安装玻璃不得将梯子靠在门窗扇上或玻璃上。安装玻璃所用工具应放入工具袋内，严禁口含铁钉。

（5）悬空高处作业时必须系好安全带，严禁一手腋下挟住玻璃，一手扶梯攀登上下。使用梯子时，不论玻璃厚薄均不准将梯子靠在玻璃面上操作。

（6）安装门窗玻璃时，禁止在无隔离防护措施的情况下上下楼层同时操作，取出而未安装上的玻璃应放置平稳。所用的小钉子、卡子和工具等放入工具袋内，随安随装。安装玻璃的楼层下方，禁止人员来往和停留。安装天窗及高层房屋玻璃时，施工点的下面及附近严禁行人通过，以防玻璃及工具掉落伤人。碎玻璃不得向下抛掷。

（7）玻璃未钉牢固前，不得中途停工，以防掉落伤人。

（8）玻璃幕墙安装应利用外脚手架或吊篮架子从上往下逐层安装，抓拿玻璃时应用橡皮吸盘。屏幕玻璃安装应搭设吊架或挑架从上而下逐层安装。

（9）门窗等安装好的玻璃应平整、牢固、不得有松动。安装完毕必须立即将风钩挂好或插上插销。

（10）安装完毕，所剩残余玻璃，必须及时清扫，集中堆放到指定地点。

8.7 门 窗 安 装 工 程

（1）操作前要检查所用工具是否牢靠，以免工具掉头、掉刃伤人。手持电动机具必须装有漏电保护装置，操作前试机检查，合格后方准操作，并戴好绝缘手套。

（2）搬运钢门窗时应轻放，不得使用木料穿入框内吊运至操作位置。安装门窗框、扇时，操作人员不得站在窗台和阳台栏板上作业。当门窗临时固定，封填材料尚未达到其应有强度时，不准手拉门、窗进行攀登。

（3）安装二层楼以上外墙窗扇，应设置脚手架和安全网，如外墙无脚手架和安全网时，必须挂好安全带。安装窗扇的固定扇，必须钉牢固。

（4）焊接机械的使用要符合《施工现场临时用电安全技术规范》（JGJ 46—2005）中

"焊接机械"的规定，并遵守电焊防火安全规定。

（5）使用电动螺丝刀、手电钻、冲击钻、曲线锯等必须选用Ⅱ类手持式电动工具，严格遵守《手持电动工具的管理、使用、检查和维修安全技术规程》（GB/T 3787—2006），每季度至少全面检查一次；现场使用要符合《施工现场临时用电安全技术规范》（JGJ 46—2005）中"手持式电动工具"的规定，确保使用安全。

（6）使用射钉枪必须遵守以下规定。

1）操作人员要经过培训，严格按规定程序操作，作业时要戴防护眼镜，严禁枪口对人。

2）射钉弹要按有关爆炸和危险物品的规定进行搬运、贮存和使用，存放环境要整洁、干燥、通风良好、温度不高于40℃，不得碰撞、用火烘烤或高温加热射钉弹，哑弹不得随地乱丢。

3）墙体必须稳固、坚实并具承受射击冲击的刚度。在薄墙、轻质墙上射钉时，墙的另一面不得有人，以防射穿伤人。

（7）使用特种钢钉应选用重量大的锤头，操作人员应戴防护眼镜。为防止钢钉飞跳伤人，可用钳子夹住再行敲击。

（8）木工机械的基座应稳固，部件齐全，机械的转动和危险部位应按规定安装防护装置。不准任意换粗熔丝，特别对机械的刀盘部分要严格检查，刀盘螺钉应旋紧，以防刀片飞出伤人。木工机械由专人负责管理，操作人员应熟悉该力学性能，熟悉操作技术，严禁随便动用机械，用完时应切断电源，并将开关箱关门上锁。

（9）木工车间、木料堆场严禁吸烟或随便动用明火，废料应及时清理归堆，工完料清。

8.8 事 故 案 例

8.8.1 事故概况

2010年11月15日下午，上海胶州路718号28层的教师公寓发生大火，起火点位于10～12层之间。该公寓建筑面积17965m²，其中底层为商场，2～4层为办公，5～28层为住宅，总户数500户，公寓内住着数十名退休教师。上海市消防部门于2010年11月15日14点15分接报，14点16分接警出动，先后调动各区45个中队、122辆消防车、3架直升机、1300多名官兵灭火，出动云梯、举高梯等17台。近200名攻坚队员进行强攻，挨家挨户搜索，救出107人，亦有不少居民自救逃生，大火共造成58人遇难、70余人受伤。

8.8.2 事故原因分析

1. 技术原因分析

上海公寓火灾是由于施工方在对聚氨酯泡沫做磨平处理时，聚氨酯边角料和碎片落在脚手架上，无证电焊工在10层电梯前室北窗外进行电焊作业时，电焊溅落的金属熔融物引燃下方9层位置脚手架防护平台上堆积的聚氨酯保温材料碎块、碎屑，从而引发火灾。

在此工程中，施工方采用 LD‑R 型抗裂无机保温材料、聚氨酯（PU）材料、聚苯乙烯泡沫（俗称聚苯板，EPS）和多苯基多亚甲基多异氰酸酯（PAP，也属于 PU），这 4 种材料除了"LD‑R 型抗裂无机保温材料"为不燃材料外，其余皆为易燃材料，其中 PU 的燃点仅在 130℃左右，与普通纸张相同，而 EPS 的燃点是 346℃，仅比木料燃点稍高，而 PAP 的燃点为 218℃，以上 3 种材料均为易燃物品。可见，施工时使用的不合格聚氨酯材料是"11·15"大火迅速蔓延，短时间造成多人伤亡的根本原因。另外，楼房四周搭设的脚手架将整幢楼完全包围，脚手架外面包裹着尼龙安全网，脚手架上是毛竹片做的踏板，楼房外立面上有大量的聚氨酯泡沫保温材料。这些尼龙织网、毛竹片、聚氨酯泡沫都是易燃物。现场监控录像显示，火灾发生后仅 46s，有毒浓烟就笼罩了整个大厅，造成 44 人死亡。尽管消防官兵接警后一分钟内就立即出动，第一时间赶到现场，但是却发现整幢高楼早已被浓烟包围，火沿着楼层直往上蹿，而且当时风很大，加速了火势蔓延，瞬间就形成一个大面积、立体式的火场。

2. 管理原因分析

该装修改造工程违法违规，层层多次分包转包，最终具体施工的工人有许多都是马路散工，绝大多数没有施工资质，削弱了对工程的监控，导致安全责任不落实。另外，该装修改造工程在火灾发生之前就处于边施工边营业的状态，是在已有 156 户人家入住的情况下进行外立面的装修施工，住户对在施工过程中存在的火灾隐患屡次反映但都得不到解决，相关监管部门坐视这种违法行为而不采取任何制止或补救措施。楼内人员密集，可燃物多，疏散难度大，正是这么多致灾因素叠加到一起，才酿成大火。

8.8.3 事故结论与处理

该起事故是一起典型的因企业违规造成的责任事故。事故的直接原因：施工人员违规在 10 层电梯前室北窗外进行电焊作业，电焊溅落的金属熔融物引燃下方 9 层位置脚手架防护平台上堆积的聚氨酯保温材料碎块、碎屑引发火灾。事故的间接原因：一是建设单位、投标企业、招标代理机构相互串通、虚假招标和转包、违法分包；二是工程项目施工组织管理混乱；三是设计企业、监理机构工作失职；四是市、区两级建设主管部门对工程项目监督管理缺失；五是静安区公安消防机构对工程项目监督检查不到位；六是静安区政府对工程项目组织实施工作领导不力。

依照有关规定，对 54 名事故责任人作出严肃处理，其中 26 名责任人被移送司法机关依法追究刑事责任，包括静安区建交委主任高伟忠，静安区建交委副主任姚亚明；28 名责任人受到党纪、政纪处分，包括企业人员 7 人，国家工作人员 21 人，其中省（部）级干部 1 人，厅（局）级干部 6 人，县（处）级干部 6 人，处以下干部 8 人。同时，责成上海市人民政府和市长分别向国务院作出深刻检查。

第9章 高处作业安全防护

9.1 高处作业的含义及分级

9.1.1 高处作业的定义

改革开放以来我国建筑行业得到了持续快速的发展，建筑行业作为国民经济的支柱产业，在国民经济中所占的地位仅次于工业和农业，对我国经济的发展有着举足轻重的作用。建筑物在不断向空间升高的同时，也在不断向地下拓展。截至2019年1月，我国最深的基坑深度已逾40m（深圳恒大中心项目基坑深达42.35m）。因此，深基坑施工同高层建筑施工一样均存在高处作业的安全问题。根据高处作业者工作时所处的部位不同，高处作业可分为临边作业、洞口作业、攀登作业、悬空作业、操作平台作业及交叉作业等。

《高处作业分级》（GB/T 3608—2008）规定：在距坠落高度基准面2m或2m以上有可能坠落的高处进行的作业，即为高处作业。在此作业过程中因坠落而造成的伤亡事故，称为高处坠落事故。

基准面是指坠落到的底面，如地面、楼面、楼梯平台、相邻较低的建筑物屋面、基坑的底面、脚手架的通道板等，坠落高度基准面则是通过可能坠落范围最低处的水平面。可能坠落范围是以作业位置为中心，可能坠落范围半径为半径划成的与水平面垂直的柱形空间。可能坠落范围半径则是为确定可能坠落范围而规定的相对于作业位置的一段水平距离。其大小取决于作业现场的地形、地势或建筑物分布等有关的基础高度。基础高度是指以作业位置为中心、6m为半径，所划出的一个垂直水平面的柱形空间内的最低处与作业位置间的高度差。因此，高处作业高度（简称作业高度）的衡量，是以从作业区各作业位置至相应的坠落基准面之间的垂直距离中的最大值为准。

根据对近年来发生在建筑业的事故进行统计可知，高处坠落事故居于"五大伤害"（高处坠落、机械伤害、坍塌、触电、物体打击）之首，其发生率最高、危险性最大。因此，减少和避免高处坠落事故的发生，是降低建筑业伤亡事故的关键。

9.1.2 高处作业的分级

高处作业高度分为2～5m、5～15m、15～30m及30m以上4个区段。直接引起坠落的客观原因危险因素分为以下11种。

（1）阵风风力5级（风速8.0m/s）以上。

（2）《高温作业分级》（GB/T 4200—2008）规定的Ⅱ级或Ⅱ级以上的高温作业。

（3）平均气温不高于5℃的作业环境。

（4）接触冷水温度不高于12℃的作业。

（5）作业场地有冰、雪、霜、水、油等易滑物。

（6）作业场所光线不足，能见度差。

（7）作业活动范围与危险电压带电体的距离小于表9-1的规定。

作业活动范围与危险电压带电体的距离

危险电压带电体的电压等级/kV	距离/m	危险电压带电体的电压等级/kV	距离/m
≤10	1.7	220	4.0
35	2.0	330	5.0
63~110	2.5	500	6.0

（8）摆动，立足处不是平面或只有很小的平面，即任一边小于500mm的矩形平面，直径小于500mm的圆形平面或具有类似尺寸的其他形状的平面，致使作业者无法维持正常姿势。

（9）《体力劳动强度分级》（GB 3869—1997）规定的Ⅲ级或Ⅲ级以上的体力劳动强度。

（10）存在有毒气体或空气中含氧量低于0.195的作业环境。

（11）可能会引起各种灾害事故的作业环境和抢救突然发生的各种灾害事故。

坠落高度越高，危险性就越大，所以按不同的坠落高度，当不存在以上任何一种客观危险因素时，高处作业可按表9-2规定的A类法分级。当存在以上一种或一种以上的客观危险因素时，高处作业可按表9-2规定的B类法分级。即B类法比A类法等级提高了一级。

表9-2 高 处 作 业 分 级

分类法	高 处 作 业 高 度/m			
	$2 \leqslant h_w \leqslant 5$	$5 < h_w \leqslant 15$	$15 < h_w \leqslant 30$	$h_w > 30$
A	Ⅰ	Ⅱ	Ⅲ	Ⅳ
B	Ⅱ	Ⅲ	Ⅳ	Ⅳ

9.2 高处作业防护用具

高处作业一般常用的防护用具有3种，即安全帽、安全带、安全网，俗称"三宝"。

9.2.1 安全帽

1. 安全帽的防护原理

对人体头部受坠落物及其他特定因素引起的伤害起防护作用的帽子称为安全帽。安全帽由帽壳（帽舌、帽檐、顶筋、透气孔、插座等）、帽衬（帽壳内部部件，包括帽箍、吸汗带、缓冲垫、衬带等）、下颏带和附件组成。帽壳呈半球形，坚固、光滑并有一定弹性，打击物的冲击和穿刺动能主要由帽壳承受。帽壳和帽衬之间留有一定空间，可缓冲、分散瞬时冲击力，从而避免或减轻对头部的直接伤害，如图9-1所示。

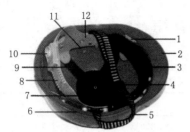

图 9-1 安全帽组成

1—插座；2—帽舌；3—吸汗带；
4—下颏带调节器；5—下颏带；6—帽檐；
7—缓冲垫；8—后箍；9—衬带；
10—后箍调节器；11—透气孔；12—帽箍

当作业人员头部受到坠落物的冲击时，利用安全帽帽壳、帽衬在瞬间先将冲击力分解到头盖骨的整个面积上，然后利用安全帽帽壳、帽衬的结构材料和所设置的缓冲结构（插口、拴绳、缝线、缓冲垫等）的弹性变形、塑性变形和允许的结构破坏将大部分冲击力吸收，使最后作用到人员头部的冲击力降低到 4900N 以下，从而起到保护作业人员的头部不受到伤害或降低伤害的作用。

安全帽的帽壳材料对安全帽整体抗击性能起重要的作用。应根据不同结构形式的帽壳选择合适的材料。我国安全帽按材质可分为塑料安全帽、合成树脂（如玻璃钢）安全帽、胶质安全帽、竹编安全帽、铝合金安全帽等。

2. 安全帽的技术性能要求

国标《安全帽》（GB 2811—2007）中对安全帽的各项性能指标均有明确技术要求，主要有以下规定。

（1）质量要求。普通安全帽不超过 430g，防寒安全帽不超过 600g。

（2）尺寸要求。安全帽的尺寸要求主要为帽壳内部尺寸、帽舌、帽檐、垂直间距、水平间距、佩戴高度、凸出物和透气孔。其中垂直间距和佩戴高度是安全帽的两个重要尺寸要求。

垂直间距是指安全帽在佩戴时，头顶最高点与帽壳内表面之间的轴向距离（不包括顶筋的空间），国标要求应不大于 50mm，四周水平间隙为 5~20mm。佩戴高度是指安全帽在佩戴时，帽箍底部至头顶最高点的轴向距离。国标要求是 80~90mm。垂直间距太小，直接影响安全帽的冲击吸收性能；佩戴高度太大，直接影响安全帽佩戴的稳定性。这两项要求任何一项不合格都会直接影响到安全帽的整体安全性。塑料帽衬应制成有后箍的结构，能自由调节帽箍大小，无后箍帽衬的下颌带制成 Y 形，有后箍的允许制成单根。接触头前额部的帽箍要透气、吸汗，帽箍周围衬垫，可以制成吊形或块状，并留有空间使空气流通。

（3）安全性能要求。安全性能指的是安全帽防护性能，是判定安全帽产品合格与否的重要指标，包括基本技术性能要求（包括冲击吸收性能、耐穿刺性能和下颏带强度）和特殊技术性能要求（包括抗静电性能、电绝缘性能、侧向刚性、阻燃性能和耐低温性能）。《安全帽》（GB 2811—2007）中明确规定了安全帽产品应达到的要求。

（4）合格标志。国家对安全帽实行了生产许可证管理和安全标志管理。每顶安全帽的标志由永久标志和产品说明组成。永久标志应采用刻印、缝制、铆固标牌、模压或注塑在帽壳上。永久性标志包括现行安全帽标准编号、制造厂名、生产日期（年、月）、产品名称、产品特殊技术性能（如果有）。产品说明包括必要的几条说明、适用和不适用场所、适用头围的大小、安全帽的报废判别条件和保质期限等共 12 项，选购时，应注意检查。产品说明可以使用印刷品、图册或耐磨不干胶等形式。目前，以耐磨不干胶的形式贴在安全帽内壁的居多，便于检查和使用。

3. 安全帽的选择

使用者在选择安全帽时，应选择符合国家相关管理规定、标志齐全、经检验合格的安全帽，并应检查其近期检验报告。根据不同的防护目的选择不同的品种，如对静电高度敏感、可能发生引爆燃的危险场所（油船船舱、含高浓度瓦斯煤矿、天然气田、烃类液体灌装场所、粉尘爆炸危险场所及可燃气体爆炸危险场所等）的使用人员，应选择具有防静电性能并检查合格的安全帽。

4. 使用与保管注意事项

安全帽的佩戴要符合标准，使用要符合规定。如果佩戴和使用不正确，就起不到充分的防护作用。一般应注意下列事项。

（1）凡进入施工现场的所有人员，都必须佩戴安全帽。作业中不得将安全帽脱下，搁置一旁，或当坐垫使用。

（2）佩戴安全帽前，应检查安全帽各配件有无损坏、装配是否牢固、外观是否完好、帽衬调节部分是否卡紧、绳带是否系紧等，确信各部件齐全完好后方可使用。

（3）按自己头围调整安全帽后箍，调整到适合的位置，将帽内弹性带系牢。缓冲衬垫的松紧由带子调节，垂直间距一般为 25～50mm。这样才能保证当遭受到冲击时，帽体有足够的空间可供缓冲，平时也有利于头和帽体间的通风。

（4）佩戴时一定要将安全帽戴正、戴牢，不能晃动，下颏带必须扣在颏下并系牢，松紧要适度。调节好后箍，以防安全帽脱落。

（5）使用者不能随意调节帽衬的尺寸，不能随意在安全帽上拆卸或添加附件，不能私自在安全帽上打孔，不要随意碰撞安全帽，以免影响其原有的防护性能。

（6）经受过一次冲击或做过试验的安全帽应作废，不能再次使用。

（7）安全帽不能在有酸、碱或化学试剂污染的环境中存放，不能放置在高温、日晒或潮湿的场所中，以免老化变质。

（8）要定期检查安全帽，检查有无龟裂、下凹、裂痕和磨损等情况，如存在影响其性能的明显缺陷应及时报废。

（9）严格执行有关安全帽使用期限的规定，不得使用报废的安全帽。安全帽的使用期从产品制造完成之日开始计算。植物枝条编织的安全帽不超过 2 年；塑料安全帽不超过 2 年半；玻璃钢（维纶钢）和胶质安全帽不超过 3 年半。超过有效期的安全帽应报废。

9.2.2　安全带

1. 安全带的分类与标记

建筑施工用安全带是防止高处作业人员发生坠落或发生坠落后将作业人员安全悬挂的个体防护装备。由带子、绳子和各种零部件组成。安全带按作业类别分为围杆作业安全带、区域限制安全带和坠落悬挂安全带 3 类，如图 9-2 所示。

围杆作业安全带：通过围绕在固定构造物上的绳或带将人体绑定在固定构造物附近，使作业人员的双手可以进行其他操作的安全带，如图 9-2（a）所示。

区域限制安全带：用以限制作业人员的活动范围，避免其到达可能发生坠落区域的安全带，如图 9-2（b）所示。

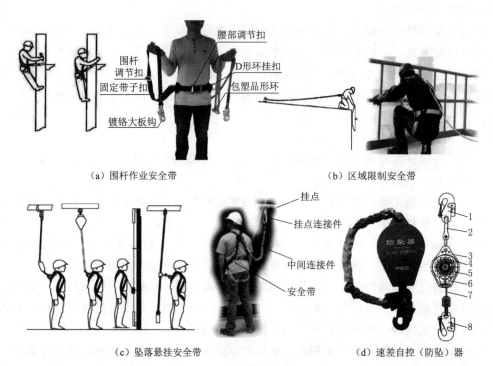

（a）围杆作业安全带　　　　　　　　　　（b）区域限制安全带

（c）坠落悬挂安全带　　　　　　　　　　（d）速差自控（防坠）器

图 9 - 2　安全带及部分部件

1—上挂钩；2—尼龙编织绳；3—外壳；4—棘齿轮；5—钢带；6—棘爪；7—钢丝绳索；8—下挂钩

坠落悬挂安全带：高处作业或登高人员发生坠落时，将作业人员安全悬挂的安全带，如图 9 - 2 （c）所示。

3 种安全带的组成见表 9 - 3。

表 9 - 3　　　　　　　　　　　　　　3 种安全带组成

分　　类	部　件　组　成	挂点装置
围杆作业安全带	系带、连接器、调节器（调节扣）、围杆带（围杆绳）	杆（柱）
区域限制安全带	系带、连接器（可选）、安全绳、调节器、连接器	挂点
	系带、连接器（可选）、安全绳、调节器、连接器、滑车	导轨
坠落悬挂安全带	系带、连接器（可选）、缓冲器（可选）、安全绳、连接器	挂点
	系带、连接器（可选）、缓冲器（可选）、安全绳、连接器、自锁器	导轨
	系带、连接器（可选）、缓冲器（可选）、速差自控器、连接器	挂点

安全带的标记由作业类别、产品性能两部分组成。

（1）作业类别。以字母 W 代表围杆作业安全带，以字母 Q 代表区域限制安全带，以字母 Z 代表坠落悬挂安全带。

（2）产品性能。以字母 Y 代表一般性能，以字母 J 代表抗静电性能，以字母 R 代表抗阻燃性能，以字母 F 代表抗腐蚀性能，以字母 T 代表适合特殊环境（各性能可组合）。

示例：围杆作业、一般安全带表示为"W-Y"；区域限制、抗静电、抗腐蚀安全带表示为"Q-JF"。

2. 安全带的一般技术要求

安全带不应使用回收料或再生料，使用皮革不应有接缝。安全带与身体接触的一面不应有凸出物，结构应平滑。腋下、大腿内侧不应有绳、带以外的物品，不应有任何部件压迫喉部、外生殖器。坠落悬挂安全带的安全绳同主带的连接点应固定于佩戴者的后背、后腰或胸前，不应位于腋下、腰侧或腹部，并应带有一个足以装下连接器及安全绳的口袋。

主带应是整根，不能有接头。宽度不应小于40mm。辅带宽度不应小于20mm。主带扎紧扣应可靠，不能意外开启。

腰带应和护腰带同时使用。护腰带整体硬挺度不应小于腰带的硬挺度，宽度不应小于80mm，长度不应小于600mm，接触腰的一面应为柔软、吸汗、透气的材料。

安全绳（包括未展开的缓冲器）有效长度不应大于2m，有两根安全绳（包括未展开的缓冲器）的安全带，其单根有效长度不应大于1.2m。禁止将安全绳用作悬吊绳。悬吊绳与安全绳禁止共用连接器。

用于焊接、炉前、高粉尘浓度、强烈摩擦、割伤危害、静电危害、化学品伤害等场所的安全绳应加相应护套。使用的材料不应同绳的材料产生化学反应，应尽可能透明。

织带折头连接应使用线缝，不应使用铆钉、胶黏、热合等工艺。缝纫线应采用与织带无化学反应的材料，颜色与织带应有区别。织带折头缝纫前及绳头编花前应经燎烫处理，不应留有散丝。

所有零部件应顺滑，无材料或制造缺陷，无尖角或锋利边缘。"8"字环、"品"字环不应有尖角、倒角，几何面之间应采用$R4$以上圆角过渡。调节扣不应划伤带子，可以使用滚花的零部件。

金属零件应浸塑或电镀以防锈蚀。金属环类零件不应使用焊接件，不应留有开口。在爆炸危险场所使用的安全带，应对其金属件进行防爆处理。

连接器的活门应有保险功能，应在两个明确的动作下才能打开。

产品应按《安全带测试方法》（GB/T 6096—2009）第4.2条规定的方法进行静态负荷测试，当主带或安全绳的破坏负荷低于15kN时，该批安全带应报废或更换相应部件。

3. 安全带的标记

安全带的标记由永久标记和产品说明组成。永久性标记应缝制在主带上，内容包括产品名称、执行标准号、产品类别（围杆作业、区域限制或坠落悬挂）、制造厂名、生产日期（年、月）、伸展长度、产品的特殊技术性能（如果有）、可更换的零部件标识应符合相应标准的规定。

可以更换的系带应有产品名称及型号、相应标准号、产品类别（围杆作业、区域限制或坠落悬挂）、制造厂名、生产日期（年、月）。

每条安全带应配有一份产品说明书，随安全带到达佩戴者手中。内容包括：安全带的适用和不适用对象，整体报废或更换零部件的条件或要求，清洁、维护、贮存的方法，穿戴方法，日常检查的方法和部位，首次破坏负荷测试时间及以后的检查频次，安全带同挂点装置的连接方法等13项。

4. 安全带的使用和维护

（1）为了防止作业者在某个高度和位置上可能出现的坠落，作业者在登高和高处作业时，必须按规定要求佩戴安全带。

（2）在使用安全带前，应检查安全带的部件是否完整，有无损伤，绳带有无变质，卡环是否有裂纹，卡簧弹跳性是否良好。金属配件的各种环不得是焊接件，边缘应光滑，产品上应有"安鉴证"。

（3）使用时要高挂低用，要拴挂在牢固的构件或物体上，防止摆动或碰撞，绳子不能打结，钩子要挂在连接环上。当发现有异常时要立即更换，换新绳时要加绳套。

（4）高处作业时，如安全带无固定挂处，应采用适当强度的钢丝绳或采取其他方法。禁止把安全带挂在移动或带尖锐棱角或不牢固的物件上。

（5）安全带、绳保护套要保持完好，不允许在地面上随意拖着绳走，以免损伤绳套，影响主绳。若发现保护套损坏或脱落，必须加上新套后再使用。

（6）安全带严禁擅自接长使用。使用3m及以上的长绳必须要加缓冲器，各部件不得任意拆除。

（7）安全带在使用后，要注意维护和保管。要经常检查安全带缝制部分和挂钩部分，必须详细检查捻线是否发生裂断和残损等。

（8）安全带不使用时要妥善保管，不可接触高温、明火、强酸、强碱或尖锐物体，不要存放在潮湿的仓库中保管。

（9）安全带在使用两年后要抽验一次，使用频繁的绳要经常进行外观检查，发现异常必须立即更换。定期或抽样试验用过的安全带，不准再继续使用。

9.2.3 安全网

劳动防护用品除个人随身穿用的防护性用品外，还有少数公用性的防护性用品，如安全网、护罩等。用来防止人、物坠落，或用来避免、减轻坠落及物击伤害的网具，称为安全网。一般由网体、边绳、系绳等组成。安全网按照功能分为安全平网、安全立网及密目式安全立网。

平网的安装平面不垂直于水平面，一般挂在正在施工的建筑物周围和脚手架的最上面一层脚手板的下面或楼面开口较大的洞口下面。用来防止施工人员从上面坠落以后直接掉到地面，防止从上面坠落的物体砸到下面的施工人员。

立网的安装平面垂直于水平面，和脚手架立面或各种临边防护的护身栏杆（或安全防护门）一起使用。一般用来作高处临边部位的安全防护，防止施工人员或物料在此坠落。立网一般使用密目网，但也可以用大眼网。

密目式安全立网一般由网体、开眼环扣、边绳和附加系绳组成，垂直于水平面安装。主要用于在建工程的外围将工程封闭，一是防止人员坠落、物料或钢管等贯穿立网发生物体打击事故，二是减少施工过程中的灰尘对环境的污染。

高处作业点的下方必须设挂安全网，凡无外脚手架作为防护的施工，必须在第一层或离地高度4m处设一道固定安全网。

1. 安全网的分类标记

（1）平（立）网的分类标记由产品材料、产品分类及产品规格尺寸三部分组成。产品分类以字母 P 代表平网、字母 L 代表立网；产品规格尺寸以宽度×长度表示，单位为 m；阻燃型网应在分类标记后加注"阻燃"字样。例如，宽度为 3m、长度为 6m，材料为锦纶的平网表示为"锦纶 P-3×6"；宽度为 1.5m、长度为 6m，材料为维纶的阻燃型立网表示为"维纶 L-1.5×6 阻燃"。

（2）密目网的分类标记由产品分类、产品规格尺寸和产品级别三部分组成。产品分类以字母 ML 代表密目网；产品规格尺寸以"宽度×长度"表示，单位为 m；产品级别分为 A 级和 B 级。例如，宽度为 1.8m、长度为 10m 的 A 级密目网表示为"ML-1.8×10A 级"。

2. 安全网的技术要求

（1）平网宽度不应小于 3m，立网宽（高）度不应小于 1.2m。平（立）网的规格尺寸与其标称规格尺寸的允许偏差为±4%。平（立）网的网目形状应为菱形或方形，边长不应大于 8cm。单张平（立）网质量不宜超过 15kg。

（2）安全网的物理力学性能，是判别安全网质量优劣的主要指标。安全平（立）网主要有绳断裂强力、耐冲击性能、耐候性以及阻燃性能等物理力学性能指标。密目式安全网的物理力学性能指标主要有断裂强力、断裂伸长、接缝部位抗拉强力、梯形法撕裂强力、开眼环扣强力、系绳断裂强力、耐贯穿性能、耐冲击性能、耐腐蚀性能、阻燃性能以及耐老化性能等。其各项指标均应符合《安全网》（GB 5725—2009）的相关规定。

（3）平（立）网可采用锦纶、维纶、涤纶或其他材料制成，所有节点应固定。其物理性能、耐候性应符合《安全网》（GB 5725—2009）的相关规定。

（4）平（立）网上所用的网绳、边绳、系绳、筋绳均应由不小于 3 股单绳制成。绳头部分应经过编花、燎烫等处理，不应散开。

（5）平（立）网的系绳与网体应牢固连接，各系绳沿网边均匀分布，相邻两系绳间距不应大于 75cm，系绳长度不小于 80cm。平（立）网如有筋绳，则筋绳分布应合理，两根相邻筋绳的距离不应小于 30cm。当筋绳加长用作系绳时，其系绳部分必须加长，且与边绳系紧后，再折回边绳系紧，至少形成双根。

（6）密目网的宽度应介于 1.2～2m 之间。长度由合同双方协议条款指定，但最低不应小于 2m。网眼孔径不应大于 12mm。密目式安全立网的网目密度应为 10cm×10cm，面积上不小于 2000 目。网目、网宽度的允许偏差为±5%。密目网各边缘部位的开眼环扣应牢固可靠。开眼环扣孔径不应小于 8mm。

（7）网体上不应有断纱、破洞、变形及有碍使用的编织缺陷。缝线不应有跳针、漏缝、缝边应均匀。每张密目网允许有一个接缝，接缝部位应端正牢固。

（8）阻燃型安全网必须具有阻燃性，其续燃、阴燃时间均不得大于 4s。

3. 安全网的标志

安全网的标志由永久标志和产品说明书组成。

（1）安全网的永久标志包括执行标准号、产品合格证、产品名称及分类标记、制造商名称、地址、生产日期、其他国家有关法律法规所规定必须具备的标记或标志。

（2）制造商应在产品的最小包装内提供产品说明书，应包括但不限于以下内容。

1）平（立）网的产品说明：平（立）网安装、使用及拆除的注意事项，贮存、维护及检查，使用期限，在何种情况下应停止使用。

2）密目网的产品说明：密目网的适用和不适用场所，使用期限，整体报废条件或要求，清洁、维护、贮存的方法，拴挂方法，日常检查的方法和部位，使用注意事项，警示"不得作为平网使用"，警示"B级产品必须配合立网或护栏使用才能起到坠落防护作用"以及本品为合格品的声明。

4．安全网的使用和维护

（1）安全网的检查内容，包括网内不得存留建筑垃圾，网下不能堆积物品，网身不能出现严重变形和磨损，以及是否会受化学品与酸、碱烟雾的污染及电焊火花的烧灼等。

（2）安全网搭设应绑扎牢固、网间严密。安全网的支撑架应具有足够的强度和稳定性。

（3）密目式安全立网搭设时，每个开眼环扣应穿入系绳，系绳应绑扎在支撑架上，间距不得大于450mm。相邻密目网间应紧密结合或重叠。

（4）网内的坠落物要经常清理，保持网体洁净。要避免大量焊接或其他火星落入网内，并避免高温或蒸汽环境。当网体受到化学品的污染或网绳嵌入粗砂粒或其他可能引起磨损的异物时，须进行清洗，清洗后使其自然干燥。

（5）安全网应由专人保管发放。安全网在搬运过程中不可使用铁钩或带尖刺的工具，以防损伤网绳。如暂不使用，应存放在通风、避光、隔热、防潮、无化学品污染的仓库或专用场所，并将其分类、分批存放在架子上，不允许随意乱堆。在存放过程中，也要对网体作定期检验，发现问题，立即处理，以确保安全。

（6）如安全网的贮存期超过两年，应按0.2％抽样，不足1000张时抽样两张进行耐冲击性能测试，测试合格后方可销售使用。

（7）脚手架与墙体空隙大于150mm时，应采用平网封闭，沿高度不大于10m挂一道平网。最后一层脚手板下部无防护层时，应紧贴脚手板下架设一道平网作防护层。

（8）用于洞口防护时，较大的洞口可采用双层网（一层平网、一层密目网）防护；电梯井道内每隔2层楼（不超过10m）架设一道平网。

（9）结构吊装工程中，为防止坠落事故，除要求高处作业人员佩戴安全带外，还应该采用防护栏杆及架设平网等措施。

（10）支搭平网要满足以下要求。

1）网面平整。

2）首层网距地面的支搭高度不超过5m，而且网下净高3m。

3）建筑物周围支搭的平网，网的外侧比内侧高50cm左右。首层网是双层网，首层宽度6m，往上各层宽度为3m（净宽度大于2.5m）。

4）网与网之间、网与建筑物墙体之间的间隙不大于10cm。

5）网与支架绑紧，不悬垂、随风飘摆。

6）采用平网防护时，严禁使用密目式安全立网代替平网使用。

（11）外脚手架施工时，将密目网沿脚手架外排立杆的里侧封挂。里脚手架施工时，外面专门搭设单排防护架封挂密目网，防护架随建筑升高而升高，高出作业面1.5m。

（12）立网随施工层提升，网高出施工层1m以上，生根牢固。

（13）当立网用于龙门架、物料提升架及井架的封闭防护时，四周边绳应与支撑架贴紧，边绳的断裂张力不得小于 3kN，系绳应绑在支撑架上，间距不得大于 750mm。

（14）用于电梯井、钢结构和框架结构及构筑物封闭防护的平网，应符合下列规定。

1）平网每个系结点上的边绳应与支撑架靠紧，边绳的断裂张力不得小于 7kN，系绳沿网边应均匀分布，间距不得大于 750mm。

2）电梯井内平网网体与井壁的空隙不得大于 25mm，安全网拉结应牢固。

9.3 高处作业的基本安全要求

1992 年 8 月 1 日《建筑施工高处作业安全技术规范》（JGJ 80—91）正式施行，2016 年住房和城乡建设部组织相关专家对其进行了修订，修订后的《建筑施工高处作业安全技术规范》（JGJ 80—2016）自 2016 年 12 月 1 日起实施。该规范对建筑施工高处作业提出了明确的防护要求，规范了高处作业的安全技术措施，使其技术合理、经济适用，对预防各种伤害事故的发生发挥了积极的作用。该规范规定如下。

（1）建筑施工中凡涉及临边与洞口作业、攀登与悬空作业、操作平台、交叉作业及安全网搭设的，应在施工组织设计或施工方案中制订高处作业安全技术措施。

（2）高处作业施工前，应按类别对安全防护设施进行检查、验收，验收合格后方可进行作业，并应做验收记录，验收可分层或分阶段进行。

（3）高处作业施工前，应对作业人员进行安全技术交底，并做好记录。应对初次作业人员进行培训。攀登和悬空高处作业人员以及搭设高处作业安全设施的人员，必须经过专业技术培训及专业考试合格，持证上岗，并必须定期进行体格检查。

（4）应根据要求将各类安全警示标志悬挂于施工现场各相应部位，夜间应设红灯警示。高处作业施工前，应检查高处作业的安全标志、工具、仪表、电气设施和设备，确认其完好后，方可进行施工。

（5）高处作业人员的衣着要灵便，应根据作业的实际情况配备相应的高处作业安全防护用品，并应按规定正确佩戴和使用相应的安全防护用品、用具。

（6）对施工作业现场可能坠落的物料，应及时拆除或采取固定措施。高处作业所用的物料应堆放平稳，不得妨碍通行和装卸。工具应随手放入工具袋；作业中的走道、通道板和登高用具，应随时清理干净；拆卸下的物料及余料和废料应及时清理运走，不得随意放置或向下丢弃，传递物料时不得抛掷。

（7）在雨、霜、雾、雪等天气进行高处作业时，应采取防滑、防冻和防雷措施，并应及时清除作业面上的水、冰、雪、霜。当遇有 6 级及以上强风、浓雾、沙尘暴等恶劣气候时，不得进行露天攀登与悬空高处作业。雨、雪天气后，应对高处作业安全设施进行检查，当发现有松动、变形、损坏或脱落等现象时，应立即修理完善，维修合格后方可使用。

（8）用于高处作业的防护设施，不得擅自拆除。确因作业需要，临时拆除或变动安全防护设施时，必须经施工负责人同意，并采取相应的可靠措施，作业后应立即恢复。应有专人对各类安全防护设施进行检查和维修保养，发现隐患应及时采取整改措施。安全防护设施宜定型化、工具化。防护栏应为黑黄或红白相间的条纹标示，盖件应为黄或红色标示。

（9）安全防护设施验收应包括下列主要内容。

1）防护栏杆的设置与搭设。

2）攀登与悬空作业的用具与设施搭设。

3）操作平台及平台防护设施的搭设。

4）防护棚的搭设。

5）安全网的设置。

6）安全防护设施、设备的性能与质量、所用的材料、配件的规格。

7）设施的节点构造，材料配件的规格、材质及其与建筑物的固定、连接情况。

（10）建筑物出入口应搭设长 6m，且宽于出入通道两侧各 1m 的防护棚，棚顶满铺不小于 5cm 厚的脚手板，防护棚两侧必须封严。

（11）高处作业的防护棚搭设与拆除时，应设置警戒区并应派专人监护，严禁上下同时拆除。

（12）施工中如发现高处作业的安全设施有缺陷和隐患，必须及时解决；危及人身安全时，必须停止作业。

（13）高处作业安全设施的主要受力杆件，力学计算按一般结构力学公式，强度及挠度计算按现行有关规范进行，但钢受弯构件的强度计算不考虑塑性影响，构造应符合现行相应规范的要求。

（14）高处作业应建立和落实各级安全生产责任制，对高处作业安全设施，应做到防护要求明确、技术合理、经济适用。

9.4 临边作业安全防护

9.4.1 临边作业的定义

在工作面边沿无围护或维护设施高度低于 800mm 的高处作业，包括楼板边、楼梯段边、屋面边、阳台边、各类坑、沟、槽等边沿的高处作业。

9.4.2 临边作业防护措施

（1）基坑周边，尚未安装栏杆或栏板的阳台、料台与挑平台周边，雨篷与挑檐边，无外脚手架的屋面与楼层周边以及水箱与水塔周边等处，都必须设置防护栏杆。

（2）首层墙高度超过 3.2m 的二层楼面周边，以及无外脚手架的高度超过 3.2m 的楼层周边，必须在外围架设安全平网一道。

（3）分层施工的楼梯口和梯段边，必须安装临时护栏。对于主体工程上升阶段的顶层楼梯口应随工程结构进度安装正式防护栏杆。回转式楼梯间应支设首层水平安全网，每隔 4 层设一道水平安全网。

（4）井架与施工用电梯和脚手架等与建筑物通道的两侧边，必须设防护栏杆。地面通道上部应装设安全防护棚。双笼井架通道中间，应予分隔封闭。

（5）各种垂直运输接料平台，除两侧设防护栏杆外，平台口还应设置安全门或活动防护栏杆。

（6）阳台栏板应随工程结构及时安装。

9.4.3 防护栏杆规格与连接要求

在实际施工中一般使用原木、钢筋或钢管作为临边防护栏杆杆件，其规格、尺寸必须符合下列各项要求。

（1）原木横杆上杆稍径不应小于70mm，下杆稍径不应小于60mm，栏杆柱稍径不应小于75mm。并须用相应长度的圆钉钉紧，或用不小于12号的镀锌钢丝绑扎，绑扎表面应平顺，绑扎后栏杆应稳固无动摇。

（2）钢筋栏杆上杆直径不应小于16mm，下杆直径不应小于14mm，栏杆柱直径不应小于18mm，采用电焊或镀锌钢丝绑扎固定。

（3）钢管横杆及栏杆柱均采用 $\phi48\times2.75\sim\phi48\times3.6$mm 的钢管，以扣件固定。

（4）以其他钢材如角钢等作防护栏杆杆件时，应选用强度相当的规格，以电焊固定。

9.4.4 防护栏杆搭设要求

（1）栏杆应由上、下两道横杆及栏杆柱构成，如图9-3所示。上杆离地高度为1.0～1.2m，下杆离地高度为0.5～0.6m，即位于中间。坡度大于1：2.2的层面，防护栏杆应高1.5m，并加挂安全立网。

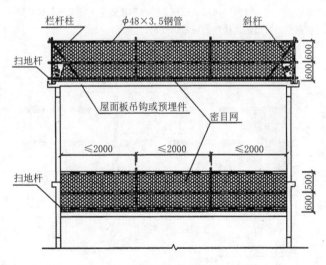

图9-3 屋面和楼层临边防护栏杆

注：楼层临边防护栏杆除用密目网围挡外，也可以用25mm厚、180mm宽的围板做踢脚板。

（2）除经设计计算外，横杆长度大于2m时，必须加设栏杆柱，见图9-4。栏杆柱的固定及其与横杆的连接，其整体构造应使防护栏杆在上杆任何处，能经受任何方向的1000N外力。当栏杆所处位置有发生人群拥挤、车辆冲击或物件碰撞等可能时，应加大横杆截面或加密柱距。当在基坑四周固定时，可采用钢管并打入地面50～70cm深。钢管离边口的距离应不小于50cm，见图9-5。当基坑周边采用板桩时，钢管可打在板桩外侧。当在混凝土楼面、屋面或墙面固定时，可用预埋件与钢管或钢筋焊牢，或以扣件固定，如图9-6所示。

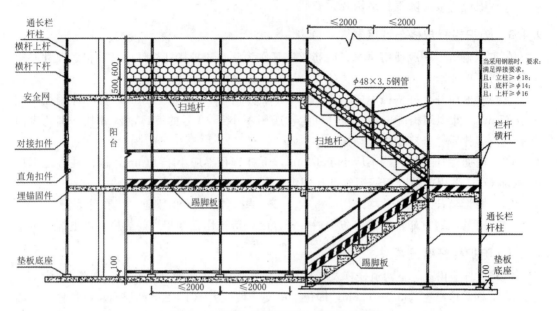

图 9-4 楼梯、楼层和阳台临边防护栏杆

注：①阳台边、楼层边、楼梯边加设安全立网或设宽度不小于 200，厚度不小于 25 的踢脚板（如图所示）；

②阳台边可设置单独防护栏杆，做法同楼层边栏杆，并在拐角处下平杆设置斜拉杆加强；

③阳台防护栏杆也可用钢筋，做法同楼梯钢筋做法要求。

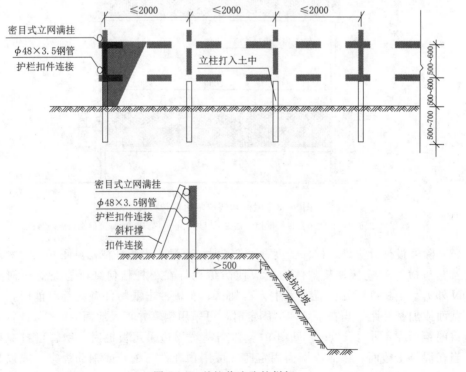

图 9-5 基坑临边防护栏杆

当在砖或砌块等砌体上固定时，可预先砌入规格相适应的 80×6 弯转扁钢作预埋铁的混凝土块，然后用与楼面、屋面相同的方法固定。

（3）防护栏杆必须自上而下用安全立网封闭（封挂立网时必须在底部增设一道水平杆，以便绑牢立网的底部），或在栏杆下边设置严密固定的高度不低于 18cm 的挡脚板或 40cm 的挡脚笆。挡脚板与挡脚笆上如有孔眼，不应大于 25mm，板与笆下边距离楼面的空隙不应大于 10mm。

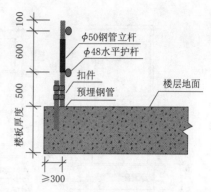

图 9-6 楼层、临边防护栏杆固定方法示意

（4）接料平台两侧的栏杆，必须自上而下加挂安全立网或满扎竹笆。

（5）当临边的外侧面临街道时，除防护栏杆外，敞口立面必须采取满挂密目安全网或其他可靠措施做全封闭处理。

（6）里脚手架施工时，应在建筑物墙的外侧搭设防护架和封挂密目式安全网。防护架距外墙 100mm，随墙体而升高，高出作业面 1.5m。在建工程的外侧周边，如无外脚手架应用密目式安全网全封闭。

9.5　洞口作业安全防护

9.5.1　洞口作业的定义

孔是指楼板、屋面、平台等面上短边尺寸小于 25cm 的孔洞，或墙上高度小于 75cm 的孔洞。

洞是指楼板、屋面、平台等面上短边尺寸不小于 25cm 的孔洞，或墙上高度不小于 75cm、宽度大于 45cm 的孔洞。

洞口作业指在地面、楼面、屋面和墙面等有可能使人和物料坠落，其坠落高度不小于 2m 的洞口处的高处作业。

9.5.2　洞口的安全防护

（1）当竖向洞口短边边长小于 500mm 时，应采取封堵措施；当垂直洞口短边边长不小于 500mm 时，应在临空一侧设置高度不小于 1.2m 的防护栏杆，并应采用密目式安全立网或工具式栏板封闭，设置挡脚板。

（2）当非竖向洞口短边边长为 25～500mm 时，应采用承载力满足使用要求的盖板覆盖，盖板四周搁置应均衡，且应防止盖板移位。

（3）当非竖向洞口短边边长为 500～1500mm 时，应采用盖板覆盖或防护栏杆等措施，并应固定牢固。

（4）当非竖向洞口短边边长不小于 1500mm 时，应在洞口作业侧设置高度不小于 1.2m 的防护栏杆，洞口应采用安全平网封闭，如图 9-7 所示。

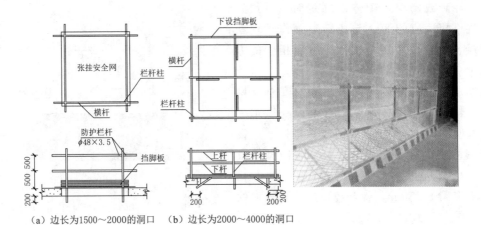

（a）边长为1500～2000的洞口　　（b）边长为2000～4000的洞口

图 9 - 7　洞口防护栏杆

（5）洞口盖板应能承受不小于 1000N 的集中荷载和不小于 2kN/m² 的均布荷载，有特殊要求的盖板应另行设计。

（6）墙面等处落地的竖向洞口、窗台高度低于 800mm 的竖向洞口及框架结构在浇筑完混凝土未砌筑墙体时的洞口，应按临边防护要求设置防护栏杆。

9.5.3　电梯井口的安全防护

（1）电梯井口应设置防护门，其高度不应小于 1.5m，防护门底端距地面高度不应大于 50mm，并应设置挡脚板。

（2）在电梯施工前，电梯井道内应每隔两层且不大于 10m 加设一道安全平网。水平网距井壁不大于 100mm 缝隙，网内无杂物，不允许采用脚手板替代水平网防护。

（3）安装、拆卸电梯井内安全平网时，作业人员应按规定佩戴安全带，对楼层和屋面短边尺寸大于 1.5m 的孔洞，孔洞周边应设置符合要求的防护栏杆，底部应加设安全平网。

（4）在电梯井口处要设置符合国家标准的安全警示标志；安全警示标志应醒目、明显，夜间应设置红灯示警。

（5）电梯井口的防护栏杆和栅门应以黄黑（或红白）相间的条纹标示，并按照《建筑施工高处作业安全技术规范》（JGJ 80—2016）有关标准进行制作，如图 9-8 所示。

（6）电梯井口防护设施需要临时拆除或变动的，需经项目负责人和项目专职安全员签字认可，并做好拆除或变动后的安全应对措施，同时要告知现场所有作业人员。安全设施恢复后必须经项目负责人、专职安全员等有关现场管理人员检查，验收合格后方可继续使用。

（7）未经上级主管技术部门批准，电梯井内不得做垂直运输通道和垃圾通道。

9.5.4　楼梯口的安全防护

（1）分层施工的楼梯口和梯段边，必须安装临时护栏。顶层楼梯口应随工程结构进度安装正式防护栏杆。

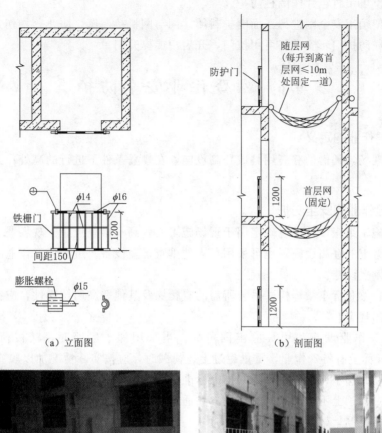

（a）立面图 （b）剖面图

（c）全封闭式电梯井口防护 （d）固定栅门式电梯井口防护

图 9-8 电梯井门防护门示意

（2）防护栏杆应由上、下两道横杆及栏杆柱组成，上杆离地高度为 1.0～1.2m，下杆离地高度为 0.5～0.6m。除经设计计算外，横杆长度大于 2m 时，必须加设栏杆柱。

（3）防护栏杆必须自上而下用安全立网封闭，或在栏杆下边设置严密固定的高度不低于 18cm 的挡脚板或 40cm 挡脚笆。挡脚板与挡脚笆上如有孔眼，孔眼直径不应大于 25mm。板与笆下边距离底面的空隙不应大于 10mm。

9.5.5 井架通道口及两侧边的安全防护

（1）井架通道口处须选用符合规定的脚手板或竹笆片作通道，其宽度须大于洞口宽度。脚手板应横铺，其搁置点不少于一板三楞。

（2）井架通道口的两侧边，须设置两道防护栏杆，其高度为 40cm 和 100cm，并根据现场情况，也可用竹笆片作围栏防护。

（3）井架须用安全网进行三面围护封闭。网与网拼接严密，防止落物伤人。井架口应设置安全门或防护门，安全门可用拉门，开启门或提升门。

9.6 攀登作业安全防护

9.6.1 攀登作业的定义

在施工现场，凡借助登高用具或登高设施，在攀登条件下进行的高处作业，称为攀登作业。

9.6.2 攀登作业的安全防护

（1）在施工组织设计中应确定用于现场施工的登高和攀登设施。现场登高应借助建筑结构或脚手架上的登高设施，也可采用载人的垂直运输设备。进行攀登作业时可使用梯子或采用其他攀登设施。

（2）柱、梁和行车梁等构件吊装所需的直爬梯及其他登高用拉攀件，应在构件施工图或说明内作出规定。

（3）攀登作业设施和用具应牢固可靠。当采用梯子攀爬时，踏板荷载不应大于1100N。当梯面上有特殊作业，重量超过上述荷载时，应按实际情况加以验算。

（4）移动式梯子，均应按现行的国家标准验收其质量。

（5）同一梯子上不得两人同时作业。在通道处使用梯子作业时，应有专人监护或设置围栏。脚手架上严禁架设梯子作业。

（6）梯脚底部应坚实，不得垫高使用，梯子的上端应有固定措施，立梯工作角度以$75°±5°$为宜，踏板上下间距以30cm为宜，不得有缺档。

（7）梯子如需接长使用，必须有可靠的连接措施，且接头不得超过一处。连接后梯梁的强度，不应低于单梯梯梁的强度。

（8）折梯使用时上部夹角以$35°～45°$为宜，铰链必须牢固，并应有整体的金属撑杆或可靠的锁定装置。

（9）固定式直爬梯应用金属材料制成，梯子净宽应为$400～600mm$，支撑应采用不小于∟$70×6$的角钢，埋设与焊接均必须牢固。梯子顶端的踏步应与攀登顶面齐平，并应加设$1.1～1.5m$高的扶手。使用固定式直爬梯进行攀登作业时，当攀登高度超过3m时，宜加设护笼；当攀登高度超过8m时，应设置梯间平台。

（10）作业人员应从规定的通道上下，不得在阳台之间等非规定通道进行攀登，也不得任意利用吊车臂架等施工设备进行攀登。

（11）上下梯子时，必须面向梯子，且不得手持器物。

（12）钢柱安装登高时，应使用钢挂梯或设置在钢柱上的爬梯。挂梯构造见图9-9。钢柱的接柱应使用梯子或操作台。操作台横杆高度，当无电焊防风要求时，其高度不宜小于1m；当有电焊防风要求时，其高度不宜小于1.8m，如图9-10所示。

（13）登高安装钢梁时，应视钢梁高度，在两端设置挂梯或搭设钢管脚手架，见

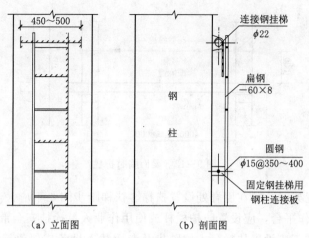

（a）立面图　　　　（b）剖面图

图 9-9　钢柱登高挂梯

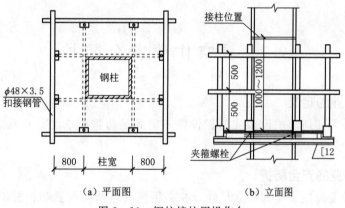

（a）平面图　　　　（b）立面图

图 9-10　钢柱接柱用操作台

图 9-11。梁面上需行走时，其一侧的临时护栏横杆可采用钢索，当改用扶手绳时，绳的自然下垂度不应大于 1/20，并应控制在 100mm 以内，如图 9-12 所示。

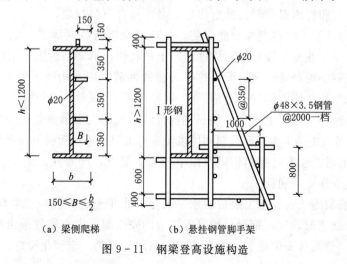

（a）梁侧爬梯　　　　（b）悬挂钢管脚手架

图 9-11　钢梁登高设施构造

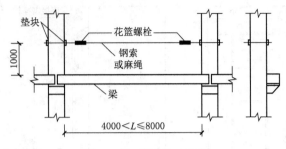

图 9-12　梁面临时护栏

（14）当安装屋架时，应在屋脊处设置扶梯。扶梯踏步间距不应大于 400mm。屋架杆件安装时搭设的操作平台，应设置防护栏杆或使用作业人员拴挂安全带的安全绳。

（15）深基坑施工应设置扶梯、入坑踏步及专用载人设备或斜道等设施。采用斜道时应加设间距不大于 400mm 的防滑条等防滑措施。作业人员严禁沿坑壁、支撑或乘运土工具上下。

9.7　悬空作业安全防护

9.7.1　悬空作业的定义

它指在周边无任何防护设施或防护设施不能满足防护要求的临空状态下进行的高处作业。

9.7.2　悬空作业的安全防护

（1）悬空作业处应有牢靠的立足处，并必须视具体情况配置防护栏网、栏杆、登高、防坠落装置以及其他安全设施。

（2）悬空作业所用的索具、脚手板、吊篮、吊笼、平台等设备，均需经过技术鉴定或验证方可使用。

（3）构件吊装和管道安装时的悬空作业，必须符合下列规定。

1）钢结构的吊装，构件宜在地面组装，并应搭设进行临时固定、电焊、高强度螺栓连接等工序的高空作业安全设施，随构件同时上吊就位。拆卸时的安全措施，也应一并考虑和落实。吊装钢筋混凝土屋架、梁、柱等大型构件前，应在构件上预先设置登高通道、操作立足点等悬空作业所需的安全设施。

2）在高空安装大模板、吊装第一块预制构件或单独的大中型预制构件时，必须站在操作平台上操作。吊装中的大模板和预制构件以及石棉水泥板等屋面板上，严禁站人和行走。

3）安装管道时必须有已完结构或操作平台为立足点，严禁在未固定、无防护设施的构件及管道上进行作业或通行。

4）钢结构安装施工宜在施工层搭设水平通道，水平通道两侧应设置防护栏杆。当利用钢梁作为水平通道时，应在钢梁一侧设置连续的安全绳，安全绳宜采用钢丝绳。

5）钢结构、管道等安装施工的安全防护宜采用工具化、定型化设施。

（4）当利用吊车梁等构件作为水平通道时，临空面的一侧应设置连续的栏杆等防护措施。当安全绳为钢索时，钢索的一端应采用花篮螺栓收紧；当安全绳为钢丝绳时，钢丝绳的自然下垂度不应大于绳长的 1/20，并不应大于 100mm。

（5）模板支撑和拆卸时的悬空作业，必须遵守下列规定。

1）支撑应按规定的作业程序进行，模板未固定前不得进行下一道工序。严禁在连接件和支撑件上攀登上下，并严禁在上下同一垂直面上同时装、拆模板。结构复杂的模板，装、拆应严格按照施工组织设计的措施进行。

2）在坠落基准面 2m 及以上高处搭设与拆除柱模板及悬挑结构的模板时，应设置操作平台。

3）搭设临空构筑物模板时，应搭设支架或脚手架。模板上有预留洞时，应在安装后将洞盖住。混凝土板上拆模后形成的临边或洞口，应按规范规定进行防护。

4）在进行高处拆模作业时，应配置登高用具或搭设支架。

（6）钢筋绑扎时的悬空作业，必须遵守下列规定。

1）绑钢筋和安装钢筋骨架时，必须搭设脚手架和马道。

2）绑扎圈梁、挑梁、挑檐、外墙和边柱等钢筋时，应搭设操作台和张挂安全网。悬空大梁钢筋的绑扎，必须在满铺脚手板的支架或操作平台上操作。

3）绑扎立柱和墙体钢筋时，不得站在钢筋骨架上或攀登骨架上下。3m 以内的柱钢筋，可先在地面或楼面上绑扎，然后整体树立。绑扎 3m 以上的柱钢筋，必须搭设操作平台。

（7）进行预应力张拉的悬空作业时，必须遵守下列规定。

1）进行预应力张拉时，应搭设站立操作人员和设置张拉设备用的牢固可靠的脚手架或操作平台。雨天张拉时，还应架设防雨棚。

2）预应力张拉区域应标示明显的安全标志，禁止非操作人员进入。张拉钢筋的两端必须设置挡板，挡板应距所张拉钢筋的端部 1.5～2.0m，且应高出最上一组张拉钢筋0.5m，其宽度应距张拉钢筋两外侧各不小于 1m。

3）孔道灌浆应按预应力张拉安全设施的有关规定进行。

（8）混凝土浇筑时的悬空作业，必须遵守下列规定。

1）浇筑离地 2m 以上框架、过梁、雨篷和小平台混凝土时，应设操作平台，不得直接站在模板或支撑件上操作。

2）浇筑拱形结构，应自两边拱脚对称地相向进行。浇筑储仓，下口应先行封闭，并搭设脚手架以防人员坠落。

3）特殊情况下如无可靠的安全设施，必须系好安全带并扣好保险钩，或架设安全网。

（9）屋面作业时应符合下列规定。

1）在坡度大于 25°的屋面上作业，当无外脚手架时，应在屋檐边设置不低于 1.5m 高的防护栏杆，并应采用密目式安全立网全封闭。

2）在轻质型材的屋面上作业，应搭设临时走道板，不得在轻质型材上行走。安装轻质型材板前，应采取在梁下支设安全平网或搭设脚手架等安全防护措施。

（10）外墙作业时应符合下列规定。

1）安装门、窗、油漆及安装玻璃时，严禁操作人员站在樘子、阳台栏板上操作。门、窗临时固定，封填材料未达到强度，以及电焊时，严禁手拉门、窗进行攀登。

2）在高处外墙安装门、窗，无脚手架时，应张挂安全网。无安全网时，操作人员应系好安全带，其保险钩应挂在操作人员上方的可靠物件上。

3）进行各项窗口作业时，操作人员的重心应位于室内，不得在窗台上站立，必要时应系好安全带进行操作。

4）高处作业不得使用座板式单人吊具，不得使用自制吊篮。

9.8 操作平台安全防护

9.8.1 操作平台的定义

它指由钢管、型钢及其他等效性能材料等组装搭设制作的供施工现场高处作业和载物的平台，包括移动式、落地式、悬挑式等平台。

9.8.2 操作平台安全防护一般规定

（1）操作平台应通过设计计算，并应编制专项方案，架体构造与材质应满足国家现行相关标准的规定。

（2）操作平台的架体结构应采用钢管、型钢及其他等效性能的材料组装，并应符合现行国家标准《钢结构设计规范》（GB 50017—2017）及国家现行有关脚手架标准的规定。平台面铺设的钢、木或竹胶合板等材质的脚手板，应符合材质和承载力要求，并应平整满铺及可靠固定。

（3）操作平台的临边应设置防护栏杆，单独设置的操作平台应设置供人上下、踏步间距不大于 400mm 的扶梯。

（4）应在操作平台明显位置标明允许负载值的限载牌及限定允许的作业人数，物料应及时转运，不得超重、超高堆放。

（5）操作平台使用中应每月不少于一次定期检查，应由专人进行日常维护工作，及时消除安全隐患。

9.8.3 移动式操作平台安全防护

（1）移动式操作平台是指带脚轮或导轨，可移动的脚手架操作平台。

（2）移动式操作平台面积不宜大于 $10m^2$，高度不宜大于 5m，高宽比不应大于 2：1，施工荷载不应大于 $1.5kN/m^2$。

（3）移动式操作平台的轮子与平台架体连接应牢固，立柱底端离地面不得大于 80mm，行走轮和导向轮应配有制动器或刹车闸等制动措施。

（4）移动式行走轮承载力不应小于 5kN，制动力矩不应小于 2.5N·m，移动式操作平台架体应保持垂直，不得弯曲变形，制动器除在移动情况外，均应保持制动状态。

（5）移动式操作平台移动时，操作平台上不得站人。

（6）移动式操作平台台面应满铺脚手板，四周必须按临边作业要求设置防护栏杆，并应布置登高梯，如图 9-13 所示。

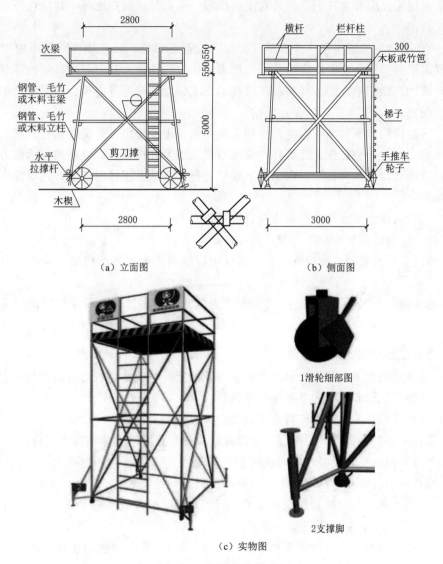

（a）立面图 （b）侧面图

（c）实物图

图 9-13 移动式操作平台

9.8.4 落地式操作平台安全防护

（1）落地式操作平台是指从地面或楼面搭起、不能移动的操作平台，单纯进行施工作业的施工平台和可进行施工作业与承载物料的接料平台。

（2）落地式操作平台架体构造应符合下列规定。

1）操作平台高度不应大于 15m，高宽比不应大于 3：1。

2）施工平台的施工荷载不应大于 2.0kN/m²；当接料平台的施工荷载大于 2.0kN/m² 时，应进行专项设计。

3）操作平台应与建筑物进行刚性连接或加设防倾倒措施，不得与脚手架连接。

4）用脚手架搭设操作平台时，其立杆间距和步距等结构要求应符合国家现行相关脚手架规范的规定，应在立杆下部设置底座或垫板、纵向与横向扫地杆，并应在外立面设置剪刀撑或斜撑。

5）操作平台应从底层第一步水平杆起逐层设置连墙件，且连墙件间隔不应大于 4m，并应设置水平剪刀撑。连墙件应为可承受拉力和压力的构件，并应与建筑结构可靠连接。

（3）落地式操作平台搭设材料及搭设技术要求、允许偏差等应符合国家现行相关脚手架标准的规定。

（4）落地式操作平台应按国家现行相关脚手架标准的规定计算受弯构件强度、连接扣件抗滑承载力、立杆稳定性、连墙杆件强度与稳定性及连接强度、立杆地基承载力等。

（5）落地式操作平台拆除应由上而下逐层进行，严禁上下同时作业，连墙件应随施工进度逐层拆除。

（6）落地式操作平台检查验收应符合下列规定。

1）操作平台的钢管和扣件应有产品合格证。

2）搭设前应对基础进行检查验收，搭设中应随施工进度按结构层对操作平台进行检查验收。

3）遇 6 级以上大风、雷雨、大雪等恶劣天气及停用超过 1 个月，恢复使用前应进行检查。

9.8.5　悬挑式操作平台安全防护

（1）悬挑式操作平台是指以悬挑形式搁置或固定在建筑物结构边沿的操作平台，包括斜拉式悬挑操作平台和支承式悬挑操作平台。

（2）悬挑式操作平台设置应符合下列规定。

1）操作平台的搁置点、拉结点、支撑点应设置在稳定的主体结构上，且应可靠连接。

2）严禁将操作平台设置在临时设施上。

3）操作平台的结构应稳定可靠，承载力应符合设计要求。

（3）悬挑式操作平台的悬挑长度不宜大于 5m，均布荷载不应大于 $5.5kN/m^2$，集中荷载不应大于 15kN，悬挑梁应锚固固定。

（4）采用斜拉方式的悬挑式操作平台（图 9 - 14），平台两侧的连接吊环应与前后两道斜拉钢丝绳连接，每道钢丝绳应能承载该侧所有荷载。

（5）采用支承方式的悬挑式操作平台，应在钢平台下方设置不少于两道斜撑，斜撑的一端应支承在钢平台主结构钢梁下，另一端应支承在建筑物主体结构上，如图 9 - 15 所示。

（6）采用悬臂梁式的操作平台，应采用型钢制作悬挑梁或悬挑桁架，不得使用钢管，其节点应采用螺栓或焊接的刚性节点。当平台上的主梁采用与主体结构预埋件焊接时，预埋件、焊缝均应经设计计算，建筑主体结构应同时满足强度要求。

（7）悬挑式操作平台应设置 4 个吊环，吊运时应使用卡环，不得使吊钩直接钩挂吊环。吊环应按通用吊环或起重吊环设计，并应满足强度要求。

（8）悬挑式操作平台安装时，钢丝绳应采用专用的钢丝绳夹连接，钢丝绳夹数量应与钢丝绳直径相匹配，且不得少于 4 个。建筑物锐角、利口周围系钢丝绳处应加衬软垫物。

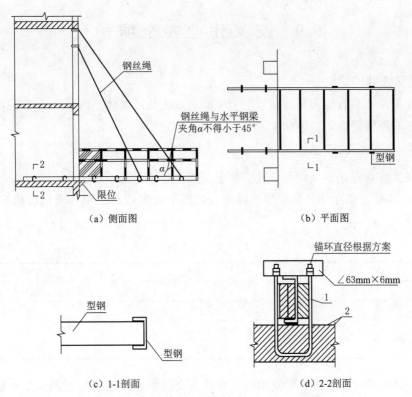

（a）侧面图　　　　　　　　　　　　（b）平面图

（c）1-1剖面　　　　　　　　　　　（d）2-2剖面

图 9-14　斜拉方式的悬挑式操作平台示意图

1—木楔侧向揳紧；2—两根 1.5m 长直径 18mm 的 HRB400 钢筋

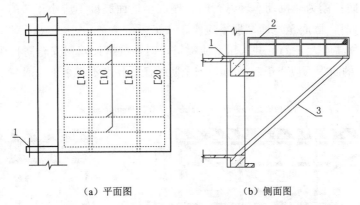

（a）平面图　　　　　　　　　　　（b）侧面图

图 9-15　下支承方式的悬挑式操作平台示意图

1—梁面预埋件；2—栏杆与 [16 焊接；3—斜撑杆

（9）悬挑式操作平台的外侧应略高于内侧；外侧应安装防护栏杆并应设置防护挡板全封闭。

（10）人员不得在悬挑式操作平台吊运、安装时上下。

（11）操作平台上应显著地标明容许荷载值、操作平台上人员和物料的总重量，严禁超过设计的容许荷载。

9.9 交叉作业安全防护

9.9.1 交叉作业的定义

交叉作业是指垂直空间贯通状态下，可能造成人员或物体坠落，并处于坠落半径范围内、上下左右不同层面的立体作业。

9.9.2 交叉作业安全防护

（1）交叉作业时，下层作业位置应处于上层作业的坠落半径之外，高空作业坠落半径应按表9-4确定。安全防护棚和警戒隔离区范围的设置应视上层作业高度确定，并应大于坠落半径。

表9-4 坠落半径

序　号	上层作业高度 h_b/m	坠落半径/m
1	$2 \leqslant h_b \leqslant 5$	3
2	$5 < h_b \leqslant 15$	4
3	$15 < h_b \leqslant 30$	5
4	$h_b > 30$	6

（2）交叉作业时，坠落半径范围内应设置安全防护棚或安全防护网等安全隔离措施。当尚未设置安全隔离措施时，应设置警戒隔离区，人员严禁进入隔离区。

（3）安全防护棚搭设应符合下列规定。

1）当安全防护棚为非机动车辆通行时，棚底至地面高度不应小于3m；当安全防护棚为机动车辆通行时，棚底至地面高度不应小于4m。

2）当建筑物高度大于24m并采用木质板搭设时，应搭设双层安全防护棚，如图9-16所示。两层防护的间距不应小于700mm，安全防护棚的高度不应小于4m。

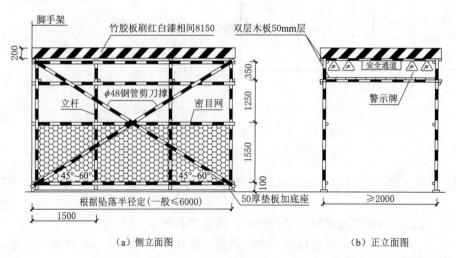

（a）侧立面图　　　　　　　　　　（b）正立面图

图9-16 双层防护棚搭设示意

3）当安全防护棚的顶棚采用竹笆或木质板搭设时，应采用双层搭设，间距不应小于700mm；当采用木质板或与其等强度的其他材料搭设时，可采用单层搭设，木板厚度不应小于50mm。防护棚的长度应根据建筑物的高度与可能坠落半径确定。

（4）安全防护网搭设应符合下列规定。

1）安全防护网搭设时，应每隔3m设一根支撑杆，支撑杆水平夹角不宜小于45°。

2）当在楼层设支撑杆时，应预埋钢筋环或在结构内外侧各设一道横杆。

3）安全网应外高里低，网与网之间应拼接严密。

（5）处于起重机臂架回转范围内的通道，应搭设安全防护棚。施工现场人员进出的通道口（包括井架、施工电梯、进出建筑物的通道口），应搭设安全防护棚，如图9-17所示。

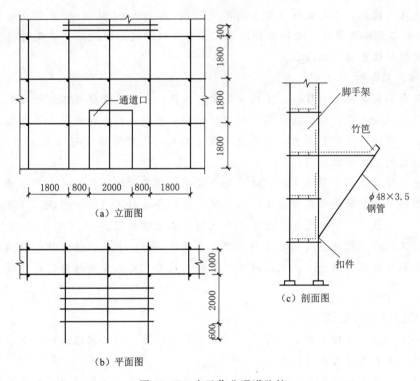

图 9-17　交叉作业通道防护

9.10 事 故 案 例

9.10.1 事故概况

2010 年 11 月 20 日上午，常州市泰盈八千里 3 号房项目工程进入七楼土建施工阶段，某劳务公司架子工班长王某根据施工进度，安排架子工陆某进行悬挑脚手架搭设，普工许某辅助运送钢管等作业。9 时 5 分左右，许某在七楼北侧脚手架顶层竹笆上，肩扛一根6.5m 长钢管，自东向西往陆某搭设作业处运送，当途经楼梯口凸出的脚手架转弯处，所扛钢管随肩转向时与脚手架立杆相碰撞，造成许某重心失稳，失足坠落至地面。现场其他施工人员立即报警，经120救护车紧急送至医院抢救，许某终因伤势过重抢救无效死亡。

9.10.2 事故原因分析

1. 技术原因分析

（1）许某缺乏基本的安全技术知识，在未搭设水平防护栏杆的作业通道上冒险扛运钢管作业，当肩扛一根6.5m长钢管，遇有转弯处时钢管与脚手架立杆碰撞，碰撞力使许某身体失去平衡，失足坠落地面，是导致事故发生的直接技术原因。

（2）架子工班组在悬挑脚手架搭设作业过程中，违反了项目部编制的《外脚手架专项施工方案》中关于悬挑钢管扣件式脚手架搭设顺序应"先搭设防护栏杆，再铺设脚手板"的规定，水平杆上先行满铺竹排脚手板，形成了高处立杆林立而无水平防护栏杆的运送通道；同时违反《建筑施工高处作业安全技术规范》（JGJ 80—2016）中关于"头层墙高度超过3.2m的二层楼面周边，必须在外围架设安全平网一道"的规定，未及时搭设安全平网，是这次事故的重要技术原因。

2. 管理原因分析

（1）劳务公司对施工项目搭设班组安全管理不严，未严格督促施工班组按照施工方案的要求搭设悬挑脚手架，施工区域安全防护措施和安全技术交底制度落实不到位，施工现场安全检查和事故隐患排查不力，未及时发现施工人员在危险区域冒险作业并予以制止，这是造成事故的直接管理原因。

（2）总包项目部安全管理薄弱，施工安全监管和隐患治理不到位，未严格督促劳务公司严格按照施工方案的要求搭设施工，未及时督促劳务公司落实运送通道临边防护栏杆的措施，存在"一包了之"的思想，是造成事故的主要管理原因。

（3）该工程项目管理公司工程安全监理职责履行不力，未及时督促施工单位严格按照标准规范和施工方案组织施工，未及时发现并制止施工人员不安全行为，是造成事故的监管原因。

9.10.3 事故结论与处理

这是一起因总包管理不到位、劳务公司安全管理不力、施工班组违规搭设、施工人员违章冒险作业而引发的安全责任事故。

（1）总包单位未按规定履行安全职责，忽视严格督促劳务公司按照施工方案的要求搭设施工，事故隐患排查和治理工作不到位，对事故的发生负有责任。由建设行政主管部门依法实施行政处罚。

（2）该劳务公司虽然制订了安全管理制度和各项安全操作规程，但执行不严、管理不善、落实不到位，施工现场安全检查和事故隐患排查不力，未及时发现施工人员违规搭设和冒险作业并予以制止，违反了《中华人民共和国安全生产法》的相关规定，对本起事故负有主要管理责任。由安全生产监督管理部门对该劳务公司实施行政处罚。

（3）该项目监理有限公司监理职责履行不力，未及时督促施工单位落实相关安全措施和隐患排查治理，对本起事故负有相应的监管责任。由建设行政主管部门按照有关规定对某项目监理有限公司及相关监理人员进行处理。

（4）许某安全意识不强，对在高处作业存在坠落的危险因素认识不足，未采取安全防范措施，冒险作业，引发高空坠落事故，对本起事故负有直接责任。因其死亡，免于追究其责任。

（5）该劳务公司架子工班组未按施工方案的要求进行脚手架搭设作业，未及时架设安全平网，落实安全防护措施，对本起事故的发生负有操作岗位危险因素告知不到位的管理责任。由劳务公司按照公司管理规定对架子工班长王某进行处理。

（6）该劳务公司项目负责人廖某未认真履行本职工作，未督促施工人员严格执行公司安全管理制度和项目部施工方案，施工现场安全检查不力，未发现和及时制止施工人员的冒险作业行为，对本起事故的发生负有直接管理责任。由劳务公司按照公司管理规定对其进行处理。

（7）总包项目经理胡某未认真履行规定职责，对现场安全监管不力，未严格督促施工人员落实安全防护措施，对本起事故负有管理责任。由安全生产监督管理部门对胡某实施行政处罚。

（8）现场负责人张某未认真履行岗位职责，对本起事故也负有相应的管理责任。由总包单位按照公司管理规定对张某进行处理。

第10章 施工现场临时用电安全技术

在建筑施工中，电能是不可缺少的主要能源。随着近年来建筑业的迅猛发展，施工现场各种电气装置和用电机械日益增多，对施工现场临时用电的要求也越来越严格、规范。由于施工现场环境特殊、复杂、多变，加之部分施工单位安全用电意识淡薄，对有关用电的安全防护措施不够重视，由此给施工用电带来许多不安全因素。施工现场的临时用电问题，已成为建筑行业安全管理的重要内容。

施工现场临时用电与一般工业或居民生活用电相比具有其特殊性，有别于正式"永久性"用电工程，具有暂时性、流动性、露天性和不可选择性。触电造成的伤亡事故是建筑施工现场的多发事故之一，因此，每个进入施工现场的人员必须高度重视安全用电工作，掌握基本的用电安全技术知识。

10.1　电气安全基本知识

10.1.1　安全用电基本知识

在建筑工程中，施工人员应掌握以下安全用电基本知识。

（1）进入施工现场，不要接触电线、供配电线路及工地外围的供电线路。遇到地面有电线或电缆时，不要用脚去踩踏，以免意外触电。

（2）看到"当心触电""禁止合闸""止步""高压危险"等标志牌时，要特别留意，以免触电。

（3）不要擅自触摸、乱动各种配电箱、开关箱、电气设备等，以免发生触电事故。

（4）不能用潮湿的手去扳开关或触摸电气设备的金属外壳。

（5）衣物或其他杂物不能挂在电线上。

（6）施工现场的生活照明应尽量使用荧光灯。使用灯泡时，不能紧挨着衣物、蚊帐、纸张、木屑等易燃物品，以免发生火灾。施工中使用手持行灯时，要用36V以下的安全电压。

（7）使用电动工具以前要检查外壳、导线、绝缘皮，如有破损要请专职电工检修。

（8）电动工具的线不够长时，要使用电源拖板。

（9）使用振捣器、打夯机时，不要拖拽电缆，要有专人收放。操作者要戴绝缘手套、穿绝缘靴等防护用品。

（10）使用电焊机时要先检查拖把线的绝缘好坏，电焊时要戴绝缘手套、穿绝缘靴等防护用品，不要直接用手去碰触正在焊接的工件。

（11）使用电锯等电动机械时，要有防护装置，防止受到机械伤害。

（12）电动机械的电缆不能随地拖放，如果无法架空只能放在地面时，要加盖板保护，防止电缆受到外界的损伤。

（13）开关箱周围不能堆放杂物，拉合闸刀时，旁边要有人监护。收工后要锁好开关箱。

（14）使用电器时，如遇跳闸或熔丝熔断时，不要自行更换或合闸，要由专职电工进行检查维修。

10.1.2　基本概念

1. 电压

（1）接触电压。人体的两个部位同时接触具有不同电位的两处，则人体内就会有电流通过。接触电压是在人体两个部位之间出现的电位差。

（2）跨步电压。它是指人的两脚分别站在地面上具有不同对地电位两点时，在人的两脚之间的电位差。跨步电压主要与人体和接地体之间距离、跨步大小和方向及接地电流大小等因素有关，一般离接地体越近，跨步电压越大；反之越小，离开接地体 20m 以外，可以不考虑跨步电压的作用。

（3）高压与低压。正弦交流电在 1000V 以上（含 1000V）为高压，在 1000V 以下为低压。

（4）安全电压。安全电压是指为防止触电事故而采用的 50V 以下特定电源供电的电压系列。国家标准《特低电压（ELV）限值》（GB/T 3805—2008）中规定，安全电压额定值分为 42V、36V、24V、12V 和 6V 等 5 个等级，根据不同的作业条件，可以选用不同的安全电压等级。

目前国际上公认，流经人体电流与电流在人体持续时间的乘积等于 30mA·s 为安全界限值。

以下特殊场所必须采用安全电压照明供电。

1）使用行灯，必须采用不大于 36V 的安全电压供电。

2）隧道、人防工程、有高温、导电灰尘或距离地面高度低于 2.4m 的照明等场所，电源电压应不大于 36V。

3）在潮湿和易触及带电体场所的照明电源电压，应不大于 24V。

4）在特别潮湿的场所，导电良好的地面、锅炉或金属容器内工作的照明电源电压不得大于 12V。

2. 电线的相色

电源线路可分工作相线（火线）、工作零线和专用保护零线，一般情况下，工作相线（火线）带电危险，工作零线和专用保护零线不带电（但在不正常情况下，工作零线也可能带电）。

一般相线（火线）分为 L1（A）、L2（B）、L3（C）三相，分别为黄色、绿色、红色；工作零线 N 为淡蓝色；专用保护零线 PE 为黄绿双色线。

3. 接地

电气设备用接地线与接地体连接，称为接地。

接地通常用接地体与土壤接触来实现。将金属导体或导体系统埋入土壤中，就构成一个接地体。在建筑工程中，接地体除专门埋设外，有时还利用兼作接地体的已有各种金属构件、金属井管、钢筋混凝土建（构）筑物的基础、非燃物质用的金属管道和设备等，这种接地称为自然接地体。用作连接电气设备和接地体的导体，如电气设备上的接地螺栓、机械设备的金属构架以及在正常情况下不载流的金属导线等称为接地线。接地体与接地线的总和称为接地装置。接地通常包括以下几种类型。

（1）工作接地。在电气系统中，因运行需要的接地（如三相供电系统中电源中性点的接地）称为工作接地。接地方式可以直接接地，或经电阻接地、经电抗接地、经消弧线圈接地。

将电源的中性点与大地连接后，则中性点和大地之间就没有电位差，此时中性点可称为零电位，自中性点引出的中性线称为零线。这就是一般施工现场采用的220V/380V低压系统三相四线制，即3根相线一根中性线（零线），这4根线兼作动力和照明用，把中性点直接接地，这个接地就是电力系统的工作接地。这种将变压器的中性点与大地相连接，就叫工作接地。

（2）保护接地。在电力系统中，因漏电保护的需要，将电气设备正常情况下不带电的金属外壳和机械设备的金属构件（架）接地，称为保护接地，如图10-1所示。它的接地电阻一般不大于4Ω。电气设备金属外壳正常运行时不带电而故障情况下就可能出现危险的对地电压，所以这种接地可以保护人体接触设备漏电时的安全，防止发生触电事故。每一接地装置的接地线应采用两根以上导体，在不同点与接地装置作电气连接。不得用铝导体作接地线或地下接地线，垂直接地体宜采用角钢、钢管或圆钢，不宜采用螺纹钢材。

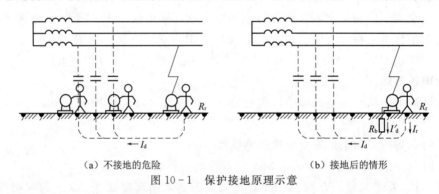

（a）不接地的危险　　　　　　　　（b）接地后的情形

图10-1　保护接地原理示意

（3）重复接地。在中性点直接接地的电力系统中，为了保证接地的作用和效果，除在中性点处直接接地外，在中性线上的一处或多处再接地，称为重复接地，如图10-2所示。重复接地可以减轻保护零线断线的危险性，缩短故障时间，降低漏电设备的对地电压以及改善防雷性能等，是与保护接零相配合的一种补充保护措施。重复接地电阻应小于10Ω。

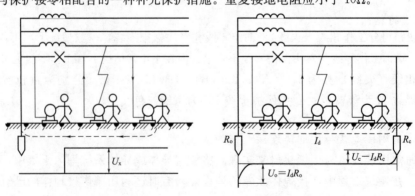

（a）无重复接地时零线断线的危险　　　（b）有重复接地时零线断线的情形

图10-2　重复接地原理示意

在一个施工现场中，重复接地不能少于3处，即除在始端（配电室或总配电箱）处作重复接地外，还必须在配电线路的中间（线路长度超过 1km 的架空线路、线路的拐弯处、较高的金属构架设备及用电设备比较集中的作业点）处和线路的末端（最后电杆或最后配电箱）处，做重复接地。

在设备比较集中的如搅拌机棚、钢筋作业区等应作一组重复接地；在高大设备处如塔吊、外用电梯、物料提升机等也要作重复接地。

（4）防雷接地。防雷装置（避雷针、避雷器、避雷线等）的接地，称为防雷接地。防雷接地设置的主要作用是雷击防雷装置时，将雷击电流泄入大地。

（5）屏蔽接地。为保证电气设备和系统免受电磁场的干扰，并使金属屏蔽的感应电荷顺利导入大地，而将金属屏蔽接地。例如，将电缆外皮的金属管接地，达到电磁适应性要求。

对于屏蔽接地，只宜在屏蔽的一点与接地体相连。如果同时有几点与接地体相连，由于各点的接地条件不同，可能产生有害的不平衡电流。

（6）防静电接地。为防止电气设备和系统在运行过程中产生的静电对人的危害，使静电顺利导入大地而将产生静电的部位接地，称为防静电接地。

4. 接零

电气设备与零线连接，就称为接零，是把电气设备在正常情况下不带电的金属部分与电网的零线紧密连接，有效地起到保护人身和设备安全的作用。

（1）工作接零。电气设备因运行需要而与工作零线连接，称为工作接零。

（2）保护接零。电气设备正常情况不带电的金属外壳和机械设备的金属构架与电网中的零线连接，这种做法称为保护接零。在 220V/380V 三相四线制变压器中性点直接接地的系统中，普遍采用保护接零为安全技术措施。

有这种接零保护后，当电机的其中一相带电部分发生碰壳时，该相电流通过设备的金属外壳，形成该相对零线的单相短路（漏电电流经相线到设备外壳，到保护零线，最后经零线回到电网，与漏电相形成单相回路），这时的短路电流很大，会迅速将熔断器的保险烧断（保护接零措施与保护切断相配合），从而断开电源消除危险，如图 10-3 所示。

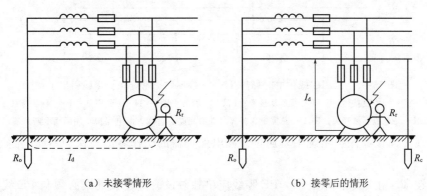

（a）未接零情形　　　　　　　　（b）接零后的情形

图 10-3　保护接零原理示意

注：保护接地与保护接零一样都是电气上采用的保护措施，但它们适用的范围不同。保护接零适用于中性点接地的电网；保护接地的措施适用于中性点不接地的电网中（电网系统对地是绝缘的），这种电网在正常情况下，漏电电流很小，当设备一相碰壳时，漏电设备对地电压很低，人触及时危险不大（电流通过人体和电网对地绝缘阻抗形成回路），但当电网绝缘性能下降等各种原因发生的情况下，这个电压可能就会上升到危险程度。

10.2 一般安全设施

10.2.1 TN-S系统

（1）在施工现场专用变压器供电的 TN-S 接零保护系统中，电气设备的金属外壳必须与保护零线连接。保护零线应由工作接地线、配电室（总配电箱）电源侧零线或总漏电保护器电源侧零线处引出，如图 10-4 所示。

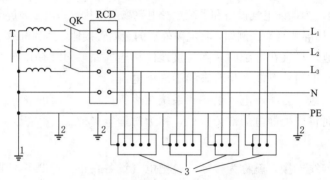

图 10-4　专用变压器供电时 TN-S 接零保护系统示意

1—工作接地；2—PE 线重复接地；3—电气设备金属外壳（正常不带电的外露可导电部分）；T—变压器

（2）当施工现场与外电线路共用同一供电系统时，电气设备的接地、接零保护应与原系统保护一致，不得一部分设备作保护接零，另一部分设备作保护接地。

采用 TN 系统作保护接零时，工作零线（N 线）必须通过总漏电保护器，保护零线（PE 线）必须由电源进线零线重复接地处或总漏电保护器电源侧零线处引出，形成局部TN-S 接零保护系统，如图 10-5 所示。

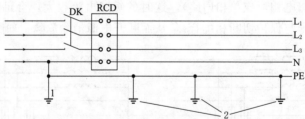

图 10-5　三相四线供电时局部 TN-S 接零保护系统保护零线引出示意

1—NPE 线重复接地；2—PE 线重复接地；L_1、L_2、L_3—相线；N—工作零线；PE—保护零线；

DK—总电源隔离开关；RCD—总漏电保护器（兼有短路、过载、漏电保护功能的漏电断路器）

（3）在 TN 接零保护系统中，通过总漏电保护器的工作零线与保护零线之间不得再作电气连接。

（4）在 TN 接零保护系统中，PE 零线应单独敷设。重复接地线必须与 PE 线相连接，严禁与 N 线相连接。

（5）使用一次侧由 50V 以上电压的接零保护系统供电，二次侧为 50V 及以下电压的安全隔离变压器时，二次侧不得接地，并应将二次线路用绝缘管保护或采用橡皮护套软线。

当采用普通隔离变压器时，其二次侧一端应接地，且变压器正常不带电的外露可导电部分应与一次回路保护零线相连接。

　　以上变压器还应采取防直接接触带电体的保护措施。

　　（6）施工现场的临时用电电力系统严禁利用大地作相线或零线。

　　（7）PE 线所用线芯与相线、工作零线（N 线）相同时，其最小截面应符合表 10-1
的规定。

表 10-1　　　　　　　　　　　　　　　PE 线截面与相线截面的关系

相线芯线截面 S/mm^2	PE 线最小截面/mm^2	相线芯线截面 S/mm^2	PE 线最小截面/mm^2
$S \leqslant 16$	5	$S > 35$	$S/2$
$16 < S \leqslant 35$	16		

　　（8）保护零线必须采用绝缘导线。配电装置和电动机械相连接的 PE 线应为截面不小于
2.5mm² 的绝缘多股铜线。手持式电动工具的 PE 线应为截面不小于 1.5mm² 的绝缘多股铜线。

　　（9）PE 线上严禁装设开关或熔断器，严禁通过工作电流，且严禁断线。

10.2.2　三级配电和两级保护

　　《施工现场临时用电安全技术规范》（JGJ 46—2005）要求，配电箱应分级设置，即在
总配电箱下设分配电箱，分配电箱以下设开关箱，开关箱以下是用电设备，形成三级配
电，如图 10-6 所示。这样配电层次清楚，既便于管理又便于查找故障。同时要求，照明
配电与动力配电最好分别设置，自成独立系统，不致因动力停电影响照明。

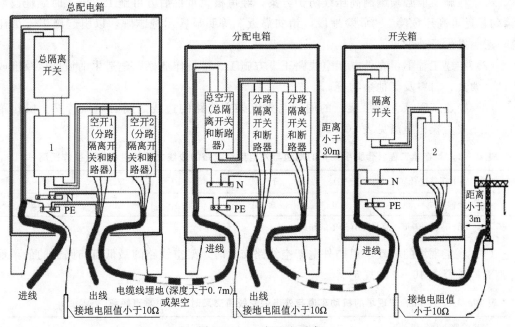

图 10-6　三级配电示意

1—总漏电保护器（额定漏电动作电流大于 30mA，漏电动作时间大于 0.1s；额定漏电动作电流与漏电动

作时间乘积不大于 30mA·s）；2—漏电保护器（额定漏电动作电流不小于 30mA，潮湿/腐蚀介质

场所漏电动作电流不大于 15mA；额定漏电动作时间不大于 0.1s）

"两级保护"是指将电网的干线与分支线路作为第一级，线路末端作为第二级。除在末级开关箱内加装漏电保护器外，还要在上一级分配电箱或总配电箱中再加装一级漏电保护器，总体上形成两级保护。第一级漏电保护区域较大，停电后影响也大，漏电保护器灵敏度不要求太高，其漏电动作电流和动作时间应大于后面的第二级保护，这一级保护主要提供间接保护和防止漏电火灾，如果选用参数过小将会导致误动作影响正常生产。末级主要提供间接接触防护和直接接触的补充防护。末端电器使用频繁，危险性较大，要求设置高灵敏度（剩余电流的动作电流在 30mA 以下）、快速（分断时间小于 0.1s）的保护器，以防止有致命危险的人身触电事故发生。

10.3 临时用电安全技术

为保证建筑工程施工用电安全，施工企业必须做好外电线路防护、配电室、配电线路、配电箱、开关箱等的设置工作，从而保证现场照明以及电气设备的安全运行。

10.3.1 外电线路防护

外电线路主要指不为施工现场专用的、原来已经存在的高压或低压配电线路，外电线路一般为架空线路，个别现场也会遇到地下电缆。施工过程中必须与外电线路保持一定的安全距离。当因受现场作业条件限制达不到安全距离时，必须采取保护措施，防止发生因碰触造成的触电事故。

（1）在施工前必须编制高压线防护方案，经审核、审批后方可施工。施工时应挂设如"请勿靠近，高压危险""危险地段，请勿靠近"等明显警示标志牌，以引起施工人员注意，避免发生意外事故。

（2）在建工程不得在外电架空线路正下方施工、搭设作业棚、建造生活设施以及堆放构件、架具、材料及其他杂物等。

（3）在建工程（含脚手架）的周边与外电架空线路的边线之间必须保持安全操作距离。最小安全操作距离见表 10-2。

表 10-2　在建工程（含脚手架）的周边与外电架空线路的边线之间的最小安全操作距离

外电线路电压等级/kV	<1	1~10	35~110	220	330~500
最小安全操作距离/m	4.0	6.0	8.0	10	15

注　上、下脚手架的斜道不宜设在有外电线路的一侧。

（4）施工现场的机动车道与外电架空线路交叉时，架空线路的最低点与路面的最小垂直距离应符合表 10-3 的规定。

表 10-3　施工现场的机动车道与外电架空线路交叉时的最小垂直距离

外电线路电压等级/kV	<1	1~10	35
最小垂直距离/m	6.0	7.0	7.0

（5）起重机严禁越过无防护设施的外电架空线路作业。在外电架空线路附近吊装时，

起重机的任何部位或被吊物边缘在最大偏斜时与架空线路边线的最小安全距离应符合表 10-4 的规定。

表 10-4　　　　起重机与架空线路边线的最小安全距离

安全距离　　电压/V	<1	10	35	110	220	330	500
沿垂直方向/m	1.5	3.0	4.0	5.0	6.0	7.0	8.5
沿水平方向/m	1.5	2.0	3.5	4.0	6.0	7.0	8.5

（6）施工现场开挖沟槽边缘与外电埋地电缆沟槽边缘之间的距离不得小于 0.5m。

（7）当达不到规定时，必须采取绝缘隔离防护措施，并应悬挂醒目的警告标志。架设防护设施时，必须经有关部门批准，采用线路暂时停电或其他可靠的安全技术措施，并应有电气工程技术人员和专职安全人员监护。防护设施与外电线路之间的安全距离不应小于表 10-5 所列数值。防护设施应坚固、稳定，且对外电线路的隔离防护应达到 IP30 级。

表 10-5　　　　防护设施与外电线路之间的最小安全距离

外电线路电压等级/kV	≤10	35	110	220	330	500
最小安全距离/m	1.7	2.0	2.5	4.0	5.0	6.0

（8）当上一条规定的防护措施无法实现时，必须与有关部门协商，采取停电、迁移外电线路或改变工程位置等措施，未采取上述措施的严禁施工。

（9）在外电架空线路附近开挖沟槽时，必须会同有关部门采取加固措施，防止外电架空线路电杆倾斜、悬倒。

（10）当由于条件所限不能满足最小安全操作距离时，应设置防护性遮栏、栅栏并悬挂警告牌等防护措施。

1）在施工现场一般采取搭设防护架，其材料应使用竹、木质等绝缘性材料。防护架距线路一般不小于 1m，必须停电搭设（拆除时也要停电）。防护架距作业区较近时，应用硬质绝缘材料封严。

2）当架空线路在塔吊等起重机的作业半径范围内时，其线路的上方也应有防护措施，搭设成门形，其顶部可用 5cm 厚的木板或相当于 5cm 厚木板强度的材料盖严。为警示起重机作业，可在防护架上端间断设置小彩旗，夜间施工应有警示灯，其电源电压应为 36V。

（11）室外变压器防护要求如下。

1）变压器周围要设围栏（栅栏、网状或板状遮栏），高度不小于 1700mm。

2）变压器外廓与围栏或建筑物外墙的净距不小于 800mm。

3）变压器底部距地面高度不小于 300mm。

4）栅栏的栏条之间间距不超过 200mm，遮栏的网眼不超过 40mm×40mm。

（12）高压配电防护要求见表 10-6。

表 10-6　　　　　　　　　　　　**露天配电装置最小安全净距**　　　　　　　　单位：mm

项　目	3~10kV	项　目	3~10kV
带电部分至接地部分	200	带电部分至网状遮栏	300
不同相的带电部分之间	200	无遮栏裸导体至地面	2700
带电部分至栅栏	950	不同时检修的无遮栏裸导体之间水平距离	2200

（13）低压架空线路防护。要求在架空线路上方沿线路方向设置一水平方向的防护棚。

（14）高压线过路防护。高压线下方必须做相应的防护屏障，对车辆通过有高度限制，并设警示牌，搭设的防护屏障应使用木杆，高压线距防护屏障的距离不应小于表 10-7 的尺寸。

表 10-7　　　　　　　　　　　　**户外带电体与遮拦、栅栏的安全距离**

外电线路额定电压/kV	1~3	6	10	35	60	110	220	330	500
线路边线至栅栏的安全距离/mm	950	950	950	1150	1350	1750	2650	4500	—
线路边线至遮栏的安全距离/mm	300	300	300	500	700	1100	1900	2700	5000

（15）在搭设防护屏障时必须注意以下问题。

1）防护遮栏、栅栏的搭设可用竹、木脚手架杆作防护立杆、水平杆。可用木板、竹排或干燥的荆笆、密目安全网等作纵向防护屏障。

2）各种防护杆的材质及搭设方法应按竹木脚手架施工的有关安全技术标准进行。

3）搭设和拆除防护屏障时应停电作业，并在醒目处设有警告标志。

4）防护遮栏、栅栏应有足够的机械强度和耐火性能，金属制成的防护屏障应接地或接零。

5）搭设跨越门形架时，立杆应高出跨越横杆 1.2m 以上；旋转臂架式起重机在跨越10kV 以下吊物时，也需搭设跨越架。

10.3.2　配电室

（1）配电室应靠近电源，并应设在灰尘少、潮气小、通风好、振动小、无腐蚀介质、无易燃易爆物及道路畅通的地方，并应采取防止雨雪侵入和动物进入的措施。

（2）成列的配电柜和控制柜两端应与重复接地线及保护零线作电气连接。

（3）配电室布置应符合下列要求。

1）配电柜正面的操作通道宽度，单列布置或双列背对背布置时不小于 1.5m，双列面对面布置时不小于 2m。

2）配电柜后面的维护通道宽度，单列布置或双列面对面布置时不小于 0.8m，双列背对背布置时不小于 1.5m，有建筑物结构凸出的地方，则此处通道宽度可减少 0.2m。

3）配电柜侧面的维护通道宽度不小于 1m。

4）配电室的顶棚与地面的距离不低于 3m。

5）配电室内设置值班或检修室时，该室边缘距配电柜的水平距离应大于 1m，并采取屏障隔离。

6）配电室内的裸母线与地面垂直距离小于 2.5m 时，应采用遮栏隔离，遮栏下面通道的高度不小于 1.9m。

7）配电室围栏上端与其正上方带电部分的净距不小于 0.075m。

8）配电装置的上端距顶棚不小于 0.5m。

9）配电室的建筑物和构筑物的耐火等级不低于 3 级，室内不得存放易燃、易爆物品，并应配置沙箱和可用于扑灭电气火灾的灭火器。

10）配电室的门应向外开，并配锁。

11）配电室的照明分别设置正常照明和事故照明。

（4）配电柜应编号并应有用途标记，应装设电源隔离开关及短路、过载、漏电保护电器。电源隔离开关分断时应有明显可见的电源分断点。

10.3.3 配电线路

施工现场的配电线路包括室外线路和室内线路。室外线路主要有绝缘导线架空敷设（架空线路）和绝缘电缆埋地敷设（埋地电缆线路）两种敷设方式。室内线路通常有绝缘导线和电缆的明敷设（明设线路）和暗敷设（暗设线路）两种。

1. 架空线路

（1）架空线路宜采用钢筋混凝土杆或木杆。钢筋混凝土杆不得有露筋、宽度大于 0.4mm 的裂纹和扭曲；木杆不得腐朽，其梢径不应小于 140mm。架空线路的档距不得大于 35m；线间距离不得小于 0.3m；靠近电杆两导线的间距不得小于 0.5m；四线横担长 1.5m，五线横担长 1.8m。

（2）电杆的拉线宜采用不少于 3 根 $\phi 4.0mm$ 的镀锌钢丝。拉线与电杆的夹角应在 30°～45°之间。拉线埋设深度不得小于 1m。电杆拉线如从导线之间穿过，应在高于地面 2.5m 处装设拉线绝缘子。因受地表环境限制不能装设拉线时，可采用撑杆代替拉线，撑杆埋设深度不得小于 0.8m，其底部应垫底盘或石块。撑杆与电杆的夹角宜为 30°。

（3）架空线路必须采用绝缘导线，必须架设在专用电杆上，严禁架设在树木、脚手架及其他设施上。

（4）架空线导线截面的选择应符合下列要求。

1）导线中的计算负荷电流不大于其长期连续负荷允许载流量。

2）线路末端的电压偏移不大于额定电压的 5%。

3）三相四线制的工作零线和保护零线截面不小于相线截面的 50%；单相线路的零线截面与相线截面相同。

4）按机械强度要求，绝缘铜线截面不小于 $10mm^2$，绝缘铝线截面不小于 $16mm^2$。

5）在跨越铁路、公路、河流、电力线路档距内，绝缘铜线截面不小于 $16mm^2$，绝缘铝线截面不小于 $25mm^2$。

（5）架空线路的档距不大于 35m。架空线在一个档距内，每层导线的接头数不得超过该层导线条数的 50%，且一条导线应只有一个接头。在跨越铁路、公路、河流、电力线路档距内，架空线不得有接头。

（6）架空线路与邻近线路或固定物的距离应符合表 10-8 的要求。

表 10－8 　　　　　　　　　　　　架空线路与邻近线路或固定物的距离

项目	距 离 类 别						
最小净空 距离/m	架空线路的过引线、接下线与邻线		架空线与架空线电杆外缘			架空线与摆动最大时树梢	
	0.13		0.05			0.50	
最小垂直 距离/m	架空线同杆架 设下方的通信、 广播线路	架空线最大弧垂与地面			架空线最大弧 垂与暂设工程 顶端	架空线与邻近电力 线路交叉	
		施工现场	机动车道	铁路轨道		1kV 以下	1～10kV
	1.0	4.0	6.0	7.5	2.5	1.2	2.5
最小水平 距离/m	架空线电杆与路基边缘		架空线电杆与铁路轨道边缘			架空线边线与建筑物凸出部分	
	1.0		杆高＋3.0			1.0	

（7）架空线路必须有短路保护。采用熔断器作短路保护时，其熔体额定电流不应大于明敷绝缘导线长期连续负荷允许载流量的 1.5 倍。采用断路器作短路保护时，其瞬动过流脱扣器脱扣电流整定值应小于线路末端单相短路电流。

（8）架空线路必须有过载保护。采用熔断器或断路器作过载保护时，绝缘导线长期连续负荷允许载流量不应小于熔断器熔体额定电流或断路器长延时过流脱扣器脱扣电流整定值的 1.25 倍。

2. 电缆线路

（1）电缆中必须包含全部工作芯线和用作保护零线或保护线的芯线。需要三相四线制配电的电缆线路必须采用五芯电缆。五芯电缆必须包含淡蓝、绿/黄两种颜色绝缘芯线。淡蓝色芯线必须用作 N 线；绿/黄双色芯线必须用作 PE 线，严禁混用。

（2）电缆截面的选择应根据其长期连续负荷允许载流量和允许电压偏移确定。

1）导线中的计算负荷电流不大于其长期连续负荷允许载流量。

2）线路末端电压偏移不大于其额定电压的 5%。

3）三相四线制线路的 N 线和 PE 线截面不小于相线截面的 50%，单相线路的零线截面与相线截面相同。

（3）电缆线路应采用埋地或架空敷设，严禁沿地面明设，并应避免机械损伤和介质腐蚀。埋地电缆路径应设方位标志。

（4）电缆类型应根据敷设方式、环境条件选择。埋地敷设宜选用铠装电缆；当选用无铠装电缆时，应能防水、防腐。架空敷设宜选用无铠装电缆。

（5）电缆直接埋地敷设的深度不应小于 0.7m，并应在电缆紧邻上、下、左、右侧均匀敷设不小于 50mm 厚的细砂，然后覆盖砖或混凝土板等硬质保护层。

（6）埋地电缆在穿越建筑物、构筑物、道路以及易受机械损伤等场所时，必须加设防护套管，防护套管内径不应小于电缆外径的 1.5 倍。

（7）埋地电缆与其附近外电电缆和管沟的平行间距不得小于 2m，交叉间距不得小于 1m。

（8）埋地电缆的接头应设在地面上的接线盒内，接线盒应能防水、防尘、防机械损伤，并应远离易燃、易爆、易腐蚀场所。

（9）架空电缆应沿电杆、支架或墙壁敷设，并采用绝缘子固定，绑扎线必须采用绝缘线，固定点间距应保证电缆能承受自重所带来的荷载，敷设高度应符合架空线路敷设高度的要求，但沿墙壁敷设时最大弧垂距地不得小于 2.0m。架空电缆严禁沿脚手架、树木或其他设施敷设。

（10）在建工程内的电缆线路必须采用电缆埋地引入，严禁穿越脚手架引入。电缆垂直敷设应充分利用在建工程的竖井、垂直洞等，并宜靠近用电负荷中心，固定点楼层不得少于一处。电缆水平敷设宜沿墙或门口刚性固定，最大弧垂距地不得小于 2.0m。

（11）装饰装修工程或其他特殊阶段，应补充编制单项施工用电方案。电源线可沿墙角、地面敷设，但应采取防机械损伤和电火措施。

（12）电缆线路必须有短路保护和过载保护，短路保护和过载保护电器与电缆的选配应符合架空线路的相应要求。

3. 室内配电线路

（1）室内配线必须采用绝缘导线或电缆，根据配线类型采用瓷瓶、瓷（塑料）夹、嵌绝缘槽、穿管或钢索敷设。潮湿场所或埋地非电缆配线必须穿管敷设，管口和管接头应密封；当采用金属管敷设时，金属管必须作等电位连接，且必须与 PE 线相连接。

（2）室内非埋地明敷主干线距地面高度不得小于 2.5m。

（3）架空进户线的室外端应采用绝缘子固定，过墙处应穿管保护，距地面高度不得小于 2.5m，并应采取防雨措施。

（4）室内配线所用导线或电缆的截面应根据用电设备或线路的计算负荷确定，但铜线截面不应小于 1.5mm^2，铝线截面不应小于 2.5mm^2。

（5）钢索配线的吊架间距不宜大于 12m。采用瓷夹固定导线时，导线间距不应小于 35mm，瓷夹间距不应大于 800mm；采用瓷瓶固定导线时，导线间距不应小于 100mm，瓷瓶间距不应大于 1.5m；采用护套绝缘导线或电缆时，可直接敷设于钢索上。

（6）室内配线必须有短路保护和过载保护，短路保护和过载保护电器与绝缘导线、电缆的选配应符合相关规范要求。对穿管敷设的绝缘导线线路，其短路保护熔断器的熔体额定电流不应大于穿管绝缘导线长期连续负荷允许载流量的 2.5 倍。

10.3.4 配电箱及开关箱

（1）配电箱、开关箱应装设在干燥、通风及常温场所，不得装设在有严重损伤作用的瓦斯、烟气、潮气及其他有害介质中，也不得装设在易受外来固体物撞击、强烈振动、液体浸溅及热源烘烤场所；否则，应予以清除或作防护处理。配电箱、开关箱周围应有足够两人同时工作的空间和通道，不得堆放任何妨碍操作、维修的物品，不得有灌木、杂草。

（2）配电箱、开关箱外形结构应能防雨、防尘。配电箱、开关箱应采用冷轧钢板或阻燃绝缘材料制作，钢板厚度应为 1.2～2.0mm，其中开关箱箱体钢板厚度不得小于 1.2mm，配电箱箱体钢板厚度不得小于 1.5mm，箱体表面应作防腐处理。

（3）配电箱、开关箱应装设端正、牢固。固定式配电箱、开关箱的中点与地面的垂直距离应为 1.4～1.6m。移动式配电箱、开关箱应装设在坚固、稳定的支架上。其中心点与地面的垂直距离宜为 0.8～1.6m。

（4）配电箱、开关箱中导线的进线口和出线口应设在箱体的下底面。进、出线口应配置固定线卡，进、出线应加绝缘护套并成束卡在箱体上，不得与箱体直接接触。移动式配电箱、开关箱的进、出线应采用橡皮护套绝缘电缆，不得有接头。

（5）配电箱、开关箱的金属箱体、金属电器安装板以及内部开关电器正常不带电的金属底座、外壳等必须通过 PE 线端子板与 PE 线作电气连接，金属箱门与金属箱必须通过采用编织软铜线作电气连接。

（6）配电箱、开关箱内的电器（含插座）应先按其规定位置安装在金属或非木质阻燃绝缘电器安装板上，然后方可整体紧固在配电箱、开关箱箱体内。金属电器安装板与金属箱体应作电气连接。

（7）配电箱的电器安装板上必须分设并标明 N 线端子板和 PE 线端子板。N 线端子板必须与金属电器安装板绝缘；PE 线端子板必须与金属电器安装板作电气连接。进、出线中的 N 线必须通过 N 线端子板连接；PE 线必须通过 PE 线端子板连接。

（8）配电箱、开关箱内的连接线必须采用铜芯绝缘导线。导线绝缘的颜色标志应按要求配置并排列整齐；导线分支接头不得采用螺栓压接，应采用焊接并作绝缘包扎，不得有外露带电部分。

（9）配电箱、开关箱内应设置剩余电流动作保护器，其额定漏电动作电流和额定漏电动作时间应安全可靠（一般额定漏电动作电流不大于 30mA，额定漏电动作时间小于 0.1s），并有合适的分级配合。但总配电箱（或配电室）内的剩余电流动作保护器，其额定漏电动作电流与额定漏电动作时间的乘积最高应限制在 30mA·s 以内。

（10）配电系统应设置配电柜或总配电箱、分配电箱、开关箱，实行三级配电。配电系统宜使三相负荷平衡。220V 或 380V 单相用电设备宜接入 220V/380V 三相四线系统；当单相照明线路电流大于 30A 时，宜采用 220V/380V 三相四线制供电。

（11）总配电箱以下可设若干分配电箱；分配电箱以下可设若干开关箱。总配电箱应设在靠近电源的区域，分配电箱应设在用电设备或负荷相对集中的区域，分配电箱与开关箱的距离不得超过 30m，开关箱与其控制的固定式用电设备的水平距离不宜超过 3m。

（12）动力配电箱与照明配电箱宜分别设置。当合并设置为同一配电箱时，动力和照明应分路配电；动力开关箱与照明开关箱必须分设。

（13）开关箱与用电设备之间应实行"一机一闸"制。每台用电设备必须有各自专用的开关箱，严禁用同一个开关箱直接控制两台及两台以上用电设备（含插座）。

（14）配电箱的剩余电流动作保护器有停用 3 个月以上、转换现场、大电流短路掉闸情况之一时，漏电保护开关应采用漏电保护开关专用检测仪重新检测，其技术参数须符合相关标准要求方可投入使用。

10.3.5 插座

常用的插座分为单相双孔、单相三孔和三相四孔等。对于两孔插座，左孔接零线，右孔接相线。对于三孔插座，左孔接零线，右孔接相线，上孔接保护零线。对于四孔插座，上孔接保护零线，其他三孔分别接 A、B、C 3 根相线，如图 10-7 所示。

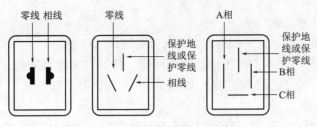

图 10-7　插座接线示意

10.3.6　现场照明

1. 一般规定

(1) 在坑、洞、井内作业、夜间施工或厂房、道路、仓库、办公室、食堂、宿舍、料具堆放场及自然采光差等场所，应设一般照明、局部照明或混合照明。在一个工作场所内，不得只设局部照明。停电后，操作人员需及时撤离的施工现场，必须装设自备电源的应急照明。

(2) 现场照明应采用高光效、长寿命的照明光源。对需大面积照明的场所，应采用高压汞灯、高压钠灯或混光用的卤钨灯等。

(3) 照明器的选择必须按下列环境条件确定。

1) 正常湿度一般场所，选用开启式照明器。

2) 潮湿或特别潮湿场所，选用密闭型防水照明器或配有防水灯头的开启式照明器。

3) 含有大量尘埃但无爆炸和火灾危险的场所，选用防尘型照明器。

4) 有爆炸和火灾危险的场所，按危险场所等级选用防爆型照明器。

5) 存在较强振动的场所，选用防振型照明器。

6) 有酸碱等强腐蚀介质场所，选用耐酸碱型照明器。

(4) 照明器具和器材的质量应符合国家现行有关强制性标准的规定，不得使用绝缘老化或破损的器具和器材。

(5) 无自采光的地下大空间施工场所，应编制单项照明用电方案。

2. 照明供电

(1) 一般场所宜使用额定电压为 220V 的照明器。

(2) 下列特殊场所应使用安全特低电压照明器。

1) 隧道、人防工程、高温、有导电灰尘、比较潮湿或灯具离地面高度低于 2.5m 等场所的照明，电源电压不应大于 36V。

2) 潮湿和易触及带电体场所的照明，电源电压不得大于 24V。

3) 特别潮湿场所、导电良好的地面、锅炉或金属容器内的照明，电源电压不得大于 12V。

(3) 使用行灯应符合下列要求。

1) 电源电压不大于 36V。

2) 灯体与手柄应坚固、绝缘良好并耐热耐潮湿。

3）灯头与灯体结合牢固，灯头无开关。

4）灯泡外部有金属保护网。

5）金属网、反光罩、悬吊挂钩固定在灯具的绝缘部位上。

（4）远离电源的小面积工作场地、道路照明、警卫照明或额定电压为 12～36V 照明的场所，其电压允许偏移值为额定电压值的 10%～5%；其余场所电压允许偏移值为额定电压值的 ±5%。

（5）照明变压器必须使用双绕组型安全隔离变压器，严禁使用自耦变压器。

（6）照明系统宜使三相负荷平衡，其中每一单相回路上，灯具和插座数量不宜超过 25 个，负荷电流不宜超过 15A。

（7）携带式变压器的一次侧电源线应采用橡皮护套或塑料护套铜芯软电缆，中间不得有接头，长度不宜超过 3m，其中绿/黄双色线只可用于 PE 线使用，电源插销应有保护触头。

（8）工作零线截面应按下列规定选择。

1）单相二线及二相二线线路中，零线截面与相线截面相同。

2）三相四线制线路中，当照明器为白炽灯时，零线截面不小于相线截面的 50%；当照明器为气体放电灯时，零线截面按最大负载相的电流选择。

3）在逐相切断的三相照明电路中，零线截面与最大负载相相线截面相同。

（9）室内、室外照明线路的敷设应符合《施工现场临时用电安全技术规范》（JGJ 46—2005）的相关要求。

3.照明装置

（1）照明灯具的金属外壳必须与 PE 线相连接，照明开关箱内必须装设隔离开关、短路与过载保护电器和漏电保护器，并应符合《施工现场临时用电安全技术规范》（JGJ 46—2005）的相关规定。

（2）室外 220V 灯具距地面不得低于 3m，室内 220V 灯具距地面不得低于 2.5m。普通灯具与易燃物距离不宜小于 300mm。聚光灯、碘钨灯等高热灯具与易燃物距离不宜小于 500mm，且不得直接照射易燃物。达不到规定安全距离时，应采取隔热措施。

（3）路灯的每个灯具应单独装设熔断器保护。灯头线应做防水弯。

（4）荧光灯管应采用管座固定或用吊链悬挂，荧光灯的镇流器不得安装在易燃的结构物上。

（5）碘钨灯及钠、铂、铟等金属卤化物灯具的安装高度宜在 3m 以上，灯线应固定在接线柱上，不得靠近灯具表面。

（6）投光灯的底座应安装牢固，应按需要的光轴方向将枢轴拧紧固定。

（7）螺口灯头及其接线应符合下列要求。

1）灯头的绝缘外壳无损伤、无漏电。

2）相线接在与中心触头相连的一端，零线接在与螺纹口相连的一端。

（8）灯具内的接线必须牢固，灯具外的接线必须作可靠的防水绝缘包扎。

（9）暂设工程的照明灯具宜采用拉线开关控制，开关安装位置宜符合下列要求。

1）拉线开关距地面高度为 2～3m，与出入口的水平距离为 0.15～0.2m，拉线的出口向下。

2）其他开关距地面高度为1.3m，与出入口的水平距离为0.15～0.2m。

（10）灯具的相线必须经开关控制，不得将相线直接引入灯具。

（11）对夜间影响飞机或车辆通行的在建工程及机械设备，必须设置醒目的红色信号灯，其电源应设在施工现场总电源开关的前侧，并应设置外电线路停止供电时的应急自备电源。

10.3.7 部分电气设备的安全运行简介

1. 起重机械

（1）塔吊采用三相四线制供电时，供电线路的零线应与塔机的接地线严格分开。在TN系统中，必须采用TN-S方式，有专用的保护零线，严禁用金属结构作照明线路的回路。

（2）应将电源线路送至塔式起重机轨道附近的开关电箱，由箱内引出保护零线，与道轨上的重复接地线相连接，开关箱中应设置电源隔离开关及漏电断路器（空气开关、剩余电流保护器），应具有短路保护、过流保护、断相保护及漏电保护等功能。

（3）塔机的重复接地，应在轨道的两端各设一组接地装置，且将两条轨道焊$\phi8$～10mm钢筋作环形电气连接，道轨各接头也应用导线做电气连接。对较长的轨道可按每30m设置一组接地装置。

（4）塔机所用各种线路（动力、控制、照明、信号、通信等）均采用钢管敷设，并将钢管与该机的金属结构做电气连接。

（5）沿塔式起重机塔身垂直悬挂的电缆，应使用电缆网套或其他可靠装置悬挂，以保证电缆自重不拖拉电缆和防止机械磨损。

（6）轨道式塔机的供电电缆卷筒应具有张紧装置，防止电缆在轨道、枕木上磨损和机械损伤，电缆收放速度应与塔机运行速度同步。

（7）需要夜间工作的塔式起重机，应设置正对工作面的投光灯。塔顶高于30m的塔机，其最高点及起重臂端部应安装红色障碍指示灯，其电源应不受停机影响。

（8）外用电梯的电源控制开关应用空气自动开关，不得使用铁壳开关或胶盖闸刀。空气自动开关必须装入箱内，停用时上锁。

（9）外用电梯梯笼内、外均应安装紧急停止开关。

（10）外用电梯和物料提升机的上、下极限位置应设置限位开关。

（11）外用电梯和物料提升机在每日工作前必须对行程开关、限位开关、紧急停止开关、驱动机构和制动器等进行空载检查，正常后方可使用，检查时必须有防坠落措施。

2. 焊接机械

（1）电焊机运到施工现场或在接线之前，应由主管部门验收确认合格。露天放置应稳固并有防雨设施。

（2）每台焊机有专用的开关箱和一机一闸控制，由专业电工负责接线安装。开关控制应采用自动开关，不能使用手动开关。

（3）按照现场安全用电要求，电焊机的外壳应做保护接地或接零。为了防止高压（一次侧）窜入低压（二次侧）造成危害，交流焊机的二次侧应当接零或接地。电焊机的一次侧及二次侧都应装设防触电保护装置。

（4）一次侧的电源线长度不应超过 5m。线路与电焊机接线柱连接牢固，接线柱上部应有防护罩，防止意外损伤及触电。当特殊情况一次侧的电源线必须加长时，其架设高度应在 2.5m 以上并固定牢靠。

（5）应使用合格的电焊钳，焊钳应能牢固地夹紧焊条，与电缆线连接可靠。焊钳要有良好的绝缘性能，禁止使用自制的简易焊钳。

（6）焊接电缆应使用防水型橡皮护套铜芯多股软电缆，与电焊机接线柱采用线鼻子连接压实，禁止采用随意缠绕方法连接，防止造成松动接触不良和引起的火花、过热现象。

（7）焊接电缆长度一般不超过 30m，当需要加长时，应相应增加导线的截面。电缆线经过通道时，必须采取加护套、穿管（不同电压、不同回路的导线不能穿在同一管内）等保护措施。

（8）电焊机把线和回路零线必须双线到位，严禁使用脚手架、金属栏杆、轨道及其他金属物搭接代替导线使用，防止造成触电事故和因接触不良引起火灾。

（9）在进行改变焊机接头、更换焊件需要改接二次回路、转移工作地点、焊机需要检修、暂停工作或下班时，先切断电源。

3. 手持式电动工具

（1）手持式电动工具分类。

1）Ⅰ类手持式电动工具。在防止触电的保护方面不仅依靠基本绝缘，而且还包含一个附加的安全预防措施，其方法是将可触及的可导电的零件与已安装的固定线路中的保护（接地）导线连接起来，以这样的方法来使这些零件在基本绝缘损坏的事故中不成为带电体，适用于干燥场所。Ⅰ类手持式工具的绝缘电阻不小于 2MΩ。

2）Ⅱ类手持式电动工具。在防止触电的保护方面不仅依靠基本绝缘，而且还提供双重绝缘或加强绝缘的附加安全预防措施和设有保护接地或依赖安装条件的措施。

Ⅱ类工具分为绝缘外壳Ⅱ类工具和金属外壳Ⅱ类工具。在工具的明显部位标有Ⅱ类结构符号——回（注："回"标志的外正方框边长应为内正方框边长的两倍左右，外正方框边长不应小于 5mm），适用于比较潮湿的作业场所。Ⅱ类手持式工具的绝缘电阻不小于 2MΩ。

3）Ⅲ类手持式电动工具。在防止触电的保护方面，依靠由安全特低电压供电和在工具内部不会产生比安全特低电压高的电压，适用于特别潮湿的作业场所和在金属容器内作业。Ⅲ类手持式电动工具的绝缘电阻不小于 1MΩ。

（2）电动工具使用。

1）手持式电动工具在使用前，应检查是否有产品认证标志及定期检查合格标志，外壳、手柄是否有裂缝或破损，电源线、电源插头、保护接地线（PE）连接、电气保护装置和机械防护装置等是否完好无损，电源开关动作是否正常、灵活，使用前必须做空载试验。

2）在一般作业场所，应使用Ⅱ类工具。若使用Ⅰ类工具时，还应在电气线路中采用额定剩余动作电流不大于 30mA 的剩余电流动作保护器、隔离变压器等保护措施。

3）在潮湿作业场所或金属构架上等导电性能良好的作业场所，必须使用Ⅱ类或Ⅲ类工具，并装设防溅的漏电保护器，严禁使用Ⅰ类工具。

4）在锅炉、金属容器、管道内等作业场所，应使用Ⅲ类工具或在电气线路中装设额定剩余动作电流不大于30mA的剩余电流动作保护器的Ⅱ类工具。

5）工具的电源线不得任意接长或拆换。当电源离工具操作点距离较远而电源线长度不够时，应采用耦合器进行连接。

6）工具电源线上的插头不得任意拆除或调换，当原有插头损坏后，严禁不用插头直接将电线的金属丝插入插座。工具的插头、插座应按规定正确接线，其中的保护接地极在任何情况下只能单独连接保护接地线（PE）。严禁在插头、插座内用导线直接将保护接地极与工作中性线连接起来。

7）长期搁置不用或受潮的工具在使用前，应由电工测量绝缘阻值是否符合要求。

8）作业人员应按规定穿戴绝缘防护用品（绝缘鞋、绝缘手套等）。手持式工具的旋转部件应有防护装置。

9）严禁超载使用，注意声响和温升，发现异常应立即停机检查。

10）工具的维修必须由原生产单位认可的维修单位进行，非专职人员不得擅自拆卸和修理工具。使用单位和维修部门不得任意改变工具的原设计参数，不得采用低于原用材料性能的代用材料和与原有规格不符的零部件。在维修时，工具内的绝缘衬垫、套管不得任意拆除或漏装，工具的电源线不得任意调换。

10.4 现场触电的急救

10.4.1 电流对人体的伤害

电的危害主要有触电、火灾、爆炸、电磁场的危害等。但最常见、伤害数量最多的是电流对人体的伤害，即电击和电伤。电击是人体直接接触带电部分，电流通过人体，如果电流达到某一定的数值就会使人体和带电部分相接触的肌肉发生痉挛（抽筋），呼吸困难，心脏麻痹，直至死亡。电击是电流对人体内部组织的伤害，是最具有致命危险的触电伤害。电伤是由于电流的热效应、化学效应和机械效应对人体外表造成的局部伤害。电击是最危险的一种伤害，对人的伤害往往是致命的，造成的后果一般比电伤要严重得多，但电伤常常与电击同时发生。

10.4.2 触电类型

一般按接触电源时情况不同，常分为两相触电、单相触电和跨步电压触电。

1. 两相触电

人体同时接触两根带电的导线（相线）时，因为人是导体，电线上的电流就会通过人体，从一根电线流到另一根电线，形成回路，使人触电，称为两相触电，如图10-8所示。人体所受到的电压是线电压，

图10-8 两相触电示意

因此触电的后果很严重。

2. 单相触电

由于电线绝缘破损、导线金属部分外露、导线或电气设备受潮等原因使其绝缘部分的绝缘能力降低，导致站在大地上的人，接触到一根带电导线时，因为大地也能导电，而且和电力系统（发电机、变压器）的中性点相连接，人就等于接触了另一根电线（中性线）。所以也会造成触电，称为单相触电。

目前触电死亡事故中大部分是这种触电，一般都是由于开关、灯头、导线及电动机等有缺陷而造成的。

3. 跨步电压触电

当输电线路发生断线故障而使导线接地时，由于导线与大地构成回路，导线中有电流通过。电流经导线入地时，会在导线周围的地面形成一个相当强的电场，此电场的电位分布是不均匀的。如果以接地点为中心画许多同心圆，在这些同心圆的圆周上，电位是各不相同的，同心圆的半径越大，圆周上电位越低，半径越小，圆周上电位越高。如果人畜双脚分开站立，就会受到地面上不同点之间的电位差，此电位差就是跨步电压。沿半径方向的双脚距离越大，则跨步电压越高。

当人体触及跨步电压时，电流也会流过人体。虽然没有通过人体的全部重要器官，仅沿着下半身流过。但当跨步电压较高时，就会发生双脚抽筋，跌倒在地上，这样就可能使电流通过人体的重要器官，而引起人身触电死亡事故，如图 10-9 所示。

除了输电线路断线会产生跨步电压外，当大电流（如雷电流）从接地装置流入大地时，接地电阻偏大也会产生跨步电压。因此，安全规程要求人们在户外不要走近断线 8m 以内的地段。在户内，不要走近断线 4m 以内的地段；否则会发生人、畜触电事故，这种触电称为跨步电压触电。

图 10-9　跨步电压触电示意

跨步电压触电一般发生在高压线落地时，但是对低压电线也不可大意。据试验，当牛站在水田里，如果前后蹄之间的跨步电压达到 10V 左右，牛就会倒下，触电时间长了，牛会死亡。人、畜在同一地点发生跨步电压触电时，对牲畜的危害比较大（电流经过牲畜心脏），对人的危害较小（电流只通过人的两腿，不通过心脏），但当人的两脚抽筋以致跌倒时，触电的危险性就增加了。

10.4.3　触电事故的特点

由于触电事故的发生具有突然性，并在相当短的时间内对人体造成严重损伤，故死亡率较高。根据事故统计，触电事故有以下特点。

（1）电压越高，危险性越大。

（2）触电事故的发生具有明显的季节性。

一年中春、冬两季触电事故较少，每年的夏、秋两季，特别是 6—9 月这 4 个月中，触电事故较多。其主要原因是由于气候炎热、多雷雨，空气湿度大，这些因素降低了电气设备的绝缘性能，人体也因炎热多汗，皮肤接触电阻变小，衣着单薄，身体暴露部分较多，大大增加了触电的可能性。一旦发生触电时，便有较大强度的电流通过人体，产生严重的后果。

（3）低压设备触电事故较多。据统计，此类触电事故占事故总数的90%以上。因为低压设备远较高压设备应用广泛，施工现场低压设备较多，人们接触的机会也较多，另外人们习惯称220V/380V的交流电源为"低压"，导致许多人不够重视，而丧失警惕，容易引起触电事故。

（4）发生在携带式设备和移动式设备上的触电事故多。

（5）在高温、潮湿、混乱或金属设备多的现场中触电事故多。

（6）缺乏安全用电知识或不遵守安全技术要求，违章操作和无知操作而触电的事故占绝大多数。因此，新工人、青年工人和非专职电工的事故占较大比例。

10.4.4　影响触电后果的主要因素

电流对人体的危害程度，与通过人体的电流强度、通电持续时间、电流通过人体的途径以及触电者的身体状况等多种因素有关。

1. 电流强度

电流强度越大，对人体的伤害越大。通过人体的电流越大，人的生理反应和病理反应越明显，引起心室颤动所需的时间越短，致命的危险性越大。在一般情况下，以30mA为人体所能忍受而无致命危险的最大电流，即安全电流。

2. 通电持续时间

持续时间越长，对人体的危害越大。电流通过人体的持续时间越长，人体电阻由于出汗、击穿、电解而下降，体内积累局外电能越多，中枢神经反射越强烈，且可能与心脏易损期重合，对人体的危险性越大。

3. 电流通过人体的途径

人体在电流的作用下，没有绝对安全的途径。电流通过心脏会引起心室颤动及至心脏停止跳动而导致死亡；电流通过中枢神经及有关部位，会引起中枢神经强烈失调而导致死亡；电流通过头部，严重损伤大脑，也可能使人昏迷不醒而死亡；电流通过脊髓会使人截瘫；电流通过人的局部肢体也可能引起中枢神经强烈反射而导致严重后果。

4. 触电者的状况

触电者的性别、年龄、健康情况、精神状态和人体电阻都会对触电后果产生影响。患有心脏病、中枢神经系统疾病、肺病的人电击后的危险性较大；精神状态不良、醉酒的人触电的危险性较大；妇女、儿童、老人触电的后果比青壮年严重。

10.4.5　触电的急救措施

触电急救的基本原则是在现场采取积极措施保护伤员生命，要认真观察伤员全身情况，防止伤情恶化。发现呼吸、心跳停止时，应立即在现场就地抢救，用心肺复苏法支持呼吸和血液循环，对脑、心等重要脏器供氧。急救的成功条件是动作快、操作正确，任何拖延和操作错误都会导致伤员伤情加重或死亡。

1. 脱离电源

触电急救，首先要使触电者迅速脱离电源，越快越好。因为电流作用的时间越长，伤害越重。统计资料表明，触电后 1min 开始救治者，约 90％有良好的效果；触电后 6min 开始救治者，约 50％可能复苏；触电后 12min 开始救治者，很少有存活。

脱离电源就是要把触电者接触的那一部分带电设备的开关、闸刀或其他断路设备断开；或设法将触电者与带电设备脱离。在脱离电源时，救护人员既要救人，也要注意保护自己。触电者未脱离电源前，救护人员不准直接用手接触伤员；如触电者处于高处，解脱电源后会自高处坠落，因此，要采取预防措施。

对各种触电场合，脱离电源采取以下措施。

（1）低压设备上的触电。触电者触及低压带电设备，救护人员应设法迅速切断电源，如拉开电源开关或闸刀、拔除电源插头等，或使用绝缘工具（如干燥的木棒、木板、绳索等）解脱触电者；也可抓住触电者干燥而不贴身的衣服，将其拖开，切记要避免碰到金属物体和触电者的裸露身躯；也可戴绝缘手套或将手用干燥衣物等包起绝缘后解脱触电者；救护人员也可站在绝缘垫上或干木板上，绝缘自己进行救护。为使触电者与导电体解脱，最好用一只手进行。如果电流通过触电者入地，并且触电者紧握电线，可设法用干木板塞到其身下，与地隔离，也可用干木把斧子或有绝缘柄的钳子等将电线剪断。剪断电线要分相，一根一根地剪断，并尽可能站在绝缘物体或干木板上进行。

（2）高压设备上触电。触电者触及高压带电设备，救护人员应迅速切断电源，或用适合该电压等级的绝缘工具（戴绝缘手套、穿绝缘靴并用绝缘棒）解脱触电者。救护人员在抢救过程中应注意保持自身与周围带电部分必要的安全距离。

（3）架空线路上触电。对触电发生在架空线杆塔上，如系低压带电线路，能立即切断线路电源的，应迅速切断电源，或者由救护人员迅速登杆，束好自己的安全带后，用带绝缘胶柄的钢丝钳、干燥的不导电物体或绝缘物体将触电者拉离电源；如系高压带电线路，又不可能迅速切断开关的，可采用抛挂足够截面的适当长度的金属短路线方法，使电源开关跳闸。抛挂前，将短路线一端固定在铁塔或接地引下线上，另一端系重物，但抛掷短路线时，应注意防止电弧伤人或断线危及人身安全。不论是何级电压线路上触电，救护人员在使触电者脱离电源时要注意防止发生高处坠落的可能和再次触及其他有电线路的可能。

（4）断落在地的高压导线上触电。如果触电者触及断落在地上的带电高压导线，如尚未确证线路无电，救护人员在未做好安全措施（如穿绝缘靴或临时双脚并紧跳跃地接近触电者）前，不能接近断线点至 8~10m 范围内，以防止跨步电压伤人。触电者脱离带电导线后也应迅速带至 8~10m 以外，并立即开始触电急救。只有在确定线路已经无电时，才可在触电者离开触电导线后，立即就地进行急救。

2. 现场救护

对于触电者，可按以下 3 种情况分别处理。

（1）对触电后神志清醒者，要有专人照顾、观察，情况稳定后，方可正常活动；对轻度昏迷或呼吸微弱者，可让触电者静卧休息，并严密观察，同时请医生前来或送医院救治。

（2）对触电后无呼吸但心脏有跳动者，应立即采用口对口人工呼吸；对有呼吸但心脏停止跳动者，则应立刻进行胸外心脏按压法进行抢救。

（3）对心脏和呼吸都已停止、瞳孔放大、失去知觉的触电者，应立即按心肺复苏法（通畅气道、人工呼吸、胸外心脏按压），正确进行就地抢救。

3. 注意事项

（1）救护人员应在确认触电者已与电源隔离，且救护人员本身所涉环境安全距离内无危险电源时，才能接触伤员进行抢救。

（2）在抢救过程中，不要为方便而随意移动伤员，如果确需移动，应使伤员平躺在担架上并在其背部垫以平硬阔木板，不可让伤员身体蜷曲着进行搬运。移动过程中应继续抢救。

（3）任何药物都不能代替人工呼吸和胸外心脏按压，对触电者用药或注射针剂，应由有经验的医生诊断确定，慎重使用。

（4）在抢救过程中，要每隔数分钟再判定一次，每次判定时间均不得超过5～7s。做人工呼吸要有耐心，尽可能坚持抢救4h以上，直到把人救活，或者一直抢救到确诊死亡时为止；如果需送医院抢救，在途中也不能中断急救措施。

（5）在医务人员未接替抢救前，现场救护人员不得放弃现场抢救。只有医生有权做出伤员死亡的诊断。

10.5 事 故 案 例

10.5.1 事故概况

A市某彩印厂工程由B建筑公司承包。该工程发生事故之前正在进行厂房内通道的混凝土地面施工，通道总长度90m、宽13m，通道地面按长度分为南北两段施工，每段长45m，南段已施工完毕。2018年8月11日晚开始北段施工，到夜间零点左右时，地面作业需用滚筒进行碾压抹平，但施工区域内有一活动操作台（用钢管扣件组装）影响碾压作业进行，于是3名作业人员推开操作台。但由于工地的电气线路架设混乱，再加上夜间施工只采用了局部照明，推动中挂住电线推不动，因光线暗未发现原因，便用钢管撬动操作台，从而将电线绝缘损坏，导致操作台带电，3人当场触电死亡。

10.5.2 事故原因分析

1. 技术原因分析

（1）按《施工现场临时用电安全技术规范》（JGJ 46—2005）规定，室内照明高度低于24m时应采用36V安全电压供电。该现场采用220V的危险电压，且线路架设不按规定，从而带来触电危险。

（2）按照规范要求厂房夜间作业应设一般照明及局部照明。该厂房通道全长90m，现场只安排局部照明，线路敷设不规范的隐患操作人员很难发现。

（3）《施工现场临时用电安全技术规范》（JGJ 46—2005）规定，电气安装应同时采用保护接零和漏电保护装置，当发生意外触电时可自动切断电源进行保护。而该工地电气混乱，工人触电后未能得到保护而失去生命。

2. 管理原因分析

（1）该工地电气混乱，未按规定编制施工用电组织设计，因此隐患多而发生触电事故。

（2）电工缺乏日常检查维修，现场管理人员视而不见，因此隐患未能及时消除。

（3）夜间施工既未有电工跟班，也未预先组织现场环境的检查，因此把隐患留给夜间施工的工人，导致事故的发生。

10.5.3　事故结论与处理

该次事故属责任事故。施工现场用电违章操作，现场人员违章指挥，上级管理失控，施工现场管理混乱，临时用电工程未按规定编制专项施工方案，现场电气安装后未经验收，施工中又无人检查提出整改要求，在线路架设、电源电压等不符合要求下施工，保护接零及漏电保护装置未安装或安装不合格，再加上夜间施工照明面积不够，施工人员推操作平台误挂电线造成触电事故。

项目工程生产负责人不按规定编制用电方案，对电工安装电气线路不合要求又没提出整改意见，夜间施工环境混乱导致发生触电事故，应负违章指挥责任。

B建筑公司主要负责人对施工现场不编制方案，随意安装电气和现场管理失控应负全面管理不到位的责任。

第11章 施工现场消防管理与技术

11.1 基 本 概 念

1. 燃烧

燃烧是可燃物跟助燃物（氧化剂）发生的一种剧烈的化学反应，并伴有火焰、发光、发热和（或）发烟的现象。燃烧必须同时具备 3 个条件，即可燃物、助燃物（氧化剂）、着火源。三者均达到一定的浓度且相互作用，燃烧才能发生。

2. 着火

可燃物在空气存在下与火源接触而能燃烧，并且在火源移去后仍能保持继续燃烧的现象叫着火。

3. 燃点

可燃物开始持续燃烧所需要的最低温度称为燃点或者着火点。

4. 火灾

在时间和空间上失去控制的燃烧所造成的灾害，称为火灾。在起火后火场逐渐蔓延扩大，随着时间的延续，损失数量迅速增长，损失大约与时间的平方成比例，如火灾时间延长一倍，损失可能增加 4 倍。

5. 火灾类别

我国《火灾分类》（GB/T 4968—2008）根据可燃物的类型和燃烧特性，将火灾分为 A、B、C、D、E、F 六大类。

A 类火灾：指固体物质火灾。这种物质通常具有有机物质性质，一般在燃烧时能产生灼热的余烬，如木材、干草、煤炭、棉、毛、麻、纸张、塑料（燃烧后有灰烬）等火灾。

B 类火灾：指液体或可熔化的固体物质火灾，如煤油、柴油、原油、甲醇、乙醇、沥青、石蜡等火灾。

C 类火灾：指气体火灾，如煤气、天然气、甲烷、乙烷、丙烷、氢气等火灾。

D 类火灾：指金属火灾，如钾、钠、镁、钛、锆、锂、铝镁合金等火灾。

E 类火灾：指带电火灾。物体带电燃烧的火灾。

F 类火灾：指烹饪器具内的烹饪物（如动、植物油脂）火灾。

6. 火灾等级

公安部办公厅于 2007 年 6 月下发了《关于调整火灾等级标准的通知》（公消〔2007〕234 号），将火灾分为 4 个等级。

（1）特别重大火灾，是指造成 30 人以上（"以上"含本数，下同）死亡，或者 100 人以上重伤，或者 1 亿元以上直接财产损失的火灾。

（2）重大火灾，是指造成 10 人以上 30 人以下（"以下"不含本数，下同）死亡，或者 50 人以上 100 人以下重伤，或者 5000 万元以上 1 亿元以下直接财产损失的火灾。

（3）较大火灾，是指造成 3 人以上 10 人以下死亡，或者 10 人以上 50 人以下重伤，或者 1000 万元以上 5000 万元以下直接财产损失的火灾。

（4）一般火灾，是指造成 3 人以下死亡，或者 10 人以下重伤，或者 1000 万元以下直接财产损失的火灾。

7. 建筑的耐火等级

耐火等级是衡量建筑物耐火程度的分级标度。它由组成建筑物构件的燃烧性能和耐火极限来确定。规定建筑物的耐火等级是建筑设计防火规范中规定的防火技术措施中的最基本措施之一。

影响耐火等级选定的因素有建筑物的重要性、使用性质和火灾危险性、建筑物的高度和面积、火灾荷载的大小等因素。不同耐火等级的民用建筑相应构件的燃烧性能和耐火极限不应低于表 11-1 的规定。

表 11-1　　　　不同耐火等级的民用建筑相应构件的燃烧性能和耐火极限　　　　单位：h

构件名称		耐 火 等 级			
		一 级	二 级	三 级	四 级
墙	防火墙	不燃性 3.00	不燃性 3.00	不燃性 3.00	不燃性 3.00
	承重墙	不燃性 3.00	不燃性 2.50	不燃性 2.00	难燃性 0.50
	非承重外墙	不燃性 1.00	不燃性 1.00	不燃性 0.50	可燃性
	楼梯间和前室的墙、电梯井的墙 住宅建筑单元之间的墙和分户墙	不燃性 2.00	不燃性 2.00	不燃性 1.50	难燃性 0.50
	疏散走道两侧的隔墙	不燃性 1.00	不燃性 1.00	不燃性 0.50	难燃性 0.25
	房间隔墙	不燃性 0.75	不燃性 0.50	难燃性 0.50	难燃性 0.25
柱		不燃性 3.00	不燃性 2.50	不燃性 2.00	难燃性 0.50
梁		不燃性 2.00	不燃性 1.50	不燃性 1.00	难燃性 0.50
楼板		不燃性 1.50	不燃性 1.00	不燃性 0.50	可燃性
屋面承重构件		不燃性 1.50	不燃性 1.00	不燃性 0.50	可燃性
疏散楼梯		不燃性 1.50	不燃性 1.00	不燃性 0.50	可燃性
吊顶（包括吊顶格栅）		不燃性 0.25	难燃性 0.25	难燃性 0.15	可燃性

注　1. 除另有规定外，以木柱承重且墙体采用不燃烧材料的建筑物，其耐火等级应按四级确定。
　　2. 住宅建筑构件的耐火极限和燃烧性能可按现行国家标准《住宅建筑规范》（GB 50368—2005）的规定执行。

8. 爆炸

物质由一种状态迅速转变为另一种状态，并在极短的时间内放出巨大能量的现象，称为爆炸。爆炸中，温度与压力急剧升高，产生爆破或者冲击作用。

11.2　施工现场平面布置的消防安全要求

施工现场运输道路、仓库、办公、生活等临时设施以及消防设施等的平面布置，均应满足现场防火、灭火及人员安全疏散的要求。

11.2.1 道路的布置

1. 运输道路

（1）运输道路的最小宽度和转弯半径应符合表 11-2 和表 11-3 的要求。架空线路及管道下面的道路，其通行空间宽度应比道路宽度大 0.5m，空间高度应大于 4.5m。

表 11-2 施工现场道路最小宽度

序　号	车辆类别及要求	道路宽度/m
1	汽车单行道	≥3.0（考虑防火，应≥4.0）
2	汽车双行道	≥6.0
3	平板拖车单行道	≥4.0
4	平板拖车双行道	≥6.0

表 11-3 施工现场道路最小转弯半径

车辆类型	路面内侧的最小曲线半径 /m		
	无拖车	有一辆拖车	有两辆拖车
小客车、三轮汽车	6	—	—
一般二轴载重汽车	单车道 9	12	15
	双车道 7	12	15
三轴载重汽车	12	15	18
重型载重汽车	12	15	18
起重型载重汽车	15	18	21

（2）路面应压实平整，并高出自然地面 0.1～0.2m。雨期雨量较大的，一般沟深和底宽应不小于 0.4m。

（3）道路应靠近建筑物、木料场等易发生火灾的地方，以便车辆能直接开到消火栓处。

（4）尽量将道路布置成环路；否则应设置倒车场地。

2. 消防车道

施工现场内应设置临时消防车道，临时消防车道与在建工程、临时用房、可燃材料堆场及其加工厂的距离，不宜小于 5m，且不宜大于 40m。施工现场周边道路满足消防车通行及灭火救援要求时，施工现场内可不设置临时消防车道。

（1）临时消防车道的设置应符合下列规定。

1）临时消防车道宜为环形，如设置环形车道确有困难，应在消防车道尽端设置尺寸不小于 12m×12m 的回车场。

2）临时消防车道的净宽度和净空高度均不应小于 4m。

3）临时消防车道的右侧应设置消防车行进路线指示标识。

4）临时消防车道路基、路面及其下部设施应能承受消防车通行压力及工作荷载。

（2）建筑高度大于 24m 的在建工程，建筑工程单体占地面积大于 3000m² 的在建工程，成组布置的数量超过 10 栋的临时用房应设置环形临时消防车道。如果设置环形临时消防车道确有困难，除应设置回车场外，还应按以下要求设置临时消防救援场地。

1）临时消防救援场地应在在建工程装饰装修阶段设置。

2）临时消防救援场地应设置在成组布置的临时用房场地的长边一侧及在建工程的长边一侧。

3）场地宽度应满足消防车正常操作要求且不应小于 6m，与在建工程外脚手架的净距不宜小于 2m，且不宜超过 6m。

11.2.2 临时设施的布置

作业棚和临时生活设施的规划和搭建，必须符合下列要求。

（1）临时生活设施应尽可能搭建在距离正在修建的建筑物 20m 以外的区域，禁止搭设在高压架空电线的下面，距离高压架空电线的水平距离不应小于 6m。

（2）临时宿舍与厨房、锅炉房、变电所和汽车库之间的防火距离应不小于 15m。

（3）临时宿舍等生活设施，距离铁路的中心线及少量易燃品储藏室的间距不小于 30m。

（4）临时宿舍距离火灾危险性大的生产场所不得小于 30m。

（5）为储存大量的易燃物品、油料、炸药等所修建的临时仓库，与永久工程或临时宿舍之间的防火间距应根据所储存的数量，按照有关规定确定。

（6）在独立的场地上修建成批的临时宿舍时，应当分组布置，每组最多不超过两幢，组与组之间的防火距离，在城市市区不小于 20m，在农村应不小于 10m。作为临时宿舍的简易楼房的层高应当控制在两层以内，且每层应当设置两个安全通道。

（7）生产工棚包括仓库，无论有无用火作业或取暖设备，室内最低高度一般不应小于 2.8m，其门的宽度要大于 1.2m，并且要双扇向外。

11.2.3 消防设施的布置

施工现场应设置灭火器、临时消防给水系统和临时消防应急照明等临时消防设施。临时消防设施应与在建工程的施工同步设置。房屋建筑工程中，临时消防设施的设置与在建工程主体结构施工进度的差距不应超过 3 层。

施工现场在建工程可利用已具备使用条件的永久性消防设施作为临时消防设施。当永久性消防设施无法满足使用要求时，应增设临时消防设施。

1. 临时消防给水系统

施工现场或其附近应设置稳定、可靠的水源，并应能满足施工现场临时消防用水的需要。消防水源可采用市政给水管网或天然水源。其进水口一般不应少于两处。当采用天然水源时，应采取措施确保冰冻季节、枯水期最低水位时能够顺利取水。

施工现场临时消防给水系统应与施工现场生产、生活给水系统合并设置，但应设置将生产、生活用水转为消防用水的应急阀门。应急阀门不应超过两个，且应设置在易于操作的场所，并设置明显标识。

高度超过 100m 的在建工程，应在适当楼层增设临时中转水池及加压水泵。中转水池的有效容积不应少于 10m³。上、下两个中转水池的高差不宜超过 100m。

临时消防给水系统的给水压力应满足消防水枪充实水柱长度不小于 10m 的要求；给水压力不能满足要求时，应设置消火栓泵，消火栓泵不应少于两台，且应互为备用；消火栓泵宜设置自动起动装置。

当外部消防水源不能满足施工现场的临时消防用水量要求时，应在施工现场设置临时贮水池。临时贮水池宜设置在便于消防车取水的部位，其有效容积不应小于施工现场火灾延续时间内一次灭火的全部消防用水量。

临时消防给水系统的贮水池、消火栓泵、室内消防竖管及水泵接合器等，应设有醒目标识。

施工现场的消火栓泵应采用专用消防配电线路。专用消防配电线路应自施工现场总配电箱的总断路器上端接入，且应保持不间断供电。

2. 临时消火栓布置

（1）工程内临时消火栓应分设于各层明显且便于使用的地点，并保证消火栓的充实水柱能到达工程内任何部位。使用时栓口离地 1.2m，出水方向宜与墙壁成 90°。

（2）消火栓口径应为 65mm，配备的水带每节长度不宜超过 20m，水枪喷嘴口径不小于 19mm。每个消火栓处宜设启动消防水泵的按钮。

（3）室外消火栓应沿消防车道或堆料场内交通道路的边缘设置，消火栓之间的距离不应大于 120m。周围 3m 之内禁止堆物。

3. 灭火器设置

在施工现场的易燃易爆危险品存放及使用场所、动火作业场所、可燃材料存放、加工及使用场所、厨房操作间、锅炉房、发电机房、变配电房、设备用房、办公用房、宿舍等临时用房以及其他具有火灾危险的场所，应配置灭火器。

灭火器设置要求应符合下列规定。

（1）灭火器应设置在明显的地点，如房间出入口、通道、走廊、门厅及楼梯等部位。

（2）灭火器的铭牌必须朝外，以方便人们直接看到灭火器的主要性能指标。

（3）手提式灭火器设置在挂钩、托架上或灭火器箱内，其顶部离地面高度应小于 1.5m，底部离地面高度不宜小于 0.15m。

（4）设置在挂钩、托架上或灭火器箱内的手提式灭火器要竖直向上设置。

（5）对于那些环境条件较好的场所，手提式灭火器可直接放在地面上。

（6）灭火器不得设置在环境温度超出其使用温度范围的地点。

11.3 施工现场防火要求

11.3.1 高层建筑施工防火要求

高层建筑施工时具有施工人员多、建筑材料多、电气设备多、交叉作业动火点多、通信设备差、不易及时救火等特点。一旦发生火灾，火势猛、蔓延快，人员、物资疏散困难，不易扑救，伤亡大，造成的经济损失和社会影响都非常大。因此，施工时必须从实际出发，制订切实可行的防火措施，因地制宜地进行科学管理。

（1）重视施工防火安全，按照"谁主管谁负责"的原则，从上到下建立多层次的防火管理网络。建立各工种的安全操作责任制，明确工程各部位的动火等级，严格动火申请和审批手续。

（2）严格控制火源和执行动火过程中的安全技术措施，施工现场应严格禁止吸烟，并且设置固定的吸烟点。焊割工要持操作证和动火证上岗；监护人员要持动火证，在配有灭火器材的情况下进行监护，并严格执行相应的操作规程和"十不烧"规定。危险性大的场所焊割，工程技术人员要按照规定制订安全专项技术方案。焊割工必须按方案程序进行动火操作。

（3）施工现场应按规定配置消防器材，并有醒目的防火标志。20 层（含 20 层）以上的高层建筑应设置灭火专用的足够扬程的高压水泵和临时消防竖管，管径不得小于 75mm，消防干管直径不小于 100mm。每个楼层应安装消火栓和消防水龙带，大楼底层设蓄水池（不小于 20m³）。当因层数高而水压不足时，在楼层中间应设接力泵，并且每个楼层按面积每 100m² 设两个灭火器，同时备有通信报警装置，便于及时报告险情。

（4）已建成的建筑物楼梯不得封堵。施工脚手架内的作业层应畅通，并搭设不少于两处与主体建筑相衔接的通道口。建筑施工脚手架外挂的密目式安全网必须符合阻燃标准要求，严禁使用不阻燃的安全网。

（5）高层焊接作业，要根据作业高度、风力、风力传递的次数，确定火灾危险区域，并将区域内的易燃、易爆物品转移到安全地方，无法移动的要采取切实的防护措施。大雾天气和 6 级风时，应停止焊接作业。

（6）高层建筑应设立防火警示标志。楼层内不得堆放易燃易爆物品，如确需存放，应在堆放区域配置专用灭火器材。在易燃处施工的人员不得吸烟和随便焚烧废弃物。

（7）对现场的防火管理，首先要抓好重点，其次要抓好薄弱环节。把着眼点放在容易发生事故的关键部位和特殊工种（如焊割工、电工、油漆工、仓库管理员等），并加以严格监控，每个工种都应有一套完整的消防安全管理制度。

11.3.2　地下工程施工防火要求

地下工程施工中除了遵守正常施工中的各项防火安全管理制度和要求外，还应遵守以下防火安全要求。

（1）施工现场的临时电源线不宜直接敷设在墙壁或土墙上，应用绝缘材料架空安装。配电箱应采取防水措施，潮湿地段或渗水部位照明灯具应采取相应措施或安装防潮灯具。

（2）施工现场应有不少于两个出入口或坡道，施工距离长，应适当增加出入口的数量。当施工区面积不超过 50m²，且施工人员不超过 20 人时，可只设一个直通地上的安全出口。

（3）安全出入口、疏散走道和楼梯的宽度应按其通过人数每 100 人不小于 1m 的净宽计算。每个出入口的疏散人数不宜超过 250 人。安全出入口、疏散走道、楼梯的最小净宽不应小于 1m。

（4）疏散走道、楼梯及坡道内，不宜设置突出物或堆放施工材料和机具。

（5）疏散走道、安全出入口、疏散马道（楼梯）、操作区域等部位，应设置火灾事故照明灯，火灾事故照明灯在上述部位的最低照度应不低于 5 lx。

（6）疏散走道及其交叉口、拐弯处、安全出口处应设置疏散指示标志灯。疏散指示标志灯的间距不宜过大，距地面高度应为 1～1.2m，标志灯正前方 0.5m 处的地面照度不应低于 1 lx。

（7）火灾事故照明灯和疏散指示灯工作电源断电后，应能自动投合。

（8）地下工程施工区域应设置消防给水管道和消火栓，消防给水管道可以与施工用水管道合用。特殊地下工程不能设置消防用水时，应配备足够数量的轻便消防器材。

（9）大面积油漆粉刷和喷漆应在地面施工，局部的粉刷可在地下工程内部进行，但一次粉刷的量不宜过多，同时在粉刷区域内禁止一切火源，加强通风。

（10）禁止中压式乙炔发生器在地下工程内部使用及存放。

11.3.3 易燃仓库的防火要求

（1）易着火的仓库应设在水源充足、消防车能驶到的地方，并应设在下风方向。

（2）可燃材料及易燃易爆等危险品应按计划限量进场。进场后，可燃材料宜存放于库房内，如露天存放时，应分类或成垛堆放，垛高不应超过 2m，单垛体积不应超过 50m³，垛与垛之间的最小间距不小于 2m，且采用不燃或难燃材料覆盖。易燃露天仓库四周，应有宽度不小于 6m 的平坦空地作为消防通道，通道上禁止堆放障碍物。

（3）储量大的易燃仓库，应设两个以上大门，并应将生活区、生活辅助区和堆场分开布置。

（4）有明火的生产辅助区和生活用房与易燃堆垛之间，至少应保持 30m 的防火间距。有飞火的烟囱应布置在仓库的下风地带。

（5）易燃仓库堆料场与其他建筑物、铁路、道路、架高电线的防火间距，应按现行《建筑设计防火规范》（GB 50016—2014）的有关规定执行。

（6）易燃仓库堆料场应分堆垛和分组设置。每个堆垛面积为：木材（板材）不得大于 300m²；锯末不得大于 200m²；堆垛与堆垛之间应留 4m 宽的消防通道。

（7）对易引起火灾的仓库，应将库房内、外按每 500m² 区域分段设立防火墙，把建筑平面划分为若干个防火单元。对存贮的易燃货物应经常进行防火安全检查，并应保持良好通风。

（8）在仓库或堆料场内进行吊装作业时，其机械设备必须符合防火要求，严防产生火星，引起火灾。

（9）仓库或堆料场内电缆一般应埋入地下；若有困难需设置架空电力线时，架空电力线与露天易燃物堆垛的最小水平距离，不应小于电线杆高度的 1.5 倍。

（10）安装的开关箱、接线盒，应距离堆垛外缘不小于 1.5m，不准乱拉临时电气线路。仓库或堆料场所使用的照明灯与易燃堆垛间至少应保持 1m 的距离。仓库或堆料场严禁使用碘钨灯，以防电气设备起火。

（11）对仓库或堆料场内的电气设备，应经常检查维修和管理，贮存大量易燃品的仓库场地应设置独立的避雷装置。

11.3.4 电焊、气割场所防火要求

（1）焊割作业点与氧气瓶、电石桶和乙炔发生器等危险物品的距离不得少于10m，与易燃易爆物品的距离不得少于30m。

（2）气瓶应保持直立状态，并采取防倾倒措施，乙炔瓶严禁横躺卧放。严禁碰撞、敲打、抛掷、滚动气瓶。

（3）乙炔发生器和氧气瓶之间的存放距离不得少于2m，使用时两者的距离不得少于5m。

（4）氧气瓶、乙炔发生器等焊割设备上的安全附件应完整、有效；否则严禁使用。

（5）施工现场的焊割作业，必须符合防火要求，严格执行"十不烧"规定。

（6）电石库的防火要求如下。

1）电石库属于甲类物品储存仓库，电石库的建筑应采用一、二级耐火等级。

2）电石库应建在长年风向的下风方向，与其他建筑及临时设施的防火间距，应符合《建筑设计防火规范》的要求。

3）电石库不应建在低洼处，库内地面应高于库外地面20cm，同时不能采用易发火花的地面，可用木板或橡胶等铺垫。

4）电石库应保持干燥、通风，不漏雨水。

5）电石库的照明设备应采用防爆型，应使用不发火花型的开启工具。

6）电石渣及粉末应随时进行清扫。

（7）乙炔站的防火要求：

1）乙炔属于甲类易燃易爆物品，乙炔站的建筑应采用一、二级耐火等级，一般应为单层建筑，与有明火的操作场所应保持30~50m间距。

2）乙炔站泄压面积与乙炔站容积的比值应采用$0.05~0.22m^2/m^3$。房间和乙炔发生器操作平台应有安全出口，应安装百叶窗和出气口，门应向外开启。

3）乙炔房与其他建筑物和临时设施的防火间距，应符合《建筑设计防火规范》（GB 50016—2014）的要求。

4）乙炔房宜采用不发生火花的地面，金属平台应铺设橡皮垫层。

5）有乙炔爆炸危险的房间与无爆炸危险的房间（更衣室、值班室），不能直通。

6）乙炔生产的下水道系统应设水封井，以防止乙炔在爆炸燃烧时扩大蔓延。

7）乙炔生产厂房应采用防爆型的电气设备，并在顶部开自然通风窗口。

8）操作人员不应穿着带铁钉的鞋及易产生静电的服装。

11.3.5 木工操作间防火要求

（1）操作间建筑应采用阻燃材料搭建。操作间应设消防水箱和消防水桶，贮存消防用水。

（2）操作间冬季宜采用暖气（水暖）供暖，如用火炉取暖时，必须在四周采取挡火措施；不应用燃烧劈柴、刨花代煤取暖。每个火炉都要有专人负责，下班时要将余火彻底熄灭。

（3）电气设备的安装要符合要求。抛光、电锯等部位的电气设备应采用密封式或防爆式。刨花、锯末较多部位的电动机应安装防尘罩。

（4）操作间内严禁吸烟和用明火作业。

（5）操作间只能存放当班的用料，成品及半成品要及时运走。木工应做到活完场地清，刨花、锯末每班都打扫干净，倒在指定地点。

（6）严格遵守操作规程，对旧木料一定要经过检查，起出铁钉等金属后，方可上锯锯料。

（7）配电盘、闸刀下方不能堆放成品、半成品及废料。工作完毕应拉闸断电，并经检查确无火险后方可离开。

11.4 施工现场灭火

火灾一旦发生，现场灭火的组织工作十分重要。有时往往由于组织不力和灭火方法不当，而蔓延成重大火灾。因此，必须认真做好灭火现场的组织工作。发现起火时，首先判明起火的部位和燃烧的物质，迅速组织扑救。如火势较大，应立即向消防部门报警。报警时应详细说明起火的确切地点、部位和燃烧的物质。在消防队没有到达之前，现场人员应根据不同的起火物质，采用正确有效的灭火方法，切断电源和天然气等，搬离着火点周围的易燃易爆物质，根据现场情况，正确选择灭火用具。灭火现场必须指定专人统一指挥，并保持高度的组织性、纪律性，行动必须统一、协调、一致，防止现场混乱。灭火时应注意防止发生触电、爆炸、中毒、窒息、倒塌、坠落伤人等事故。为了便于查明起火原因，在灭火过程中，要尽可能地注意观察起火的部位、物质、蔓延方向等特点。在灭火后，要特别注意保护好现场的痕迹和遗留的物品，以利查找失火原因。

11.4.1 主要灭火方法

如前所述，燃烧必须具备3个基本条件，即有可燃物、助燃物和着火源，这3个条件缺一不可。一切灭火措施都是为了破坏已经产生的燃烧条件，或将燃烧反应中的游离基中断而终止燃烧。根据物质燃烧原理和总结长期以来扑救火灾的实践经验，常用的灭火方法主要有4种，即窒息灭火法、冷却灭火法、隔离灭火法和抑制灭火法。

1. 窒息灭火法

可燃物的燃烧必须在其最低氧气浓度以上进行；否则燃烧不能持续。窒息灭火法就是阻止空气流入燃烧区，或用不燃物质（气体）冲淡空气，降低燃烧物周围的氧气浓度，使燃烧物质断绝氧气的助燃作用而使熄灭。

这种灭火方法仅适用于扑救比较密闭的房间、地下室和生产设备等部位发生的火灾。在现场运用窒息灭火法扑灭火灾时，可采用石棉布和浸湿的棉被、帆布、海草席等不燃或难燃材料来覆盖燃烧物或封闭孔洞；也可采用水蒸气、惰性气体或二氧化碳、氮气充入燃烧区域内；或利用建筑物原有的门、窗以及生产设备上的部件封闭燃烧区，阻止新鲜空气流入，以降低燃烧区内氧气的含量，从而达到窒息灭火的目的。此外，在不得已且条件允许的情况下，也可采用水淹没（灌注）的方法来扑灭火灾。

2. 冷却灭火法

对一般可燃物来说，能够持续燃烧的条件之一就是它们在火焰或热的作用下达到了各自的着火温度。冷却灭火法是扑救火灾常用的方法，即将灭火剂直接喷洒在燃烧物体上，使可燃物质的温度降低到燃点以下，从而终止燃烧。

在火场上，除了用冷却灭火法扑灭火灾外，在必要的情况下，也可采用冷却剂冷却建筑构件、生产装置、设备容器等方法，防止建筑结构变形而造成更大的损失。

3. 隔离灭火法

隔离灭火法是使燃烧物和未燃烧物隔离，限制燃烧范围，从而使燃烧失去可燃物质而停止的灭火方法。例如，将火源附近的可燃、易燃、易爆和助燃物搬走；关闭可燃气体、液体管路的阀门，减少和阻止可燃物进入燃烧区内；堵截流散的燃烧液体等。这种方法适用于扑救各种固体、液体或气体火灾。

4. 抑制灭火法

抑制灭火法与前3种灭火方法不同，它使灭火剂参与燃烧反应过程，并使燃烧过程中产生的游离基消失，从而形成稳定分子或低活性的游离基，这样燃烧反应就将停止。目前，抑制法灭火常用的灭火剂有1211、1202、1301灭火剂。

上述4种灭火方法所采用的具体灭火措施是多种多样的。在实际灭火中，应根据可燃物质的性质、燃烧特点、火场具体条件以及消防技术装备性能等，选择不同的灭火方法。

11.4.2 常用灭火器的种类及性能

发生火灾时，不论是火灾的哪个阶段，使用灭火器进行扑救时，首先要根据火灾发生的性质和火场存在的物质，正确选用灭火器材。按充装灭火剂的种类不同，常用灭火器有水型、空气泡沫型、干粉型、卤代烷型、二氧化碳型、7150型等灭火器具。

1. 水型灭火器

这类灭火器中充装的灭火剂主要是水，另外还有少量的添加剂，如清水灭火器、强化液灭火器等都属于水型灭火器，主要适用于扑救可燃固体类物质，如木材、纸张、棉麻织物等的初起火灾。

2. 空气泡沫型灭火器

这类灭火器中充装的灭火剂是空气泡沫液。根据空气泡沫灭火剂种类的不同，空气泡沫灭火器又可分为蛋白泡沫灭火器、氟蛋白泡沫灭火器、水成膜泡沫灭火器和抗溶泡沫灭火器等，主要适用于扑救可燃液体类物质（如汽油、煤油、柴油、植物油、油脂等）的初期火灾；也可用于扑救可燃固体类物质（如木材、棉花、纸张等）的初期火灾。对极性（水溶性）物质如甲醇、乙醚、乙醇、丙酮等可燃液体的初起火灾，只能用抗溶性空气泡沫灭火器扑救。

3. 干粉型灭火器

这类灭火器内充装的灭火剂是干粉。根据所充装的干粉灭火剂种类的不同，有碳酸氢钠干粉灭火器、钾盐干粉灭火器、氨基干粉灭火器和磷酸铵盐干粉灭火器等。我国主要生产和发展碳酸氢钠干粉灭火器和磷酸铵盐干粉灭火器。碳酸氢钠适用于扑救可燃液体和气体类火灾，其灭火器又称BC干粉灭火器。磷酸铵盐干粉适用于扑救可燃固体、液体和气体类火灾，其灭火器又称 ABC 干粉灭火器。因此，干粉灭火器主要适用于扑救可燃液体、气体类物质和电气设备的初起火灾。ABC 干粉灭火器也可以扑救可燃固体类物质的初起火灾。

4. 二氧化碳型灭火器

这类灭火器中充装的灭火剂是加压液化的二氧化碳，主要适用扑救可燃液体类物质和带电设备的初起火灾，如图书、档案、精密仪器、电气设备等的火灾。

5. 7150 型灭火器

这类灭火器内充装的灭火剂是 7150 型灭火剂（即三甲氧基硼氧六环），主要适用于扑救轻金属如镁、铝、镁铝合金、海绵状钛以及锌等的初起火灾。

11.4.3 电气、焊接设备火灾的扑灭

1. 电气火灾的扑灭

扑灭电气火灾时，首先应切断电源，然后用绝缘性能良好的灭火剂，如干粉灭火器、二氧化碳灭火器、1211 灭火器等进行灭火，严禁采用直接导电的灭火剂进行喷射，如使用喷射水流、泡沫灭火器等。充油的电气设备灭火时，应采用干燥的黄沙覆盖住火焰，使火熄灭。

2. 焊接设备火灾的扑灭

电石桶、电石库房着火时，只能用干沙、干粉灭火器和二氧化碳灭火器进行扑灭，不能用水或含有水分的灭火器（如泡沫灭火器）灭火，也不能用四氯化碳灭火器灭火。

乙炔发生器着火时，首先要关闭出气管阀门，停止供气，使电石与水脱离接触，再用二氧化碳灭火器或干粉灭火器扑灭，不能用水、泡沫灭火器和四氯化碳灭火器灭火。

电焊机着火时，首先要切断电源，然后再扑灭。在未切断电源前，不能用水或泡沫灭火器灭火，只能用干粉灭火器、二氧化碳灭火器、四氯化碳灭火器或 1211 灭火器进行扑灭。

第 12 章 建筑施工安全评价

安全评价也称"危险评价""风险评价",是探明系统危险、寻求安全对策的方法和技术,也是安全系统工程的一个重要组成部分。

安全评价最早是在保险业开始发展的,时间大致可以追溯到 20 世纪 30 年代。到 20 世纪 60 年代,安全评价的相关技术率先发展到了美国军事工业领域。20 世纪 80 年代初,我国引入系统安全工程及安全评价技术,很多行业管理部门和各大、中型企业针对企业体系进行安全评价,运用系统安全工程原理开展安全生产管理工作,并相继发布一系列规范导则,对安全评价工作起到一定程度上的技术和质量的保障。

《中华人民共和国安全生产法(2014 修正)》中规定:"矿山、金属冶炼建设项目和用于生产、贮存、装卸危险物品的建设项目,应当按照国家有关规定进行安全评价"。《建设项目安全设施"三同时"监督管理暂行办法》(2015 版,以下简称《办法》)中规定:"下列建设项目在进行可行性研究时,生产经营单位应当按照国家规定,进行安全预评价:(一)非煤矿矿山建设项目;(二)生产、贮存危险化学品(包括使用长输管道输送危险化学品,下同)的建设项目;(三)生产、贮存烟花爆竹的建设项目;(四)金属冶炼建设项目;(五)使用危险化学品从事生产并且使用量达到规定数量的化工建设项目(属于危险化学品生产的除外,以下简称化工建设项目);(六)法律、行政法规和国务院规定的其他建设项目"。同时,该《办法》指出:"除上述规定以外的其他建设项目,生产经营单位应当对其安全生产条件和设施进行综合分析,形成书面报告备查"。

在建筑施工企业的一项新施工项目开始进场之前,对生产现场进行风险评估,针对在工期内所计划的每项工序进行分析,找出可能在生产进行过程中,安全管理可能出现差错的环节,是能够控制生产状况保障其安全性的一种切实有效的方法、措施。结合安全评价的一般步骤与方法,通过定性、定量分析,计算出建筑施工企业即将开始的施工项目可能存在的风险,落实隐患排查措施,将现场中可能存在的危险有害因素找出来加以分析,结合事故的可能性和造成人身伤亡以及财产损失的程度对风险进行排序,从而使用最直观、有效的方法落实整改,进而可以达到阻止发生事故的目的。

12.1 安全评价的定义和分类

12.1.1 安全评价的定义

安全评价是以实现安全为目的,应用安全系统工程原理和方法,辨识与分析工程、系统、生产经营活动中的危险、有害因素,作出评价结论的活动。

安全评价可针对一个特定的对象,也可针对一定区域范围。

12.1.2 安全评价的分类

安全评价按照实施阶段的不同可分为三类，即安全预评价、安全现状评价、安全验收评价。

1. 安全预评价

在建设项目可行性研究阶段、工业园区规划阶段或生产经营活动组织实施之前，根据相关的基础资料，辨识与分析建设项目、工业园区、生产经营活动潜在的危险、有害因素，确定其与安全生产法律法规、标准、行政规章、规范的符合性，预测发生事故的可能性及其严重程度，提出科学、合理、可行的安全对策措施建议，做出安全评价结论的活动。

2. 安全现状评价

针对生产经营活动中、工业园区的事故风险、安全管理等情况，辨识与分析其存在的危险、有害因素，审查确定其与安全生产法律法规、规章、标准、规范要求的符合性，做出安全现状评价结论的活动。安全现状评价既适用于对一个生产经营单位或一个工业园区的评价，也适用于某一特定的生产方式、生产工艺、生产装置或作业场所的评价。

3. 安全验收评价

在建设项目竣工后正式生产运行前或工业园区建设完成后，通过检查建设项目安全设施与主体工程同时设计、同时施工、同时投入生产和使用的情况或工业园区内的安全设施、设备、装置投入生产和使用的情况，检查安全生产管理措施到位情况，检查安全生产规章制度健全情况，检查事故应急救援预案建立情况，审查确定建设项目、工业园区建设满足安全生产法律法规、标准、规范要求的符合性，从整体上确定建设项目、工业园区的运行状况和安全管理情况，做出安全验收评价结论的活动。

12.2 安全评价的程序和内容

12.2.1 安全评价的程序

安全评价程序包括：前期准备；辨识与分析危险、有害因素；划分评价单元；定性、定量评价；提出安全对策措施建议；作出评价结论；编制安全评价报告。

安全评价程序如图 12-1 所示。

12.2.2 安全评价的内容

1. 前期准备

明确评价对象，备齐有关安全评价所需的设备、工具，收集国内外相关法律法规、标准、规章、规范等资料。

2. 辨识与分析危险、有害因素

根据评价对象的具体情况，辨识和分析危险、有害因素，确定其存在的部位、方式，以及发生作用的途径和变化规律。

3. 划分评价单元

评价单元划分应科学、合理，便于实施评价，相对独立且具有明显特征界限。

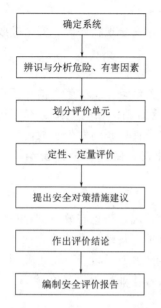

确定系统

↓

辨识与分析危险、有害因素

↓

划分评价单元

↓

定性、定量评价

↓

提出安全对策措施建议

↓

作出评价结论

↓

编制安全评价报告

图 12-1　安全评价程序框图

4. 定性、定量评价

根据评价单元的特性，选择合理的评价方法，对评价对象发生事故的可能性及其严重程度进行定性、定量评价。

5. 提出安全对策措施建议

依据危险、有害因素辨识结果与定性、定量评价结果，遵循针对性、技术可行性、经济合理性的原则，提出消除或减弱危险、危害的技术和管理对策措施建议。对策措施建议应具体翔实、具有可操作性。按照针对性和重要性的不同，措施和建议可分为应采纳和宜采纳两种类型。

6. 编制安全评价报告

安全评价机构应根据客观、公正、真实的原则，严谨、明确地做出评价结论。

安全评价结论的内容应包括高度概括评价结果，从风险管理角度给出评价对象在评价时与国家有关安全生产的法律法规、标准、规章、规范的符合性结论，给出事故发生的可能性和严重程度的预测性结论，以及采取安全对策措施后的安全状态等。

12.3　安全评价依据与规范

1. 国家和地方的有关法律、法规、技术规范和标准

和建筑施工安全评价相关的法律、法规主要包括《中华人民共和国安全生产法》《中华人民共和国劳动法》《中华人民共和国建筑法》《中华人民共和国职业病防治法》《中华人民共和国消防法》《安全生产许可证条例》《建设工程安全生产管理条例》《生产安全事故报告和调查处理条例》等。

和建筑施工安全评价相关的技术规范及标准见表 12-1。

表 12-1　　　和建筑施工安全评价相关的技术规范及标准

技术规范和标准名称	编　号	技术规范和标准名称	编　号
建筑施工安全检查标准	JGJ 59—2011	建筑工程高处作业技术规范	JGJ 80—2016
施工企业安全生产评价标准	JGJ/T 77—2010	建筑拆除工程安全技术规范	JGJ 147—2016
建筑施工安全技术统一规范	GB 50870—2013	建设工程施工现场消防安全技术规范	GB 50720—2011
公路工程施工安全技术规范	JTG F90—2015	塔式起重机安全规程	GB 5144—2006
高处作业分级	GB/T 3608—2008	建筑施工现场环境与卫生标准	JGJ 146—2013
建筑施工门式钢管脚手架安全技术规范	JGJ 128—2010	建筑施工土石方工程安全技术规范	JGJ 180—2009

技术规范和标准名称	编 号	技术规范和标准名称	编 号
建筑施工扣件式钢管脚手架安全技术规范	JGJ 130—2011	建筑地基基础工程施工规范	GB 51004—2015
建筑施工碗扣式钢管脚手架安全技术规范	JGJ 166—2016	建筑深基坑工程施工安全技术规范	JGJ 311—2013
建筑机械使用安全技术规程	JGJ 33—2012	建筑基坑支护技术规程	JGJ 120—2012
施工现场机械设备检查技术规范	JGJ 160—2016	安全帽	GB 2811—2007
龙门架及井架物料提升机安全技术规范	JGJ 88—2010	安全带	GB 6095—2009
建筑施工模板安全技术规范	JGJ 162—2008	安全网	GB 5725—2009
液压滑动模板施工安全技术规程	JGJ 65—2013	施工升降机安全规程	GB 10055—2007
施工现场临时用电安全技术规范	JGJ 46—2005	安全标志	GB 2894—2008
建设工程施工现场供用电安全规范	GB 50194—2014	安全色	GB 2893—2008

2. 安全评价规范

我国安全评价规范体系可以分为3个层次。

（1）安全评价通则。《安全评价通则》（AQ 8001—2007）是规范安全评价工作的总纲，是安全评价的总体指南，规定了安全评价工作基本原则、目的、要求、程序和方法，对安全评价进行了分类和定义，对安全评价的内容、程序以及安全评价报告评审与管理程序作了原则性的说明，对安全评价导则和细则的规范对象作了原则性的规定，但这些原则性规定在具体实施时需要更详细的规范支持。

（2）各类安全评价导则及行业评价导则。安全评价导则是根据安全评价通则的总体要求制定的，是安全评价通则总体指南的具体化和细化，为安全评价提供了易于遵循的规定。

安全评价导则按种类分：《安全预评价导则》（AQ 8002—2007）、《安全验收评价导则》（AQ 8003—2007）、《安全现状评价导则》《安全专项评价导则》。

《安全评价导则》按适用行业，分为煤矿安全评价导则、非煤矿山评价导则、石油和天然气开采业安全评价导则、水库、大坝安全评价导则等。

（3）各类安全评价细则。在某些特殊情况或特殊要求下根据安全评价通则和导则制定的内容更为详细的安全评价规范，如《危险化学品建设项目安全评价细则（试行）》《烟花爆竹经营企业安全评价细则（试行）》等。

3. 企业内部的规章制度和技术规范

其包括企业内部的各项安全技术管理制度、施工组织设计及施工方案、建筑施工图、结构施工图等内容。

3. 其他标准和依据

（1）同行业可接受的风险标准。

（2）相关项目的经验和教训。

12.4 危险、有害因素的辨识与分析

12.4.1 危险、有害因素的定义

危险因素是指能对人造成伤亡或对物造成突发性损害的因素；有害因素是指能影响人的身体健康、导致疾病或造成慢性损害的因素。通常情况下，两者并不加以区分，而统称为危险、有害因素。

12.4.2 危险、有害因素产生的原因

任何物质都具有相应的能量，物质和能量是客观存在的，只有当物质、能量在外力条件或自身变化且失去控制造成一定的危险或伤害时才可以称为危险有害物质和能量。所以，危险、有害因素产生的原因应该是物质、能量在外部条件或自身变化的情况下，失去控制造成伤害或事故的综合作用。

相对于物质和能量来说，人的不安全行为是外在条件；物的不安全状态既有可能是外部条件引起的，也有可能是其自身变化引起的；管理的主角是人类自身，所以也应归结为外部条件。

外在条件除人的不安全行为外，恶劣的自然条件也是最重要的外在条件之一，如地震、台风、洪水、雷击、温度、湿度、雾、冰雹、滑坡、泥石流、火山喷发等。施工初期一般都会对本地的自然条件作一定的调查和了解，并将其作为安全评价的基础资料和数据。

12.4.3 危险、有害因素的分类

对危险、有害因素进行分类是进行危险、有害因素分析和辨识的基础。危险、有害因素的分类方法主要参照《企业职工伤亡事故分类标准》（GB 6441—1986）、《生产过程危险和有害因素分类与代码》（GB/T 13861—2009）、《职业病危害因素分类目录》（国卫疾控发〔2015〕92 号）等相关标准和文件，有以下 3 种方式。

1. 参照事故类别分类

参照《企业职工伤亡事故分类标准》（GB 6441—1986），综合考虑起因物、引起事故的诱导性原因、致害物、伤害方式等，可将危险、有害因素分为物体打击、车辆伤害、机械伤害、起重伤害、触电、淹溺、灼烫、火灾、高处坠落、坍塌、冒顶片帮、透水、放炮、火药爆炸、瓦斯爆炸、锅炉爆炸、容器爆炸、其他爆炸、中毒和窒息以及其他伤害，合计 20 类。

2. 按导致事故的直接原因进行分类

根据《生产过程危险和有害因素分类与代码》（GB/T 13861—2009）的规定，将生产过程危险和有害因素共分为四大类，分别是人的因素（包括心理、生理性危险、有害因素和行为性危险、有害因素）、物的因素（包括物理性危险和有害因素、化学性危险和有害因素以及生物性危险和有害因素）、环境因素和管理因素，具体见表 12-2。

表 12 - 2　　　　　　　　　　生产过程危险和有害因素分类表

人的因素	心理、生理性危险、有害因素	负荷超限；健康状况异常；从事禁忌作业；心理异常；辨识功能缺陷
	行为性危险、有害因素	指挥错误；操作错误
物的因素	物理性危险和有害因素	设备、设施、工具、附件缺陷；防护缺陷；电伤害；噪声；振动危害；电离辐射；非电离辐射；运动物伤害；高温物质；明火；低温物质；信号缺陷；标志缺陷；有害光照；其他物理性危险和有害因素
	化学性危险和有害因素	爆炸品、压缩气体和液化气体；易燃液体；易燃固体、自燃物品和遇湿易燃物品；氧化剂和有机过氧化物；有毒物品；放射性物品；腐蚀品；粉尘与气溶胶；其他化学性危险和有害因素
	生物性危险和有害因素	致病微生物；传染病媒介物；致害动物；致害植物；其他生物性危险和有害因素
环境因素	室内作业环境不良	室内地面湿滑；室内作业场所狭窄；室内作业场所杂乱；室内地面不平；室内楼梯缺陷；地面、墙和天花板上的开口缺陷；房屋基础下沉；室内安全通道缺陷；房屋安全出口缺陷；采光不良；作业场所空气不良；室内温度、湿度、气压不适；室内给排水不良；室内涌水；其他室内作业场所环境不良
	室外作业场地环境不良	恶劣气候与环境；作业场地和交通设施湿滑；作业场地狭窄；作业场地杂乱；作业场地不平；巷道狭窄、有暗礁或险滩；脚手架、阶梯或活动梯架缺陷；地面开口缺陷；建筑物和其他结构缺陷；门和围栏缺陷；作业场地基础下沉；作业场地安全通道缺陷；作业场地安全出口缺陷；作业场地光照不良；作业场地空气不良；作业场地温度、湿度、气压不适；作业场地涌水；其他室外作业场地环境不良
	地下（含水下）作业环境不良	隧道/矿井顶面缺陷；隧道/矿井正面或侧壁缺陷；隧道/矿井地面缺陷；地下作业面空气不良；地下火；冲击地压；地下水；水下作业供氧不足；其他地下（水下）作业环境不良
	其他作业环境不良	强迫体位；综合性作业环境不良；以上未包括的其他作业环境不良
管理因素	职业安全卫生组织机构不健全	
	职业安全卫生责任制未落实	
	职业安全卫生管理规章制度不完善	
	职业安全卫生投入不足	
	职业健康管理不完善	
	其他管理因素缺陷	

3. 按职业病危害因素分类

根据《职业病危害因素分类目录》（国卫疾控发〔2015〕92 号），可以将危险、危害因素分为粉尘、化学因素、物理因素（包括噪声、高低温、异常气压、振动等）、生物因素、放射性因素和其他因素六大类。

12.4.4 危险、有害因素的辨识方法

危险、有害因素辨识方法的选择一般要结合分析对象的性质、特点、寿命的不同阶段和分析人员的知识、经验和习惯等因素开展。常用的危险、有害因素的辨识方法有以下两种。

1. 直观经验分析方法

直观经验分析方法适用于有可供参考先例、有以往经验可以借鉴的系统。

（1）对照、经验法。对照、经验法是对照有关标准、法规、检查表或依靠分析人员的观察分析能力，借助经验和判断能力对企业的危险、有害因素进行分析的方法。

（2）类比法。类比法是利用相同或相似工程系统或作业条件的经验和劳动安全卫生的统计资料来类推、分析企业的危险、有害因素。

（3）案例法。收集整理国内外相同或相似工程发生事故的原因和后果，相类似的工艺条件、设备发生事故的原因和后果对评价对象的危险、有害因素进行分析的方法。

2. 系统安全分析方法

系统安全分析方法是应用系统安全工程评价中的某些方法进行危险、有害因素的辨识。常用的系统安全分析方法有事件树、事故树等。系统安全分析方法常用于复杂、没有事故经验的新开发系统。

12.4.5 建筑施工中危险有害因素辨识

（1）在建筑施工安全评价过程的危险、有害因素辨识中，首先应当基于项目的地理位置、地形地貌、工程地质、水文条件、气象气候、公用工程、施工总平面布置、项目周边情况、主要设施设备等内容，进行危险、有害因素的辨识。

例如，针对施工项目所在地的气象气候条件等外界环境和自然因素，其对项目的安全生产条件也存在一些影响。如果施工现场缺乏防范措施，或在防洪、防台风、防雷等方面防范措施未落实，也会受到自然灾害的危害。假如施工项目所在地夏季汛期雷暴雨较多，属雷击多发危险区域，施工场界内的建筑、设备设施和人员将有被雷击的可能性。

另外，要注意安全评价与环境风险评价的区别。从评价范围上讲，安全评价的问题应该着重体现在施工场界内或者说生产单元内，关注点应当是事故对场界内人员和财产的影响，而作为环境影响评价中内容的环境风险评价工作的问题应该着重体现在施工场界外，关注点应当是事故对场界外环境的影响。

（2）其次，应当结合施工条件、工艺工序等内容，重点针对施工过程中危险、有害因素进行辨识与分析，这部分应作为施工安全评价报告的重点内容。

一般来说，建筑施工现场中的危险因素一般有高处坠落、机械伤害、物体打击、触电、坍塌、火灾，而有害因素主要包括粉尘、噪声、振动、高温、低温等。在具体的辨识与分析过程中，要结合具体施工项目的特征进行具体分析。

12.5 评价单元的划分

12.5.1 评价单元的定义

一个作为评价对象的建设项目、装置或系统，一般是由相对独立而又相互联系的若干

部分（子系统、单元）组成的，各部分的功能、含有的物质、存在的危险和有害因素、危险以及安全指标不尽相同。

所以，在危险、有害因素识别与分析的基础上，结合根据工艺流程和生产场所，根据评价目标和评价方法的需要，将系统分成若干有限、相对独立、确定范围的需要评价的单元，这些单元就称为评价单元。

12.5.2 评价单元划分的目的和意义

以整个系统作为评价对象实施评价时，一般按一定原则将评价对象分成若干个评价单元分别进行评价，再综合为整个系统的评价。划分评价单元的目的是为了方便评价工作的进行，提高评价工作的准确性和全面性。

将系统划分为不同类型的评价单元进行评价，不仅可以简化评价工作，减少评价工作量，避免遗漏，而且由于能够得出各评价单元危险性的比较概念，因此可以避免以最危险单元的危险性来表征整个系统的危险性，夸大整个系统产生危险的可能，从而提高评价的准确性，降低了采取对策措施所需的安全投入。

12.5.3 评价单元划分的原则和方法

由于至今尚无一个明确通用的规则来规范单元的划分方法，因此很多情况下会出现不同的评价人员对同一个评价对象划分出不同的评价单元的现象。实际上，由于评价目标不同、各评价方法均有自身特点，只要达到评价的目的，评价单元划分并不要求绝对一致。

(1) 一般来说，划分评价单元时要坚持以下几点基本原则。

1) 各评价单元的生产过程相对独立。

2) 各评价单元在空间上相对独立。

3) 各评价单元的范围相对固定。

4) 各评价单元之间具有明显的界限。

评价单元一般以生产工艺、工艺装置、物料的特点特征、危险有害因素的类别和分布以及评价方法有机结合进行划分。另外，还可以按照评价的需要将一个评价单元划分为若干评价子单元或更细致的单元。

(2) 另外，在评价单元的划分过程中需要注意以下两个问题。

1) 保证危险、有害因素识别工作的全面性。

2) 划分作业活动单元时，一般不单独采用某种方法，往往是多种方法同时采用。但同一划分层次上，一般不使用第二种划分方法。

12.5.4 建筑施工评价单元划分

依据评价单元划分原则，结合建筑施工过程的特点和现场情况，一般可以依据建筑施工安全评价的需求，将评价对象分为以下几个评价单元。

(1) 工程选址及总平面布置单元。

(2) 建筑施工单元。结合实际工程，建筑施工单元可以再次划分为若干子单元，如基坑工程子单元、模板工程子单元、砌体工程子单元、脚手架工程子单元、混凝土工程子单元、起重吊装工程子单元等。

(3) 安全管理单元。

（4）设备设施单元。

（5）职业卫生单元。

12.6　安全评价方法的分类和选择

安全评价方法是对系统的危险性、有害性及其程序进行分析、评价的工具。目前，已开发出数十种不同特点、适用范围和应用条件的评价方法。

12.6.1　安全评价方法的分类

1. 按评价结果的量化程度分类法

按照安全评价结果的量化程度，安全评价方法可分为定性安全评价方法和定量安全评价方法。

（1）定性安全评价方法。定性安全评价方法主要是根据经验和直观判断能力对生产系统的工艺、设备、设施、环境、人员和管理等方面的状况进行定性分析，安全评价结果是一些定性的指标，如是否达到某项安全指标、事故类别和导致事故发生的因素等。

属于定性安全评价方法的有安全检查表、专家现场询问观察法、因素图分析法、事故引发和发展分析、作业条件危险性评价法（LEC法）、故障类型和影响分析、危险可操作性研究等。

定性安全评价方法优点在于容易理解，便于掌握，评价过程简单；缺点是依靠经验，带有一定的局限性，安全评价结果之间差异，安全评价结果缺乏可比性。

（2）定量安全评价方法。定量安全评价方法是运用基于大量的试验结果和广泛的事故资料统计分析获得的指标或规律（数学模型），对生产系统的工艺、设备、设施、环境、人员和管理等方面的状况进行定量的计算，安全评价的结果是一些定量的指标，如事故发生的概率、事故的伤害（或破坏）范围、定量的危险性、事故致因因素的事故关联度或重要度等。

属于定量安全评价的方法主要有概率风险评价法、伤害（或破坏）范围评价法、危险指数评价法等。

和定性方法相比，定量安全评价方法优点在于用直观数据来表达评价结果，相对客观，安全评价结果间具有一定的可比性，比较客观，而缺点是评价过程相对复杂，需要依靠数据计算完成，评价结果很大程度上受到基础数据的制约。

2. 按安全评价的逻辑推理过程分类法

按逻辑推理过程，安全评价方法可分为归纳推理评价法和演绎推理评价法。

归纳推理评价法是从事故原因推论结果的评价方法，即从最基本危险、有害因素开始，逐渐分析导致事故发生的直接因素，最终分析到可能的事故，如事件数分析法。

演绎推理评价法是从结果推论原因的评价方法，即从事故开始，推论导致事故发生的直接因素，再分析与直接因素相关的因素，最终分析和查找出致使事故发生的最基本的危险、有害因素，如事故树分析法。

12.6.2　安全评价方法的选择

在进行安全评价时，应该在认真分析并熟悉被评价系统的前提下，选择安全评价方法。选择安全评价方法应遵循以下五条原则。

1. 充分性原则

充分性是指在选择安全评价方法之前，应该充分分析评价的系统，掌握足够多的安全评价方法，并充分了解各种安全评价方法的优缺点、适应条件和范围，同时为安全评价工作准备充分的资料。

2. 适应性原则

适应性是指选择的安全评价方法应该适应被评价的系统。被评价的系统可能是由多个子系统构成的复杂系统，评价的重点各子系统可能有所不同，各种安全评价方法都有其适应的条件和范围，应该根据系统和子系统、工艺的性质和状态，选择适应的安全评价方法。

3. 系统性原则

系统性是指安全评价方法与被评价的系统所能提供安全评价初值和边值条件应形成一个和谐的整体，也就是说，安全评价方法获得的可信的安全评价结果，是必须建立在真实、合理和系统的基础数据之上的，被评价的系统应该能够提供所需的系统化数据和资料。

4. 针对性原则

针对性是指所选择的安全评价方法应该能够提供所需的结果。由于评价的目的不同，需要安全评价提供的结果可能是：危险、有害因素识别、事故发生的原因、事故发生概率、事故后果、系统的危险性等，安全评价方法能够给出所要求的结果才能被选用。

5. 合理性原则

在满足安全评价目的、能够提供所需的安全评价结果的前提下，应该选择计算过程最简单、所需基础数据最少和最容易获取的安全评价方法，使安全评价工作量和要获得的评价结果都是合理的，不要使安全评价出现无用的工作和不必要的麻烦。

12.7 常用的建筑施工安全评价方法

现有的安全评价方法主要包括安全检查表法、专家评议法、预先危险分析法、故障类型及影响分析法、危险与可操作性分析、事故树分析法、事件树分析法、作业条件危险性评价法、道化学公司火灾爆炸危险指数评价法、蒙德火灾爆炸毒性指数评价法等。在本节中仅列出建筑施工安全评价方面常用到的几种方法。

12.7.1 安全检查表法

1. 方法概述

安全检查表法（Safety Checklist Analysis，SCA）是一种最通用的定性安全评价方法，是依据相关的标准、规范，对工程、系统中已知的危险类别、设计缺陷以及与一般工艺设备、操作、管理有关的潜在危险性和有害性进行判别检查的方法，可适用于各类系统的设计、验收、运行、管理阶段以及事故调查过程。

为了避免检查项目遗漏，事先把检查对象分割成若干系统，以提问或打分的形式将检查项目列表，这种表就称为安全检查表。SCA 是系统安全工程的一种最基础、最简便、广泛应用的系统危险性评价方法。目前，安全检查表在我国不仅用于查找系统中各种潜在的事故隐患，还可以对各检查项目给予量化，用于进行系统安全评价。

2. 安全检查表的编制依据

（1）国家、地方的相关安全法规、规定、规程、规范和标准，行业、企业的规章制度、标准及企业安全生产操作规程。

（2）国内外行业及企业事故统计案例、安全生产的经验，特别是本企业安全生产的实践经验、引发事故的各种潜在不安全因素及成功杜绝或减少事故发生的成功经验。

（3）系统安全分析的结果，即是为防止重大事故的发生而采用事故树分析方法，对系统进行分析得出能导致引发事故的各种不安全因素的基本事件，作为防止事故控制点源列入检查表。

3. 安全检查表的类型

为了使安全检查表分析法的评价能得到系统安全程度的量化结果，有关人员开发了许多行之有效的评价计值方法，根据评价计值方法的不同，常见的安全检查表有否决型检查表、半定量检查表和定性检查表 3 种类型。

（1）否决型检查表。否决型检查表是给定一些特别重要的检查项目作为否决项，只要这些检查项目不符合，则将该系统总体安全状况视为不合格，检查结果就为"不合格"。这种检查表的特点就是重点突出。《危险化学品经营单位安全评价导则》中的"危险化学品经营单位安全评价现场检查表"即属于此类型检查表。

（2）半定量检查表。半定量检查表是给每个检查项目设定分值，检查结果以总分表示，根据分值划分评价等级。这种检查表的特点是可对检查对象进行比较，但对检查项目准确赋值比较困难。《施工企业安全生产评价标准》（JGJ/T 77—2010）中的"安全生产管理评分表"即属于此类检查表，见表 12-3。

表 12-3　　　　　　　　　　　　安全生产管理评分表

序号	评定项目	评分标准	评分方法	应得分	扣减分	实得分
1	安全生产责任制度	企业未建立安全生产责任制度，扣20分，各部门、各级（岗位）安全生产责任制度不健全，扣10~15分； 企业未建立安全生产责任制考核制度，扣10分，各部门、各级对各自安全生产责任制未执行，每起扣2分； 企业未按考核制度组织检查并考核的，扣10分，考核不全面扣5~10分； 企业未建立、完善安全生产管理目标，扣10分，未对管理目标实施考核的，扣5~10分； 企业未建立安全生产考核、奖惩制度扣10分，未实施考核和奖惩的，扣5~10分	查企业有关制度文本；抽查企业各部门、所属单位有关责任人对安全生产责任制的知晓情况，查确认记录，查企业考核记录；查企业文件，查企业对下属单位各级管理目标设置及考核情况记录；查企业安全生产奖惩制度文本和考核、奖惩记录			

序号	评定项目	评分标准	评分方法	应得分	扣减分	实得分
2	安全文明资金保障制度	企业未建立安全生产、文明施工资金保障制度扣20分； 制度无针对性和具体措施的，扣10～15分； 未按规定对安全生产、文明施工措施费的落实情况进行考核，扣10～15分	查企业制度文本、财务资金预算及使用记录			
3	安全教育培训制度	企业未按规定建立安全培训教育制度，扣15分； 制度未明确企业主要负责人、项目经理，安全专职人员及其他管理人员，特种作业人员，待岗、转岗、换岗职工，新进单位从业人员安全培训教育要求的，扣5～10分； 企业未编制年度安全培训教育计划，扣5～10分，企业未按年度计划实施，扣5～10分	查企业制度文本、企业培训计划文本和教育的实施记录、企业年度培训教育记录和管理人员的相关证书			
4	安全检查及隐患排查制度	企业未建立安全检查及隐患排查制度，扣15分，制度不全面、不完善，扣5～10分； 未按规定组织检查的，扣15分，检查不全面、不及时，扣5～10分； 对检查出的隐患未采取定人、定时、定措施进行整改的，每类扣3分，无整改复查记录，每类扣3分； 对多发或重大隐患未排查或未采取有效治理措施，扣3～15分	查企业制度文本、企业检查记录、企业对隐患整改消项、处置情况记录、隐患排查统计表			
5	生产安全事故报告处理制度	企业未建立生产安全事故报告处理制度，扣15分； 未按规定及时上报事故，每起扣15分； 未建立事故档案，扣5分； 未按规定实施对事故的处理及落实"四不放过"原则，扣10～15分	查企业制度文本； 查企业事故上报及结案情况记录			
6	安全生产应急救援制度	未制定事故应急救援预案制度，扣15分，事故应急救援预案无针对性，扣5～10分； 未按规定制订演练制度并实施，扣5分； 未按预案建立应急救援组织或落实救援人员和救援物资，扣5分	查企业应急预案的编制、应急队伍建立情况以相关演练记录、物资配备情况			

（3）定性检查表。定性检查表是罗列检查项目并逐项检查，检查结果以"是""否"或"符合""不符合"等表示，检查结果不能量化，但应作出与法律、法规、标准、规范

中具体条款是否一致的结论。这种检查表的特点是编制相对简单，通常作为企业安全综合评价或定量评价以外的补充性评价。表 12-4 即为此类检查表。

表 12-4   某施工项目总平面布置安全检查表（部分）

序号	检 查 内 容	依 据	检查情况
1	施工现场出入口的设置应满足消防车通行的要求，并宜布置在不同方向，其数量不宜少于两个。当确有困难只能设置一个出入口时，应在施工现场内设置满足消防车通行的环形道路	《建设工程施工现场消防安全技术规范》（GB 50720—2011）第 3.1.3 条	符合
2	施工现场临时办公、生活、生产、物料贮存等功能区宜相对独立布置，防火间距应符合规范规定	《建设工程施工现场消防安全技术规范》（GB 50720—2011）第 3.1.4 条	符合
3	固定动火作业场应布置在可燃材料堆场及其加工厂、易燃易爆危险品库房等全年最小频率风向的上风侧，并宜布置在临时办公用房、宿舍、可燃材料库房、在建工程等全年最小频率风向的上风侧	《建设工程施工现场消防安全技术规范》（GB 50720—2011）第 3.1.5 条	符合
4	易燃易爆危险品库房与在建工程的防火间距不应小于 15m，可燃材料堆场及其加工厂、固定动火作业场与在建工程的防火间距不应小于 10m，其他临时用房、临时设施与在建工程的防火间距不应小于 6m	《建设工程施工现场消防安全技术规范》（GB 50720—2011）第 3.2.1 条	符合
5	易燃易爆危险品库房应远离明火作业区、人员密集区和建筑物相对集中区	《建设工程施工现场消防安全技术规范》（GB 50720—2011）第 3.1.6 条	符合
6	施工现场内应设置临时消防车道，临时消防车道与在建工程、临时用房、可燃材料堆场及其加工场的距离不宜小于 5m，且不宜大于 40m	《建设工程施工现场消防安全技术规范》（GB 50720—2011）第 3.3.1 条	符合
7	临时消防车道宜为环形，设置环形车道确有困难时，应在消防车道尽端设置尺寸不小于 12m×12m 的回车场	《建设工程施工现场消防安全技术规范》（GB 50720—2011）第 3.3.2 条	符合
8	临时消防车道的净宽度和净空高度均不应小于 4m	《建设工程施工现场消防安全技术规范》（GB 50720—2011）第 3.3.2 条	符合

4. 安全检查表编制步骤

（1）成立小组。要编制符合客观实际、能全面识别、分析系统危险性的安全检查表，首先要建立一个编制小组，其成员应包括熟悉系统各方面的专业人员。

（2）熟悉系统。包括系统的结构、功能、工艺流程、主要设备、操作条件、布置和已有的安全消防设施。

（3）搜集资料。搜集有关的安全法规、标准、制度及本系统过去发生过事故的资料，作为编制安全检查表的重要依据。

（4）划分单元。按功能或结构将系统划分成若干个子系统或单元，逐个分析潜在的危险因素。安全检查表的评价单元确定是按照评价对象的特征进行选择的，如编制生产企业的安全生产条件安全检查表时，评价单元可分为安全管理单元、厂址与平面布置单元、生产贮存场所建筑单元、生产贮存工艺技术与装备单元、电气与配电设施单元、防火防爆防雷防静电单元、公用工程与安全卫生单元、消防设施单元、安全操作与检修作业单元、事故预防与救援处理单元和危险物品安全管理单元等。

（5）编制检查表。针对危险有害因素，依据有关法规、标准规定，参考过去事故的教训和本单位的经验确定安全检查表的检查要点、内容和为达到安全指标应在设计中采取的措施，然后按照一定的要求编制检查表。

1）按系统、单元的特点和评价的要求，列出检查要点、检查项目清单，以便全面查出存在的危险、有害因素。

2）针对各检查项目、可能出现的危险、有害因素，依据有关标准、法规列出安全指标的要求和应设计的对策措施。

（6）编制复查表。其内容应包括：危险、有害因素明细，是否落实了相应设计的对策措施，能否达到预期的安全指标要求，遗留问题及解决办法和复查人等。

5. 编制检查表应注意的事项

编制安全检查表力求系统完整，不漏掉任何能引发事故的危险关键因素，因此，编制安全检查表应注意以下问题。

（1）检查表内容要重点突出，简繁适当，有启发性。

（2）各类检查表的项目、内容，应针对不同被检查对象有所侧重，分清各自职责内容，尽量避免重复。

（3）检查表的每项内容要定义明确，便于操作。

（4）检查表的项目、内容能随工艺的改造、设备的更新、环境的变化和生产异常情况的出现而不断修订、变更和完善。

（5）凡能导致事故的一切不安全因素都应列出，以确保各种不安全因素能及时被发现或消除。

6. 安全检查表法的优、缺点和适用范围

安全检查表法主要有以下优点。

（1）检查项目系统、完整，可以做到不遗漏任何能导致危险的关键因素，避免传统的安全检查中易发生的疏忽、遗漏等弊端，因而能保证安全检查的质量。

（2）可以根据已有规章制度、标准、规程等，检查执行情况，得出准确评价。

（3）安全检查表采用提问的方式，有问有答，使人印象深刻，一定程度上可以起到安全教育的作用。

（4）编制安全检查表的过程本身就是一个系统安全分析的过程，可使检查人员对系统的认识更深刻，更便于发现危险因素。

（5）对不同的检查对象、检查目的有不同的检查表，应用范围广。

（6）安全检查表是定性分析的结果，是建立在原有的安全检查基础和安全系统工程之上的，简单易学，容易掌握，符合我国现阶段的实际情况，为安全预测和决策提供坚实的基础。

安全检查表法主要有以下缺点。

(1) 只能做定性的评价，不能定量评价。

(2) 只能对已经存在的对象评价。

(3) 针对不同的需要，须事先编制大量的检查表，工作量大。

(4) 安全检查表的质量受编制人员的知识水平和经验影响。

安全检查表法适用于安全预评价、安全验收评价、专项安全评价、安全现状综合评价，也可对正在建设的项目（工程）或系统（可行性研究报告、初步设计、生产工艺过程的各个阶段）进行检查。

12.7.2 预先危险性分析法

1. 方法概述

预先危险性分析（Preliminary Hazard Analysis，PHA）也称"初始危险分析"，主要用于对危险物质和主要工艺、装置等进行分析，它是在每项生产活动之前，特别是在设计的开始阶段，对系统存在危险类别、出现条件、事故后果等进行概略地分析，尽可能评价出潜在的危险性以及可导致重大事故的缺陷和隐患，防止这些危险发展成事故。

2. 预先危险性分析的主要功能

(1) 识别与系统有关的一切主要危害。

(2) 鉴别产生危险的原因。

(3) 估计事故出现后产生的后果。

(4) 提出消除或控制危险性的防范措施。

3. 预先危险性分析的基础资料

(1) 各种设计方案的系统和分系统部件的设计图纸和资料。

(2) 在系统预期的寿命期内，系统各组成部分的活动、功能和工作顺序的功能流程图及有关资料。

(3) 在预期的试验、制造、贮存、修理、使用等活动中与安全要求有关的背景材料。

4. 预先危险性分析步骤

预先危险性分析的步骤如图 12-2 所示。

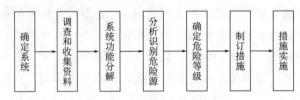

图 12-2 预先危险性分析步骤

(1) 准备工作阶段。

1) 确定系统。明确所分析系统的功能及分析范围。

2) 调查、收集资料。调查生产目的、工艺过程、操作条件和周围环境；收集设计说明书、本单位生产经验、国内外事故情报及有关标准、规范、规程等资料。

(2）分析实施阶段。

1）系统功能分解。为了便于分析，按系统工程的原理，将系统进行功能分解，并绘出功能框图，表示它们之间的输入输出关系。

2）分析、识别危险性。确定危险类型、危险来源、初始伤害及其造成的危险性，对潜在的危险点要仔细判定。

3）确定危险等级。在确认每项危险之后，都要按其效果进行分类。

4）制定措施。根据危险等级，从软件、硬件两个方面制定相应的消除危险性的措施和防止伤害的办法。

（3）结果汇总阶段。根据分析结果，确定系统中的主要危险有害因素，研究其产生原因和可能导致的事故，以表格形式汇总分析结果。典型的结果汇总表包括危险有害因素、触发事件、现象、原因事件、事故后果、危险等级、防范措施等栏，见表 12-5。

表 12-5　　　　　　　　　　　　预先危险性分析样表

危险有害因素	触发事件	现象	原因事件	事故后果	危险等级	防范措施

5. 危险等级划分

为了评判危险、有害因素的危害等级以及它们对系统破坏性的影响大小，预先危险性分析法给出了各类危险性的划分标准，该法将危险性划分为 4 个等级，具体见表 12-6。

表 12-6　　　　　　　　　　　　危害性等级划分表

级别	危险程度	可能导致的后果
Ⅰ	安全的	不会造成人员伤亡及系统损坏
Ⅱ	临界的	处于事故的边缘状态，暂时还不至于造成人员伤亡、系统损坏或降低系统性能，但应予以排除或采取控制措施
Ⅲ	危险的	会造成人员伤亡和系统损坏，要立即采取防范对策措施
Ⅳ	灾难性的	会造成重大伤亡及系统严重破坏的灾难性事故，必须予以果断排除并进行重点防范

6. 预先危险性分析的优、缺点和适用范围

预先危险性分析是一种宏观概略定性分析方法。在项目发展初期使用 PHA 有以下优点。

（1）方法简单易行、经济、有效。

（2）能为项目开发组分析和设计提供指南。

（3）能识别可能的危险，用很少的费用、时间就可以实现改进。

PHA 的缺点在于其定性分析，评估危险等级的分析结果受人的主观性影响比较大。

预先危险性分析适用于固有系统中采取新的方法，接触新的物料、设备和设施的危险性评价。该法一般在项目的发展初期使用。当只希望进行粗略的危险和潜在事故情况分析

时，也可以用 PHA 对已建成的装置进行分析。

7. 建筑施工安全评价中 PHA 的应用实例

在建筑施工过程中应用 PHA 进行安全评价时，首先要对施工流程进行全面分析，结合相关的事故经验，确定分析重点。对于建筑工程而言，从施工准备到竣工交付使用，需要经过大量的施工环节，在施工过程中涉及的危险性分部分项工程有基坑支护、降水工程、土方开挖工程、模板工程、重吊装及安装拆卸工程、脚手架工程、拆除爆破工程和其他工程。这些分部分项工程在施工中相互交叉作业，相互影响，造成工程繁琐和庞大，这就需要安全评价人员对每个分项工程的施工过程结合相应的施工环境进行具体的预先危险性分析，确定需要关注的重点和细节因素。然后要对每个分项工程的施工环节进行逐一分析，结合危害性等级划分表，划分出对应的级别，从而确定相应的危险情况。具体划分可以参考表 12-7 进行。

表 12-7　　　　　　　　建筑施工单元预先危险分析评价表

子单元	序号	潜在事故	触发事件	后果	危险等级	防范措施
基坑工程	1	高处坠落	(1) 人员身体不适 (2) 基坑四周无护栏	人员伤亡	Ⅲ	(1) 基坑四周应设围护栏杆，高度 1.2m (2) 基坑上下通道应设专用扶梯
	2	坍塌	(1) 错误开挖 (2) 放坡失误 (3) 基坑无支护	人员伤亡、财产损失	Ⅳ	(1) 单独编制装箱施工方案 (2) 按土质的类别放坡或护坡 (3) 必要时设支撑
模板工程	1	高处坠落	(1) 未系安全带 (2) 支拆未技术交底	人员伤亡	Ⅲ	(1) 支拆模板要技术交底 (2) 模板搭设时应设置安全标志
	2	物体打击	(1) 人员不戴安全帽 (2) 下方无安全网	人员伤亡	Ⅲ	(1) 施工单位提供完好的个护装备 (2) 设警戒线
	3	坍塌	(1) 模板失稳倒塌 (2) 拆除作业时建筑物倒塌 (3) 人员及设备在危险区	人员伤亡、财产损失	Ⅳ	(1) 控制模板上的荷载 (2) 加强职工培训，提高职工避免伤害的能力，杜绝违章
	4	火灾	(1) 易燃、易爆材料存放不当 (2) 消防、疏散设施、器材欠缺或设置不当电气引发的火灾	人员伤亡、财产损失	Ⅳ	(1) 施工现场要明确划分出禁火作业区、仓库区和现场生活区，并保持安全距离 (2) 建立并实施施工现场防火安全制度 (3) 禁止任意乱拉乱接线路

子单元	序号	潜在事故	触发事件	后果	危险等级	防范措施
砌体工程	1	噪声	(1) 砌体装卸 (2) 车辆来往声大	耳聋	II	(1) 控制装卸时间 (2) 合理安排车辆
	2	粉尘	(1) 砌体工程多粉尘 (2) 人员暴露时间长	尘肺病	II	(1) 做好人员防护 (2) 现场常洒水降尘 (3) 人员不作无用停留
	3	火灾	(1) 人员操作不慎起火 (2) 施工现场设施不符合消防安全要求	人员伤亡、财产损失	IV	(1) 严惩违章用火现象 (2) 及时配备消防设施
脚手架工程	1	高处坠落	(1) 安全带失效 (2) 高处临边无防护	人员伤亡	III	(1) 通道处设安全网 (2) 严格按照规程作业 (3) 施工单位提供完好的防护装备，职工按要求使用
	2	物体打击	(1) 违章向下扔物 (2) 未设置危险范围界限	人员伤亡	III	(1) 按规范做好拉结线 (2) 拆除时需拉设警戒线
	3	噪声	机械拆卸声大	耳聋	II	(1) 轻拿轻放 (2) 做好个体防护措施
混凝土工程	1	高处坠落	离地 2m 的浇捣无防护	人员伤亡	III	(1) 作业人员戴安全帽 (2) 高处浇捣加防护
	2	机械伤害	(1) 危险部位无防护 (2) 人员直接接触作业	人员伤亡	III	(1) 经常性维护 (2) 危险部位安装防护装置
	3	粉尘	(1) 搅拌作业灰尘大 (2) 人员长时间接触	尘肺病	II	(1) 人员戴口罩 (2) 封锁作业场所
	4	噪声	(1) 搅拌声音大 (2) 人员长时间停留	耳聋	II	(1) 戴耳塞防护 (2) 建立密闭空间隔声
	5	触电	(1) 用电不规范 (2) 线路不合格	人员伤亡	III	(1) 建立健全管理制度 (2) 编制相关的用电施工组织设计并实施
起重吊装工程	1	高处坠落	(1) 未设置警戒线 (2) 司机操作不当	人员伤亡	III	(1) 加强安全教育培训 (2) 恩威并施，加重惩罚
	2	物体打击	(1) 人员不戴安全帽 (2) 高处物体失稳坠落	人员伤亡	III	(1) 加强日常培训 (2) 提高职工警惕性 (3) 设施设备的安装、搭设要符合要求
	3	机械伤害	(1) 机械设备故障 (2) 违章操作	人员伤亡	III	(1) 设备定时定量维护 (2) 加大奖惩力度

子单元	序号	潜在事故	触发事件	后果	危险等级	防范措施
起重吊装工程	4	起重伤害	（1）指挥不当、动作不协调等 （2）起重超载 （3）施工人员处于危险区工作等 （4）起重方式不当钩 （5）吊具失效，如钢丝绳抓斗等损坏而造成重物坠落 （6）起重设备的安全装置失效	人员伤亡	Ⅳ	（1）建立完善的应急救援方案 （2）严格实施管理制度 （3）严格要求作业人员遵守"十不吊" （4）严格控制施工荷载，荷载不要超过设计要求
	5	触电	（1）电线绝缘破损 （2）设备漏电，人员触及带电部位	人员伤亡	Ⅲ	（1）戴绝缘手套 （2）维修时做好隔离

12.7.3 鱼骨图法

1. 方法概述

鱼骨图是由日本管理大师石川馨先生发明的一种发现问题"根本原因"的方法。问题的特性总是受到一些因素的影响，通过头脑风暴法找出这些因素，并将它们与特性值一起，按相互关联性整理而成的层次分明、条理清楚，并标出重要因素的图形就叫"特性要因图"，因其形状如鱼骨，所以又叫"鱼骨图"。

2. 鱼骨图绘图步骤

（1）确定要分析的某个特定问题或事故，写在图的右边，画出主干，箭头指向右端。

（2）确定造成事故的因素分类项目，如安全管理、操作者、材料、方法、环境等，画出大枝。

（3）将上述项目深入发展，中枝表示对应的项目造成事故的原因，一个原因画出一个枝，文字记在中枝线的上下位置。

（4）将上述原因层层展开，一直到不能分为止。

（5）确定预测图的主要原因，并标上符号，作为重点控制对象。

（6）注明鱼刺图名称。

3. 鱼骨图法分析施工现场物体打击事故

根据对以往物体打击事故的归纳与总结，可以得到诱使施工发生物体打击事故的相关因素，然后绘制出相应的施工现场物体打击事故分析的鱼骨图，如图 12-3 所示。

4. 鱼骨图分析法的优、缺点

鱼骨图法的优点在于全盘考虑造成事故的所有可能原因，而不是只看那些显著的表面原因，并且能够运用有序的、便于阅读的图表格式阐明因果关系，便于理解；缺点则是对于极端复杂、因果关系错综复杂的问题效用不大。

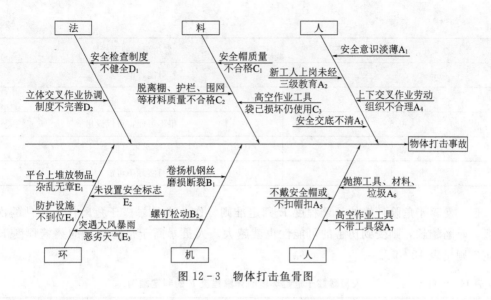

图 12 - 3 物体打击鱼骨图

12.7.4 作业条件危险性分析法

1. 方法概述

作业条件危险性分析法（又称 LEC 评价法）是由美国安全专家 K. J. 格雷厄姆和 K. F. 金尼提出的，它是对具有潜在危险性作业环境中的危险源的危险程度采用评分和对比的手段进行半定量的一种安全评价方法。

该方法用与系统风险有关的 3 种因素指标值的乘积来评价操作人员伤亡风险大小，这 3 种因素分别是 L（Likelihood，事故发生的可能性）、E（Exposure，人员暴露于危险环境中的频繁程度）和 C（Consequence，一旦发生事故可能造成的后果），然后给 3 种因素的不同等级分别确定不同的分值，再以 3 个分值的乘积 D（Danger，危险性）来评价作业条件危险性的大小，即

$$D=L×E×C \qquad (12-1)$$

D 值越大，说明该系统危险性大，需要增加安全措施，或改变发生事故的可能性，或减少人体暴露于危险环境中的频繁程度，或减轻事故损失，直至调整到允许范围内。

2. LEC 量化分值标准

对 L、E、C 这 3 个方面分别进行客观的科学计算，得到准确的数据，是相当繁琐的过程。为了简化评价过程，采取半定量计值法。即根据以往的经验和估计，分别对这三方面划分不同的等级并赋值。

（1）发生事故或危险事件的可能性 L 判定准则。发生事故的可能性 L 的判定准则见表 12 - 8。

表 12 - 8 发生事故的可能性 L 的判定准则

分值数	发生事故的可能性
10	完全可以预料
6	相当可能

分值数	发生事故的可能性
3	可能，但不经常
1	可能性小，完全是意外
0.5	很不可能，可以设想
0.2	极不可能
0.1	实际不可能

（2）暴露于危险环境的频繁程度 E 判定准则。作业人员暴露于危险作业条件的次数越多，时间越长，则受到伤害的可能性也就越大。人员暴露于危险环境的频繁程度 E 的判定准则见表 12-9。

表 12-9　　　　　　人员暴露于危险环境的频繁程度 E 的判定准则

分值数	人员暴露于危险环境的频繁程度
10	连续暴露
6	每天工作时间暴露
3	每周一次，或偶然暴露
2	每月一次暴露
1	每年仅几次暴露
0.5	非常罕见的暴露

（3）发生事故或危害的可能结果 C 判定准则。发生事故或危害的可能结果 C 的判定准则见表 12-10。

表 12-10　　　　　　发生事故或危害的可能结果 C 的判定准则

分值数	发生事故可能造成的后果
100	大灾难，10 人以上死亡，或造成重大财产损失
40	灾难，3~9 人死亡，或造成很大财产损失
15	非常严重，1~2 人死亡，或造成一定的财产损失
7	严重，重伤，或较小的财产
3	重大，致残，或很小的财产损失
1	引人注目，不利于基本的安全卫生要求

（4）危险性 D 判定准则及控制措施。确定上述 3 个具有潜在危险性的作业条件的分值，按公式 $D=L \times E \times C$ 进行计算，即可得危险性分值 D。据此，要确定其危险性程度时，则按表 12-11 的标准进行评定。

表 12-11 危 险 等 级 评 价 标 准

D 值	风险等级	危险危害程度及控制准则
＞320	1	极其危险，不能继续作业
160～320	2	高度危险，要立即整改
70～160	3	显著危险，需要整改
20～70	4	一般危险，需要注意
＜20	5	稍有危险，可以接受

3. LEC 法的优缺点和适用范围

LEC 法优点在于简单易行，将评价标准实现半定量化，便于在较短时间内使广大的危害因素识别评价人员掌握，可分析出各危害因素的风险等级，进而采取控制措施。而 LEC 法的缺点在于 L、E、C 取值标准只是一个较笼统的概念，但却难以确定各种因素的准确数据，这就需要分析者有各方面知识和对评价对象有一定的经验，这就会使得同一个项目由具备不同风险观念和经验的人员进行评价产生的结果会有偏差，即受评价人员主观影响较大，应用时需要考虑其局限性。

LEC 法适用范围较广，主要适用于生产操作方面因作业条件不完善而引发的安全风险的评价，而在经营及管理策划等方面的适用性较差，并且单独使用时不能实施对诸如频次小、后果严重等情形风险的评价。

4. 建筑施工安全评价中应用 LEC 法实例

LEC 风险评价法在建筑施工安全生产管理中的作用显著，该方法简单易行，危险程度的级别划分比较清晰，具有很强的灵活性和适用性，可以为施工的安全管理提供相应的参考依据，使施工人员可以主动发现施工中潜在的危险因素，及时制订控制措施和应急预案进行预防，从而提高建筑施工的安全性和可靠性。

表 12-12 为应用 LEC 法对某施工项目土方与基坑工程进行安全评价的实例。

表 12-12 某施工项目土方与基坑工程 LEC 评价分析表

作业部位	主要活动	可能导致的事故类型	L	E	C	D	风险等级	控制措施
基坑（槽）临边或上下人斜道	基坑（槽）临边未设防护或无上下人斜道	高处坠落	6	6	15	540	1	极其危险，不能继续作业
	基坑上下人斜道，未按要求设置防滑条	高处坠落	6	6	15	540	1	极其危险，不能继续作业
	作业人员在上下斜道上行走注意力不集中	高处坠落	6	6	15	540	1	极其危险，不能继续作业
在架空输电线路下挖土	在架空输电线路下挖土，不能保证安全距离	触电	6	6	15	540	1	极其危险，不能继续作业
基坑（槽）抽排水作业	漏电保护器失灵	触电	6	10	7	420	1	极其危险，不能继续作业

作业部位	主要活动	可能导致的事故类型	L	E	C	D	风险等级	控制措施
基坑（槽）边	基坑（槽）内作业堆土离坑边过近	物体打击	6	3	15	270	2	高度危险，要立即整改
人员站在反铲旋转半径范围内	人工配合基坑清底发生反铲伤人时，作业人员站在反铲旋转半径范围内	机械伤害	6	3	15	270	2	高度危险，要立即整改
机械作业周边	作业前，对周围有无人未进行检查	机械伤害	6	3	15	270	2	高度危险，要立即整改
施工现场	发生车辆伤害时，现场土方运输无专人指挥	车辆伤害	3	6	15	270	2	高度危险，要立即整改
	运土司机操作时违章	机械伤害	3	6	15	270	2	高度危险，要立即整改
基坑（槽）周边	基坑（槽）反铲作业不按顺序挖土或未按要求放坡	坍塌	3	6	15	270	2	高度危险，要立即整改
	未按要求对土方边壁进行监测	坍塌	6	3	15	270	2	高度危险，要立即整改
	人工挖土时，采用掏洞的方法作业	坍塌	6	3	15	270	2	高度危险，要立即整改
	挖基坑时，未按规定放坡	坍塌	6	3	15	270	2	高度危险，要立即整改

12.7.5 事故树分析法

1. 方法概述

事故树分析（Fault Tree Analysis，FTA）也称故障树分析，是一种描述事故因果关系的有向逻辑"树"分析方法，是安全系统工程中重要的分析方法和安全评价的重要方法之一。该法尤其适用于对工艺设备系统进行危险识别和评价，既适用于定性分析，又能进行定量分析，具有简明、形象化的特点，体现了以系统工程方法研究安全问题的系统性、准确性和预测性。FTA作为安全分析评价、事故预测的一种先进的科学方法，已得到国内外的公认和广泛采用。

2. 事故树分析法的特点

（1）事故树分析是一种图形演绎方法，是事故事件在一定条件下的逻辑推理方法。它可以围绕某特定的事故作层层深入的分析，因而在清晰的事故树图形下，表达系统内各事件间的内在联系，并指出单元故障与系统事故之间的逻辑关系，便于找出系统的薄弱环节。

（2）FTA具有很大的灵活性，不仅可以分析某些单元故障对系统的影响，还可以对导致系统事故的特殊原因（如人为因素、环境影响）进行分析。

（3）进行FTA的过程是一个对系统更深入认识的过程，它要求分析人员把握系统内各要素间的内在联系，弄清各种潜在因素对事故发生影响的途径和程度，因而许多问题在分析的过程中就被发现和解决，从而提高系统的安全性。

（4）利用事故树模型可以定量计算复杂系统发生事故的概率，为改善和评价系统安全性提供了定量依据。

3. 事故树分析流程

事故树分析的基本流程如图12-4所示。

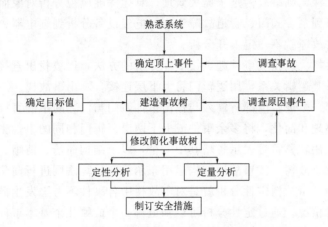

图12-4 事故树分析基本流程

（1）熟悉系统。在分析之前首先明确分析的范围和边界，确定系统内包含的内容。之后要详细了解所要分析的对象，包括工艺流程、设备构造、操作条件、环境状况及控制系统和安全装置等。

（2）调查事故。广泛收集系统发生过的事故。在调查事故时尽量做到全面，不仅要掌握本单位的事故情况，还要了解同行业类似系统或设备以及国外事故资料，以便确定所要分析的事故类型含有哪些内容，供编制事故树时进行危险因素分析。

（3）确定顶上事件。在广泛搜集事故树资料的基础上，确定一个或几个事故作为顶上事件进行分析。一般选择发生可能性较大且能造成一定后果的那些事故作为分析对象。有些事故尽管不易发生，但是一旦发生会造成严重的后果。为避免这类重大事故的发生，也常将其作为分析对象。有的事故虽然过去没发生过，特别是新开发的或运转周期不长的系统，可根据物料性质、工艺条件、设备结构、人员操作水平、类似系统的经验等预想事故作为顶上事件。

确定顶上事件时，要坚持一个事故编一棵树的原则且定义明确，如"加氢反应温度过高""氧气钢瓶超压爆炸"，而譬如"过程火灾""化工厂爆炸"概念太过笼统，无法向下分析。

（4）确定目标值。根据经验教训和事故案例，经统计分析后，求出事故发生概率（频率），作为事故控制的目标值，计算事故损失率，以便于采取措施，使之达到可以接受的安全指标。

（5）调查原因事件。顶上事件确定后，就要分析与之有关的各种原因事件，也就是找出系统的所有潜在危险因素和薄弱环节，包括设备元件等硬件故障、软件故障、人为差错及环境因素，凡与事故有关的原因都找出来，作为事故树的原因事件。

同时，要确定不予考虑的事件。与事故无关的原因有各种各样，但有些原因根本不可能发生或发生机会很少，如导线故障、飓风、龙卷风等，编制事故树可不予考虑，但要事先说明。

另外，在分析原因事件时，要分析到哪一层为止，需事先明确。分析得太浅，可能发生遗漏；分析得太深，则事故树过于庞大繁琐。具体深度应视分析对象而定。对化工生产系统来说，一般只到泵、阀门、管道故障为止；电气设备分析到继电器、开关、电动机故障为止，其中零件故障就不一定展开分析。

（6）建造事故树。从顶上事件起，按演绎分析的方法，逐级找出直接原因事件，到所要分析的深度，按其逻辑关系，用逻辑门将上下层连接，画出事故树。

要注意，任何一个逻辑门都有输入与输出事件，门与门之间不能直接相连。初步编好的事故树应进行整理和简化，将多余事件或上下两层逻辑门相同的事件去掉或合并。如有相同的子树，可以用转移符号表示省略其中一个，以求结构简洁、清晰。

（7）修改简化事故树。按事故树结构运用布尔代数运算法则进行简化。

（8）定性分析。事故树定性分析就是对事故树中各事件不考虑发生概率多少，只考虑发生和不发生两种情况。通过定性分析可以知道哪一个或哪几个基本事件发生，顶上事件就一定发生，哪一个事件发生对顶上事件影响大、哪一个影响少，从而可以采取经济有效的措施，防止事故发生。

具体方法是求出最小割（径）集，确定各基本事件的结构重要度，进而得到每个基本事件对顶上事件的影响程度，为采取安全措施的先后顺序、轻重缓急提供依据。

（9）定量分析。定量分析是系统危险性分析的最高阶段，是对系统进行安全性评价。

在所有原因（基本事件）发生概率确定的情况下，可以通过定量分析求出顶上事件发生概率。同时，可以求解出基本事件的概率重要度和临界重要度，从数量上说明每个基本事件对顶上事件的影响程度。

（10）制订安全措施。通过重要度分析，确定突破口，制订出最经济、最合理、可行性强的控制事故的方案，实现系统最佳安全的目的。

原则上是上述10个步骤，在分析时可视具体问题灵活掌握，如果事故树规模很大，可借助计算机进行。目前我国 FTA 一般都考虑到进行定性分析为止，也能取得较好效果，本章仅介绍事故树的定性分析。

4. 事故树符号及意义

事故树是由各种符号与它们相连接的逻辑门所组成，如图12-5所示为机械伤害事故树案例。

事故树采用的符号包括事件符号、逻辑门符号、转移符号三大类。

（1）事件符号。各类事件符号及对应事件类别见表12-13。

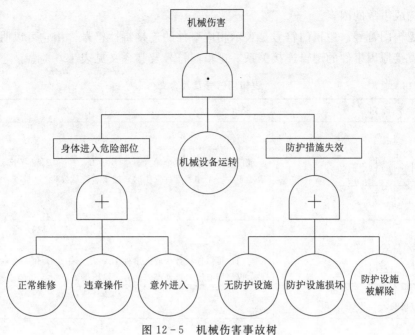

图 12 - 5　机械伤害事故树

表 12 - 13　　　　　　　　　　　　　**事件符号及对应事件类别**

符号及其名称	表 示 的 事 件 类 别
矩形符号	（1）顶上事件：分析对象，位于事故树的顶端 （2）中间事件：位于顶上事件和基本事件之间的事件，是需要往下分析的事件
圆形符号	基本事件：表示基本原因事件不能再往下分析的事件，故位于事故树的底部，可以是人的错误，也可以是机械、设备故障或环境因素
菱形符号	（1）省略事件：没有必要详细分析或原因不明确的事件 （2）二次事件，如由原始灾害引起的二次灾害，即来自系统之外的原因事件
房形符号	正常事件：系统正常状态下发生的正常事件，也称开关事件，如"空气""油泵运转"等

事件符号原则上有上述 4 种，其中只有矩形符号是必须往下分析的事件，其余 3 种都是无须进一步分析的事件，故将此三者合称为"底事件"。从分析事故的目的出发，"事

件"就是构成事故的因素。

（2）逻辑门符号。逻辑门符号是表示相应事件的连接特性符号，用它可以明确表示该事件与其直接原因事件的逻辑连接关系。逻辑门符号及其含义见表 12-14。

表 12-14　　　　　　　　　　　　逻辑门符号及其含义

逻 辑 门 符 号	逻 辑 门 含 义
	或门：可以连接数个输入事件 B_1、B_2、…、B_n 和一个输出事件 A，表示至少一个输入事件发生时，输出事件就发生
	与门：可以连接数个输入事件 B_1、B_2、…、B_n 和一个输出事件 A，表示仅当所有输入事件都发生时，输出事件 A 才发生的逻辑关系
	非门：表示输出事件是输入事件的对立事件
	条件或门：表示输入事件至少有一个发生，并同时满足条件 a 的情况下，输出事件才发生
	条件与门：表示输入事件不仅同时发生，而且还必须满足条件 a，才会有输出事件的发生
	表决门：表示仅当输入事件有 m 个（$m \leqslant n$）或 m 个以上事件同时发生时，输出事件才发生。或门和与门都是表决门的特例，或门是 $m=1$ 时的表决门，与门是 $m=n$ 时的表决门
	禁门：表示仅当条件事件 a 发生时，输入事件 B 的发生方导致输出事件 A 的发生

（3）转移符号。转移符号表示部分事故树图的转入和转出。当事故树规模很大或整个事故树中多处包含相同的部分树图时，为了简化整个树图，便可用转入和转出符号。转入与转出符号及其含义见表 12 - 15。

表 12 - 15　　　　　　　　　　　　　　　转 移 符 号 及 其 含 义

逻 辑 门 符 号	逻 辑 门 含 义
（转入符号图形）	转入符号：表示在别处的部分树，由该处转入（在三角形内标出从何处转入）
（转出符号图形）	转出符号：表示这部分树由该处转移至他处，由该处转出（三角形内标出向何处转移）

5. 事故树的编制方法

事故树编制是事故树分析中最基本、最关键的环节。

编制工作一般由系统设计人员、操作人员和可靠性分析人员组成的编制小组来完成，经过反复研究，不断深入，才能趋于完善。通过编制过程能使小组人员深入了解系统，发现系统中的薄弱环节，这是编制事故树的首要目的。事故树的编制是否完善直接影响到定性分析和定量分析结果的正确性，关系到事故树分析的成败，所以事故树编制这一环节是非常重要的。

编制事故树的常用方法为演绎法，是由结果分析原因，最终得到影响事故发生的根本事件，是一个逆向逻辑推理过程，它是通过人的思考分析顶事件是怎样发生的。人工编制事故树的步骤和方法如下。

（1）首先确定系统的顶上事件，找出直接导致顶上事件发生的各种可能因素或因素的组合，即中间事件。

（2）在顶上事件与其紧连的中间事件之间，根据其逻辑关系画上逻辑门。

（3）再对中间事件进行类似的分析，找出直接原因，逐级向下演绎，直到不能分析的基本事件为止，得到用基本事件符号表示的事故树。

6. 布尔代数运算法则

布尔代数的运算律是布尔代数的基本运算法则，布尔代数中的变量代表一种状态或概念，数值 1 或 0 并不是表示变量在数值上的差别，而是代表状态与概念存在与否的符号，称为逻辑变量。

由元素 A、B、C、…组成的集合 E，若在 E 中定义了两个二元运算"＋"（逻辑或）与"·"（逻辑与），则有表 12 - 16 所列的布尔代数的运算法则，其在事故树的化简与变换过程中经常使用。

表 12-16　　　　　　　　　　　布尔代数主要运算法则

运算法则名称	内　容	运算法则名称	内　容
交换律	$A+B=B+A$ $A \cdot B=B \cdot A$	分配律	$A(B+C)=AB+AC$ $A+BC=(A+B) \cdot (A+C)$
结合律	$A+(B+C)=(A+B)+C$ $A \cdot (B \cdot C)=(A \cdot B) \cdot C$	双重否定律	$\overline{\overline{A}}=A$
同一律	$A+0=A$ $A \cdot 1=A$	互补律	$A \cdot \overline{A}=0$ $A+\overline{A}=1$
0-1律	$A+1=1$ $A \cdot 0=0$	吸收律	$A+AB=A$ $A(A+B)=A$
等幂律	$A+A=A$ $A \cdot A=A$	摩根定律	$\overline{A+B}=\overline{A} \cdot \overline{B}$ $\overline{A \cdot B}=\overline{A}+\overline{B}$

7. 事故树的结构式及其化简

事故树按其事件的逻辑关系，自顶上事件开始向下逐级运用布尔代数展开，可以进一步进行整理、化简，以便于进行定性、定量分析。

图 12-6 所示的未经化简的事故树，运用布尔代数其结构表达式为

$$\begin{aligned} T &= M_1 M_2 \\ &= (X_1+X_2)X_1 X_3 \\ &= X_1 X_1 X_3 + X_2 X_1 X_3 \end{aligned} \tag{12-2}$$

然后利用布尔代数的运算法则进行化简，可得

$$\begin{aligned} T &= X_1 X_1 X_3 + X_2 X_1 X_3 \\ &= X_1 X_3 + X_2 X_1 X_3 \\ &= X_1 X_3 \end{aligned} \tag{12-3}$$

则可绘制出经化简后的事故树，如图 12-7 所示。

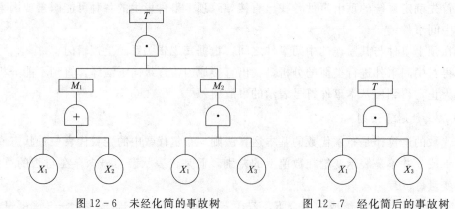

图 12-6　未经化简的事故树　　　　　图 12-7　经化简后的事故树

8. 最小割集的求解与分析

在事故树中，一组基本事件能造成顶上事件发生，则该组基本事件的集合称为割集。

（1）割集和最小割集的概念。在事故树中，如果所有的基本事件都发生，则顶上事件必然发生。但是在很多情况下并非如此，往往是只要某个或几个基本事件发生，则顶上事件就能发生。凡是能导致顶上事件发生的基本事件的集合就叫割集。

在一棵事故树中，割集数目可能有很多，而在内容上可能有相互包含和重复的情况，甚至有多余的事件出现，必须把它们除去，除去这些事件的割集叫最小割集。也就是说，凡能导致顶上事件发生的最低限度的基本事件的集合称为最小割集。在最小割集里，任意去掉一个基本事件就不称其为割集。

为有效且针对性地控制顶上事件的发生，最小割集在 FTA 中有着重要的作用。因为事故树中最小割集越多，顶上事件发生的可能性就越多，系统就越危险。

（2）最小割集的求解。最小割集的求解方法有行列法、结构法、质数代入法、矩阵法、布尔代数化简法等。其中，布尔代数化简法比较简单。

布尔代数化简法求最小割集的步骤如下。

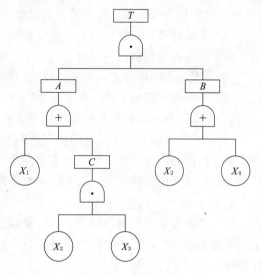

首先，列出事故树的布尔表达式，即从事故树的第一层输入事件开始，"或门"的输入事件用逻辑"加"表示，"与门"的输入事件用逻辑"积"表示；然后，再用第二层输入事件代替第一层，第三层输入事件代替第二层，直至事故树全体基本事件都代替完为止，利用布尔表达式整理后得到若干个交集，每个交集就是一个割集；最后，再利用布尔代数运算定律化简，得到若干交集的并集，这时并集中的每个交集就是一个最小割集。

以图 12-8 所示的事故树为例，利用布尔代数化简法求最小割集过程为

图 12-8　事故树

$$T = AB$$
$$= (X_1 + C)(X_3 + X_4)$$
$$= (X_1 + X_2 X_3)(X_3 + X_4)$$
$$= X_1 X_3 + X_2 X_3 X_3 + X_1 X_4 + X_2 X_3 X_4$$
$$= X_1 X_3 + X_2 X_3 + X_1 X_4 \qquad (12-4)$$

事故树经布尔代数化简后得 3 个交集的并集，即此事故树有 3 个最小割集，分别是 $\{X_1, X_3\}$、$\{X_2, X_3\}$ 和 $\{X_1, X_4\}$。

化简后的事故树，其结构如图 12-9 所示，它是图 12-8 的等效事故树。

由图可见，用最小割集表示的事故树，共有两层逻辑门，由上到下，第一层为或门，第二层为与门。由事故树的等效树可清楚地看出事故发生的各种模式。

（3）最小割集的作用。

1）最小割集表示系统的危险性，每个最小割集都是顶上事件发生的一种可能渠道，最小割集的数目越多越危险。

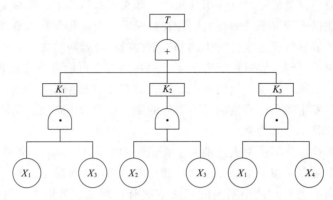

图 12-9　图 12-8 的等效事故树

2）表示顶上事件发生的原因。事故发生必然是某个最小割集中几个事件同时存在的结果。求出事故树全部最小割集，就可掌握事故发生的各种可能，对掌握事故的规律、查明事故的原因提供帮助。

3）一个最小割集代表一种事故模式。根据最小割集，可以发现系统中最薄弱的环节，直观判断出哪种模式最危险、哪些次之以及如何采取预防措施。

4）可以用最小割集判断基本事件的结构重要度，计算顶上事件概率。

5）由于一个基本事件发生的概率比两个基本事件同时发生的概率要大得多，比 3 个基本事件的同时发生概率更大，故最小割集含有的基本事件越少，就越有可能发生顶上事件，即故障模式危险性越大。只有一个基本事件的割集最危险。

9. 最小径集的求解与分析

（1）径集与最小径集的概念。与割集相反，在事故树中，有一组基本事件不发生，顶上事件就不会发生，这一组基本事件集合叫径集，它是表示系统不发生顶上事件而正常运行的模式。

同样，在径集中也存在相互包含和重复事件的情况，去掉这些事件的径集叫最小径集。即凡是不能导致顶上事件发生的最低限度的基本事件的集合叫最小径集。在最小径集中，任意去掉一个事件也不称其为径集。

事故树有一个最小径集，顶上事件不发生的可能性就有一种。最小径集越多，顶上事件不发生的途径就越多，系统也就越安全。

（2）最小径集的求解。最小径集的求法是利用最小径集与最小割集的对偶性，首先画事故树的对偶树，即成功树。求成功树的最小割集，就是原事故树的最小径集。

成功树的画法是将事故树的"与门"全部换成"或门"、"或门"全部换成"与门"，并把全部事件的发生变成不发生，就是在所有事件上都加"—"，使之变成原事件补的形式。经过这样变换后得到的树形就是原事故树的成功树，如图 12-10 所示。

这种做法是根据布尔代数的摩根定律。图 12-10（b）左侧所示事故树的表达式为

$$T = X_1 + X_2 \tag{12-5}$$

该式表示事件 X_1、X_2 任一个发生，顶上事件 T 就会发生。要使顶上事件不发生，X_1、X_2 两个事件必须都不发生。那么，在式（12-5）两端取补，得到

$$\overline{T} = \overline{X_1 + X_2} = \overline{X_1}\ \overline{X_2} \tag{12-6}$$

该式用图形表示就是图 12-10（b）右侧所示的左侧事故树对应的成功树。

同理可知，画成功树的事故树的"与门"要变成"或门"，事件也都要变为原事件补的形式。

下面仍以图 12-8 所示事故树为例求最小径集。首先画出事故树的对偶树——成功树，如图 12-11 所示，求成功树的最小割集。

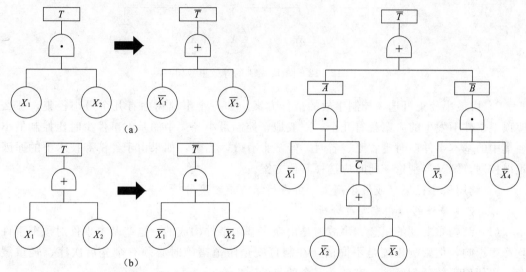

图 12-10　事故树变成功树示例　　　　图 12-11　事故树转化为成功树示例

由图 12-11 可以列出成功树的结构式，并且进行化简，过程为

$$
\begin{aligned}
\overline{T} &= \overline{A} + \overline{B} \\
&= \overline{X_1 C} + \overline{X_3\ X_4} \\
&= \overline{X_1}(\overline{X_2} + \overline{X_3}) + \overline{X_3\ X_4} \\
&= \overline{X_1\ X_2} + \overline{X_1\ X_3} + \overline{X_3\ X_4}
\end{aligned} \tag{12-7}
$$

由式（12-7）可得成功树的 3 个最小割集，这就是事故树对应的 3 个最小径集：$P_1 = \{X_1,\ X_2\}$，$P_2 = \{X_1,\ X_3\}$，$P_3 = \{X_3,\ X_4\}$。

则用最小径集表示的事故树结构式为

$$T = (X_1 + X_2)(X_1 + X_3)(X_3 + X_4) \tag{12-8}$$

同样，用最小径集也可画事故树的等效树，用最小径集画图 12-11 所示事故树的等效事故树结果如图 12-12 所示。

用最小径集表示的等效树也有两层逻辑门，与用最小割集表示的等效树比较，所不同的是两层逻辑门符号正好相反。

（3）最小径集的作用。

1）最小径集表示系统的安全性。如事故树中有一个最小径集，则顶上事件不发生的可能性就有一种；最小径集越多，控制顶上事件不发生的方案就越多，系统的安全性就越大。

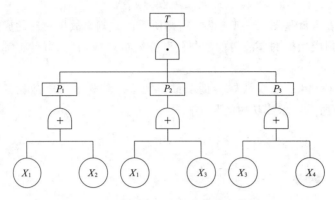

图 12-12　图 12-11 的等效事故树

2）由最小径集可选择控制事故的最佳方案。如一个事故树中有几个最小径集，那么使顶上事件不发生的方案就有几个。一般地，控制最小径集中的基本事件少时比控制最小径集中的基本事件多时更省工、省时、经济、有效。当然，如果由于经济和技术上的原因难以控制，则又当别论，此时应选择其他方案。

3）利用最小径集（或最小割集）可进行结构重要度分析。

10. 基本事件的结构重要度分析

（1）结构重要度的概念。事故树是由众多基本事件构成的，这些基本事件对顶上事件均产生影响，但影响程度是不同的，在制订安全防范措施时必须有个先后次序、轻重缓急，以便使系统达到经济、有效、安全的目的。

结构重要度分析，就是不考虑基本事件发生概率的条件下，仅从事故树结构上分析各基本事件的发生对顶上事件的影响程度。结构重要度分析虽然是一种定性分析方法，但在目前缺乏定量分析数据的情况下，这种分析方法非常重要。

（2）结构重要度分析方法。结构重要度分析方法归纳起来有两种：第一种是计算出各基本事件的结构重要度系数，将系数由大到小排列的各基本事件的重要顺序，比较精确，但是过程相对复杂；第二种是用最小割集和最小径集近似判断各基本事件的结构重要度的大小，并排列次序，此种方法在实际中应用较多，下面对该方法进行介绍。

（3）结构重要度的近似分析。结构重要度分析是用最小割集或最小径集近似判断各基本事件的结构重要系数。这种方法的精确度虽然比采用求结构重要系数法要差些，但操作简便，所以应用较多。用最小割集或最小径集近似判断结构重要系数的方法也有几种，这里只介绍其中的一种，就是借助下列 4 条原则来判断。

1）单事件最小割（径）集中基本事件结构重要度最大。

例如，某事故树有 3 个最小径集：$P_1 = \{X_1\}$、$P_2 = \{X_2, X_3\}$、$P_3 = \{X_4, X_5, X_6\}$，最小径集 P_1 只含有一个基本事件 X_1，按此原则 X_1 的结构重要度 $I(1)$ 最大。

2）在同一最小割（径）集出现的所有基本事件，结构重要度系数相等〔其他割（径）集中不再出现〕。

例如，某事故树有 3 个最小径集：$P_1 = \{X_1, X_2\}$、$P_2 = \{X_3, X_4, X_5\}$、$P_3 = \{X_6, X_7, X_8\}$，则 $I(1) = I(2)$，$I(3) = I(4) = I(5)$，$I(6) = I(7) = I(8)$。

3）若两个基本事件仅出现在基本事件个数相等的若干最小割集中，按照出现次数进行排序。

在不同最小割集中出现次数相等的基本事件，其结构重要系数相等；出现次数多的，结构重要系数大；出现次数少的，结构重要系数小。

例如，某事故树有 3 个最小割集：$P_1=\{X_1，X_2，X_3\}$、$P_2=\{X_1，X_3，X_4\}$、$P_3=\{X_1，X_4，X_5\}$，此事故树有 5 个基本事件，出现在含有 3 个基本事件的最小割集中，按此原则有 $I(1)>I(3)=I(4)>I(2)=I(5)$。

4）两个基本事件出现在基本事件个数不等的若干个最小割（径）集中，其结构重要度依下列情况而定。

a. 若它们在各最小割集中重复出现的次数相等，则在少事件最小割集中出现的基本事件结构重要度大。

例如，某事故树有 4 个最小割集：$P_1=\{X_1，X_3\}$、$P_2=\{X_1，X_4\}$、$P_3=\{X_2，X_4，X_5\}$、$P_4=\{X_2，X_5，X_6\}$，则有 $I(1)>I(2)$。

b. 若它们在少事件最小割集中出现次数少，在多事件最小割集中出现次数多，以及其他更为复杂的情况，可用以下的近似判别式进行计算，即

$$I(i)=\sum_{X_i\in K_j}\frac{1}{2^{n_i-1}} \tag{12-9}$$

式中：$I(i)$ 为基本事件 X_i 结构重要系数的近似判别值，$I_\varphi(i)$ 大则 $I(i)$ 也大；$X_i\in K_j$ 为其中事件 X_i 属于 K_j 最小割（径）集；n_i 为基本事件 X_i 所在最小割（径）集中包含基本事件的个数。

假设某事件树共有 5 个最小径集：$P_1=\{X_1，X_3\}$、$P_2=\{X_1，X_4\}$、$P_3=\{X_2，X_4，X_5\}$、$P_4=\{X_2，X_5，X_6\}$、$P_5=\{X_2，X_6，X_7\}$，基本事件 X_1 与 X_2 比较，X_1 出现两次，但所在的两个最小径集都含有两个基本事件；X_2 出现 3 次，所在的 3 个最小径集都含有 3 个基本事件，根据这个原则判断，有

$$I(1)=\frac{1}{2^{2-1}}+\frac{1}{2^{2-1}}=1$$

$$I(2)=\frac{1}{2^{3-1}}+\frac{1}{2^{3-1}}+\frac{1}{2^{3-1}}=\frac{3}{4}$$

由此可得 $I(1)>I(2)$。

需要注意的是，利用上述 4 条原则判断基本事件结构重要度大小时，必须从第 1～4 条按顺序进行，不能单纯使用近似判别式（12-9）进行分析；否则会得到错误的结果。

一般而言，用最小割集或最小径集判断基本事件结构重要度顺序的结果应该是一样的，选用哪种要视具体情况而定。一般原则是，最小割集和最小径集哪种数量少就选哪种，因为这样比较容易进行对比分析。

例如，某事故树含 4 个最小割集为：$K_1=\{X_1，X_3\}$、$K_2=\{X_1，X_5\}$、$K_3=\{X_3，X_4\}$、$K_4=\{X_2，X_4，X_5\}$，3 个最小径集为：$P_1=\{X_1，X_4\}$、$P_2=\{X_1，X_2，X_3\}$、$P_3=\{X_3，X_5\}$。

显然，用最小径集比较各基本事件的结构重要顺序比用最小割集方便。

根据以上 4 条原则判断：X_1、X_3 都各出现两次，且两次所在的最小径集中基本事件个数相等，所以 $I_\varphi(1)=I_\varphi(3)$，$X_2$、$X_4$、$X_5$ 都各出现一次，但 X_2 所在的最小径集中基本事件个数比 X_4、X_5 所在最小径集基本事件个数多，故 $I_\varphi(4)=I_\varphi(5)>I_\varphi(2)$，由此得各基本事件的结构重要顺序为

$$I_\varphi(1)=I_\varphi(3)>I_\varphi(4)=I_\varphi(5)>I_\varphi(2)$$

分析结果说明，仅从事故树结构来看，基本事件 X_1 和 X_3 对顶上事件发生影响最大，其次是 X_4 和 X_5，X_2 对顶上事件影响最小。据此，在制订系统对策时，首先要控制住 X_1 和 X_3 这两个危险因素，其次是 X_4 和 X_5，对 X_2 要根据情况而定。

基本事件的结构重要度顺序排出后，也可以作为制订安全检查表、找出日常管理和控制要点的依据。

11. FTA 的优、缺点及适用范围

(1) FTA 的优点。

1) 能识别导致事故的基本事件（基本的设备故障）与人为失误的组合，可为人们提供避免或减少导致事故基本原因的线索，从而降低事故发生的可能性。

2) 对导致灾害事故的各种因素及逻辑关系能作出全面、简洁和形象地描述。

3) 便于查明系统内固有的危险因素，为设计、施工和管理提供科学依据。

4) 使有关人员、作业人员全面了解和掌握各项防灾要点。

5) 便于进行逻辑运算，进行定性、定量分析和系统评价。

(2) FTA 的缺点是分析步骤多、计算复杂，且国内相关数据积累较少，进行定量分析需要工作量大，事故树编制容易失误与失真。

(3) FTA 的应用范围比较广泛，非常适合于宇航、核电、工艺、设备等复杂系统的事故分析，当然也可以适用于建筑施工安全评价中。

12. 建筑施工安全评价中 FTA 应用实例

以模板支架坍塌事故为例，应用 FTA 进行评价分析，构建的相应的事故树如图 12-13 所示。

各基本事件代码与对应名称见表 12-17。

表 12-17   模板支架坍塌事故基本事件代码与对应名称

代码	名　称	代码	名　称
X_1	未考虑自重	X_7	未按不利部位计算
X_2	未考虑出现较大器具和材料堆积	X_8	忽略整体稳定性
X_3	作业面集中过多人员、设备、材料	X_9	检查不严谨
X_4	产生偏心	X_{10}	无检查制度
X_5	支架间距过大	X_{11}	工人麻痹大意
X_6	支撑不合格		

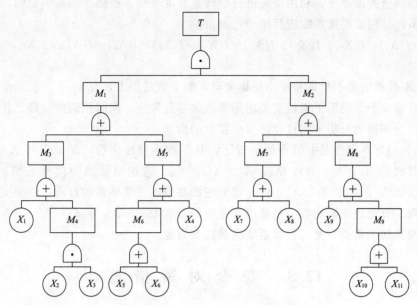

图 12-13 模板支架坍塌事故树

T—模板支架坍塌；M_1—负荷超载；M_2—承载力不足；M_3—荷载考虑不足；M_4—局部超重；

M_5—安装不规范；M_6—违规安装；M_7—设计不合格；M_8—检查不到位；M_9—未进行检查

（1）列出事故树的结构式并且进行化简。

$$T = M_1 M_2 = (X_1 + X_2 X_3 + X_4 + X_5 + X_6)(X_7 + X_8 + X_9 + X_{10} + X_{11})$$

$$= X_1 X_7 + X_1 X_8 + X_1 X_9 + X_1 X_{10} + X_1 X_{11} + X_2 X_3 X_7 + X_2 X_3 X_8 + X_2 X_3 X_9$$

$$+ X_2 X_3 X_{10} + X_2 X_3 X_{11} + X_4 X_7 + X_4 X_8 + X_4 X_9 + X_4 X_{10} + X_4 X_{11} + X_5 X_7$$

$$+ X_5 X_8 + X_5 X_9 + X_5 X_{10} + X_5 X_{11} + X_6 X_7 + X_6 X_8 + X_6 X_9 + X_6 X_{10} + X_6 X_{11}$$

$$(12-10)$$

（2）求得最小割集。

$\{X_1, X_7\}, \{X_1, X_8\}, \{X_1, X_9\}, \{X_1, X_{10}\}, \{X_1, X_{11}\}, \{X_2, X_3, X_7\}, \{X_2, X_3, X_8\},$

$\{X_2, X_3, X_9\}, \{X_2, X_3, X_{10}\}, \{X_2, X_3, X_{11}\}, \{X_4, X_7\}, \{X_4, X_8\}, \{X_4, X_9\}, \{X_4, X_{10}\},$

$\{X_4, X_{11}\}, \{X_5, X_7\}, \{X_5, X_8\}, \{X_5, X_9\}, \{X_5, X_{10}\}, \{X_5, X_{11}\}, \{X_6, X_7\}, \{X_6, X_8\},$

$\{X_6, X_9\}, \{X_6, X_{10}\}, \{X_6, X_{11}\}$

（3）列出事故树对应的成功树的结构式并化简。

$$\overline{T} = \overline{M_1} + \overline{M_2}$$

$$= \overline{X_1}(\overline{X_2} + \overline{X_3}) \overline{X_4} \, \overline{X_5} \, \overline{X_6} + \overline{X_7} \, \overline{X_8} \, \overline{X_9} \, \overline{X_{10}} \, \overline{X_{11}}$$

$$= \overline{X_1} \, \overline{X_2} \, \overline{X_4} \, \overline{X_5} \, \overline{X_6} + \overline{X_1} \, \overline{X_3} \, \overline{X_4} \, \overline{X_5} \, \overline{X_6} + \overline{X_7} \, \overline{X_8} \, \overline{X_9} \, \overline{X_{10}} \, \overline{X_{11}} \qquad (12-11)$$

则可写出

$$T = (X_1 + X_2 + X_4 + X_5 + X_6)(X_1 + X_3 + X_4 + X_5 + X_6)(X_7 + X_8 + X_9 + X_{10} + X_{11})$$

$$(12-12)$$

（4）列出求最小径集。

$$\{X_1, X_2, X_4, X_5, X_6\}, \{X_1, X_3, X_4, X_5, X_6\}, \{X_7, X_8, X_9, X_{10}, X_{11}\}$$

（5）结构重要度排序。利用径集进行结构重要度分析，根据 4 条基本原则，对此事故树的基本事件结构重要度系数进行排序，易得

$$I(X_1)=I(X_4)=I(X_5)=I(X_6)>I(X_2)=I(X_3)=I(X_7)=I(X_8)=I(X_9)=I(X_{10})=I(X_{11})$$

（6）结论。

1）从事故树的最小割集和最小径集来看，割集数目很大，有 25 个。而最小径集的数目很少，只有 3 个，说明了模板支架坍塌事故很容易发生，同时预防的途径比较少，但仍然可以通过是事故树分析来制订预防事故发生的措施。

2）在忽略基本事件发生概率的前提下，从结构重要度来看，X_1、X_4、X_5、X_6 的系数最大，其次是 X_2、X_3、X_7、X_8、X_9、X_{10}、X_{11}。这说明要预防模板支架坍塌事故，应该重点预防 X_1、X_4、X_5、X_6，即一定要考虑好模板支架体系的自重，避免支架间距过大，并合理、规范地安装支撑，最后应当避免偏心现象的出现。同时，也可以看出检查过程对于事故预防的重要程度，督促落实完善检查制度。

12.8　安全对策措施

12.8.1　概述

1. 安全对策措施概念

安全对策措施指的是为了安全生产、防止事故的发生和减少事故发生后的损失，在对施工项目危险有害因素进行分析和评价的基础上，依据国家有关的法律、法规、技术标准和规范，对本项目生产过程中提出有针对性的对策措施，包括安全技术措施和安全管理措施两大类。

2. 安全对策措施的基本要求

（1）能消除或减弱生产过程中产生的危险、有害因素。

（2）处置危险和有害物，并降低到国家规定的限值内。

（3）预防生产装置失灵和操作失误产生的危险、有害因素。

（4）能有效地预防重大事故和职业危害的发生。

（5）发生意外事故时，能为遇险人员提供自救和互救条件。

3. 安全对策措施的制定原则

（1）满足法律法规的要求。

（2）当其与经济效益发生矛盾时，应优先考虑安全生产的要求，其次考虑经济效益。

（3）按措施等级顺序（直接的、间接的、指示性的、管理的）选择安全措施。

（4）按消除危害、预防事故、减弱风险、隔离危害、使用联锁装置和警告的顺序制订。

（5）应具有针对性、可操作性和经济合理性。

12.8.2　安全技术措施

安全技术措施是"硬件"上的措施，具体是指从工程技术上，避免或者减少操作人员在生产过程中直接接触可能产生危险因素的设备、设施和物料，使系统在人员误操作或生

产装置发生故障的情况下，也不会造成事故或减少事故产生损失的手段和途径。比如，自动化生产、监测、联锁等。

1. 安全技术措施的分类

安全技术措施一般分为针对危险的安全技术对策措施和针对危害的安全技术对策措施。

针对危险的安全技术对策措施主要有厂（场）址及厂（场）区平面布置的对策措施、防火防爆对策措施、电气安全对策措施和其他安全对策措施（包括贮运、生产设备设施、机械伤害、高处坠落、物体打击、安全色、安全标志等方面）；针对危害的安全技术对策措施主要有预防中毒的对策措施、预防缺氧窒息的对策措施、防尘对策措施、噪声控制措施、振动控制措施、防辐射（电离辐射）对策措施、防非电离辐射对策措施、防电磁辐射对策措施、高低温作业的防护措施和采暖、通风、照明、采光等方面的对策措施。

2. 安全技术措施等级顺序

（1）直接安全技术措施：具有本质安全性能。

（2）间接安全技术措施：采用安全防护装置。

（3）指示性安全技术措施：采用检测报警装置、警示标志。

（4）预防或减弱技术措施：采用安全操作规程、安全教育、培训和个体防护用品等。

3. 制订安全技术措施的原则

根据安全技术措施等级顺序的要求，应遵循以下具体原则。

（1）消除。尽可能从根本上消除危险、有害因素，如采用无害化工艺技术，生产中以无害物质代替有害物质，实现自动化作业、遥控技术等。

（2）预防。当消除危险、有害因素有困难时，可采取预防性技术措施，预防危险、危害的发生，如使用安全阀、安全屏护、漏电保护装置、安全电压、熔断器、防爆膜、事故排放装置等。

（3）减弱。在无法消除危险、有害因素和难以预防的情况下，可采取减少危险、危害的措施，如局部通风排毒装置、生产中以低毒性物质代替高毒性物质、降温措施、避雷装置、消除静电装置、减振装置、消声装置等。

（4）隔离。在无法消除、预防、减弱的情况下，应将人员与危险、有害因素隔开和将不能共存的物质分开，如遥控作业、安全罩、防护屏、隔离操作室、安全距离、事故发生时的自救装置（如穿防护服、戴各类防毒面具）等。

（5）联锁。当操作者失误或设备运行一旦达到危险状态时，应通过联锁装置终止危险、危害发生。

（6）警告。在易发生故障和危险性较大的地方，配置醒目的安全色、安全标志，必要时设置声、光或声光组合报警装置。

12.8.3 安全管理措施

安全管理措施是通过现代化、科学化的管理，以防止发生事故和职业病，避免、减少有关损失。和安全技术措施相比，安全管理措施是"软件"上的措施。

即使生产装置是本质安全的、高度自动化的，也不可能完全消除所有的危险有害因素，预防事故，如维修时、巡检时等情况。因此，在采取安全技术对策措施的同时，应该结合安全管理对策措施，制订相应的安全卫生规章制度，对企业内部实施安全卫生监督、检查，对人员进行安全、卫生知识培训教育，才能更好地防止事故发生，保障安全生产。

建筑施工企业通过编制和实施安全管理措施计划，可以把改善劳动安全卫生条件这项工作纳入企业的生产建设计划中，有计划、有步骤地解决重大事故隐患。

安全管理措施一般包括以下几个方面。

（1）建立制度。安全生产责任制及其落实、安全管理制度、安全操作规程及其执行、安全计划的制订与实施。

（2）完善机构和人员配置。其包括安全岗位设置、安全主管、专职（兼职）安全员配置等。

（3）安全培训教育和考核。针对法人、中层、特种作业人员、新员工开展安全培训教育和考核。

（4）安全投入与安全设施。保障安全资金和安全装备设施的投入与使用、保障"三同时"落实、事故隐患整改。

（5）安全生产的过程控制和管理。对特种设备、安全设施设备、作业环境、装置、工具等检查或维修管理等。

（6）实施监督与日常检查。包括检测、检验、督促、检查等工作。

（7）制订事故处理和事故应急救援预案。

12.8.4 事故应急救援措施

事故应急救援预案指的是为最大限度地降低发生事故造成的损失或危害，防止事故扩大，而对有关组织或人员采取的应急行动提供指南预先制订的工作方案。建筑施工单位可参照《生产经营单位安全生产事故应急预案编制导则》完善应急预案体系，编制生产安全事故应急救援预案，做到应急预案管用、实用、相互衔接。

根据《安全现状评价导则》，在安全现状评价中，需要对事故应急救援预案进行评价。在建筑施工安全预案评价中，建议增加事故应急救援措施，包括应急救援组织机构设置、应急救援人员及装备配备、应急救援物资储备、应急救援组织实施机制、应急救援预案的制订及培训演练、事故状态下的应急救援措施及危害物质的控制和处理措施等内容。

12.9 安全评价结论

12.9.1 评价结论编制的一般步骤

（1）收集与评价相关的技术与管理资料。

（2）按评价方法从现场获得与各评价单元相关的基础数据。

（3）通过数据的处理得到单元评价结果。

（4）将单元评价结果整合成单元评价小结。

（5）将各单元评价小结整合成评价结论。

12.9.2 评价结论的编制原则

由于对系统进行安全评价时，通过分析和评估，将单元各评价要素的评价结果汇总成各单元安全评价的小结，因此，整个项目的评价结论应是各评价单元评价小结的高度概括，而不是将各评价单元的评价小结简单地罗列起来作为评价的结论。

评价结论的编制应着眼于整个被评价系统的安全状况。评价结论应遵循客观公正、观点明确的原则，做到概括性、条理性强且文字表达精炼。

12.9.3 评价结论的编制内容

安全评价结论的内容，因评价种类的不同而异。通常情况下，安全评价结论的内容主要包括对评价结果的分析和评价结论与建议两大部分。

1. 对评价结果的分析

（1）人力资源和管理制度方面。

1）人力资源。安全管理人员和生产人员是否经过安全培训、是否持证上岗等。

2）管理制度。是否建立安全管理体系，是否建立支持文件（管理制度）和程序文件（作业规程），设备装置运行是否建立台账，安全检查是否有记录，是否建立事故应急救援预案等。

（2）设备装置和附件设施方面。

1）设备装置。生产系统、设备和装置的本质安全程度是否达到要求，控制系统是否为故障保护型等。

2）附件设施。安全附件和安全设施配置是否合理，是否能起到安全保障作用，其有效性是否得到证实。

（3）物质物料和材质材料方面。

1）物质物料。是否提供危险化学品的安全技术说明书，其生产、贮存是否构成重大危险源，燃爆和急性中毒是否得到有效控制。

2）材质材料。设备、装置及危险化学品的包装物的材质是否符合要求，材料是否采取防腐措施，测得的数据是否完整。

（4）工艺方法和作业操作。

1）工艺方法。生产过程工艺的本质安全程度、生产工艺条件正常和工艺条件发生变化时的适应能力。

2）作业操作。生产作业及操作控制是否按安全操作规程进行。

（5）生产环境和安全条件。

1）生产环境。生产作业环境是否符合防火、防爆、防急性中毒的安全要求。

2）安全条件。自然条件对评价对象的影响；周围环境对评价对象的影响；评价对象总图布置是否合理，物流路线是否安全和便捷，作业人员安全生产条件是否符合相关要求。

2. 评价结论与建议

在编写评价结论之前对评价结果可以进行整理、分类并按严重程度和发生频率将结果分别排序列出。

《安全预评价导则》中指出，在评价结论部分应概括评价结果，给出评价对象在评价时的条件下与国家有关法律法规、标准、规章、规范的符合性结论，给出危险、有害因素引发各类事故的可能性及其严重程度的预测性结论，明确评价对象建成或实施后能否安全运行的结论。《安全现状评价导则》中指出，在评价结论部分，要在根据评价结果明确指出生产经营单位当前的安全状态水平，提出安全接受程度的意见。《安全验收评价导则》中指出，评价结论应包括符合性评价的综合结果，评价对象运行后存在的危险、有害因素及其危险危害程度。同时，要明确给出评价对象是否具备安全验收的条件。对达不到安全验收要求的评价对象，要明确提出整改措施建议。

在建筑施工领域，通过安全评价，可以帮助企业建立施工安全评价指标体系，推动企业制订更加完备的施工安全风险因素管控措施和执行措施，从源头和过程两方面消除安全隐患，降低安全事故发生的频率及其造成的影响程度，从而最大限度地降低企业的损失；同时，将定性分析和定量分析相结合，可以发现在众多影响因素中哪些因素是相对重要的，并有针对性地采取措施，使施工安全管理做到定位准确，从而提高企业的安全施工管理水平；最后通过安全评价，可以使建筑企业认识到进行施工安全评价的重要意义，通过科学的评价方法对具体的项目进行定量分析，更科学地指导施工安全管理，及时发现施工过程中存在的问题、可能产生的危害后果，对施工现场可能出现的安全隐患进行预警。

第 13 章　建设工程安全事故应急救援与处理

13.1　概　　述

13.1.1　建设工程安全事故的定义与特征

1. 建设工程安全事故的定义

建设工程安全事故是工程建设活动中突然发生的，伤害人身安全和健康，或者损坏设备设施，或者造成经济损失的，导致原工程建设活动暂时中止或永久终止的意外事件。

建设工程安全事故也是指建设单位、设计单位、施工单位、工程监理单位违反国家规定，降低工程质量标准，造成安全事故的行为。

建设工程安全事故适用范围仅限于工程建设活动中的事故。社会安全、自然灾害以及公共卫生事件等均不属于建设工程安全事故。

由于人们的认知和管理水平存在差异，有些生产安全事故可能已经发生，但往往被忽视或者未被发觉，如生产安全隐患、劳动者工作环境不达标甚至恶劣以及工厂、工地食堂饮食卫生不达标等，都有可能造成人身伤害、身心健康危害或者不同程度的经济损失，使得生产活动不能顺利进行，甚至造成不良的社会影响，影响到社会经济发展、社会稳定和社会进步。

2. 安全事故的特征

大量的事故调查、统计、分析表明，事故有其自身特有的属性。掌握和研究这些特性，对于指导人们认识事故、了解事故和预防事故具有重要意义。

（1）普遍性。自然界中充满着各种各样的危险，人类的生产、生活过程中也总是伴随着危险。所以，发生事故的可能性普遍存在。危险是客观存在的，在不同的生产、生活过程中，危险性各不相同，事故发生的可能性也就存在着差异。

（2）随机性。事故发生的时间、地点、形式、规模和事故后果的严重程度都是不确定的。何时、何地、发生何种事故，其后果如何都很难预测，从而给事故的预防带来一定困难。但是，在一定的范围内，事故的随机性遵循数理统计规律，即在大量事故统计资料的基础上，可以找出事故发生的规律，预测事故发生概率的大小。因此，事故统计分析对制订正确的预防措施具有重要作用。

"海因里希法则"是美国著名安全工程师海因里希提出的 300∶29∶1 法则，也称事故法则。海因里希通过分析工伤事故的发生概率，发现在一件重大事故背后必有 29 件轻度的事故，还有 300 件潜在的隐患，如图 13-1 所示。

图 13-1　海因里希法则

（3）必然性。危险是客观存在的，而且是绝对的。因此，人们在生产、生活过程中必然会发生事故，只不过是事故发生的概率大小、人员伤亡的多少和财产损失的严重程度不同而已。人们采取措施预防事故，只能延长事故发生的时间间隔，降低事故发生的概率，而不能完全杜绝事故的发生。

（4）因果性。事故是由系统中相互联系、相互制约的多种因素共同作用的结果，导致事故的原因多种多样。从总体上看，事故原因可分为人的不安全行为、物的不安全状态、环境的不良刺激作用；从逻辑上看，又可分为直接原因和间接原因等。这些原因在系统中相互作用、相互影响，在一定的条件下发生突变，即酿成事故。通过事故调查分析，探求事故发生的因果关系，搞清事故发生的直接原因、间接原因和主要原因，对于预防事故发生具有积极作用。

（5）突变性。系统由安全状态转化为事故状态实际上是一种突变现象。事故一旦发生，往往十分突然，令人措手不及。因此，制订事故预案、加强应急救援训练、提高作业人员的应激反应能力和应急救援水平，对于减少人员伤亡和财产损失尤为重要。

（6）潜伏性。事故的发生具有突变性，但在事故发生之前存在一个量变过程，即系统内部相关参数的渐变过程，所以事故具有潜伏性。一个系统，可能长时间没有发生事故，但这并非意味着该系统是安全的，因为它可能潜伏着事故隐患。这种系统在事故发生之前所处的状态不稳定，为了达到系统的稳定状态，系统要素在不断发生变化。当某一触发因素出现时，即可导致事故。事故的潜伏性往往会引起人们的麻痹思想，从而酿成重大恶性事故。

（7）危害性。事故往往造成一定的财产损失或人员伤亡，严重者会制约企业的发展，给社会稳定带来不良影响。因此，人们面对危险，能全力抗争而追求安全。

（8）可预防性。尽管事故的发生是必然的，但可以通过采取控制措施来预防事故发生或者延长事故发生的时间间隔。充分认识事故的这一特性，对于防止事故发生具有促进作用。通过事故调查，探求事故发生的原因和规律，采取预防事故的措施，可降低事故发生的概率。

13.1.2 安全事故的分类

1. 按事故类别分类

《企业职工伤亡事故分类标准》（GB 6441—1986）将事故类别划分为 20 类。建筑施工企业易发生的事故主要有以下 10 种。

（1）高处坠落。它指由于危险重力势能差引起的伤害事故。适用于脚手架、平台、陡壁施工等高于地面的坠落，也适用于由地面踏空失足坠入洞、坑、沟、升降口、漏斗等情况。但排除以其他类别为诱发条件的坠落。如高处作业时，因触电失足坠落应定为触电事故，不能按高处坠落划分。

（2）坍塌。它指建筑物、构筑物、堆置物等倒塌以及土石塌方引起的事故。适用于因设计或者施工不合理而造成的倒塌，以及土方、岩石发生的塌陷事故。如建筑物倒塌，脚手架倒塌，挖掘沟、坑、洞时土石的塌方等情况；不适用于矿山冒顶片帮事故，或因爆炸、爆破引起的坍塌事故。

（3）物体打击。它指由失控物体的惯性力造成的人身伤害事故。如落物、滚石、锤击、碎裂、崩块、砸伤等造成的伤害；不包括因爆炸而引起的物体打击。

（4）触电。它指电流流经人体造成生理伤害的事故。适用于触电、雷击伤害。如人体接触带电的设备金属外壳或者裸露的电线、漏电的手持电动工具、起重设备误触高压线或者感应带电、雷击伤害、触电坠落等事故。

（5）机械伤害。它指机械设备与工具引起的绞、碾、碰、割、戳、切等伤害。如工件或者刀具飞出伤人、切屑伤人、手或者身体被卷入、手或者身体其他部位被刀具碰伤或被转动的机构缠压住等。但属于车辆、起重设备的情况除外。

（6）起重伤害。它指从事起重作业时引起的机械伤害事故。包括各种起重作业引起的机械伤害，但不包括触电、检修时制动失灵引起的伤害、上下驾驶室时引起的坠落式跌倒。

（7）车辆伤害。它指本企业机动车辆引起的机械伤害事故。如机动车辆在行驶中的挤、压、撞车或倾覆等事故。

（8）火灾。它指造成人身伤亡的企业火灾事故。不适用于非企业原因造成的火灾，如居民火灾蔓延到企业。

（9）中毒和窒息。中毒指人误吃有毒食物、呼吸有毒气体或接触其他有毒物质引起的人体急性中毒事故；窒息指在暗井、涵洞、地下管道等不通风的地方工作，因为缺乏氧气，有时会发生突然晕倒甚至死亡的事故。两种现象合为一体，称为中毒和窒息事故。不适用于病理变化导致的中毒和窒息的事故，也不适用于慢性中毒的职业病导致的死亡。

（10）其他伤害。凡不属于《企业职工伤亡事故分类标准》（GB 6441—1986）所列的上述伤害的事故均称为其他伤害，如扭伤、跌伤、冻伤、野兽咬伤、钉子扎伤等。

其中高处坠落、坍塌、物体打击、触电、机械伤害（包括起重伤害）为建筑业最常发生的事故，通常称为"五大伤害"。历年统计资料显示，高处坠落事故均占当年事故总数的 50% 以上，堪称"五大伤害"之首。

2. 按事故严重程度分类

根据《生产安全事故报告和调查处理条例》的规定，生产安全事故按造成的人员伤亡或者直接经济损失划分为以下 4 个等级。

（1）特别重大事故。它是指造成 30 人以上（"以上"含本数，下同）死亡，或者 100 人以上重伤（包括急性工业中毒，下同），或者 1 亿元以上直接经济损失的事故。

（2）重大事故。它是指造成 10 人以上 30 人以下（"以下"不含本数，下同）死亡，或者 50 人以上 100 人以下重伤，或者 5000 万元以上 1 亿元以下直接经济损失的事故。

（3）较大事故。它是指造成 3 人以上 10 人以下死亡，或者 10 人以上 50 人以下重伤，或者 1000 万元以上 5000 万元以下直接经济损失的事故。

（4）一般事故。它是指造成 3 人以下死亡，或者 10 人以下重伤，或者 1000 万元以下直接经济损失的事故。

13.2 安全事故报告与调查处理

13.2.1 事故的报告

事故发生后，事故现场有关人员应当立即向本单位负责人报告；单位负责人接到报告后，应当于1h内向事故发生地县级以上人民政府安全生产监督管理部门和负有安全生产监督管理职责的有关部门报告。

情况紧急时，事故现场有关人员可以直接向事故发生地县级以上人民政府安全生产监督管理部门和负有安全生产监督管理职责的有关部门报告。

安全生产监督管理部门和负有安全生产监督管理职责的有关部门接到事故报告后，应当立即逐级上报事故情况，并通知公安机关、劳动保障行政部门、工会和人民检察院。每级上报的时间不得超过2h。特别重大事故、重大事故逐级上报至国务院安全生产监督管理部门和负有安全生产监督管理职责的有关部门；较大事故逐级上报至省、自治区、直辖市人民政府安全生产监督管理部门和负有安全生产监督管理职责的有关部门；一般事故上报至设区的市级人民政府安全生产监督管理部门和负有安全生产监督管理职责的有关部门。安全生产监督管理部门和负有安全生产监督管理职责的有关部门依照前款规定上报事故情况，应当同时报告本级人民政府。国务院安全生产监督管理部门和负有安全生产监督管理职责的有关部门以及省级人民政府接到发生特别重大事故、重大事故的报告后，应当立即报告国务院。必要时，安全生产监督管理部门和负有安全生产监督管理职责的有关部门可以越级上报事故情况。事故报告应当及时、准确、完整，任何单位和个人对事故不得迟报、漏报、谎报或者瞒报。

报告事故应当包括：事故发生单位概况；事故发生的时间、地点以及事故现场情况；事故的简要经过；事故已经造成或者可能造成的伤亡人数（包括下落不明的人数）和初步估计的直接经济损失；已经采取的措施以及其他应当报告的情况等内容，参见表13-1。

表 13-1　　　　　　　　　　**工程建设安全事故快报表**

事 故 基 本 信 息			
序　号		事故发生时间	
天气气候		事故发生地点	
事故发生部位		事故类型	
事故简要经过原因分析			
工　程　概　况			
工程名称			
工程规模/(m²/延米)		工程造价/万元	
投资主体		结构类型	
本工程第几次事故		承包形式	
开工日期		计划竣工日期	
基本建设程序履行情况	□立项　　　□用地许可证　　　□规划许可证　　　□招标投标 □施工图审查　□施工许可证　　□质量监督　　　□安全监督		
负责该工程的安全生产监督单位			
建设单位名称		资质证书编号	资质等级

勘察单位名称		资质证书编号		资质等级	
设计单位名称		资质证书编号		资质等级	
监理单位名称		资质证书编号		资质等级	
监理总监姓名		资质证书编号		资质等级	

施 工 总 承 包

名称		资质等级		企业性质	
资质证书编号			安全生产许可证编号		
法定代表人			安全考核合格证编号		
项目经理姓名			安全考核合格证编号		
专职安全人员姓名			安全考核合格证编号		
本年度第几次事故			企业注册地		

专 业 施 工 分 包 单 位

名称		资质等级		企业性质	
资质证书编号			安全生产许可证编号		
法定代表人			安全考核合格证编号		
项目经理姓名			安全考核合格证编号		
专职安全人员姓名			安全考核合格证编号		
本年度第几次事故			企业注册地		

劳 务 承 包

名称		资质等级		企业性质	
资质证书编号			安全生产许可证编号		
法定代表人			安全考核合格证编号		
项目经理姓名			安全考核合格证编号		
专职安全人员姓名			安全考核合格证编号		
本年度第几次事故			企业注册地		

事 故 伤 亡 情 况

死亡人员数量/人			重伤人员数量/人		
总人数	施工人员人数	非施工人员人数	总人数	施工人员人数	非施工人员人数

施 工 伤 亡 人 员 情 况

姓名	性别	年龄	用工形式	文化程度	从业时间	伤亡情况

自事故发生之日起 30d 内，事故造成的伤亡人数发生变化的，应当及时补报。道路交通事故、火灾事故自发生之日起 7d 内，事故造成的伤亡人数发生变化的，应当及时补报。

事故发生单位负责人接到事故报告后，应当立即启动事故相应应急预案，或者采取有效措施，组织抢救，防止事故扩大，减少人员伤亡和财产损失。

事故发生地有关地方人民政府、安全生产监督管理部门和负有安全生产监督管理职责的有关部门接到事故报告后，其负责人应当立即赶赴事故现场，组织事故救援。

事故发生后，有关单位和人员应当妥善保护事故现场以及相关证据，任何单位和个人不得破坏事故现场、毁灭相关证据。

事故发生地公安机关根据事故的情况，对涉嫌犯罪的，应当依法立案侦查，采取强制措施和侦查措施。犯罪嫌疑人逃匿的，公安机关应当迅速追捕归案。

13.2.2 事故的调查处理

事故发生后应及时、准确地查清事故经过、事故原因和事故损失，查明事故性质，认定事故责任，总结事故教训，提出整改措施，并对事故责任者依法追究责任。事故调查报告应当依法及时向社会公布。

事故的调查处理通常按照下列步骤进行。

1. 迅速抢救伤员并保护好事故现场

事故发生后，事故发生单位首先应当立即采取有效措施抢救伤员和排除险情，制止事故蔓延扩大，稳定施工人员情绪。同时，为了事故调查分析需要，要严格保护好事故现场以及相关证据，任何单位和个人不得破坏事故现场、毁灭相关证据。确因抢救伤员、疏导交通、排除险情等需要，而必须移动现场物件时，应当做好标志，绘制现场简图并做好书面记录，妥善保存现场重要痕迹、物证，必要时进行拍照或录像。

事故现场是提供有关物证的主要场所，是调查事故原因不可缺少的客观条件。因此，要求现场各种物件的位置、颜色、形状及其物理化学性质等尽可能地保持事故结束时的原来状态，必须采取一切必要的和可能的措施严加保护，防止人为或自然因素的破坏。

清理事故现场，应在调查组确认无证可取，并充分记录，经有关部门同意后，方能进行。任何人不得以恢复生产为借口，擅自清理现场，掩盖事故真相。

2. 成立事故调查组

特别重大事故由国务院或者国务院授权有关部门组织事故调查组进行调查。重大事故、较大事故、一般事故分别由事故发生地省级人民政府、设区的市级人民政府、县级人民政府负责调查。后者可以直接组织事故调查组进行调查，也可以授权或者委托有关部门组织事故调查组进行调查。未造成人员伤亡的一般事故，县级人民政府也可以委托事故发生单位组织事故调查组进行调查。自事故发生之日起 30d 内（道路交通事故、火灾事故自发生之日起 7d 内），因事故伤亡人数变化导致事故等级发生变化，应当由上级人民政府负责调查的，上级人民政府可以另行组织事故调查组进行调查。调查组成员具有事故调查所需要的知识和专长，并与所调查的事故没有直接利害关系。参加事故调查工作的人员应当诚信公正、恪尽职守，遵守事故调查组的纪律。

调查组有权向有关单位和个人了解与事故有关的情况，并要求其提供相关文件、资料，有关单位和个人不得拒绝。事故发生单位的负责人和有关人员在事故调查期间不得擅离职守，并应当随时接受事故调查组的询问。

3. 现场勘查

事故发生后，调查组必须迅速到现场进行勘查，对事故现场的勘查必须做到及时、全面、细致、客观。

4. 分析事故原因、明确责任者

通过全面充分的调查，查明事故经过，弄清造成事故的各种因素，包括人、物、生产管理和技术管理等方面的问题，经过认真、客观、全面、细致、准确地分析，确定事故的性质和责任。根据事故调查所确认的事实，通过对直接原因和间接原因的分析，确定事故中的直接责任者和领导责任者。在直接责任者和领导责任者中，根据其在事故发生过程中的作用，确定主要责任者。

5. 提出处理意见、制订预防措施

根据对事故原因的分析，对已确定的事故直接责任者和领导责任者，根据事故后果和事故责任人应负的责任提出处理意见。同时，应制订防止类似事故再次发生的预防措施并加以落实。对于重大未遂事故不可掉以轻心，也应严肃认真查找原因，分清责任，严肃处理。

事故的性质通常分为责任事故、非责任事故和破坏性事故三类。

（1）责任事故，主要是由于人的过失造成的事故。

（2）非责任事故，即由于人们不能预见或不可抗拒的自然条件变化所造成的事故，或是在技术改造、发明创造、科学试验活动中，由于科学技术条件的限制而发生的无法预料的事故。但是，对于能够预见并可采取措施加以避免的伤亡事故，或没有经过认真研究解决技术问题而造成的事故，不包括在内。

（3）破坏性事故，即为达到既定的目的而故意造成的事故。对已确定为破坏性事故的，应由公安机关和企业保卫部门认真追查破案，依法处理。

6. 提交事故调查报告

调查组应着重把事故的经过、原因、责任分析和处理意见以及本次事故教训和改进工作的建议等写成文字报告，并附上相关证据材料，经调查组全体人员签字后报批。对于调查组内部个别成员持有不同意见的，允许保留，并在签字时写明自己的意见。

事故调查组应当自事故发生之日起 60d 内提交事故调查报告；特殊情况下，经负责事故调查的人民政府批准，提交事故调查报告的期限可以适当延长，但延长的期限最长不超过 60d。

事故调查报告应当包括下列内容。

（1）事故发生单位概况。

（2）事故发生经过和事故救援情况。

（3）事故造成的人员伤亡和直接经济损失。

（4）事故发生的原因和事故性质。

（5）事故责任的认定以及对事故责任者的处理建议。

（6）事故防范和整改措施。

7. 事故的处理

事故调查报告报送负责事故调查的人民政府后，事故调查工作即告结束。

重大及以下等级的事故，负责事故调查的人民政府应当自收到事故调查报告之日起15d内做出批复；特别重大事故，30d内做出批复，特殊情况下，批复时间可以适当延长，但延长的时间最长不超过30d。

有关机关应当按照人民政府的批复，依照法律、行政法规规定的权限和程序，对事故发生单位和有关人员进行行政处罚，对负有事故责任的国家工作人员进行处分。对事故责任企业实施吊销资质证书或者降低资质等级、吊销或者暂扣安全生产许可证、责令停业整顿、罚款等处罚，对事故责任人员实施吊销执业资格注册证书或者责令停止执业、吊销或者暂扣安全生产考核合格证书、罚款等处罚。负有事故责任的人员涉嫌犯罪的，依法追究刑事责任。

事故发生单位应当认真汲取事故教训，落实防范和整改措施，防止事故再次发生。防范和整改措施的落实情况应当接受工会和职工的监督。安全生产监督管理部门和负有安全生产监督管理职责的有关部门应当对事故发生单位落实防范和整改措施的情况进行监督检查。

事故处理的情况由负责事故调查的人民政府或者其授权的有关部门、机构向社会公布，依法应当保密的除外。

13.3 安全事故应急救援预案与现场急救

《中华人民共和国安全生产法》规定：县级以上地方各级人民政府应当组织有关部门制订本行政区域内生产安全事故应急救援预案，建立应急救援体系。生产经营单位应当制订本单位生产安全事故应急救援预案，与所在地县级以上地方人民政府组织制订的生产安全事故应急救援预案相衔接，并定期组织演练。生产经营单位的主要负责人应组织制订并实施本单位的生产安全事故应急救援预案。有关地方人民政府和负有安全生产监督管理职责部门的负责人接到生产安全事故报告后，应当按照生产安全事故应急救援预案的要求立即赶到事故现场，组织事故抢救。若生产经营单位未按照规定制订生产安全事故应急救援预案或者未定期组织演练的，应受到相应的处罚。

13.3.1 安全事故应急救援预案的概念

生产安全事故应急救援预案，又称应急预案、应急计划（方案），是指事先制订的关于生产安全事故发生时进行紧急救援的组织、程序、措施、责任及协调等方面的方案和计划，是对特定的潜在事件和紧急情况发生时所采取措施的计划安排，是应急响应的行动指南。其内容一般应包括：完善的应急组织管理指挥体系；强有力的应急工程救援保障体系；协调自如的相互支持体系；充分备灾的物质保障供应体系以及具有综合救援能力的应急队伍等。

编制应急救援预案的目的，是避免紧急情况发生时出现混乱，确保按照合理的响应流程采取适当的救援措施，预防和减少可能随之引发的人身安全、财产损失和环境影响等。

13.3.2 应急救援预案的编制原则及主要内容

1. 编制原则

(1) 科学性。应急救援是一项科学性很强的工作，编制应急救援预案必须以科学的态度，在全面调查研究的基础上，实行领导和专家相结合的方式，开展科学分析和论证，制订出先进的应急反应机制、决策程序和处置方案，使应急救援预案真正的具有科学性。另外，应急救援预案的内容应符合国家法律、法规、标准和规范的要求，应以努力保护人身安全为第一目的，同时兼顾财产安全和环境防护，尽量减少事故、灾害造成的损失。

(2) 针对性。应急救援预案是针对可能发生的事故，为迅速、有序地开展应急行动而预先制订的行动方案。因此，应急救援预案应根据对危险源与环境因素的识别结果，结合工程项目及本单位安全生产的实际情况，确定易发生事故的部位，分析可能导致发生事故的原因，确定安全措施失效时所采取的补充措施和抢救行动，及针对可能随之引发的伤害和其他影响所采取的措施。

1) 针对重大危险源。重大危险源是指长期或是临时地生产、搬运、使用或贮存危险性物品，且危险物品的数量等于或超过临界量的单元，重大危险源历来是生产经营单位监管的重点对象。

2) 针对可能发生的各类事故。在编制应急救援预案之初需要对生产经营单位中可能发生的各类事故进行分析，在此基础上编制预案，才能保证应急救援预案具有更广范围的覆盖性。

3) 针对关键的岗位和地点。不同的生产经营单位，同一生产经营单位不同生产岗位所存在的风险大小往往各不相同，特别是在危险化学品、煤矿开采、建筑施工等高危行业，都存在一些特殊或关键的工作岗位和地点。

4) 针对薄弱环节。生产经营单位的薄弱环节主要是指生产经营单位为应对重大事故发生而存在的应急能力缺陷或不足方面，企业在编制预案过程中，必须针对生产经营在进行重大事故应急救援过程中，人力、物力、救援装备等资源是否可以满足要求而提出弥补措施。

5) 针对重要工程。重要工程的建设和管理单位应当编制预案，这些重要工程往往关系到国计民生，一旦发生事故，其造成的影响或损失往往不可估量，因此，针对这些重要工程应当编制应急救援预案。

(3) 完整性。应急救援预案应包括应急管理工作中的预防、准备、响应、实施等事故应急救援工作的全过程，要阐明该预案的适用范围。

(4) 统一性。实行施工总承包的，总承包单位应当负责统一编制应急救援预案，工程总承包单位和分包单位按照应急救援预案，各自建立应急救援组织或者配备应急救援人员，配备救援器材、设备，并定期组织演练。

(5) 实用性。应急救援预案应层次清晰、语言简洁、通俗易懂，具有实用性和可操作性，即发生重大事故灾害时，有关应急组织、人员可以按照应急预案的规定迅速、有序、有效地开展应急救援行动，降低事故损失。

2. 主要内容

生产经营单位应根据本单位组织管理体系、生产经营规模、危险源和可能发生的事故类型，确定应急救援预案体系，组织编制相应的应急救援预案，主要包括以下内容。

（1）综合应急救援预案。综合应急救援预案是从总体上阐述事故的应急方针、政策，包括本单位的应急组织机构及职责、预案体系及响应程序、事故预防及应急保障、预案管理等内容。由于在施工过程中风险种类多，可能发生多种类型的事故。因此，建筑施工企业应当组织编制综合应急救援预案。

（2）专项应急救援预案。专项应急救援预案是针对可能发生的具体事故类型而制订的应急预案。专项应急救援预案主要包括危险性分析、应急组织机构与职责、应急处置程序和措施等内容。风险种类少的生产经营单位可根据本单位应急工作实际需要确定是否编制专项应急救援预案。

（3）现场处置方案。现场处置方案是根据不同事故类别，针对具体的场所、装置或设施所制订的应急处置措施。应当包括危险性分析、可能发生的事故特征、应急处置程序、应急处置要点和注意事项等内容。现场处置方案应根据风险评估、岗位操作规程以及危险性控制措施，组织现场作业人员进行编制，做到现场作业人员应知应会、熟练掌握，并经常进行演练。

13.3.3　应急救援预案的作用

（1）应急救援预案确定了应急救援的范围和体系，使应急管理不再无据可依、无章可循，尤其是通过培训和演练，可以使应急人员熟悉自己的任务，具备完成指定任务所需的相应能力，并检验预案和行动程序，评估应急人员的整体协调性。

（2）应急救援预案有利于做出及时的应急响应，控制和防止事故进一步恶化。应急行动对时间要求十分敏感，不允许有任何拖延，应急救援预案预先明确了应急各方职责和响应程序，在应急资源等方面进行先期准备，可以指导应急救援迅速、高效、有序地开展，将事故造成的人员伤亡、财产损失和环境破坏降到最低限度。

（3）应急救援预案是各类突发事故的应急基础。通过编制应急救援预案，可以对那些事先无法预料到的突发事故起到基本的应急指导作用，成为开展应急救援的"底线"，在此基础上，可以针对特定事故类别编制专项应急救援预案，并有针对性地进行专项应急救援预案的准备和演习。

（4）应急救援预案建立了与上级单位和部门应急救援体系的衔接。通过编制应急救援预案可以确保当发生超过本级应急能力的重大事故时与有关应急机构的联系和协调。

（5）应急救援预案有利于提高风险防范意识。应急救援预案的编制、评审、发布、宣传、演练、教育和培训，有利于各方了解面临的重大事故及其相应的应急措施，有利于促进各方提高风险防范的意识和能力。

13.3.4　应急救援预案的管理

（1）施工单位的应急救援预案应当经专家评审或者论证后，由企业主要负责人签署发布。施工项目部的安全事故应急救援预案在编制完成后应报施工企业审批。

（2）建筑施工安全事故应急救援预案应当作为安全报监的附件材料报工程所在地市、县（市）负责建筑施工安全生产监督的部门备案。

（3）建设工程施工期间，施工单位应当将生产安全事故应急救援预案在施工现场显著位置公示，并组织开展本单位的应急救援预案培训交底活动，使有关人员了解应急救援预案的内容、熟悉应急救援职责、应急救援程序和岗位应急救援处置方案。

（4）建筑施工单位应当制订本单位的应急预案演练计划，根据本单位的事故预防重点，每年至少组织一次综合应急预案演练或者专项应急预案演练，每半年至少组织一次现场处置方案演练。

（5）建筑施工单位制订的应急救援预案应当每3年至少修订一次，预案修订情况应有记录并归档。

13.3.5　建筑施工安全事故的现场急救

1. 现场急救的基本原则与步骤

（1）基本原则。生产现场急救是指在劳动生产过程中和工作场所发生的各种意外伤害事故、急性中毒、外伤和突发危重伤病员等情况，没有医务人员时，为了防止病情恶化，减少病人痛苦和预防休克等所应采取的初步紧急救护措施，又称院前急救。

生产现场急救总的任务是采取及时有效的急救措施和技术，最大限度地减少伤病员的痛苦，降低致残率，减少死亡率，为医院抢救打好基础。现场急救应遵循的原则有以下几个。

1）先复后固的原则。遇有心跳、呼吸骤停又有骨折者，应首先用口对口人工呼吸和胸外按压等技术使心、肺、脑复苏，直至心跳呼吸恢复后，再进行骨折固定。

2）先止后包的原则。遇有大出血又有创口者时，首先立即用指压、止血带或药物等方法止血，接着再消毒，并对创口进行包扎。

3）先重后轻的原则。遇有垂危的和较轻的伤病员时，应优先抢救危重者，后抢救较轻的伤病员。

4）先救后运的原则。发现伤病员时，应先救后送。在送伤病员到医院途中，不要停顿抢救措施，继续观察病、伤变化，少颠簸，注意保暖，平安抵达最近医院。

5）急救与呼救并重的原则。在遇有成批伤病员、现场还有其他参与急救的人员时，要紧张而镇定地分工合作，急救和呼救可同时进行，以较快地争取救援。

6）搬运与急救一致性的原则。在运送危重伤病员时，应与急救工作步骤一致，争取时间，在途中应继续进行抢救工作，减少伤病员不应有的痛苦和死亡，安全到达目的地。

（2）现场急救的步骤。当各种意外事故和急性中毒发生后，参与生产现场救护的人员要沉着冷静，切忌惊慌失措。尽可能缩短伤后至抢救的时间，先救命后治伤，先重伤后轻伤，先抢后救，抢中有救，时间就是生命，应尽快对中毒或受伤病人进行认真仔细的检查，确定病情。检查内容包括意识、呼吸、脉搏、血压、瞳孔是否正常，有无出血、休克、外伤、烧伤及其他损伤等。应尽快使伤者脱离事故现场，先分类再运送，医护人员以救为主，其他人员以抢为主，各负其责，相互配合，以免延误抢救时机。"第一目击者"及所有救护人员，应牢记现场对垂危伤员抢救生命的首要目的是"救命"。为此，实施现场救护的基本步骤可以概括如下。

1）采取正确的救护体位。对于意识不清者，取仰卧位或侧卧位，便于复苏操作及评估复苏效果，在可能的情况下，翻转为仰卧位（心肺复苏体位）时应放在坚硬的平面上，救护人员需要在检查后，进行心肺复苏。

若伤员没有意识但有呼吸和脉搏，为了防止呼吸道被舌后坠或唾液及呕吐物阻塞引起窒息，对伤员应采用侧卧位（复原卧式位），以便于唾液等从口中引流。体位应保持稳定，易于伤员翻转其他体位，保持利于观察和通畅的气道；超过30min，翻转伤员到另一侧。

注意不要随意移动伤员，以免造成伤害，如不要用力拖动、拉起伤员。不要搬动和摇动已确定有头部或颈部外伤者等。有颈部外伤者在翻身时，为防止颈椎再次损伤引起截瘫，另一人应保持伤员头、颈部与身体同一轴线翻转，做好头、颈部的固定。

2）打开气道。伤员呼吸心跳停止后，全身肌肉松弛，口腔内的舌肌也松弛下坠而阻塞呼吸道。采用开放气道的方法，可使阻塞呼吸道的舌根上提，使呼吸道畅通。

用最短的时间，先将伤员衣领口、领带、围巾等解开，戴上手套迅速清除伤员口鼻内的污泥、土块、痰、呕吐物等异物，以利于呼吸道畅通，再将气道打开。

3）人工呼吸。

a. 判断呼吸。救护人将伤员气道打开，利用眼看、耳听、皮肤感觉等，在5s时间内初步判断伤员有无呼吸。

侧头用耳听伤员口鼻的呼吸声（"一听"），用眼看胸部或上腹部随呼吸而上下起伏（"二看"），用面颊感觉呼吸气流（"三感觉"）。如果胸廓没有起伏，并且没有气体呼出，伤员即不存在呼吸。这一评估过程不超过10s。

b. 人工呼吸。救护人员经检查后，判断伤员呼吸停止，应在现场立即给予口对口（口对鼻、口对口鼻）、口对呼吸面罩等人工呼吸救护措施。

4）胸外挤压。判断心跳（脉搏）应选大动脉测定脉搏有无搏动。触摸颈动脉，应在5～10s内迅速判断伤员有无心跳。

a. 颈动脉。用一只手食指和中指置于颈中部（甲状软骨）中线，手指从颈中线滑向甲状软骨和胸锁乳突肌之间的凹陷，稍加力度触摸到颈动脉的搏动。

b. 肱动脉。肱动脉位于上臂内侧，肘和肩之间，稍加力度检查是否有搏动。

c. 检查颈动脉时不可用力压迫，避免刺激颈动脉窦使得迷走神经兴奋反射性地引起心跳停止，并且不可同时触摸双侧颈动脉，以防阻断脑部血液供应。

救护人员判断伤员已无脉搏搏动，或在危急中不能判明心跳是否停止，脉搏也摸不清，不要反复检查耽误时间，而要在现场进行胸外心脏按压等人工循环及时救护。

5）紧急止血。救护人员要注意检查伤员有无严重出血的伤口，如有出血，要立即采取止血救护措施，避免因大出血造成休克而死亡。

6）局部检查。对于同一伤员，第一步处理危及生命的全身症状，再处理局部。要从头部、颈部、胸部、腹部、背部、骨盆、四肢等各部位进行检查，检查出血的部位和程度、骨折部位和程度、渗血、脏器脱出和皮肤感觉丧失等。

首批进入现场的医护人员应对灾害事故伤员及时做出分类，做好运送前医疗处置，救护人员可协助运送，使伤员在最短时间内能获得必要治疗。在运送途中要保证对危重伤员进行不间断的抢救。

对危重灾害事故伤员应尽快送往医院救治，对某些特殊事故的伤员应送往专科医院进行救治。

2. 现场急救的实施

(1) 常用的基本急救方法。

1) 止血。

a. 一般止血法。针对小的创口出血，需用生理盐水冲洗后再消毒患部，然后覆盖多层消毒纱布用绷带扎紧。

b. 填塞止血法。将消毒的纱布、棉垫、急救包填塞、压迫在创口内，外用绷带、三角巾包扎，松紧度以达到止血为宜。

c. 绞紧止血法。把三角巾折成带形，打一个活结，取一根小棒穿在带子外侧绞紧，将绞紧后的小棒插在活结小圈内固定。

d. 加垫屈肢止血法。加垫屈肢止血法是适于四肢非骨折性创伤的动脉出血的临时止血措施。当前臂或腿出血时，可于肘窝或腘窝内放纱布、棉花、毛巾作垫，屈节，用绷带将肢体紧紧地缚于屈曲的位置。

e. 指压止血法。指压止血法是动脉出血最迅速的一种临时止血法，是用手指或手掌在伤部上端用力将动脉压瘪于骨骼上，阻断血液通过，以便立即止住出血，但仅限于身体较表浅的部位、易于压迫的动脉。

f. 止血带止血法。止血带止血法主要是用橡皮管或胶管止血带将血管压瘪而达到止血的目的。左手拿橡皮带、后头约 16cm 要留下；右手拉紧环体扎，前头交左手，中食两指夹住后，顺着肢体往下拉，后头环中插，保证不松垮。如遇到四肢大出血，需要止血带止血，而现场又无橡胶止血带时，可在现场就地取材，如布止血带、线绳或麻绳等。上肢出血结扎在上臂上 1/2 处（靠近心脏位置），下肢出血结扎在大腿上 1/3 处（靠近心脏位置）。结扎时，在止血带与皮肤之间垫上消毒纱布棉垫。每隔 25～40min 放松一次，每次放松 0.5～1min。

2) 包扎。

a. 卷轴绷带包扎。

a) 环形法。将绷带作环形重叠缠绕，第一圈环绕稍作斜状，第二、三圈作环形，并将第一圈的斜出一角压内，最后用橡皮膏将带尾固定，也可将带尾剪开两头打结，如图 13 - 2 所示。此法是各种绷带包扎中最基本的方法，多用于手腕肢体等部位。

b) 螺旋形法。先按环形法缠绕数圈，上缠每圈盖住前圈的 1/3 或 2/3，呈螺旋形，如图 13 - 3 所示。

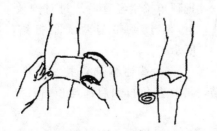

图 13 - 2　环形法　　　　　图 13 - 3　螺旋形法

c) 螺旋反折法。先按环形法缠绕数圈，做螺旋形法的缠绕，等缠到渐粗处，将每圈绷带反折，盖住前圈的 1/3 或 2/3，依次由上而下地缠绕，如图 13-4 所示。

d)"8"字形法。在关节弯曲的上方、下方，先将绷带由下而上缠绕；再由上而下呈"8"字形来回缠绕，如图 13-5 所示。

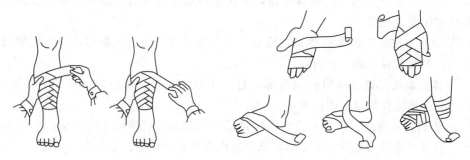

图 13-4　螺旋反折法　　　　　　　　图 13-5　"8"字形法

b. 三角巾包扎。三角巾（边长约 1m 的直角三角布块）包扎是一种广泛应用于较大创面的包扎方法。三角巾制作简单、使用方便，不仅是较好的包扎材料，还可作为固定夹板、敷料和代替止血带使用。多用于头部、肩部以及胸部等处的包扎。

a) 头部包扎法。将三角巾的长边向外反折约 5cm，并将折缘沿着眉毛上方，避免盖到眼睛，顶角越头顶垂于脑后。将底角的两端由耳上绕至头后交叉，再绕于前额打平结。最后将头后下垂的三角巾向上翻折，整齐塞入交叉处，如图 13-6 所示。

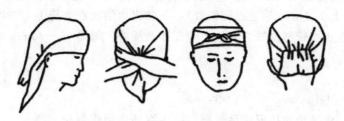

图 13-6　头部包扎法

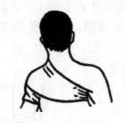

b) 肩部包扎法。先把三角巾的中央放于肩部，顶角向颈部，底边折达二横指宽横放在上臂上部，两端绕上臂在外侧打结，然后把顶角拉紧经背后绕过对侧腋下拉向伤侧腋下，借助系带与两底角打结，如图 13-7 所示。

图 13-7　肩部包扎法

c) 普通胸部包扎法。将三角巾顶角向上，贴于局部，底边扯到背后在后面打结，再将左角拉到肩部与顶角打结，如图 13-8 所示。

d) 手臂的悬吊。如上肢骨折需要悬吊固定，可用三角巾吊臂。悬吊方法是：将患肢呈屈肘状放在三角巾上，然后将底边一角绕过肩部，在背后打结即成悬臂状，如图 13-9 所示。

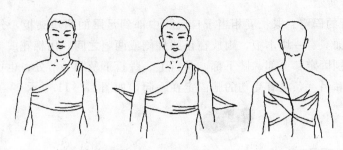

图 13-8　普通胸部包扎法

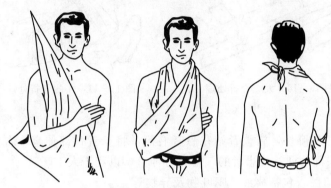

图 13-9　手臂的悬吊

3）断肢（指）、骨折的处理。

a. 断肢与断指的处理。发生断肢或断指事故后，除进行必要的急救外，还应注意保存断肢或断指，以求进行再植。保存的方法如下。

a）将断肢或断指用清洁纱布包好，放在塑料袋里。若有条件，可将包好的断肢或断指置于冰块中。

b）将断肢或断指随伤员一同送往医院，进行再植手术。

c）不要用水冲洗断肢或断指，也不要用各种溶液浸泡。切记不要在断肢或断指上涂碘酒、酒精或其他消毒液；否则会使细胞变质，造成不能再植的严重后果。

b. 骨折的固定方法。

a）上肢肱骨骨折的固定。上肢肱骨骨折可用夹板固定，即就地取材，如木板、竹片、条状物等，放在上臂内外两侧并用绷带或布带缠绕固定，然后把前臂屈曲固定于胸前。也可用一块夹板放在骨折部位的外侧，中间垫上棉花或毛巾，再用绷带或三角巾固定。

b）前臂骨折的固定。用两块长度超过肘关节至手心的夹板分别放在前臂的内外侧（只有一块夹板，则放在前臂外侧），并在手心放好衬垫，让伤员握好，以使腕关节稍向背屈。再固定夹板上下两端，用三角巾将前臂吊在胸前，屈肘90°，用大悬臂带悬吊，手略高于肘。

c）股骨（大腿）骨折的固定。取一块长约自足跟至超过腰部的夹板置于伤腿外侧，另一长约自足跟至大腿根部的夹板置于伤腿内侧，然后用三角巾或绷带分段固定。如果没有夹板也可用三角巾、腰带、布带等将双腿固定在一起。两踝及两腿间隙之间要垫好衬垫，如图 13 - 10 所示。

　　d）小腿骨折的固定。取长度相当于自大腿中部到足跟的两块夹板，分别放在受伤的小腿内外两侧，如只有一块木板，则放在伤腿外侧或两腿之间，用棉花或毛巾垫好，再用绷带或三角巾分别固定膝上部、膝下部、骨折上、骨折下及踝关节处；也可用绷带或三角巾将受伤的小腿和另一条没有受伤的腿固定在一起，如图 13 - 11 所示。

图 13 - 10　大腿骨折处理　　　　　图 13 - 11　小腿骨折处理

　　4）人工呼吸。

　　a. 将患者置于仰卧位，施救者站在患者右侧，将患者颈部伸直，右手向上托患者的下颌，使患者的头部后仰，使患者的气管充分伸直，以利于人工呼吸。

　　b. 清理患者口腔，包括痰液、呕吐物及异物等。

　　c. 用身边现有的清洁布质材料。如手绢、小毛巾等盖在患者嘴上，防止传染病。

　　d. 左手捏住患者鼻孔（防止漏气），右手轻压患者下颌，把口腔打开。

　　e. 施救者自己先深吸一口气，用自己的口唇把患者的口唇包住，向患者嘴里吹气。吹气要均匀，要长一点儿（像平时长出一口气一样），但不要用力过猛。吹气的同时用眼角观察患者的胸部，如看到患者的胸部膨起，表明气体吹进了患者的肺脏，吹气的力度要合适。如果看不到患者胸部膨起，说明吹气力度不够，应适当加强。吹气后待患者膨起的胸部自然回落后，再深吸一口气重复吹气，反复进行，如图 13 - 12 所示。吹气控制在 16～20 次/min 内。

图 13 - 12　人工呼吸

　　f. 只要患者未恢复自主呼吸，就要持续进行人工呼吸，不要中断，直到救护车到达，交给专业救护人员继续抢救。如果身边有面罩和呼吸气囊，可用面罩和呼吸气囊进行人工呼吸。

　　g. 对一岁以下婴儿进行抢救时，施救者要用自己的嘴把孩子的嘴和鼻子全部都包住进行人工呼吸。对婴幼儿和儿童施救时，吹气力度要减小。

5）心脏按压。

a. 使伤员仰卧在比较坚实的地面或地板上，解开衣服，清除口内异物，然后进行急救。

b. 救护人员蹲跪在伤员腰部一侧，或跨腰跪在其腰部，两手相叠，将掌根部放在被救护者胸骨下 1/3 的部位，即把中指尖放在其颈部凹陷的下边缘，手掌的根部就是正确的压点，如图 13-13 所示。

c. 救护人员两臂肘部伸直，掌根略带冲击地用力垂直下压，压陷深度为 3～5cm。成人每秒钟按压一次，太快和太慢效果都不好。

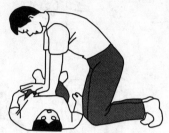

图 13-13　心脏按压

d. 按压后，掌根迅速全部放松，让伤员胸部自动复原。收松时掌根不必完全离开胸部。按以上步骤连续不断地进行操作，每秒钟一次。按压时定位必须准确，压力要适当，不可用力过大过猛，以免挤压出胃中的食物，堵塞气管，影响呼吸，或造成肋骨折断、气血胸和内脏损伤等。也不能用力过小，而起不到按压的作用。

e. 伤员一旦呼吸和心跳均已停止，应同时进行口对口（鼻）人工呼吸和胸外心脏按压。如果现场仅有 1 人救护，两种方法应交替进行，每次吹气 2～3 次，再按压 10～15 次。

f. 进行人工呼吸和胸外心脏按压急救，在救护人员体力允许的情况下，应连续进行，尽量不要停止，直到伤员恢复自主呼吸与脉搏跳动，或有专业急救人员到达现场。

（2）伤员的搬运。搬运伤员是救护的一个重要环节，危重伤员经现场抢救后，须安全、迅速送往医院进一步抢救、治疗。如果搬运方法不当，可能造成神经、血管损伤，使伤情加重，严重时会导致终生残疾，甚至危及生命。因此，选择正确的搬运方法至关重要。

搬运伤员之前应检查伤员的生命体征和受伤部位，重点检查伤员的头部、脊柱、胸部有无外伤，特别是颈椎是否受到损伤。对于创伤出血、骨折的伤病员，应先行止血、包扎、固定，然后再根据受伤情况，选择合适的搬运方法。

在搬运途中要随时观察伤员的病情变化，重点观察呼吸、神志等，一旦发生紧急情况，如窒息、呼吸停止、抽搐时，应停止搬运，立即就地抢救。

1）单人搬运法。如果伤员伤势不重，可采用扶、背、抱的方法将伤员运走，如图 13-14 所示。可以单人扶着伤员慢慢走，此法适用于伤员伤势不重，神志清醒时使用；背驮法，先将伤员支起，然后背着走，此法不能用于脊柱骨折的伤员。

2）双人搬运法。双人搬运有 3 种方法：平抱，即两个搬运者站在同侧，并排同时抱起伤员；膝肩抱，即一人在前面提起伤员的双腿，另一人从伤员的腋下将其抱起；用靠椅抬，即让伤员坐在椅子上，一人在后面抬靠背，另一人在前面抬椅子腿，如图 13-15 所示。

3）几种严重伤情的搬运法。

a. 脑部伤害昏迷者。解开伤员的衣襟，搬运时要重点保护头部；伤员在担架上应采

图 13-14　单人搬运法

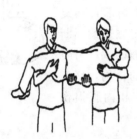

图 13-15　双人搬运法

取半俯卧位，头部侧向一边，以免呕吐时呕吐物阻塞气道而窒息。搬运应由两人以上进行，搬运前头部垫一软枕头，膝部、肘部要用衣物垫好，头颈部两侧垫衣物使颈部固定。

b. 脊柱骨折者。对于脊柱骨折的伤员，一定要用木板做的硬担架搬运。2～4 人在搬运时应步调一致，切忌一人抬胸，一人抬腿。伤员放到担架上以后，要让他平卧，腰部垫一个衣服垫，然后用 3～4 根布带把伤员固定在木板上，以免在搬运中滚动或跌落，造成脊柱移位或扭转，刺激血管和神经，使下肢瘫痪。禁止用普通的软担架搬运。

c. 颈椎损伤者。应平抬伤员至担架上，让患者仰卧，专人牵引、固定其头部，头部垫一薄软枕，使头颈呈中立位，并上颈托。若无颈托，应在伤员的颈部两侧放置沙袋或软枕、衣服卷等固定颈部，防止左右摆动扭转或屈曲导致颈椎损伤加重。搬运时要有专人扶住患者头部，并沿纵轴稍加牵引，以防颈部扭动。

d. 腹部骨折者。严重腹部损伤者，多有腹腔脏器从伤口脱出现象，可用布带、绷带做一个略大的环圈盖住加以保护，然后固定。搬运时采取仰卧位，并使下肢屈曲，防止腹压增加而使肠管继续脱出。

（3）现场应急处理措施。

1）高处坠落。高处坠落事故是由于高处作业引起的，根据高处作业者工作时所处的部位不同，高处作业坠落事故可分为临边作业高处坠落事故、洞口作业高处坠落事故、攀登作业高处坠落事故、悬空作业高处坠落事故、操作平台作业高处坠落事故以及交叉作业高处坠落事故等。历年统计资料显示，高处坠落事故均占当年事故总数的 50% 以上，堪称所有事故之首。

当发生高处坠落事故后，应马上组织抢救伤者，抢救的重点放在对休克、骨折和出血上进行处理。首先观察伤者的受伤情况、部位、伤害性质，如遇呼吸、心跳停止者，应立即通畅气道进行人工呼吸，胸外心脏按压。

伤员发生休克，应先处理休克，要让其安静、解开领口、放在通风保暖地方、保持平卧、少动，并将下肢抬高约20°，尽快送医院进行抢救治疗。

遇有创伤性出血的伤员，应迅速包扎止血，使伤员保持在头低脚高的卧位，并注意保暖或防暑的地方。正确采取现场止血处理措施。

出现颅脑损伤，必须保持呼吸道通畅。昏迷者应平卧，面部转向一侧，以防舌根下坠或分泌物、呕吐物吸入，发生喉部阻塞。

遇有凹陷骨折、严重的颅底骨折及严重的脑损伤症状时，创伤处用消毒的纱布或清洁布等覆盖伤口，用绷带或布条包扎后，及时送往就近有条件的医院治疗。

发现脊椎受伤者，创伤处用消毒的纱布或清洁布等覆盖伤口，用绷带或布条包扎。搬运时，如颈椎骨折，要用"颈托"围住颈部；将伤者平卧放在帆布担架或硬板上，以免受伤的脊椎移位、断裂造成截瘫，甚至死亡。

抢救脊椎受伤者，搬运过程中严禁只抬伤者的两肩与单肩背运。发现伤者手足骨折，不要盲目搬动伤者，应在骨折部位用夹板把受伤位置临时固定，使断端不再移位或刺伤肌肉、神经或血管。

高处坠落伤员现场救护流程如图13-16所示。

2) 坍塌。工程坍塌主要包括基坑（槽）、边坡、挖孔桩、现场临时建筑（包括施工围墙）的倒塌以及模板支撑系统失稳等。

a. 当施工现场的监控人员发现土方、建筑物或模板支撑系统等有裂纹或发出异常声音时，应立即下令停止作业，组织施工人员快速撤离到安全地点，并将情况报告给相关领导。

b. 当土方或建筑物发生坍塌后，造成人员被埋、被压的情况下，应急救援领导小组应全员上岗。除应立即逐级报告给主管部门外，还应保护好现场，在确认不会再次发生同类事故的前提下，立即组织人员进行抢救受伤人员。

c. 当少部分土方坍塌时，现场抢救组专业救护人员要用铁锹进行挖掘，并注意不要伤及被埋人员；当建筑物整体倒塌，造成特大事故时，由市应急救援领导小组统一领导和指挥，各有关部门相互配合，保证抢险工作有条不紊地进行。如采用吊车、挖掘机进行抢救，现场要有专人指挥并监护，防止机械伤及被埋或被压人员。

d. 被抢救出来的伤员，要由现场医疗室医生或急救组急救中心救护人员进行抢救，用担架把伤员抬到救护车上，对伤势严重的人员要立即采取相应的急救措施（止血、人工呼吸、心脏按压等），进行吸氧和输液，到医院后组织医务人员全力救治伤员。

e. 当核实所有人员获救后，将受伤人员的位置进行拍照或录像，禁止无关人员进入事故现场，等待事故调查组进行调查处理。

3) 触电。触电急救的基本原则是在现场采取积极措施保护伤员生命，减轻伤情，减少痛苦，并根据伤情需要，迅速联系医疗部门救治。

a. 脱离电源。触电急救，首先要使触电者迅速脱离电源，越快越好。因为电流作用的时间越长，伤害越重。脱离电源就是要把触电者接触的那一部分带电设备的开关、闸刀或其他断路设备断开；或设法将触电者与带电设备脱离。在脱离电源时，救护人员既要救

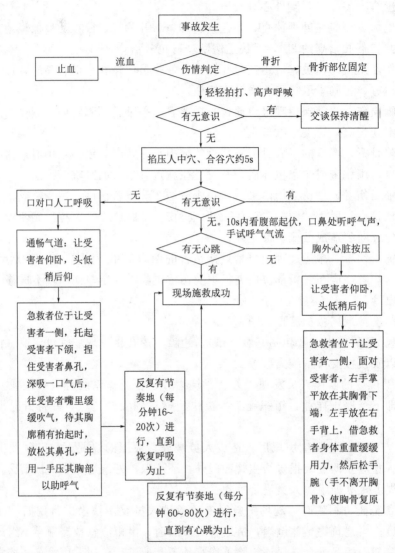

图 13-16　高处坠落伤员现场救护流程

人，也要注意保护自己。触电者未脱离电源前，救护人员不准直接用手接触伤员，因为有触电的危险；如触电者处于高处，因解脱电源后会自高处坠落，故要采取预防措施。

　　b. 伤员脱离电源后的处理。触电伤员如神志清醒，应使其就地躺平，严密观察，暂时不要站立或走动。触电伤员如神志不清，应就地仰面躺平，确保其气道通畅，并用 5s 时间呼叫伤员或轻拍其肩部，以判定伤员是否意识丧失。禁止摇动伤员头部呼叫伤员。

　　需要抢救的伤员，应立即就地坚持正确抢救，并设法联系医疗部门接替救治。

　　c. 呼吸、心跳情况的判定。触电伤员如意识丧失，应在 10s 内用看、听、试的方法，判定伤员的呼吸、心跳情况。

　　看：伤员的胸部、腹部有无起伏动作。

　　听：用耳贴近伤员的口鼻处，听有无呼气声音。

试：试测口鼻有无呼气的气流。再用两手指轻试一侧（左或右）喉结旁凹陷处的颈动脉有无搏动。

若看、听、试的结果为既无呼吸又无颈动脉搏动，则可判定呼吸、心跳停止。

d. 心肺复苏。触电伤员呼吸和心跳均停止时，应立即采取心肺复苏法正确地进行就地抢救。心肺复苏措施主要有通畅气道、口对口（鼻）人工呼吸以及胸外按压等3种。

触电伤员呼吸停止，重要的是始终确保气道通畅。如发现伤员口内有异物，可将其身体及头部同时侧转，迅速用一个手指或两手指交叉从口角处插入，取出异物。操作中要注意防止将异物推到咽喉深部。通畅气道可采用仰头抬颏法，用一只手放在触电者前额，另一只手的手指将其下颌骨向上抬起，两手协同头部推向后仰，舌根随之抬起，气道即可通畅。严禁用枕头或其他物品垫在伤员头下，头部抬高前倾，会加重气道阻塞，并使胸外按压时流向脑部的血流减少，甚至消失。

e. 抢救过程中伤员的移动与转院。心肺复苏应在现场就地坚持进行，不要图方便而随意移动伤员，如确有需要移动时，抢救中断时间不应超过30s。移动伤员或将伤员送医院时，除应使伤员平躺在担架上并在其背部垫以平硬阔木板外，移动或送医院过程中还应继续抢救。心跳呼吸停止者要继续心肺复苏法抢救，在医务人员未接替救治前不能终止。如伤员的心跳和呼吸经抢救后均已恢复，可暂停心肺复苏操作。但心跳呼吸恢复的早期有可能再次骤停，应严密监护，不能麻痹，要随时准备再次抢救。初期恢复后，神志不清或精神恍惚、躁动，应设法使伤员安静。

f. 杆上或高处触电急救。发现高处有人触电，应争取时间及早在高处开始进行抢救。救护人员登高时应随身携带必要的工具和绝缘工具以及牢固的绳索等，并紧急呼救。救护人员应在确认触电者已与电源隔离，且救护人员本身所涉环境安全距离内无危险电源时，方能接触伤员进行抢救，并应注意防止发生高空坠落的可能性。

若在杆上发生触电，应立即用绳索迅速将伤员送至地面，或采取可能的迅速有效措施送至平台上。在将伤员由高处送至地面前，应再口对口（鼻）吹气4次。触电伤员送至地面后，应立即继续按心肺复苏法坚持抢救。

4）烧伤。

a. 迅速脱离致伤因素。如果置身于火焰中，首先要脱离火源。衣服着火时应尽快将着火的衣服脱下。来不及脱衣服时，可就地卧倒翻滚，也可用水浇淋，千万不要大声呼喊、来回奔跑和试图用手将火扑灭，以免加重烧伤的面积和深度。

b. 抢救患者生命。去除致伤因素后，首先要配合医生处理窒息、心脏骤停、大出血、开放性气胸等危急情况，抢救患者的生命。对头颈部烧伤或怀疑有呼吸道烧伤的患者，应备好氧气和气管切开包等抢救物品，并保持呼吸道通畅，严密观察病情，必要时及时协助医生做好气管切开术。

c. 预防休克发生。由于烧伤会使体液大量渗出，伤后应尽快补充液体，口渴的清醒患者可口服烧伤饮料，尽量避免饮用白开水，因其含有电解质过少，大量摄入会使患者体液的晶体渗透压降低。中度以上烧伤患者，必须马上建立静脉通道，必要时按医嘱快速输入平衡盐溶液和右旋糖苷。

d. 保护烧伤创面。根据烧伤创面的大小，用无菌敷料或清洁布类包裹创面，避免污染和损伤。轻度烧伤的患者一般表现为轻微的红、肿、疼痛，可用自来水反复自然冲洗，以降低局部皮肤温度，减轻疼痛感，减少渗出和水肿。如果烧伤面积较大，要尽快脱掉包裹烧伤部位的衣物，一定不可强行撕脱，以免造成局部创面进一步损害。例如，女士穿长筒袜发生烧伤时，应用剪刀将袜子沿着长轴的方向剪开后再轻轻拿掉，并立即用冷水持续给局部降温，同时呼叫120，依据"避轻就重""先主后次"的原则入院后迅速妥善地安置患者并立即进行抢救。

e. 快速安全转运。伤势较重的病员应就近选择医院，先救急救命，再进一步治疗。因烧伤后疼痛刺激、精神恐惧、创面渗出等原因，患者进入休克状态，路途遥远颠簸会加重休克的发生，待患者度过休克期以后再转入指定医疗单位，不要舍近求远，延误病情。

5）急性中毒。

a. 切断毒源，包括关闭阀门、加盲板、停车、停止送气、堵塞"跑、冒、滴、漏"。使毒物不再继续侵入人体和扩散。逸散的毒气应尽快采取抽毒或排毒，引风吹散或中和等办法处理。

b. 搞清毒物种类、性质，采取相应的保护措施。既要抢救别人，又要保护自己，莽撞地闯入中毒现场只能造成更大损伤。

c. 尽快使患者脱离中毒现场后，松开领扣、腰带，呼吸新鲜空气。如果有毒物污染，迅速脱掉被污染的衣物，清水冲洗皮肤 15min 以上，或用温水、肥皂水清洗，同时注意保暖。有条件的厂矿卫生所，应立即针对毒物性质给予解毒和驱毒剂，使进入人体内的毒物尽快排出。

d. 发生呼吸困难或停止时，进行人工呼吸（氰化物类剧毒中毒，禁止口对口人工呼吸）。有条件的立即吸氧或加压给氧，针刺人中、百会、十宣等穴位，注射呼吸兴奋剂。

e. 心脏骤停者，立即进行胸外心脏按压，心脏注射"三联针"。

f. 发生 3 人以上多人中毒事故，要注意分类，先重者后轻者，注意现场的抢救指挥，防止乱作一团。对危重者尽快转送医疗单位急救，在转运途中注意观察患者的呼吸、心跳、脉搏等变化，并重点而全面地向医生介绍中毒现场的情况，以便于医生准确无误地制订急救方案。

如果发生中毒窒息，则应按以下步骤进行救护。

a. 抢救人员进入危险区必须戴上防毒面具、自救器等防护用品，必要时也给中毒者戴上，迅速把中毒者转移到有新鲜风流的地方，静卧保暖。

b. 如果是一氧化碳中毒，中毒者还没有停止呼吸或呼吸虽已停止但心脏还在跳动，在清除中毒者口腔和鼻腔内的杂物使呼吸道保持畅通后，立即进行人工呼吸。若心脏跳动也停止了，应迅速进行心脏胸外挤压急救，同时进行人工呼吸。

c. 如果是硫化氢中毒，在进行人工呼吸之前，要用浸透食盐溶液的棉花或手帕盖住中毒者的口鼻。

d. 如果是因瓦斯或二氧化碳窒息，情况不太严重时，只要把窒息者转移到空气新鲜的场地稍作休息，就会苏醒，假如窒息时间比较长，就要进行人工呼吸抢救。

e. 在救护中，急救人员一定要沉着、动作要迅速，在进行急救的同时，应通知医生到现场进行救治。

f. 一氧化碳、二氧化碳、二氧化硫、硫化氢等超过允许浓度时，均能使人吸入后中毒。发生中毒窒息事故后，救援人员千万不要贸然进入现场施救，首先要做好自身防护措施，避免成为新的受害者。

6）高温作业。在高温环境下作业可导致体温上升。当体温上升到38℃以上时，一部分人即可表现出头痛、头晕、心慌等症状。严重者可能导致中暑或热衰竭。高温作业者由于排汗增多而丧失大量水分、盐分，若不能及时得到补充，可出现工作效率低、乏力、口渴、脉搏加快、体温升高等现象。在高温条件下作业，皮肤血管扩张，血管紧张度降低，可使血压下降。但在高温与重体力劳动相结合的情况下，血压也可增高，但舒张压一般不增高，甚至略有降低。脉搏加快，心脏负担加重。在高温环境下作业，易引起消化道胃液分泌减少，因而造成食欲减退。高温作业工人消化道疾病患病率往往高于一般工人，而且工龄越长，患病率越高。长期在高温条件下作业，若水、盐供应不足，可使尿浓缩，增加肾脏负担，有时可以导致肾功能不全。在高温、热辐射环境下作业，可出现中枢神经系统抑制，注意力和肌肉工作能力降低，动作的准确性和协调性差。由于劳动者的反应速度降低，正确性和协调性受到阻碍，所以容易发生工伤事故。

防暑降温措施如下。

a. 做好防暑降温的组织保障，加强宣传教育。

b. 改革工艺，改进设备，认真落实隔热与通风的技术措施。

c. 保证休息。高温下作业应尽量缩短工作时间，可采用小换班、增加工作休息次数、延长午休时间等方法。休息地点应远离热源，应备有清凉饮料、风扇、洗澡设备等。有条件的可在休息室安装空调或采取其他防暑降温措施。

d. 高温作业人员应适当饮用合乎卫生要求的含盐饮料，以补充人体所需的水分和盐分，增加蛋白质、热量、维生素等的摄入，以减轻疲劳、提高工作效率。

e. 加强个人防护。高温作业的工作服应结实、耐热、宽大、便于操作，应按不同作业需要，佩戴工作帽、防护眼镜、隔热面罩及穿隔热靴等。

f. 高温作业人员应进行就业前和入暑前体检，凡有心血管系统疾病、高血压、溃疡病、肺气肿、肝病、肾病等疾病的人员不宜从事高温作业。

g. 从改进生产工艺过程入手，采用先进技术，实行机械化和自动化生产，从根本上改善劳动条件减少或避免工人在高温或强热辐射环境下劳动，同时也减轻了劳动强度，如冶金车间的自动投料、自动出渣运渣以及制砖场的自动生产线等。

h. 在进行工艺设计时，应设法将热源合理布置，将其放在车间外面或远离工人操作地点。对于采用热压为主的自然通风，热源应布置在天窗下面。采用穿堂风通风的厂房，应将热源放在主导风的下风侧，使进入厂房的空气先经过工人的操作地带，然后经过热源位置排出。

i. 隔热是减少热辐射的一种简便有效方法。对于现有设备中不能移动的热源和工艺要求不能远离操作带的热源，应设法采用隔热措施。如利用流动水吸走热量，是吸收炉口辐射热较理想的方法，可采用循环水炉门、瀑布水幕、水箱、钢板流水等；也可利用热导率小、导热性能差的材料，如炉渣、草灰、硅藻土、石棉、玻璃纤维等，制成隔热板或直接包裹在炉壁和管道外侧，达到隔热的目的。缺乏水源的工厂以及小型企业和乡镇企业，更适合于采用这种隔热方式。

j. 通风是改善作业环境最常用的方法，常见的有自然通风和机械通风两种方式。自然通风是利用车间内外的热压和风压，使室内外空气进行交换，但是高温车间仅靠这种方式是不够的，在散热量大、热源分散的高温车间，1h 内需换气 30～50 次以上，才能使余热及时排出。因此，必须把进风口和排风口安排得十分合理，使其发挥最大的效能。

在既有高温，同时还伴有空气湿度大或者热辐射强而风速又小的环境中作业，再加上劳动强度过大、作业时间过长，此时作业人员极容易发生中暑。轻度中暑的初期症状为头晕、眼花、耳鸣、恶心、心慌、乏力。重度中暑患者会有体温急速升高，出现突然晕倒或痉挛等现象。对中暑患者的现场急救原则是：对于轻度中暑患者，应立即将其移至阴凉通风处休息，擦去汗液，给予适量的清凉含盐饮料，并可选服人丹、十滴水、避瘟丹等药物，一般患者可逐渐恢复。对于重度中暑患者，必须立即送往医院。

第 14 章　建设工程安全生产法律法规

14.1　安全生产法律法规概述

安全生产法律法规是对有关安全生产的法律、规程、条例、规范的总称，是我国法律体系的重要组成部分，所有人员必须无条件地遵守和执行。按照"安全第一、预防为主、综合治理"的安全生产方针，我国制定了一系列安全生产法律法规和标准，基本形成了相对完整的安全生产法律法规体系。

通常所说的安全生产法律法规是指关于改善劳动条件，实现安全生产的有关法律、法规、规章和规范性文件的总和。其主要功能是调整在生产过程中产生的与劳动者或生产人员的安全与健康，以及生产资料和社会财富安全保障有关的各种社会关系。

目前，我国的安全生产法律法规已初步形成一个以宪法为依据，以《中华人民共和国安全生产法》为主体，由有关法律、行政法规、地方性法规和有关行政规章、技术标准等所组成的综合体系。

14.1.1　安全生产法律法规的特征

安全生产法律法规是国家法律规范中的一个组成部分，是生产实践中的经验总结以及对自然规律的认识和运用，通过规定人们之间的权利和义务的方式来调整社会关系，以保障社会的稳定和发展，维护国家和人民的根本利益。

安全生产法规首先调整的是在社会生产经营活动中所产生的同安全生产有关的各方面关系和行为。例如，生产经营单位和从业人员之间的关系；生产经营单位和为其提供技术、管理服务机构的关系；生产经营单位从业人员和有关国家机关、社会团体之间的关系等。全国人民代表大会及其常务委员会、国务院及有关部委、地方人大和地方政府颁发的有关安全生产、职业安全健康、劳动保护等方面的法律、法规、规章、规程、决定、条例、规定、规则及标准等，均属于安全生产法规范畴。

安全生产法规规定了人们在生产过程中的行为准则，规定什么是合法的，可以去做；什么是非法的，禁止去做；在什么情况下必须怎样做，不应该怎样做等，用国家强制性的权力来维护企业安全生产的正常秩序。因此，有了各种安全生产法规，就可以使安全管理工作做到"有法可依，有法必依，执法必严，违法必究"。违反法规要求就要承担一定的法律责任，依法受到制裁。

法律规范一般可分为技术规范和社会规范两大类。

技术规范，是指规定人们支配和使用自然力、劳动工具和劳动对象的行为准则，如操作规程、标准等。

安全技术规范是调整在生产经营活动中同安全生产有关的人和自然关系的一种规范。

它是人们为了有效、安全地从事生产经营活动，根据自然规律、科学技术研究成果而制定的，规定在生产经营活动中人的行为和物的状态（包括环境因素）的一种规范。违反这些规范就有可能造成不堪设想的后果，不仅会危及劳动者的人身安全，而且会造成经济上的损失，甚至还会给周围生活环境、社会环境造成危害。因此，为了维护生产秩序和社会秩序，国家就有必要通过立法，把有关人员遵守的安全技术规范规定为必须遵守的法律义务。

所以，安全生产法规是国家法律体系的构成部分，因此具有法的一般特征。此外，还有以下特征。

（1）安全生产法规保护的对象是劳动者、生产经营人员、生产资料和国家财产。

（2）安全生产法规具有强制性。

（3）安全生产法规涉及自然科学和社会科学领域，因此既具有政策性特点，又有科学技术性特点。

14.1.2 安全生产法律法规的职能

（1）通过规定政府、政府部门、生产经营单位、社会组织及其主要负责人、安全生产管理服务机构和从业人员等的安全生产职责，确立它们之间的安全生产关系。

（2）通过规定安全生产方面的权利与义务，规范安全生产相关法人、社会组织、公民的安全生产行为，建立安全生产法律秩序。

（3）通过明确安全生产法律责任，制裁违反安全生产法律、法规的行为，惩戒违法行为，维护安全生产法律秩序，并教育广大群众，约束安全生产违法倾向。

（4）保障生产经营活动的安全运行，保障人民群众生命财产安全，促进经济发展和社会进步。安全生产法规是实现安全生产的法律保障，要从讲政治、保稳定、促发展的高度去认识和理解安全生产法规的职能，从而提高认真贯彻执行安全生产法规的自觉性和主动性。

14.1.3 安全生产法律法规的作用

安全生产法律法规的作用主要表现在以下几个方面。

1. 为保护劳动者的安全健康提供法律保障

我国的安全生产法规是以搞好安全生产、工业卫生、保障职工在生产中的安全与健康为目的的，是我们党和国家代表最广大人民群众的根本利益在立法上的具体体现。它不仅从管理上制定了人们的安全行为规范，也从生产技术上、设备上规定了实现安全生产和保障职工安全与健康必需的物质条件，制订出了各种保证安全生产的措施。强调人人都必须遵守规章，尊重自然规律、经济规律和生产规律，保证劳动者得到符合安全与健康要求的劳动条件，切实维护劳动者安全健康的合法权益。

安全生产法规对于促进我国生产力的发展和社会主义现代化建设事业的顺利进行起着重要作用。

2. 加强安全生产的法制化管理

安全生产法规是加强安全生产法制化管理的章程，很多重要的安全生产法规都明确规定了各个方面加强安全生产、安全生产管理的职责，推动了各级领导特别是企业领导对劳动保护工作的重视，把这项工作摆上领导和管理的议事日程。

3. 指导和推动安全生产工作的开展、促进企业安全生产

安全生产法规反映了保护生产正常进行，保护劳动者安全健康所必须遵循的客观规律，对企业搞好安全生产工作提出了明确要求。同时，由于它是一种法律规范，具有法律约束力，要求人人都要遵守，这样它对整个安全生产工作的开展具有用国家强制力推行的作用。

4. 推进生产力的提高、保证企业效益的实现和国家经济建设事业的顺利发展

安全生产是关系到企业切身利益的大事。通过安全生产立法，使劳动者的安全健康有了保障，职工能够在符合安全健康要求的条件下从事劳动生产，这样必然会激发他们的劳动积极性和创造性，从而促使劳动生产率的大大提高。同时，安全生产技术法规和标准的遵守和执行，必然提高生产过程的安全性，使生产的效率得到保障和提高，从而提高企业的生产效率和效益。

安全生产法律法规对生产的安全卫生条件提出与现代化建设相适应的强制性要求，这样就迫使企业领导在生产经营决策上，以及在技术装备上采取相应措施，以改善劳动条件、加强安全生产为出发点，加速技术改造的步伐，推动社会生产力的提高。

在我国现代化建设过程中，安全生产法规以法律形式，协调人与人之间、人与自然之间的关系，维护生产的正常秩序，为劳动者提供安全、健康的劳动条件和工作环境，为生产经营者提供可行、安全可靠的生产技术和条件，从而产生间接生产力作用，促进国家现代化建设的顺利进行。

14.2 我国建设工程安全生产法律体系

安全生产法律体系，是指我国全部现行的、不同的安全生产法律规范形成的有机联系的统一整体。

我国安全生产法律法规经过几十年的建设，基本形成了以《中华人民共和国宪法》为基本依据，以《中华人民共和国安全生产法》为基本法律规范，以《中华人民共和国矿山安全法》《中华人民共和国消防法》《中华人民共和国煤炭法》《中华人民共和国电力法》《中华人民共和国铁路法》《中华人民共和国海上交通安全法》《中华人民共和国公路法》《中华人民共和国民航法》《中华人民共和国建筑法》等专业法律为补充，以《国务院关于特大安全事故行政责任追究的规定》《安全生产许可证条例》等行政法规，有关地方性法规和部门、政府规章以及安全生产标准为支撑的安全生产法律法规体系。安全生产法律、法规体系见图 14-1。

在建筑施工活动中，施工管理者必须遵循相关的法律、法规及标准，同时应当了解法律、法规及标准等的地位及相互关系。

我国建设工程安全生产法律体系的基本框架可以分为法律、法规（行政法规、地方法规）、规章（部门规章、地方政府规章）、法定标准（国家标准、行业标准）等几个层次。

14.2.1 宪法

宪法是我国的根本大法，在我国的法律体系中具有最高的法律地位和法律效力，是治

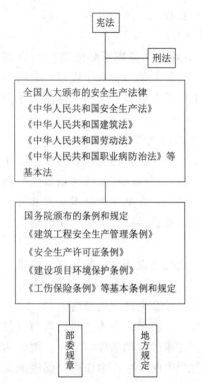

图 14-1 安全生产法律、法规体系框图

国安邦的总章程，是国家统一、民族团结、经济发展、社会进步和长治久安的法律基础，是中国共产党执政兴国、团结带领全国各族人民建设中国特色社会主义的法律保证。

宪法具有下列 3 个特点。

（1）宪法由国家最高权力机关——全国人民代表大会制定、通过和修改，并由全国人民代表大会发布公告施行。

（2）宪法规定的是社会、国家的最根本的制度、公民的基本权利和义务、国家政权的组织形式等重大问题。

（3）宪法具有最高的法律效力，是制定其他一切法律、法规的基础和依据，一切法律、行政法规等规范性法律文件的制定都必须依照宪法所确定的原则、基本精神，不得与宪法的规定相抵触；否则一律无效。

14.2.2 法律

本书所讲的法律是指狭义的法律，专指由全国人民代表大会和全国人民代表大会常务委员会制定颁布的规范性法律文件，其法律效力仅次于宪法。法律由国家主席公布。

我国社会主义法律分为基本法律和非基本法律两类。基本法律是由全国人民代表大会制定的调整国家和社会生活中某种带有普遍性的社会关系的规范性法律文件的统称，如刑法、民法、诉讼法以及有关国家机构组织法等法律。非基本法律是由全国人民代表大会常务委员会制定的调整国家和社会生活中某种具体社会关系或者其中某一方面内容的规范性文件的统称，其调整范围较基本法律小，内容较具体，如《中华人民共和国安全生产法》《中华人民共和国建筑法》《中华人民共和国特种设备安全法》等。

此外，全国人民代表大会及其常务委员会作出的规范性决议、决定、规定、办法和法律解释，应当视为狭义法律的组成部分，与法律具有同等的地位和效力。

14.2.3 行政法规

行政法规是国家最高行政机关——国务院制定的有关国家行政管理的规范性文件的总称，是对法律条款的进一步细化。其法律地位和效力仅次于宪法和法律，但高于地方性法规和其他规范性文件，如 2003 年 11 月 12 日国务院第 393 号令《建设工程安全生产管理条例》。国务院有权改变和撤销地方各级国家行政机关的不适当的决定和命令。

14.2.4 地方性法规

地方性法规是指省、自治区、直辖市以及省级政府所在地的市和经国务院批准的较大的市的人民代表大会及其常务委员会，根据本行政区域的具体情况和实际需要，在不与宪法、法律、行政法规相抵触的前提下，制定并实施的规范性法律文件。地方性法规通常采用条例、办法、规则、决定、实施细则等名称。地方性法规只在本辖区内有效。《中华人民共和国立法法》第七十二条规定，设区的市的人民代表大会及其常务委员会也可根据本市的具体情况和实际需要，在不与宪法、法律、行政法规和本省、自治区的地方性法规相抵触的前提下，对城乡建设与管理、环境保护、历史文化保护等方面的事项制定地方性法规，并报请省、自治区的人民代表大会常务委员会进行合法性审查，如果同宪法、法律、行政法规和本省、自治区的地方性法规不相抵触，应当在4个月内予以批准。

民族自治地方的人民代表大会有权依照当地民族的政治、经济和文化特点，根据宪法、法律的规定制定自治条例和单行条例。

特别行政区享有其他省、自治区、直辖市所没有的独有权力。特别行政区各类法的形式，是我国法律的一部分，是我国法律的一种特殊形式。

总之，民族自治条例和单行条例、特别行政区的规范性法律文件也是地方性法规，是地方性法规的一种特殊表现形式。

14.2.5 行政规章

行政规章是特定的行政机关根据宪法、法律和行政法规的规定，按照法定程序制定和发布的规范性文件的总称。《规章制定程序条例》（国务院令第322号）第三条规定，制定规章应当遵循《中华人民共和国立法法》确定的立法原则，符合宪法、法律、行政法规和其他上位法的规定。行政规章具有法的属性，属于法的范畴，具有法的普遍性、规范性和法制性的特点，与法律、法规一样，是国家意志的体现，具有普遍的约束力。

行政规章分为部门规章和地方政府规章。

部门规章是指国务院各部、委员会、中国人民银行、审计署和具有行政管理职能的直属机构所制定的规章，国务院各部门根据法律和国务院行政法规、决定、命令确定的部门职权和法律法规的特别授权，在本部门权限内制定法律、行政法规的实施细则或实施办法。例如，《中华人民共和国行政处罚法》第十二条规定，国务院部、委员会制定的规章可以在法律、行政法规规定的给予行政处罚的行为、种类和幅度的范围内作出具体规定，一般以规定、办法形式颁布。规范建筑行业的部门规章主要是住房和城乡建设部令。如住房和城乡建设部根据国务院《安全生产许可证条例》的规定，结合建筑业企业管理的特点，制定了《建筑施工企业安全生产许可证管理规定》（住房和城乡建设部令第128号），对建筑业企业申领安全生产许可证的条件和违法行为的责任追究作出了更加具体、明确的规定，是建筑施工企业、各级建设行政主管部门实施安全生产条件监管的指导性文件。

地方政府规章是指省、自治区、直辖市和设区的市、自治州的人民政府，根据法律、行政法规和本省、自治区、直辖市的地方性法规，制定规章，一般以政府令的形式发布，如《江苏省安全生产监督管理规定》（江苏省政府令第181号）、《江苏省高层建筑消防安全管理规定》（江苏省政府令第82号）。

14.2.6 国家标准

国家标准是需要在全国范围内统一的技术要求，由国务院标准化行政主管部门制定发布，全国适用。国家标准分为强制性标准和推荐性标准，强制性标准代号为"GB"，推荐性标准代号为"GB/T"。国家标准的编号由国家标准代号、国家标准发布顺序号及国家标准发布的年号组成，国家工程建设标准代号为"GB 5××××"或"GB/T 5××××"，如《建筑工程施工质量验收统一标准》（GB 50300—2001）等。

14.2.7 行业标准

行业标准是需要在某个行业范围内统一的，而又没有国家标准的技术要求，由国务院有关行政主管部门制定，并报国务院标准化行政主管部门备案。行业标准是对国家标准的补充，行业标准在相应国家标准实施后，应该自行废止。其标准分为强制性标准和推荐性标准。行业标准如城市建设行业标准（CJ）、建材行业标准（JC）、建筑工业行业标准（JG）。现行工程建设行业标准代号在部分行业标准代号后加上第三个字母J，行业标准的编号由标准代号、标准顺序号及年号组成，行业标准顺序号在 3000 以前为工程类标准，在 3001 以后为产品类标准，如《普通混凝土配合比设计规程》（JGJ 55—2000）和《冷轧扭钢筋》（JGJ 3046—1998）等。

14.2.8 地方标准

地方标准是对没有国家标准和行业标准，但又需要在省、自治区、直辖市范围内统一的产品的安全和卫生要求，由省、自治区、直辖市标准化行政主管部门制定，并报国务院标准化行政主管部门备案。地方标准不得违反有关法律法规和国家行业强制性标准，在相应的国家标准、行业标准实施后，地方标准应自行废止。在地方标准中凡法律法规规定强制性执行的标准，才可能有强制性地方标准。

14.3 法 律 责 任

法律责任是指公民、法人或其他组织实施违法行为而受到的相应法律制裁。换言之，法律责任是指行为人由于违法行为、违约行为或者由于法律规定而应承受的某种不利的法律后果。

法律责任是由国家强制力来保障实施的，对于维护法律尊严、教育违法者和广大公民自觉守法具有重要意义。

14.3.1 法律责任的种类和特征

根据不同的标准，从不同的角度，可以对法律责任作不同的分类。其中最主要、最基本的分类是根据违法行为的不同性质而区分的，包括违宪责任、行政责任、刑事责任和民事责任。

违宪责任是指由于违宪行为所应承担的法律责任。通常是指有关国家机关制定的某种法律、法规和规章，以及国家机关、社会组织或公民的某种行为违背宪法的原则、精神和具体内容，因而必须承担相应的法律责任。违宪责任是法律责任中最为特殊的一种，其特殊性主要表现为政治上、领导上的责任。追究和实现责任的形式也是特殊的，包括撤销与宪法相抵触的法律、行政法规、地方性法规以及罢免国家机关的领导成员等。

行政责任是指违反行政法的规定或者因行政法的规定所应承担的法律责任。它包括两种情况：一种是公民和法人因违反行政管理法律、法规的行为而应承担的行政处罚；另一种是国家工作人员因违反政纪或在执行职务时违反行政的规定而受到的行政处分。行政处分主要有警告、记过、记大过、降级、撤职、开除等形式。

刑事责任是指由于犯罪行为所应承担的法律责任。刑事责任是所有法律责任中性质最为严重、制裁最为严厉的一种。刑事责任的主体主要是公民，也可以是法人。刑事责任的承担形式包括主刑和附加刑。主刑有管制、拘役、有期徒刑、无期徒刑、死刑；附加刑有罚金、剥夺政治权利、没收财产和驱逐出境。

民事责任是指由于民事违法行为所应承担的法律责任，可分为违约责任和侵权责任。

违约责任是指行为人不履行合同义务而承担的责任；侵权责任是指行为人侵犯国家、集体和公民的财产权利以及侵犯法人名称和自然人的人身权时所应承担的责任。民事责任承担形式是多种多样的，主要包括：停止侵害；排除妨碍；消除危险；返还财产；恢复原状；修理、重做、更换；赔偿损失；支付违约金；消除影响，恢复名誉；赔礼道歉。此外，还可处以训诫、责令具结悔过、收缴进行非法活动的财物和非法所得等。

14.3.2 法律责任的认定原则

法律责任的认定，首先是将违法构成的要件作为归责基础，即个人或者组织是否必须承担法律责任。主要从 4 个方面进行全面分析和考虑。

1）必须是违反法律规定的行为。

2）违法必须是在不同程度上侵犯法律所保护的社会关系的行为。

3）违法一般必须有行为人的故意或过失（即过错）。但即使没有过错，法律规定应承担法律责任的，仍应承担。

4）违法者必须具有法定责任能力或法定行为能力。

没有违法行为的存在，就不能追究法律责任。有些行为虽然具有社会危害性，但只要不违法，就不能认为其行为主体应承担法律责任。

1. 认定法律责任的一般原则

（1）责任法定原则。法律责任必须在法律上有明确、具体的规定。违法行为发生后，必须按照法律事先规定的性质、范围、程度、期限、方式等追究违法者的责任。作为一种否定性法律后果，法律责任应当由法律规范预先规定，不能向法律责任主体实施和追究法律规定之外的责任，任何责任主体都有权拒绝承担法律中没有明文规定的责任。责任法定原则排除和否定责任擅断、非法责罚等没有法律依据的行为，强调"罪刑法定""法无明文规定不为罪""法无明文规定不处罚"。同时，责任法定原则还意味着排除和否定有害追溯。

（2）责任自负原则。法律责任是针对违法者的行为而设定的，凡实施了违法行为的人必须承担法律责任，而且必须是独立承担责任，即只能限于违法者本人，不能株连其亲属或其他人。

（3）法律责任与违法行为相适应原则。法律责任的性质、种类和轻重应与违法行为的性质、种类和危害程度相适应，既不能轻犯重罚，也不能重犯轻罚。

（4）责任平等原则。在追究法律责任时，应对责任主体不分种族、民族、性别、职业、社会出身、财产状况等，一律平等地追究责任，绝不允许任何人享有规避法律责任的特权。

（5）过错原则。法律责任的认定一般以存在主观故意或者过失为必要条件，也就是说，承担责任以其行为有主观过错为必要前提。近代法乃至现代法都普遍关心能够保障权利主体权利平等，由此引出在承担责任时必须以行为人有过错为前提条件。

（6）因果联系原则。一般在认定行为人违法责任之前，应当首先确认行为与危害或损害结果之间的因果联系，这是认定法律责任的重要事实依据。同时还应当区分这种因果联系是必然的还是偶然的、直接的还是间接的，即导致损害结果或危害结果出现的违法行为或违约行为是行为人内心主观意志支配还是外部客观条件导致的结果。

2. 认定法律责任的特殊原则

（1）无过错责任原则。无过错责任，是指不以主观过错的存在为必要条件而认定的责任，承担这种责任不必考虑行为人是否存在主观过错。随着社会化大生产的迅速发展，尤其是高危险业务（如高空、高压、易爆、放射性）的大量出现，可能给他人造成损害的机会明显增多。如果一概遵守过错原则，就会导致受害人得不到应有的保护和补偿，也不利于从事高危险业务的人增强责任感。因此，自 19 世纪末以来，各国相继采用了"无过错原则"作为对过错原则的补充。当然，无过错责任原则仅适用于特殊的民事侵权行为。

（2）公平责任原则。公平责任是指法无明文规定适用无过错责任，但适用过错责任又显失公平，因而不以行为人有过错为前提并由当事人合理分担的一种特殊责任。它与无过错责任一样，不以行为人的主观过错为责任承担的前提。但与无过错责任不同的是，它的适用范围只限于以下两种情况：一是法律无明确规定要适用无过错责任；二是如果适用过错责任又显失公平或者违背公平合理原则。公平责任反映了道德意识和法律意识、社会责任与法律责任的某种有机的统一趋势。《民法通则》规定当事人对造成损害却没有过错的，可以根据实际情况，由当事人分担民事责任。

（3）连带责任原则。一般来说，追究法律责任必须坚持责任自负原则，但并不排除在民法和行政法的某些特殊情况下，允许有连带责任或者责任转移的存在。例如，《建设工程安全生产管理条例》第二十四条规定：建设工程实行施工总承包的，由总承包单位对施工现场的安全生产负总责。总承包单位依法将建设工程分包给其他单位的，分包合同中应当明确各自的安全生产方面的权利、义务。总承包单位和分包单位对分包工程的安全生产承担连带责任。分包单位应当服从总承包单位的安全生产管理，分包单位不服从管理导致生产安全事故的，由分包单位承担主要责任。

14.3.3　法律责任的免除

法律责任的免除是指虽然违法者事实上违反了法律，并且具备承担法律责任的条件，但由于法律规定的某些主观条件或客观条件可以部分或全部免除法律责任。免除法律责任与"无责任"或"不负责任"不同，免除法律责任以法律责任的存在为前提，而"无责任"或"不负责任"则是指虽然行为人事实上违反了法律，但由于不具备法律上应负法律责任的条件，故没有或不承担法律责任。

在我国的法律规定和法律实践中，免除法律责任的情况主要有以下几种。

（1）时效免责。即违法者在其违法行为发生一定期限后不再承担法律责任。这意味着如果没有法律特别规定，违反法律的行为超过一定期限后，就不再追究法律责任。

（2）不诉免责。即"告诉才处理""不告不理"，是指当事人不告，国家就不将法律责任归结违法者，亦即意味着违法者实际上被免除了法律责任。在我国，不仅大多数民事违法行为是受害当事人或者有关人告诉才处理，而且有些刑事违法行为也是不告不理。

（3）自首、立功免责。即对违法之后有立功表现的人，免除其部分或全部法律责任。

（4）补救免责。对于实施了违法行为、造成一定损害，但在国家机关归责之前采取补救措施的人，免除其部分或全部法律责任。

（5）协议免责。基于双方当事人在法律允许的范围内通过协议的免责。这种免责权适用于民事违法行为。

14.3.4 行政责任

行政责任主要包括行政处罚和行政处分。本书主要介绍建筑施工企业生产经营活动中涉及较多的行政处罚。

行政处罚对执法主体来讲，是一种实施法律制裁的行政执法活动，而不是一般意义上的批评教育。对被处罚对象而言，则是因自己的违法行为而承担的一种具有惩罚性的法律责任。

1. 行政处罚的特点

（1）实施行政处罚的主体是具有法定职权的行政主体。行政处罚权是根据行政管理的需要配置的，并不是所有的行政主体都具有行政处罚权，因此行政处罚主体只能是具有法定处罚权的行政主体。行政处罚的这一主体特点使其区别于刑事制裁和民事制裁。刑事制裁、民事制裁的实施主体是国家司法机关即人民法院。

（2）行政处罚的对象是违反行政法规范的公民、法人或其他组织。这一特点明确了行政处罚对象的范围及其成为行政处罚对象的原因。

（3）行政处罚在惩罚性质上属于行政制裁。这使其有别于其他法律制裁的程度和方式。从程度上讲，行政处罚针对的往往是轻于犯罪的一般违法行为，因此它的惩罚性轻于刑事处罚，如限制人身自由的最高期限只有15d，最轻的处罚仅为警告。在方式上，它有许多与行政管理活动有关联的方式，如吊销许可证和执照、责令停产停业等，这些都是不同于刑事和民事制裁的方式。

2. 行政处罚的基本原则

行政处罚的基本原则，是指由法律规定的实施行政处罚时必须遵守的基本准则，贯穿于行政处罚的全过程，对实施行政处罚提出了原则性的要求，具有普遍的指导意义。

（1）处罚法定原则。处罚法定原则指行政处罚必须是具有法定职权的法定主体，依照法定依据和法定程序实施处罚。这是实施行政处罚最根本的原则，违背该原则的行政处罚一定是违法处罚。

法定主体是指法律法规授权的、拥有法定的处罚主体资格的行政机关和组织。法定依据是指无明文规定不得处罚，公民、法人或其他组织的行为，只有在法律、行政法规、地方性法规或者规章明确规定应予处罚、给予何种处罚时，才能受处罚；没有规定的，不受处罚。法定程序是指实施行政处罚的主体在行使处罚权时必须遵守法定的职权范围和程序，不得越权和滥用权力。

（2）公正、公开原则。公正原则要求处罚主体实施行政处罚时必须做到客观、公平、合理，处罚与当事人的违法行为应当是相应的，做到处罚相当，即违法行为的种类、程度与所应受的处罚种类、幅度相一致，不能畸轻畸重。坚持公正原则，最重要、最关键的是要求行政主体在行使行政自由裁量权时要公正、平等、没有偏差。在合法的前提下，应做到客观、公正、适度，符合行政法的法理或精神，而不得滥用自由裁量权。

公开原则是指处罚公开，具体包括以下内容。

1）处罚的依据要公开，不能依据未公布的规定或者内部文件实施处罚。

2）处罚的程序要公开，获取证据的渠道公开，检查公开，处罚决定公开。

3）在行政处罚的实施过程中，要保障当事人的申辩权和知情权。

4）接受相对人及社会的监督。

（3）教育与处罚相结合原则。教育与处罚相结合原则，要求行政主体在实施行政处罚的同时要加强对受罚人的法制教育，使其知道自身行为的违法性和应受惩罚性，让其今后能自觉守法，这样才能达到处罚的真正目的。

（4）纠正违法原则。《中华人民共和国行政处罚法》第二十三条规定：行政机关实施行政处罚时，应当责令当事人改正或者限期改正违法行为。因此，实施机关在对违法对象实施行政处罚的同时，首先应当责令当事人改正或者限期改正违法行为，体现"整改优先"原则。例如，《建设工程安全生产管理条例》第六十二条第一项规定：施工单位未设立安全生产管理机构、配备专职安全生产管理人员或者分部分项工程施工时无专职安全生产管理人员现场监督的，责令限期改正；逾期未改正的，责令停业整顿，依照《中华人民共和国安全生产法》的有关规定处以罚款；造成重大安全事故，构成犯罪的，对直接责任人员，依照刑法有关规定追究刑事责任。行政处罚只是手段，其目的是制止、纠正违法，防范再违法。

（5）一事不再罚原则。指行政处罚的实施机关对一个违法对象的同一个违法行为，不得以同一事实和依据给予两次以上的处罚。在行政处罚中贯彻一事不再罚原则，是为了防范重复处罚的乱罚现象，保护受罚人应有的合法权益。对当事人实施行政处罚时，同一违法事实处罚，如罚款只能一次，但可以依法实施除罚款以外的其他行政处罚，如暂扣证照、降低或吊销资质等。

（6）行政处罚不能取代其他法律责任原则。指不能以行政处罚取代民事制裁和刑事制裁。

（7）不予处罚原则。不予处罚是指行为人虽实施了违法行为，但因具有法律规定的法定情形，不实施处罚。如《中华人民共和国行政处罚法》第二十五条规定：不满十四周岁的人有违法行为的不予行政处罚，责令监护人加以管教；第二十六条规定：精神病人在不能辨认或者不能控制自己行为时有违法行为的，不予行政处罚，但应当责令其监护人严加看管和治疗。这是因为行为人不具备责任能力。

（8）从轻或者减轻处罚原则。从轻处罚是指对违法当事人在法定的处罚幅度内就轻、就低予以处罚，但不能低于法定处罚幅度的最低限度。减轻处罚是指对违法当事人在法定处罚幅度的最低限度以下给予处罚。

《中华人民共和国行政处罚法》第二十七条规定，当事人有下列4种情形之一的，应当依法从轻或者减轻行政处罚。

1）主动消除或者减轻违法行为危害后果的。

2）受他人胁迫有违法行为的。

3）配合行政机关查处违法行为有立功表现的。

4）其他依法从轻或者减轻行政处罚的。

（9）从重处罚原则。从重处罚，是指对违法当事人在法定处罚方式或幅度内，适用较严厉的处罚方式或就高、就重予以处罚。

（10）分别处罚原则。分别处罚是指对同一违法行为中的多个当事人或者对同一当事人不同种类的多个违法行为分别加以确定，并分别给予相应的行政处罚。

（11）追诉时效原则。追诉时效是指对违法行为予以追究的有效期限，如果超过这个期限，就不再实施行政处罚。《中华人民共和国行政处罚法》规定，违法行为在两年内未被发现的，不再给予行政处罚。

3. 行政处罚的种类

《中华人民共和国行政处罚法》规定，行政处罚的种类有警告、罚款、没收违法所得和非法财物、责令停产停业、暂扣或者吊销许可证和执照、行政拘留以及法律、行政法规规定的其他行政处罚等。

（1）警告是行政主体对违法行为人的告诫和谴责，应以书面形式作出，并向本人宣布和送达。警告不是简单、随便的口头批评。

（2）罚款是行政主体课以违法相对人承担金钱给付义务，并令其在一定期限内交纳的处罚形式。《中华人民共和国行政处罚法》规定，同一违法行为只能给予一次罚款。

（3）没收非法财物，是行政主体剥夺相对人与违法行为有关的财物，如实施违法行为的工具、违禁物品以及其他与违法行为有关的财物等。

没收违法所得是行政主体剥夺违法人因违法行为而获得的非法金钱收入。如《安全生产许可证条例》第十九条规定：违反本条例规定，未取得安全生产许可证擅自进行生产的，责令停止生产。没收违法所得，并处10万元以上50万元以下的罚款；造成重大事故或者其他严重后果，构成犯罪的，依法追究刑事责任。

（4）责令停产停业，是行政主体对违法从事生产经营活动的相对人，在一定期限和范围内限制或者取消其生产经营活动资格的处罚。

（5）暂扣许可证和执照，是行政主体对持有许可证和执照能从事该类活动的相对人，因其有违法行为而在一定期限内暂行扣押其许可证和执照，使之暂时失去从事该类活动资格的处罚。例如，住房和城乡建设部《建筑施工企业安全生产许可证动态监管暂行办法》第十四条规定：施工企业发生一般事故的，暂扣安全生产许可证30～60d。

吊销许可证和执照，是行政主体对持有许可证和执照能从事该类活动的相对人，永久性地取消其许可证和执照，使其不再具有从事该类活动资格的处罚。例如，住房和城乡建设部《建筑施工企业安全生产许可证动态监管暂行办法》规定，施工企业具有下列6种情形之一的，吊销安全生产许可证。

1）降低安全生产条件情节特别严重的。

2）安全生产许可证暂扣期内拒不整改的。

3）暂扣安全生产许可证时限超过 120d 的。

4）发生特别重大事故的。

5）12 个月内同一企业第二次发生生产安全事故且第二次事故为重大事故的。

6）12 个月内同一企业连续发生三次生产安全事故的。

（6）拘留，也称行政拘留，特指公安机关对违反治安管理的相对人在短期内限制其人身自由的处罚。拘留有严格的期限限制，即 1d 以上，15d 以下。行政拘留只能由公安机关实施。

（7）法律、行政法规规定的其他行政处罚。

4. 建设工程领域常见的行政处罚种类

在建设工程领域，法律、法规所设定的行政处罚主要有警告、罚款、没收违法所得、责令限期改正、责令停业整顿、取消一定期限内参加依法必须进行招标的项目的投标资格、责令停止施工、降低资质等级、吊销资质证书、责令停止执业、吊销职业资格证书或者其他许可证等。

5. 行政处罚的程序

行政处罚的程序，指处罚主体机关实施行政处罚的步骤和方式，主要包括简易处罚程序、普通处罚程序、听证程序和执行程序。

简易处罚程序是当场实施处罚的一种简便程序。这种程序手续简单、时间短、效率较高但只能针对案情简单、清楚、处罚较轻的违法案件。

普通程序是对一般违法案件实施处罚的基本程序，必须经过立案调查、行政处罚前告知、当事人陈述申辩等法定程序。这种程序手续相对严格、完整，适用广泛。

听证程序不是一种与简易程序和普通程序并列的独立、完整的行政处罚程序，而只是普通程序中的一道环节。它是指重大行政处罚决定作出之前，在违法案件调查承办人员一方和当事人一方的参加下，由行政机关专门人员主持听取当事人申辩、质证和意见，进一步核实证据和查清事实，以保证处理结果合法、公正的一种程序。

执行程序是行政机关对应受罚人执行已发生法律效力的处罚决定的程序活动。对已生效的行政处罚决定，当事人应当在规定的期限内自动履行。

在行政机关及其执法人执行当场收缴罚款程序时，必须向当事人出具省级财政部门统一印制的罚款收据；否则，当事人有权拒绝缴纳罚款。

14.4　安全生产主要法律法规简介

14.4.1　《中华人民共和国安全生产法》

1. 立法背景及目的

（1）立法背景。目前我国正处于经济转型时期，经济活动日趋活跃和复杂，多种所有制形式并存，但由于过去制定的法律、法规基本是针对国有企业的，对其他所有制企业缺乏法律规范，导致相当多的非公有制企业在经济利益驱使下漠视安全生产，很少进行安全投入，甚至违法经营，导致事故不断，据统计 1998—2000 年我国共发生企业职工伤亡事故 39400 起，死亡 38928 人；2001 年工矿企业共发生事故 11402 起，死亡 12554 人。1998—2000 年全国共发生一次性死亡 10 人以上的事故 489 起，死亡 9183 人，平均每年 163 起，死亡 3601 人，平均每两天发生 1 起；2001 年发生一次性死亡 10 人以上的特大事故 140 起，死亡 2556 人，其中一次性死亡 30 人以上的事故就达 16 起，死亡 707 人。另外，各级政府安全监管不到位，各级领导安全责任不明确、不落实以及现有安全法规难以适应形势发展。基于上述背景，国家于 2002 年 11 月 1 日起正式实施《中华人民共和国安全生产法》，完善了安全生产立法。2009 年 8 月 27 日根据第十一届全国人民代表大会常务委员会第十次会议"关于修改部分法律的决定"进行了局部修订。2014 年 8 月 31 日新修订的《中华人民共和国安全生产法》在第十二届全国人大常委会第十次会议上通过，自 2014 年 12 月 1 日起实施。

（2）立法的目的。《中华人民共和国安全生产法》立法的根本目的就是为了加强安全生产工作，防止和减少安全事故，保障人民群众生命和财产安全，促进经济社会持续健康发展。

我国实行社会主义市场经济以来，生产经营单位多种所有制形式并存，市场竞争日趋激烈。各经营主体在追求自身利润最大化的过程中，往往忽视甚至故意规避安全生产管理规定，以牺牲从业人员的健康甚至生命为代价牟取私利，从而造成事故频发，不仅对事故人员及其家属造成痛苦，对经营者本身造成损失，对社会稳定也带来不利影响。国家作为社会公共利益的维护者，必须运用法律手段建立强制性的保障安全生产维护劳动者安全的法律制度，对安全生产实施有力的监督管理。在日常生产经营活动中，特别是矿山企业、建筑施工企业等高危行业的生产活动中存在着诸多不安全因素和隐患，如果缺乏对安全充分的意识，没有采取有效的预防和控制措施，各种潜在的危险就会显现，造成重大事故。由于生产经营活动的多样性和复杂性，人类要想完全避免安全事故，还不现实。但只要对安全生产给予足够的重视，采取强有力的措施，事故是可以预防和减少的。以国家法律的形式强制规范生产经营单位的安全生产能力，保障安全生产的法定措施，正是为了保障人民群众的生命和财产安全，保障经营活动健康正常运行，从而促进经济发展。

2. 《中华人民共和国安全生产法》确立的基本法律制度

《中华人民共和国安全生产法》作为我国安全生产的基本法律，具有非常丰富的法律内涵，主要内容集中体现在它所确定的七项基本法律制度中。这七项基本法律制度分别是：生产经营单位安全保障制度；从业人员安全生产权利和义务制度；生产经营单位负责人安全责任制度；安全生产监督管理制度；安全中介服务制度；安全生产责任追究制度以及事故应急和处理制度。

（1）生产经营单位的安全生产保障制度。这项制度主要包括生产经营单位的安全生产条件、安全管理机构及其人员配置、安全投入、从业人员安全资质、安全条件论证和安全评价、安全设施的"三同时"、安全设施的设计审查和竣工验收、安全技术装备管理、生产经营场所安全管理、社会工伤保险等。

1）生产经营单位的安全生产条件。第十七条规定，生产经营单位应当具备本法和有关法律、行政法规和国家标准或者行业标准规定的安全生产条件；不具备安全生产条件的，不得从事生产经营活动。

2）安全生产资金。第二十条规定，生产经营单位应当具备安全生产条件所必需的资金投入。第四十四条规定，生产经营单位应当安排用于配备劳动防护用品、进行安全生产培训的经费。

3）安全生产管理人员的配备和考核。第二十一条规定，矿山、建筑施工单位和危险物品的生产、经营、贮存单位，应当设置安全生产管理机构或者配备专职安全生产管理人员。第二十四条规定，生产经营单位的主要负责人和安全生产管理人员必须具备与本单位所从事的生产经营活动相应的安全生产知识和管理能力，考核合格后方可任职。

4）安全生产教育和培训。第二十五条规定，生产经营单位应当对从业人员进行安全生产教育和培训，保证从业人员具备必要的安全生产知识，熟悉有关的安全生产规章制度和安全操作规程，掌握本岗位的安全操作技能，了解事故应急处理措施，知悉自身在安全生产方面的权利和义务。未经安全生产教育和培训合格的从业人员，不得上岗作业。第二十六条规定，生产经营单位采用新工艺、新技术、新材料或者使用新设备，必须了解、掌握其安全技术特性，采取有效的安全防护措施，并对从业人员进行专门的安全生产教育和培训。第二十七条规定，生产经营单位的特种作业人员必须按照国家有关规定经专门的安全作业培训，取得相应资格，方可上岗作业。

5）安全设施的"三同时"。第二十八条规定，生产经营单位新建、改建、扩建工程项目（以下统称建设项目）的安全设施，必须与主体工程同时设计、同时施工、同时投入生产和使用。安全设施投资应当纳入建设项目概算。

6）安全条件论证和安全评价。第二十九条规定，矿山、金属冶炼建设项目和用于生产、贮存、装卸危险物品的建设项目，应当按照国家有关规定进行安全评价。第三十条规定，建设项目安全设施的设计人、设计单位应当对安全设施设计负责。第三十一条规定，矿山、金属冶炼建设项目和用于生产、贮存、装卸危险物品的建设项目的施工单位，必须按照批准的安全设施设计施工，并对安全设施的工程质量负责。

7）安全警示标志。第三十二条规定，生产经营单位应当在有较大危险因素的生产经营场所和有关设施、设备上设置明显的安全警示标志。

8）安全设备。第三十三条规定，安全设备的设计、制造、安装、使用、检测、维修、改造和报废，应当符合国家标准或者行业标准。第三十四条规定了特种设备以及危险物品的容器、运输工具管理。第三十五条规定了对严重危及生产安全的工艺、设备的淘汰制度。第三十六条规定了危险物品的管理。第三十七条规定了重大危险源的管理。第三十八条规定了生产经营单位应在制度上、技术管理上排查、消除事故隐患。第三十九条规定了生产经营场所和员工宿舍管理。

9）爆破、吊装作业管理。第四十条规定，生产经营单位进行爆破、吊装等危险作业，应当安排专门人员进行现场安全管理，确保操作规程的遵守和安全措施的落实。

10）劳动防护用品。第四十二条规定，生产经营单位必须为从业人员提供符合国家标准或者行业标准的劳动防护用品，并监督、教育从业人员按照使用规则佩戴、使用。

11）安全协作。第四十五条规定，两个以上生产经营单位在同一作业区域内进行生产经营活动，可能危及对方生产安全的，应当签订安全生产管理协议，明确各自的安全生产管理职责和应当采取的安全措施，并指定专职安全生产管理人员进行安全检查与协调。第四十六条规定了生产经营单位发包或者出租情况下的安全生产责任。第四十七条规定了发生重大生产安全事故后，单位主要负责人的职责。

12）工伤社会保险。第四十八条规定了生产经营单位必须依法参加工伤社会保险。为从业人员缴纳保险费。

（2）从业人员安全生产权利义务制度。从业人员是实现安全生产最基本的要素，保证从业人员的安全保障权利，防止和减少事故的发生，是安全生产的前提。从业人员安全生产权利和义务制度主要包括生产经营单位的从业人员在生产经营活动中的基本权利和义务，以及应当承担的法律责任。

1）第四十九条规定，生产经营单位与从业人员订立的劳动合同，应当载明有关保障从业人员劳动安全、防止职业危害的事项，以及依法为从业人员办理工伤保险的事项。

2）第五十条规定，从业人员具有了解其作业场所和工作岗位存在的危险因素、防范措施及事故应急措施，以及对本单位的安全生产工作提出建议的权利。

3）第五十一条规定，从业人员具有对本单位安全生产工作中存在的问题提出批评、检举、控告，以及拒绝违章指挥和强令冒险作业的权利。

4）第五十二条规定，从业人员发现直接危及人身安全的紧急情况时，具有停止作业或者在采取可能的应急措施后撤离作业场所的权利。

5）第五十三条规定，因生产安全事故受到损害的从业人员，除依法享有工伤保险外，还具有向本单位提出赔偿的权利。

6）第五十四条规定，从业人员在作业过程中，应当严格遵守本单位的安全生产规章制度和操作规程，服从管理，正确佩戴和使用劳动防护用品的义务。

7）第五十五条规定，从业人员具有接受安全生产教育和培训的权利。

8）第五十六条规定，从业人员具有对事故隐患或者其他不安全因素进行报告的义务。

（3）生产经营单位负责人安全责任制度。这项制度主要包括生产经营单位主要负责人和其他负责人、安全生产管理人员的资质及其在安全生产工作中的主要职责。

第十八条规定，生产经营单位的主要负责人对本单位安全生产工作所负有的职责。

第十九条规定，生产经营单位应明确各岗位的安全责任人、责任范围和考核标准，加强监督、保证落实。

第二十二条和第二十三条规定，生产经营单位的安全生产管理机构以及安全生产管理人员应当履行的职责。

第二十四条规定，生产经营单位的主要负责人和安全生产管理人员必须具备与本单位所从事的生产经营活动相应的安全生产知识和管理能力。

第四十三条规定，生产经营单位的安全生产管理人员应当根据本单位的生产经营特点，对安全生产状况进行经常性检查；对检查中发现的安全问题，应当立即处理；不能处理的，应当及时报告本单位有关负责人，有关负责人应当及时处理。检查及处理情况应当如实记录在案。

（4）安全生产监督管理制度。完善的监督管理制度是《中华人民共和国安全生产法》得以实施的重要保证，《中华人民共和国安全生产法》在第四章明确规定了各级人民政府、安全生产监督管理部门和其他有关部门以及安全监督检查人员的职责、权利和义务、社会基层组织和新闻媒体进行安全生产监督的权利和义务等。

1）第五十九条规定，县级以上地方各级人民政府在安全生产监督管理方面应履行的职责；并要求制订监督检查计划，严格实施。

2）第六十条、第六十一条规定了安全生产监督管理部门的职责。

3）第六十二条规定了负有安全生产监督管理职责的部门的行政职权。

4）第七十四条规定，新闻、出版、广播、电影、电视等单位有进行安全生产公益宣传教育的义务和有权对违反安全生产法律、法规的行为进行舆论监督的权利。

（5）安全中介服务制度。这项制度主要包括从事安全评价、评估、检测、检验、咨询服务等工作的安全中介机构和安全专业技术人员的法律地位、任务和责任。

第二十九条规定，矿山、金属冶炼建设项目和用于生产、贮存、装卸危险物品的建设项目，应当按照国家有关规定进行安全评价。

第六十九条规定，承担安全评价、认证、检测、检验的机构应当具备国家规定的资质条件，并对其作出的安全评价、认证、检测、检验的结果负责。

（6）生产安全事故责任追究制度。《中华人民共和国安全生产法》第十四条规定：国家实行生产安全事故责任追究制度，依照本法和有关法律、法规的规定，追究生产安全事故责任人员的法律责任。这项制度主要包括安全生产的责任主体、安全生产责任的确定和责任形式、追究安全责任的机关、依据、程序和安全生产法律责任。

1）第九十条规定了生产经营单位的决策机构、主要负责人、个人经营的投资人不依照本法规定保证安全生产所必需的资金投入，致使生产经营单位不具备安全生产条件的法律责任。

2）第九十一条规定了生产经营单位的主要负责人未履行本法规定的安全生产管理职责的法律责任。

3）第九十二条规定了生产经营单位的主要负责人未履行本法规定的安全生产管理职责将要受到的经济处罚。

4）第九十三条规定了安全生产管理人员未履行本法规定的安全生产管理职责将要承担的行政、法律责任。

5）第九十四条规定了生产经营单位未按照规定设立安全生产管理机构、配备安全生产管理人员及对有关人员未按照规定进行教育、培训和考核的法律责任。

6）第九十五条、九十六条规定了违反本法规定的违法行为将要受到的经济处罚和法律责任。

7）第九十七条规定了未经依法批准擅自生产、经营、贮存危险物品的法律责任。

8）第九十八条规定了生产经营单位拒绝采取措施消除事故隐患将受到的处罚。

9）第九十九条规定了生产经营单位违反有关危险物品管理的规定及进行危险作业未安排专门管理人员进行现场安全管理的法律责任。

10）第一百条规定了生产经营单位将生产经营项目、场所、设备发包或者出租给不具备安全生产条件的单位或者个人以及未与承包单位、承租单位签订安全生产管理协议等违反有关规定的行为的法律责任。

11）第一百零一条规定了两个以上生产经营单位在同一作业区域内进行作业未签订安

全生产管理协议或者未指定专职安全生产管理人员的法律责任。

12）第一百零二条规定了生产经营单位生产、经营、贮存、使用危险物品的车间、商店、仓库及员工宿舍不符合有关安全要求的法律责任。

13）第一百零三条规定了生产经营单位与从业人员订立的协议或者减轻其对从业人员因生产安全事故伤亡应负的责任，对生产经营单位的主要负责人、个人经营的投资人进行的处罚。

14）第一百零四条规定了生产经营单位的从业人员不服从管理，违章操作应承担的法律责任。

15）第一百零四条规定了生产经营单位拒绝、阻碍监督检查，应承担的法律责任。

16）第一百零六条规定了生产经营单位主要负责人在发生重大生产安全事故时不立即组织抢救或者在事故调查处理期间擅离职守或者逃匿以及对生产安全事故隐瞒不报、谎报或者拖延不报应承担的法律责任。

17）第一百零八条规定了生产经营单位不具备本法和其他有关法律、行政法规和国家标准或者行业标准规定的安全生产条件，经停产停业整顿仍不具备安全生产条件的处罚。

18）第一百零八条规定了生产经营单位发生安全生产事故，安全生产监督部门将要作出的处罚。

19）第一百一十一条规定了生产经营单位发生生产安全事故造成人员伤亡、他人财产损失的应承担赔偿责任以及生产安全事故责任人不依法承担赔偿责任的处理。

（7）生产安全事故的应急救援与调查处理制度。这项制度主要包括事故应急预案的制订、事故应急体系的建立、事故报告、调查处理的原则和程序、事故责任的追究、事故信息发布等。

1）第七十六条规定了国务院相关部门建立全国统一的生产安全事故应急救援系统，鼓励生产经营单位建立应急救援队伍。

2）第七十七条、第七十九条规定了地方政府及高危行业应建立事故应急救援体系。

3）第七十八条规定了生产经营单位应制订应急救援预案、定期演练。

4）第八十条规定了生产经营单位生产安全事故的报告和处理。

5）第八十一条至第八十六条规定了事故上报调查处理的基本原则、主要任务。

14.4.2 《中华人民共和国建筑法》

1. 立法目的

《中华人民共和国建筑法》（以下简称《建筑法》）自 1998 年 3 月 1 日起施行，是我国第一部关于工程建设的大法，建筑市场管理、建筑安全生产管理以及建筑工程质量管理三大内容构成整个法律的主框架。在第一条中就明确立法的目的是："为了加强对建筑活动的监督管理，维护建筑市场秩序，保证建筑工程的质量和安全，促进建筑业健康发展。"

2. 建筑安全生产管理基本规定

《建筑法》的第五章用了整章篇幅明确了建筑安全生产方针、管理体制、安全责任制度、安全教育培训制度等规定，对强化建筑安全生产管理，规范安全生产行为，保障人民群众生命和财产的安全，具有非常重要的意义。

（1）坚持安全生产方针，建立健全安全生产责任制度和群防群治制度。我国的安全生产方针充分体现了国家对劳动者生命和财产安全的关心和保障，肯定了安全在建筑生产中的首要位置，安全生产责任制是建筑生产中最基本的安全管理制度。群防群治制度体现在建筑安全生产中，就是充分调动广大职工的安全生产和劳动保护的积极性，加强安全生产教育，强化安全生产意识，广泛开展群众性安全生产检查监督工作，使遵章守纪成为每个职工身体力行的准则，把事故隐患消灭在萌芽状态。

（2）施工现场的安全管理。《建筑法》第三十九条至第四十一条规定如下。

1）建筑施工企业应当在施工现场采取维护安全、防范危险、预防火灾等措施；有条件的，应当对施工现场实行封闭管理。

2）施工现场对毗邻的建筑物、构筑物和特殊作业环境可能造成损害的，建筑施工企业应当采取安全防护措施。

3）建设单位应当向建筑施工企业提供与施工现场相关的地下管线资料，建筑施工企业应当采取措施加以保护。

4）建筑施工企业应当遵守有关环境保护和安全生产方面的法律、法规的规定，采取控制和处理施工现场的各种粉尘、废气、废水、固体废物以及噪声、振动对环境的污染和危害的措施。

（3）安全生产管理制度。

1）安全生产责任制度。《建筑法》第四十四条规定，建筑施工企业必须依法加强对建筑安全生产的管理，执行安全生产责任制度，采取有效措施，防止伤亡和其他安全生产事故的发生。

建筑施工企业的法定代表人对本企业的安全生产负责。

2）制定安全技术措施制度。《建筑法》第三十八条规定，建筑施工企业在编制施工组织设计时，应当根据建筑工程的特点制订相应的安全技术措施；对专业性较强的工程项目，应当编制专项安全施工组织设计，并采取安全技术措施。

3）安全生产教育制度。《建筑法》第四十六条规定，建筑施工企业应当建立健全劳动安全生产教育培训制度，加强对职工安全生产的教育培训；未经安全生产教育培训的人员，不得上岗作业。

4）施工现场安全负责制度。《建筑法》第四十五条规定，施工现场安全由建筑施工企业负责。实行施工总承包的，由总承包单位负责。分包单位向总承包单位负责，服从总承包单位对施工现场的安全生产管理。

5）工伤保险制度。《建筑法》第四十八条规定，建筑施工企业应当依法为职工参加工伤保险缴纳工伤保险费。鼓励企业为从事危险作业的职工办理意外伤害保险，支付保险费。

6）拆除工程安全保证制度

《建筑法》第五十条规定，房屋拆除应当由具备保证安全条件的建筑施工单位承担，由建筑施工单位负责人对安全负责。

7）事故救援及报告制度。《建筑法》第四十七条规定，建筑施工企业和作业人员在施工过程中，应当遵守有关安全生产的法律、法规和建筑行业安全规章、规程，不得违章指挥或者违章作业。

《建筑法》第五十一条规定，施工中发生事故时，建筑施工企业应当采取紧急措施减少人员伤亡和事故损失，并按照国家有关规定及时向有关部门报告。

（4）作业人员的权利。《建筑法》第四十七条规定，作业人员有权对影响人身健康的作业程序和作业条件提出改进意见，有权获得安全生产所需的防护用品。作业人员对危及生命安全和人身健康的行为有权提出批评、检举和控告。

14.4.3　《建设工程安全生产管理条例》

1. 立法背景、依据及目的

（1）立法背景及依据。2004年2月1日《建设工程安全生产管理条例》（以下简称《条例》）正式实施，这是新中国成立以来我国制定的第一部有关建设工程安全生产的行政法规，该行政法规的颁布实施对于强化建设行业安全生产意识，依法加强安全生产工作具有重要意义。

当时，我国正处在大规模经济建设时期，建筑业的规模逐年增加，但伤害事故和死亡人数一直居高不下。

1998年全国建筑施工每百亿元产值死亡率为11.73，1999年为9.84，2000年为7.89，2001年为6.80，2002年为6.97，2003年1—10月为6.42，1998—2002年全国分别发生建筑施工事故1013起、923起、846起、1004起、1208起，分别死亡1180人、1097人、987人、1045人、1292人。

虽然在1998—2002年5年间，全国建筑施工每百亿元产值死亡率基本呈逐年下降趋势，但从绝对数字上来看，事故起数和死亡人数一直未有显著下降。而且2003年1—10月全国建筑施工共发生施工事故1001起，死亡1174人。部分地区建设工程安全生产形势仍然十分严峻，建设工程安全生产管理也存在以下几方面问题。

1）工程建设各方主体的安全责任不够明确。工程建设涉及建设单位、勘察单位、设计单位、施工单位、工程监理单位等诸多单位，对这些单位的安全生产责任缺乏明确规定。

2）建设工程安全生产的投入不足。一些建设单位和施工单位挤占安全生产费用，致使在工程投入中用于安全生产的资金过少，不能保证正常安全生产措施的需要，导致生产安全事故不断发生。

3）建设工程安全生产监督管理制度不够健全，具体的监督管理制度和措施不够完善和规范。

4）生产安全事故的应急救援制度不健全。一些施工单位没有制订应急救援预案，发生生产安全事故后得不到及时救助和处理。

针对以上问题，结合建设行业特点，《条例》根据《中华人民共和国安全生产法》和《中华人民共和国建筑法》，确立了有关建设工程安全生产监督管理的基本制度，明确参与建设活动各方责任主体的安全责任，确保各方责任主体安全生产利益及建筑工人安全与健康的合法权益。

（2）立法目的。《条例》的立法目的主要体现在以下两个方面。

1）为了加强建设工程安全生产监督管理。由于建设工程具有施工环境及作业条件相对较差，施工人员素质相对较低，不安全因素及各种事故隐患相对较多的客观事实，因此，强化安全生产监督管理，是保证工程质量和效益的前提。缺乏严肃和认真的监督机制，频发的安全事故，不仅会影响到企业的效益，也直接关系到整个建筑行业是否能持续、健康地发展，甚至会影响到社会稳定的大局。《条例》对政府部门、有关企业以及相关人员的安全生产和管理行为进行了全面规范，《条例》第五章专门规定了建设工程安全管理的执法主体和相应职责。

2）为了保证人民群众生命和财产安全。安全生产关系人民群众生命和财产安全，关系改革发展和社会稳定大局。时任总书记胡锦涛同志在党的第十六届三中全会上强调："各级党委和政府要牢固树立'责任重于泰山'的观念，坚持把人民群众的生命安全放在第一位，进一步完善和落实安全生产的各项政策措施，努力提高安全生产水平。"《条例》强调"安全第一，预防为主"的方针，规定了各种措施和方法，来保护人民群众生命和财产安全，这也是《条例》的最根本目的。

2.《条例》规定的基本管理制度

（1）安全施工措施和拆除工程备案制度。《条例》第十条和第十一条明确规定，建设单位应当自开工报告批准之日起15d内，将保证安全施工的措施报送建设工程所在地的县级以上地方人民政府建设行政主管部门或者其他有关部门备案。建设单位应当在拆除工程施工15d前，将施工单位资质等级证明、拟拆除建筑物、构筑物及可能危及毗邻建筑的说明、拆除施工组织方案以及堆放、清除废弃物的措施等资料报送建设工程所在地的县级以上地方人民政府建设行政主管部门或者其他有关部门备案。

（2）健全安全生产制度。《条例》第二十一条规定，施工单位主要负责人依法对本单位的安全生产工作全面负责。

施工单位应当建立健全安全生产责任制度和安全生产教育培训制度，制定安全生产规章制度和操作规程，保证本单位安全生产条件所需资金的投入，对所承担的建设工程进行定期和专项安全检查，并做好安全检查记录。

施工单位的项目负责人应当由取得相应执业资格的人员担任，对建设工程项目的安全施工负责，落实安全生产责任制度、安全生产规章制度和操作规程，确保安全生产费用的有效使用，并根据工程的特点组织制订安全施工措施，消除安全事故隐患，及时、如实报告生产安全事故。

（3）特种作业人员持证上岗制度。《条例》第二十五条规定，垂直运输机械作业人员、安装拆卸工、爆破作业人员、起重信号工、登高架设作业人员等特种作业人员，必须按照国家有关规定经过专门的安全作业培训，并取得特种作业操作资格证书后，方可上岗作业。

（4）专项工程专家论证制度。《条例》第二十六条规定，施工单位应当在施工组织设计中编制安全技术措施和施工现场临时用电方案，对达到一定规模的危险性较大的分部分项工程（如基坑支护与降水工程、土方开挖工程、模板工程、起重吊装工程、脚手架工程、拆除爆破工程以及国务院建设行政主管部门或者其他有关部门规定的其他危险性较大的工程等）应编制专项施工方案，并附具安全验算结果，经施工单位技术负责人、总监理工程师签字后实施，由专职安全生产管理人员进行现场监督。

对涉及深基坑、地下暗挖工程、高大模板工程的专项施工方案，施工单位还应当组织专家进行论证、审查。

（5）消防安全责任制度。《条例》第三十一条规定，施工单位应当在施工现场建立消防安全责任制度，确定消防安全责任人，制定用火、用电、使用易燃易爆材料等各项消防安全管理制度和操作规程，设置消防通道、消防水源，配备消防设施和灭火器材，并在施工现场入口处设置明显标志。

（6）施工自升式架设设施使用登记制度。《条例》第三十五条规定，施工单位应当自施工起重机械和整体提升脚手架、模板等自升式架设设施验收合格之日起 30d 内，向建设行政主管部门或者其他有关部门登记。登记标志应当置于或者附着于该设备的显著位置。

（7）施工单位管理人员考核任职及教育培训制度。《条例》第三十六条规定，施工单位的主要负责人、项目负责人、专职安全生产管理人员应当经建设行政主管部门或者其他有关部门考核合格后方可任职。

施工单位应当对管理人员和作业人员每年至少进行一次安全生产教育培训，其教育培训情况记入个人工作档案。安全生产教育培训考核不合格的人员，不得上岗。

（8）意外伤害保险制度。《条例》第三十八条规定，施工单位应当为施工现场从事危险作业的人员办理意外伤害保险。意外伤害保险期限自建设工程开工之日起至竣工验收合格止。意外伤害保险费由施工单位支付。实行施工总承包的，由总承包单位支付意外伤害保险费。

（9）政府安全监督检查制度。《条例》第四十条规定，国务院建设行政主管部门对全国的建设工程安全生产实施监督管理。县级以上地方人民政府建设行政主管部门对本行政区域内的建设工程安全生产实施监督管理。

《条例》第四十二条规定，建设行政主管部门在审核发放施工许可证时，应当对建设工程是否有安全施工措施进行审查，对没有安全施工措施的，不得颁发施工许可证。

《条例》第四十三条规定，县级以上人民政府负有建设工程安全生产监督管理职责的部门在各自的职责范围内履行安全监督检查职责时，有权采取下列措施。

1）要求被检查单位提供有关建设工程安全生产的文件和资料。

2）进入被检查单位施工现场进行检查。

3）纠正施工中违反安全生产要求的行为。

4）对检查中发现的安全事故隐患，责令立即排除；重大安全事故隐患排除前或者排除过程中无法保证安全的，责令从危险区域内撤出作业人员或者暂时停止施工。

（10）危及施工安全的工艺、设备、材料淘汰制度。《条例》第四十五条规定，国家对严重危及施工安全的工艺、设备、材料实行淘汰制度。

（11）生产安全事故应急救援制度。《条例》第四十八条规定，施工单位应当制订本单位生产安全事故应急救援预案，建立应急救援组织或者配备应急救援人员，配备必要的应急救援器材、设备，并定期组织演练。

《条例》第四十九条规定，施工单位应当根据建设工程施工的特点、范围，对施工现场易发生重大事故的部位、环节进行监控，制订施工现场生产安全事故应急救援预案。实行施工总承包的，由总承包单位统一组织编制建设工程生产安全事故应急救援预案，工程总承包单位和分包单位按照应急救援预案，各自建立应急救援组织或者配备应急救援人员，配备救援器材、设备，并定期组织演练。

（12）生产安全事故报告制度。《条例》第五十条规定，施工单位发生生产安全事故，应当按照国家有关伤亡事故报告和调查处理的规定，及时、如实地向负责安全生产监督管理的部门、建设行政主管部门或者其他有关部门报告；特种设备发生事故的，还应当同时向特种设备安全监督管理部门报告。接到报告的部门应当按照国家有关规定，如实上报。实行施工总承包的建设工程，由总承包单位负责上报事故。

3. 《条例》规定了生产建设活动各方主体的安全责任

（1）建设单位的安全责任。《条例》的第七条至第十一条对建设单位的安全责任作了明确的规定：建设单位不得对勘察、设计、施工、工程监理等单位提出不符合建设工程安全生产法律、法规和强制性标准规定的要求，不得压缩合同约定的工期；不得明示或者暗示施工单位购买、租赁、使用不符合安全施工要求的安全防护用具、机械设备、施工机具及配件、消防设施和器材；在编制工程概算时，应当确定建设工程安全作业环境及安全施工措施所需费用；在申请领取施工许可证时，应当提供建设工程有关安全施工措施的资料以及应当将拆除工程发包给具有相应资质等级的施工单位等。

（2）施工单位的安全责任。施工单位在建设工程安全生产中处于核心地位，《条例》在第四章（第二十条至第三十八条）中对施工单位的安全责任作了全面、具体的规定。

1）对施工单位资质的规定。《条例》第二十条规定，施工单位从事建设工程的新建、扩建、改建和拆除等活动，应当具备国家规定的注册资本、专业技术人员、技术装备和安全生产等条件，依法取得相应等级的资质证书，并在其资质等级许可的范围内承揽工程。

2）施工单位主要负责人和项目负责人的安全责任。《条例》第二十一条规定，施工单位主要负责人依法对本单位的安全生产工作全面负责。施工单位的项目负责人应当由取得相应执业资格的人员担任，对建设工程项目的安全施工负责，落实安全生产责任制度、安全生产规章制度和操作规程，确保安全生产费用的有效使用，并根据工程的特点组织制订安全施工措施，消除安全事故隐患，及时、如实报告生产安全事故。

3）施工单位专职安全生产管理人员的安全责任。《条例》第二十三条规定，施工单位应当设立安全生产管理机构，配备专职安全生产管理人员。专职安全生产管理人员负责对安全生产进行现场监督检查。发现安全事故隐患，应当及时向项目负责人和安全生产管理机构报告；对违章指挥、违章操作的，应当立即制止。

4）施工总承包单位和分包单位的安全责任。《条例》第二十四条规定，建设工程实行施工总承包的，由总承包单位对施工现场的安全生产负总责。总承包单位应当自行完成建设工程主体结构的施工。

总承包单位依法将建设工程分包给其他单位的，分包合同中应当明确各自的安全生产方面的权利、义务。总承包单位和分包单位对分包工程的安全生产承担连带责任。

分包单位应当服从总承包单位的安全生产管理，分包单位不服从管理导致生产安全事故的，由分包单位承担主要责任。

5）施工现场的安全管理。《条例》第二十八条规定，施工单位应当在施工现场入口处、施工起重机械、临时用电设施、脚手架、出入通道口、楼梯口、电梯井口、孔洞口、桥梁口、隧道口、基坑边沿、爆破物及有害危险气体和液体存放处等危险部位，设置明显的符合国家标准的安全警示标志。根据不同施工阶段和周围环境及季节、气候的变化，施工单位应当在施工现场采取相应的安全施工措施。

《条例》第二十九条规定，施工单位应当将施工现场的办公、生活区与作业区分开设置，并保持安全距离；办公、生活区的选址应当符合安全性要求。不得在尚未竣工的建筑物内设置员工集体宿舍。临时搭建的建筑物应当符合安全使用要求，使用的装配式活动房屋应当具有产品合格证。

《条例》第三十一条规定，施工单位应当在施工现场建立消防安全责任制度，确定消防安全责任人，制定用火、用电、使用易燃易爆材料等各项消防安全管理制度和操作规程，设置消防通道、消防水源，配备消防设施和灭火器材，并在施工现场入口处设置明显标志。

6) 施工现场的环境要求。《条例》第三十条规定，施工单位应当遵守有关环境保护法律、法规的规定，在施工现场采取措施，防止或者减少粉尘、废气、废水、固体废物、噪声、振动和施工照明对人和环境的危害和污染。在城市市区内的建设工程，施工单位应当对施工现场实行封闭围挡。

7) 作业人员的安全防护。《条例》第三十二条规定，施工单位应当向作业人员提供安全防护用具和安全防护服装，并书面告知危险岗位的操作规程和违章操作的危害。

《条例》第三十四条规定，施工单位采购、租赁的安全防护用具、机械设备、施工机具及配件，应当具有生产（制造）许可证、产品合格证，并在进入施工现场前进行查验。施工现场的安全防护用具、机械设备、施工机具及配件必须由专人管理，定期进行检查、维修和保养，建立相应的资料档案，并按照国家有关规定及时报废。

（3）勘察、设计、工程监理及其他有关单位的安全责任。《条例》的第三章（第十二条至第十九条）对勘察、设计、工程监理及其他有关单位的安全责任进行了明确的规定。

《条例》第十二条规定，勘察单位应当按照法律、法规和工程建设强制性标准进行勘察，提供的勘察文件应当真实、准确，满足建设工程安全生产的需要。

《条例》第十三条规定，设计单位应当按照法律、法规和工程建设强制性标准进行设计，防止因设计不合理导致生产安全事故的发生。设计单位和注册建筑师等注册执业人员应当对其设计负责。

《条例》第十四条规定，工程监理单位应当审查施工组织设计中的安全技术措施或者专项施工方案是否符合工程建设强制性标准。工程监理单位和监理工程师应当按照法律、法规和工程建设强制性标准实施监理，并对建设工程安全生产承担监理责任。

《条例》第十五条至第十九条对为建设工程提供机械设备和配件的单位、在施工现场安装、拆卸施工起重机械和整体提升脚手架、模板等自升式架设设施的单位以及具有专业资质的检验检测机构等的安全责任进行了详细的规定。

4. 《条例》规定了对安全生产违法行为的处罚

（1）对行政管理部门工作人员的处罚。《条例》第五十三条规定，县级以上人民政府建设行政主管部门或者其他有关行政管理部门的工作人员，有下列行为之一的，给予降级或者撤职的行政处分；构成犯罪的，依照刑法有关规定追究刑事责任。

1）对不具备安全生产条件的施工单位颁发资质证书的。

2）对没有安全施工措施的建设工程颁发施工许可证的。

3）发现违法行为不予查处的。

4）不依法履行监督管理职责的其他行为。

（2）对注册执业人员的处罚。《条例》第五十八条规定，注册执业人员未执行法律、法规和工程建设强制性标准的，责令停止执业3个月以上1年以下；情节严重的，吊销执业资格证书，5年内不予注册；造成重大安全事故的，终身不予注册；构成犯罪的，依照刑法有关规定追究刑事责任。

（3）对建设单位的处罚。《条例》第五十五条规定，建设单位有下列行为之一的，责令限期改正，处20万元以上50万元以下的罚款；造成重大安全事故，构成犯罪的，对直接责任人员，依照刑法有关规定追究刑事责任；造成损失的，依法承担赔偿责任。

1）对勘察、设计、施工、工程监理等单位提出不符合安全生产法律、法规和强制性标准规定的要求的。

2）要求施工单位压缩合同约定的工期的。

3）将拆除工程发包给不具有相应资质等级的施工单位的。

（4）对勘察单位、设计单位的处罚。《条例》第五十六条规定，勘察单位、设计单位有下列行为之一的，责令限期改正，处10万元以上30万元以下的罚款；情节严重的，责令停业整顿，降低资质等级，直至吊销资质证书；造成重大安全事故，构成犯罪的，对直接责任人员，依照刑法有关规定追究刑事责任；造成损失的，依法承担赔偿责任。

1）未按照法律、法规和工程建设强制性标准进行勘察、设计的。

2）采用新结构、新材料、新工艺的建设工程和特殊结构的建设工程，设计单位未在设计中提出保障施工作业人员安全和预防生产安全事故的措施建议的。

（5）对工程监理单位的处罚。《条例》第五十七条规定，工程监理单位有下列行为之一的，责令限期改正；逾期未改正的，责令停业整顿，并处10万元以上30万元以下的罚款；情节严重的，降低资质等级，直至吊销资质证书；造成重大安全事故，构成犯罪的，对直接责任人员，依照刑法有关规定追究刑事责任；造成损失的，依法承担赔偿责任。

1）未对施工组织设计中的安全技术措施或者专项施工方案进行审查的。

2）发现安全事故隐患未及时要求施工单位整改或者暂时停止施工的。

3）施工单位拒不整改或者不停止施工，未及时向有关主管部门报告的。

4）未依照法律、法规和工程建设强制性标准实施监理的。

（6）对施工单位的处罚。《条例》第六十二条至第六十六条中，对施工单位的各种安全生产违法行为规定了应当承担的行政、民事或法律责任及相应的经济赔偿。

《条例》第六十二条规定，施工单位有下列行为之一的，责令限期改正；逾期未改正的，责令停业整顿，依照《中华人民共和国安全生产法》的有关规定处以罚款；造成重大安全事故，构成犯罪的，对直接责任人员，依照刑法有关规定追究刑事责任。

1）未设立安全生产管理机构、配备专职安全生产管理人员或者分部分项工程施工时无专职安全生产管理人员现场监督的。

2）施工单位的主要负责人、项目负责人、专职安全生产管理人员、作业人员或者特种作业人员，未经安全教育培训或者经考核不合格即从事相关工作的。

3）未在施工现场的危险部位设置明显的安全警示标志，或者未按照国家有关规定在施工现场设置消防通道、消防水源、配备消防设施和灭火器材的。

4）未向作业人员提供安全防护用具和安全防护服装的。

5）未按照规定在施工起重机械和整体提升脚手架、模板等自升式架设设施验收合格后登记的。

6）使用国家明令淘汰、禁止使用的危及施工安全的工艺、设备、材料的。

《条例》第六十三条规定，施工单位挪用列入建设工程概算的安全生产作业环境及安全施工措施所需费用的，责令限期改正，处挪用费用 20% 以上 50% 以下的罚款；造成损失的，依法承担赔偿责任。

《条例》第六十四条规定，施工单位有下列行为之一的，责令限期改正；逾期未改正的，责令停业整顿，并处 5 万元以上 10 万元以下的罚款；造成重大安全事故，构成犯罪的，对直接责任人员，依照刑法有关规定追究刑事责任。

1）施工前未对有关安全施工的技术要求作出详细说明的。

2）未根据不同施工阶段和周围环境及季节、气候的变化，在施工现场采取相应的安全施工措施，或者在城市市区内的建设工程的施工现场未实行封闭围挡的。

3）在尚未竣工的建筑物内设置员工集体宿舍的。

4）施工现场临时搭建的建筑物不符合安全使用要求的。

5）未对因建设工程施工可能造成损害的毗邻建筑物、构筑物和地下管线等采取专项防护措施的。

施工单位有前款规定第 4）项、第 5）项行为，造成损失的，依法承担赔偿责任。

《条例》第六十五条规定，施工单位有下列行为之一的，责令限期改正；逾期未改正的，责令停业整顿，并处 10 万元以上 30 万元以下的罚款；情节严重的，降低资质等级，直至吊销资质证书；造成重大安全事故，构成犯罪的，对直接责任人员，依照刑法有关规定追究刑事责任；造成损失的，依法承担赔偿责任。

1）安全防护用具、机械设备、施工机具及配件在进入施工现场前未经查验或者查验不合格即投入使用的。

2）使用未经验收或者验收不合格的施工起重机械和整体提升脚手架、模板等自升式架设设施的。

3）委托不具有相应资质的单位承担施工现场安装、拆卸施工起重机械和整体提升脚手架、模板等自升式架设设施的。

4）在施工组织设计中未编制安全技术措施、施工现场临时用电方案或者专项施工方案的。

《条例》第六十六条规定，施工单位的主要负责人、项目负责人未履行安全生产管理职责的，责令限期改正；逾期未改正的，责令施工单位停业整顿；造成重大安全事故、重大伤亡事故或者其他严重后果，构成犯罪的，依照刑法有关规定追究刑事责任。作业人员不服管理、违反规章制度和操作规程冒险作业造成重大伤亡事故或者其他严重后果，构成犯罪的，依照刑法有关规定追究刑事责任。施工单位的主要负责人、项目负责人有前款违法行为，尚不够刑事处罚的，处2万元以上20万元以下的罚款或者按照管理权限给予撤职处分；自刑罚执行完毕或者受处分之日起，5年内不得担任任何施工单位的主要负责人、项目负责人。

参 考 文 献

［1］ 周世宁，林柏泉，等．安全科学与工程导论［M］．徐州：中国矿业大学出版社，2005.

［2］ 高向阳．建筑施工安全管理与技术［M］．北京：化学工业出版社，2013.

［3］ 李钰．建筑施工安全［M］．2版．北京：中国建筑工业出版社，2013.

［4］ 门玉明．建筑施工安全［M］．北京：国防工业出版社，2012.

［5］ 江苏省建筑安全与设备管理协会．施工企业主要负责人建筑施工安全管理［M］．南京：江苏凤凰科学技术出版社，2017.

［6］ 江苏省建筑安全与设备管理协会．施工企业项目负责人建筑施工安全管理［M］．南京：江苏凤凰科学技术出版社，2017.

［7］ 江苏省建筑安全与设备管理协会．施工企业专职安全生产管理人员建筑施工土建安全管理［M］．南京：江苏凤凰科学技术出版社，2017.

［8］ 江苏省建筑安全与设备管理协会．施工企业专职安全生产管理人员建筑施工安全管理基础［M］．南京：江苏凤凰科学技术出版社，2017.

［9］ 中华人民共和国住房和城乡建设部，中华人民共和国国家质量监督检验检疫总局．建设工程施工现场消防安全技术规范（GB 50720—2011）［S］．北京：中国计划出版社，2011.

［10］ 中华人民共和国国家质量监督检验检疫总局，中国国家标准化管理委员会．火灾分类（GB/T 4968—2008）［S］．北京：中国标准出版社，2009.

［11］ 中华人民共和国住房和城乡建设部，中华人民共和国国家质量监督检验检疫总局．建筑灭火器配置设计规范（GB 50140—2005）［S］．北京：中国计划出版社，2005.

［12］ 中华人民共和国建设部．施工现场临时用电安全技术规范（JGJ 46—2005）［S］．北京：中国建筑工业出版社，2005.

［13］ 中华人民共和国住房和城乡建设部，中华人民共和国国家质量监督检验检疫总局．建筑内部装修防火施工及验收规范（GB 50354—2005）［S］．北京：中国计划出版社，2005.

［14］ 中华人民共和国住房和城乡建设部．建筑施工安全检查标准（JGJ 59—2011）［S］．北京：中国建筑工业出版社，2012.

［15］ 中华人民共和国住房和城乡建设部，中华人民共和国国家质量监督检验检疫总局．供配电系统设计规范（GB 50052—2009）［S］．北京：中国计划出版社，2010.

［16］ 中华人民共和国国家质量监督检验检疫总局，中国国家标准化管理委员会．用电安全导则（GB/T 13869—2017）［S］．北京：中国标准出版社，2018.

［17］ 中华人民共和国住房和城乡建设部．建筑施工门式钢管脚手架安全技术规范（JGJ 128—2010）［S］．北京：中国建筑工业出版社，2010.

［18］ 中华人民共和国住房和城乡建设部．建筑施工扣件式钢管脚手架安全技术规范（JGJ 130—2011）［S］．北京：中国建筑工业出版社，2011.

［19］ 中华人民共和国住房和城乡建设部．建筑施工模板安全技术规范（JGJ 162—2008）［S］．北京：中国建筑工业出版社，2008.

［20］ 中华人民共和国住房和城乡建设部．建筑施工碗扣式钢管脚手架安全技术规范（JGJ 166—2016）［S］．北京：中国建筑工业出版社，2017.

［21］ 中华人民共和国住房和城乡建设部．建筑深基坑工程施工安全技术规范（JGJ 311—2013）［S］．

北京：中国建筑工业出版社，2014.

[22] 中华人民共和国住房和城乡建设部. 建筑机械使用安全技术规程（JGJ 33—2012）[S]. 北京：中国建筑工业出版社，2012.

[23] 中华人民共和国住房和城乡建设部. 液压滑动模板施工安全技术规程（JGJ 65—2013）[S]. 北京：中国建筑工业出版社，2013.

[24] 中华人民共和国住房和城乡建设部. 建筑施工高处作业安全技术规范（JGJ 80—2016）[S]. 北京：中国建筑工业出版社，2016.

[25] 中华人民共和国住房和城乡建设部. 龙门架及井架物料提升机安全技术规范（JGJ 88—2010）[S]. 北京：中国建筑工业出版社，2010.

[26] 中华人民共和国住房和城乡建设部. 施工企业安全生产评价标准（JGJ/T 77—2010）[S]. 北京：中国建筑工业出版社，2010.

[27] 中华人民共和国住房和城乡建设部. 建筑基坑支护技术规程（JGJ 120—2012）[S]. 北京：中国建筑工业出版社，2012.

[28] 刘尊明，朱锋. 建筑施工安全技术与管理 [M]. 北京：人民邮电出版社，2014.

[29] 栾海明. 建筑工程施工现场实用技术问答 500 例——安全员 [M]. 北京：机械工业出版社，2015.

[30] 王洪德. 建筑施工安全与计算 [M]. 北京：机械工业出版社，2012.

[31] 向伟明，雷华，等. 建设工程施工与安全 [M]. 北京：中国建筑工业出版社，2018.

[32] 李爱国. 建筑施工生产安全责任事故典型案例 [M]. 南京：江苏人民出版社，2014.

[33] 李有香，满广生. 房屋建筑施工 [M]. 北京：中国水利水电出版社，2010.

[34] 陶昆. 建筑消防安全 [M]. 北京：机械工业出版社，2019.

[35] 陈俊敏. 消防法规 [M]. 北京：机械工业出版社，2018.

[36] 苗金明. 建筑消防安全评估技术与方法 [M]. 北京：清华大学出版社，2018.

[37] 和丽秋. 消防燃烧学 [M]. 北京：机械工业出版社，2018.

[38] 范建洲. 建筑施工组织 [M]. 2 版. 北京：中国水利水电出版社，2012.

[39] 张文昌，贾光. 职业卫生与职业医学. 案例版 [M]. 2 版. 北京：科学出版社，2017.

[40] 于维英，张玮. 职业安全与卫生 [M]. 北京：清华大学出版社，2008.

[41] 中华人民共和国国家质量监督检验检疫总局，中国国家标准化管理委员会. 高处作业分级（GB 3608—2008）[S]. 北京：中国标准出版社，2009.

[42] 中华人民共和国国家质量监督检验检疫总局，中国国家标准化管理委员会. 体力劳动强度分级（GB 3869—1997）[S]. 北京：中国标准出版社，1997.

[43] 中华人民共和国国家质量监督检验检疫总局，中国国家标准化管理委员会. 安全帽（GB 2811—2007）[S]. 北京：中国标准出版社，2007.

[44] 中华人民共和国国家质量监督检验检疫总局，中国国家标准化管理委员会. 安全带测试方法（GB/T 6096—2009）[S]. 北京：中国标准出版社，2009.

[45] 中华人民共和国国家质量监督检验检疫总局，中国国家标准化管理委员会. 安全网（GB 5725—2009）[S]. 北京：中国标准出版社，2009.

[46] 中华人民共和国住房和城乡建设部，中华人民共和国国家质量监督检验检疫总局. 钢结构设计标准（GB 50017—2017）[S]. 北京：中国建筑工业出版社，2018.

[47] 中华人民共和国国家质量监督检验检疫总局，中国国家标准化管理委员会. 特低电压（ELV）限值（GB/T 3805—2008）[S]. 北京：中国标准出版社，2008.

[48] 中华人民共和国住房和城乡建设部，中华人民共和国国家质量监督检验检疫总局. 住宅设计规范（GB 50096—2011）[S]. 北京：中国建筑工业出版社，2011.

[49] 中华人民共和国住房和城乡建设部，中华人民共和国国家质量监督检验检疫总局. 住宅建筑规范（GB 50368—2005）[S]. 北京：中国建筑工业出版社，2006.

[50] 中华人民共和国住房和城乡建设部，中华人民共和国国家质量监督检验检疫总局 . 建筑设计防火规范（GB 50016—2014）[S]. 北京：中国计划出版社，2015.

[51] 国家标准局 . 企业职工伤亡事故分类标准（GB 6441—1986）[S]. 北京：中国标准出版社，1986.

[52] 杨剑，赵晓东 . 建筑业安全管理必读 [M]. 北京：化学工业出版社，2018.

[53] 曾虹，殷勇 . 建筑工程安全管理 [M]. 重庆：重庆大学出版社，2017.

[54] 王洪德 . 安全员 [M]. 3 版 . 北京：机械工业出版社，2015.

[55] 范利霞，那建兴 . 建设工程安全监理实务 [M]. 北京：中国铁道出版社，2011.

[56] 蒋红，程国慧 . 建筑施工技术 [M]. 北京：中国水利水电出版社，2017.

[57] 王世富，李雪峰 . 建筑安全管理手册 [M]. 北京：中国建材工业出版社，2014.

[58] 孙景芝 . 建筑电气消防工程 [M]. 北京：电子工业出版社，2014.

[59] 唐忠平，符德军 . 建筑施工组织设计 [M]. 北京：中国水利水电出版社，2012.

[60] 中国社会科学院语言研究所词典编辑室 . 现代汉语词典 [M]. 北京：商务印书馆，2016.

[61] 夏征农 . 辞海 [M]. 上海：上海辞书出版社，1999.

[62] 彭伟功，李春光，杨德钦 . 可靠性理论在建筑施工安全领域的应用研究 [J]. 中国安全生产科学技术，2009（4）.

[63] 王笑一 . 浅谈可靠性研究理论在建筑施工安全领域的应用 [J]. 房地产导刊，2015，（13）.

[64] 陈全 . 事故致因因素和危险源理论分析 [J]. 中国安全科学学报，2009，19（10）.

[65] 杨阳 . 安全心理学及其在安全管理中的应用研究 [D]. 长沙：中南大学，2010.

[66] 林柏泉 . 安全学原理 [M]. 2 版 . 北京：煤炭工业出版社，2017.

[67] 金龙哲 . 安全学原理 [M]. 2 版 . 北京：冶金工业出版社，2017.

[68] 徐志胜，姜学鹏 . 安全系统工程 [M]. 3 版 . 北京：机械工业出版社，2016.

[69] 田宏 . 安全系统工程 [M]. 北京：中国标准出版社，2014.

[70] 田水承，景国勋 . 安全管理学 [M]. 2 版 . 北京：机械工业出版社，2016.

[71] 中华人民共和国国家质量监督检验检疫总局，中国国家标准化管理委员会 . 职业病危害评价通则（GBZ/T 277—2016）[S]. 北京：中国标准出版社，2016.

[72] 国家安全生产监督管理总局 . 建筑施工企业职业病危害防治技术规范（AQ/T 4256—2015）[S]. 北京：煤炭工业出版社，2015.

[73] 陈沅江 . 职业卫生与防护 [M]. 2 版 . 北京：机械工业出版社，2018.

[74] 中华人民共和国国家质量监督检验检疫总局，中国国家标准化管理委员会 . 职业健康安全管理体系要求（GB/T 28001—2011）[S]. 北京：中国标准出版社，2017.

[75] 国家安全生产监督管理总局 . 安全评价通则（AQ 8001—2007）[S]. 北京：煤炭工业出版社，2007.

[76] 国家安全生产监督管理总局 . 安全预评价导则（AQ 8002—2007）[S]. 北京：煤炭工业出版社，2007.

[77] 中国就业培训技术指导中心，中国安全生产协会 . 安全评价师 [M]. 2 版 . 北京：中国劳动社会保障出版社，2010.

[78] 王起全 . 安全评价 [M]. 北京：化学工业出版社，2015.

[79] 张乃禄 . 安全评价技术 [M]. 3 版 . 西安：西安电子科技大学出版社，2016.

[80] 曹庆贵 . 安全评价 [M]. 北京：机械工业出版社，2017.